高 等 学 校 教 材

材料工程基础

CAILIAO GONGCHENG JICHU

杨明波　主编　　张春艳　伍光凤　副主编

化学工业出版社

·北京·

本书为高等学校教材，主要介绍了钢铁材料的冶炼、常用金属材料及其制备的有关基本知识、金属材料的铸造成型及其工艺控制、金属材料的塑性成型及工艺控制、金属材料焊接及其工艺控制、钢的热处理及表面处理、无机非金属材料制备及其加工工艺、高分子材料制备及其加工工艺和复合材料及其制备的有关知识等内容。

本书可作为高等院校材料科学与工程专业及相关专业的教学用书和主要参考书，也可供有关专业的师生和工程技术人员自学与参考。

图书在版编目（CIP）数据

材料工程基础/杨明波主编. —北京：化学工业出版社，2008.2（2022.7重印）
高等学校教材
ISBN 978-7-122-02049-9

Ⅰ. 材…　Ⅱ. 杨…　Ⅲ. 工程材料-高等学校-教材
Ⅳ. TB3

中国版本图书馆 CIP 数据核字（2008）第 015254 号

责任编辑：陶艳玲　　　　　　　　　　文字编辑：冯国庆
责任校对：李　林　　　　　　　　　　装帧设计：韩　飞

出版发行：化学工业出版社（北京市东城区青年湖南街 13 号　邮政编码 100011）
印　　装：北京捷迅佳彩印刷有限公司
787mm×1092mm　1/16　印张 17¼　字数 438 千字　　2022 年 7 月北京第 1 版第 6 次印刷

购书咨询：010-64518888　　　　　　　　售后服务：010-64518899
网　　址：http://www.cip.com.cn

定　　价：38.00 元

前　言

本书为高等学校教材。本书立足"材料科学与工程"一级学科，侧重介绍金属材料、无机非金属材料、高分子材料和复合材料的合成、制备及加工的基本原理与基本方法，同时注意把传统材料、传统技术与新材料、新技术相结合，以使读者能够全面了解和掌握材料工程的发展概貌。本书可作为高等院校材料类专业及相关专业的教材和主要参考书，也可供有关专业的工程技术人员自学与参考。

本书由重庆工学院杨明波担任主编，张春艳和伍光凤担任副主编。其中第二章、第四章～第六章由杨明波和伍光凤编写，第三章由重庆工学院李春天编写，第一章、第七章～第九章由张春艳编写，全书由重庆大学张丁非教授主审。

由于条件所限，本书未能将所有参考文献一一列出，在此对所有参考文献的作者表示衷心的感谢。此外，本书在编写过程中得到了武汉理工大学孙智富教授的大力指导，并得到了重庆工学院材料科学与工程学院及教务处的大力支持，在此也表示感谢。

由于新材料、材料制备新工艺及新技术的发展日新月异，加之编者学识有限，书中难免有不足之处，敬请读者批评指正。

编者

2007 年 11 月

目　录

第 1 章　金属材料的冶炼

　　冶金工程是基于矿产资源的开发利用和金属材料的生产加工过程的工程技术。人们常将从矿石或精矿中提炼金属的工业叫做冶金工业。在现代工业中，冶金工业是整个原材料工业体系中的重要组成部分，作为国家经济建设的基础产业，社会的发展和国民经济的高速发展都离不开冶金工业的进步和发展。

　　本章主要介绍一些常见的冶金工艺，并以钢铁、铜、铝等金属材料的冶金为例，说明金属冶金的一般过程。

1.1　冶金工艺

　　金属冶金按其原理可划为火法冶金（又称干法冶金）、湿法冶金、电冶金三大基本类型。

1.1.1　火法冶金

　　利用高温从矿石中提取金属或其化合物的冶金过程称为火法冶金。此过程没有水溶液参加，所以又称为干法冶金。火法冶金存在的主要问题是污染环境，但从算入环境保护和综合利用的费用等综合来看，火法冶金的成本一般低于湿法冶金。所以，火法冶金是生产金属材料的主要方法，钢铁及大多数有色金属材料主要靠火法冶金方法生产。

　　利用火法从矿石提取金属的流程一般分为三个步骤：矿石准备，冶炼，精炼。

　　（1）矿石准备

　　大致分为选矿、烧结、焙烧等。采掘的矿石含有大量无用的脉石或有害矿物，需要经过选矿以获得含有较多金属元素的精矿。选矿得到的细粒精矿不宜直接加入鼓风炉（或炼铁高炉）。须先加入熔剂，再高温烧结成块；或添加黏合剂压制成型，或滚成小球再烧结成球团，或加水混捏，然后，装入鼓风炉内冶炼。

　　焙烧是指在一定的气氛下，将矿石（或精矿或冶炼过程的伴生物）加热到一定温度，使之发生物理化学变化，所产物料能适应下一冶炼过程的要求。它一般是熔炼或浸出过程的准备作业。例如硫化物精矿在空气中焙烧的主要目的是：①除去硫和易挥发的杂质，并使之转变成金属氧化物，以便进行还原冶炼；②使硫化物成为硫酸盐，随后用湿法浸取；③局部去硫，使其在造锍熔炼中成为由几种硫化物组成的熔锍。若添加氯化剂进行焙烧，则称为氯化焙烧（见氯化冶金）。

　　（2）冶炼

　　将处理好的矿石，用气体或固体还原剂还原为金属的过程称为冶炼。参与火法冶金过程的物质有固体、气体和熔体。一般固体包括精矿、熔剂、燃料、炉渣等；气体包括燃烧气体、烟气、烟尘等；熔体则涉及金属熔液、熔锍（有色重金属硫化物与铁的硫化物的共熔体）和熔渣（由脉石、熔剂及燃料灰分融合而成的炉渣）等。冶炼分下列三种。

　　① 还原冶炼　这是一种金属氧化物料在高温熔炼炉还原气氛下被还原成熔体金属的熔炼方法。加入的炉料，除富矿、烧结块或球团矿外，还加入熔剂（石灰石、石英石等），以

便造渣。加入煤、焦炭，既作为发热剂，燃烧产生高温；也作为还原剂，或还原铁矿为生铁，或还原氧化铜矿为粗铜，或还原硫化铅精矿的烧结块（氧化铅）为粗铅。发生的主要反应如下。

$$MeO+C \rightleftharpoons Me+CO \tag{1-1}$$

$$MeO+CO \rightleftharpoons Me+CO_2 \tag{1-2}$$

$$CO_2+C \rightleftharpoons 2CO \tag{1-3}$$

② 造锍熔炼 主要用于处理硫化铜矿或硫化镍矿，一般在反射炉、矿热电炉或鼓风炉内进行。由于硫化精矿的主金属含量不够高，除脉石外，常伴生有大量铁的硫化物，其量超过主金属，所以用火法由精矿直接炼出粗金属，在技术上仍存在一定困难，在冶炼的金属回收率和金属产品质量方面也不容易达到要求。生产上利用铜、镍、钴对硫的亲和力近似于铁，而对氧的亲和力却远小于铁的物理化学性质，在氧化程度不同的造锍熔炼过程中，使铁的硫化物不断氧化成氧化物，随后与脉石造渣而除去。主金属经过这些工序进入锍相得到富集，品位逐渐提高。铜、镍、钴硫化精矿的造锍熔炼属于氧化熔炼。

③ 氧化吹炼 在氧化气氛下进行。如对生铁采用转炉，吹入氧气（有顶吹、底吹及复合吹炼等方式），以氧化除去铁水中的硅、锰、碳和磷，炼成合格的钢水，铸成钢锭。又如吹炼铜锍，采用卧式转炉，用空气或富氧空气吹炼成粗铜。

（3）精炼

冶炼所得到的金属含有少量的杂质，需要进一步处理，这种对冶炼的金属进行去除杂质提高纯度的过程称为精炼。对于高熔点金属，精炼还具有致密化作用。粗金属精炼的方法一般分为两大类：物理精炼法和化学精炼法。

① 物理精炼

（a）熔析精炼 利用某些杂质金属或其化合物在主金属中的溶解度随温度的降低而显著减小的性质，改变温度使原来成分均匀的粗金属发生分相，形成多相体系，即液体和固体或液体和液体，而将杂质分离到一种固体或液体中，达到提纯金属的目的。此法多用于提纯熔点较低的金属（例如锡、铅、锌、锑等），以除去熔点较高并与主金属形成含量很低的二元共晶的杂质。例如粗铅熔析除铜，粗锌熔析除铅、铁等。

（b）精馏精炼 精馏精炼是利用物质沸点的不同，交替进行多次蒸发和冷凝除去杂质的火法精炼方法；精馏精炼适用于相互溶解或部分溶解的金属液体，不适用于两种具恒沸点的金属熔体。有色金属冶金中，精馏成功地用于粗锌的精炼。

（c）区域精炼 又称区域熔炼或区域提纯，指根据金属液体混合物在冷凝结晶过程中偏析（即杂质在固液相中分配比例不同，将杂质富集到液相或固相中从而与主金属分离）的原理，通过多次熔融和凝固，达到金属精炼的目的。

② 化学精炼

（a）氧化精炼 氧化精炼是利用氧化剂将粗金属中的杂质氧化造渣或氧化挥发除去的精炼方法。该法的基本原理是基于不同元素对氧的亲和力不同，使杂质（以 Me' 表示）氧化生成不溶于或少溶于主体金属（以 Me 表示）的氧化物，或以渣的形式聚集于熔体表面，或以气态的形式挥发而被除去。例如粗铜氧化精炼除铁、除硫；炼钢过程中吹入氧气或加入氧化剂以去除杂质亦可认为是对生铁的氧化精炼。

（b）硫化精炼 硫化精炼是用加入硫或硫化物的方法，除去粗金属中杂质的火法精炼方法。能否适用此法取决于主金属和杂质金属对硫的亲和力。当金属熔体加硫之后，由于主金属的浓度（活度）比杂质金属高得多，所以首先被硫化生成主金属硫化物 MeS，然后才发生以下除去杂质金属 Me′ 的反应：$MeS+Me'\Longrightarrow Me'S+Me$。如果所生成的各种杂质硫化物在熔体中的溶解度小，密度比主金属的也小，它们便会浮到熔体表面而被除去。粗铅、粗锡和粗锑中加硫除铜、铁是硫化精炼的典型应用。

（c）氯化精炼 氯化精炼是通入氯气或加入氯化物使杂质形成氯化物而与主金属分离的火法精炼方法。例如，液态粗铝中所含的杂质，如钠、钙和气体氢，或液态铅中所含的锌，都可用氯气进行精炼。氯化精炼的工业应用较少。

（d）碱性精炼 碱性精炼是向粗金属熔体中加入碱，使杂质氧化并与碱结合成渣而被除去的火法精炼方法。碱性精炼用于粗铜除镍，粗铅除砷、锑、锡，粗锑除砷等，

精炼还可用真空冶金、喷射冶金或电渣重熔等方法进行。

熔盐电解提取铝、镁，还原蒸馏提取锌、镁（见挥发与蒸馏），镁热还原氯化物提取钛、锆，以及利用化学迁移反应进行气相沉积以制取纯金属等均属于火法冶金的范畴。

1.1.2 湿法冶金

湿法冶金是利用某种溶剂，借助化学作用，在水溶液或非水溶液中进行包括氧化、还原、中和、水解及络合等反应，对原料、中间产物或二次再生资源中的金属进行提取和分离的冶金过程，又称水法冶金。湿法冶金过程主要包括浸出、固-液分离、溶液净化、溶液中金属提取及废水处理等单元操作过程。

（1）浸出

浸出也称浸取，是选择性溶解的过程，即借助于浸出剂选择性地从矿石、精矿、焙砂等固体物料中提取某些有价值的金属可溶性组分，从而与其他不溶物质分离的湿法冶金单元过程。在选择浸出剂时要求：其化学性质稳定、选择性好、反应速度快、生成盐的溶解度大、价格便宜、容易过滤和回收、使用安全、腐蚀性小等。

根据浸出剂的不同可分为酸浸出、碱浸出和盐浸出；根据浸出化学过程可分为氧化浸出和还原浸出；根据浸出方式可分为堆浸出、就地浸出、渗滤浸出、搅拌浸出、热球磨浸出、管道浸出、流态化浸出；根据浸出过程的压力可分为常压浸出和加压浸出。

影响浸出速度的因素主要有固体物料的组成、结构和粒度、浸出剂的浓度、浸出的温度、固-液相相对流动的速度和矿浆黏度等。

（2）固-液分离

固-液分离是将浸出液与残渣分离成液相和固相，同时将夹带于残渣中的冶金溶剂和金属离子洗涤回收的过程。常用的方法是沉降分离法和过滤分离方法。

沉降分离法是借助于重力作用将浸出矿浆分离为含固体量较多的底流和清亮的溢流的固-液分离方法，其先决条件是在固相与溢流液之间存在密度差。过滤分离法是利用多孔介质拦截浸出矿浆中的固体离子，用压强差或其他外力为推动力，使液体通过微孔的固-液分离方法。

固-液分离过程包括洗涤、过滤或离心分离等，是湿法冶金中比较复杂的单元操作。除涉及高效固-液分离设备的开发和应用基础理论研究外，对新型絮凝剂（带微孔的液固分离剂）的研究亦属重要环节。

（3）溶液净化

指对浸出溶液的净化和富集的湿法冶金过程。一般浸出溶液中除含欲提取的金属外，尚有金属和非金属杂质，故必须先分离掉这些杂质才能最终提取所需的金属，溶液净化方法多种多样，工业上常用的有结晶、蒸馏、沉淀、置换、溶剂萃取、离子交换、电渗析和膜分离等。为了获得纯净溶液，往往多种方法综合使用。

（4）提取金属或化合物

在金属材料的生产中，常用电解、化学置换和加压氢还原等方法提取金属或化合物。例如用电解提取法从净化液制取金、银、铜、锌、镍、钴等纯金属；而铝、钨、钼、钒等多数以含氧酸的形式存在于水溶液中，一般先析出其氧化物，然后还原得到金属；20世纪50年代发展起来的加压氢还原法冶金技术可自铜、镍、钴的氨性溶液中，直接用氢还原（例如在180℃，25atm，1atm＝101325Pa）得到金属铜、镍、钴粉，并能生产出多种性能优异的复合金属粉末，如镍包石墨、镍包硅藻土等。这些都是很好的可磨密封喷涂材料。

地壳中可利用的有色金属资源品位愈来愈低，以铜为例，20世纪初可采品位均在1%以上，20世纪70年代已降到0.3%左右，而一些稀贵金属原料的含量往往只有百万分之几，这些金属的提取将更多地依赖于湿法冶金。因此，湿法冶金在有色金属、稀有金属及贵金属等冶金行业中占有重要地位。目前，许多金属或化合物都可以用湿法生产。湿法冶金的优点是原料中有价金属综合回收程度高，对环境的污染较小，能处理低品位的矿石，并且生产过程较易实现连续化和自动化。

1.1.3 电冶金

电冶金是应用电能从矿石或其他原料中提取、回收和精炼金属的冶金过程，根据电能的转化形式的不同分为电热冶金和电化学冶金两类。电冶金方法的采用，特别是电弧炉炼钢和熔盐电解炼铝是近代冶金技术的重大进步。

（1）电热冶金

利用电能获得冶金所要求的高温而进行的冶金生产。与一般火法冶金相比，电热冶炼具有加热速度快、调温准确、温度高（可到2000℃），并可以在各种气氛、各种压力或真空中作业及金属烧损少等优点，成为冶炼普通钢、铁合金，镍、铜、锌、锡等重有色金属，钛、锆等稀有高熔点金属，以及某些其他稀有金属和半导体材料等的一种主要方法。但电热学冶金消耗电能较多，只有在电源充足的条件下才能发挥其优势。根据所采用的电热方式电热冶炼可划分成以下几种。

① 电弧熔炼　电弧熔炼是利用电能在电极与电极或电极与被熔炼物之间产生电弧来熔炼金属的冶金过程，如电弧炉炼钢。

② 电阻熔炼　在电阻炉内利用电流通过导体电阻所产生的热量来熔炼金属的冶金过程。

③ 电阻-电弧熔炼　电阻-电弧熔炼是利用电极与炉料之间产生的电弧与电流通过炉料产生的电阻热来熔炼金属的冶金过程，是有色金属冶炼中广泛应用的一种电热冶金方法。电阻-电弧熔炼主要用于生产钛合金、电石、铜锍、黄磷等冶金及化工产品。

④ 等离子熔炼　等离子熔炼是利用电能产生的等离子弧作为热源来熔炼金属的冶金过程。等离子弧有非常高的能量密度，因此该法具有熔炼温度高、物料反应速度快的特点，常用于熔炼、精炼和重熔高熔点金属和合金。同时由于等离子弧可以方便地控制气氛，工作气体可以用惰性气体（氩）、还原性气体（氢）及两者的混合物或其他气体作介质，因而能达到不同的冶金目的。

⑤ 感应熔炼　感应熔炼是利用电磁感应和电热转换所产生的热量来熔炼金属的冶金过程。感应熔炼在感应炉内进行。电磁感应熔炼对于防止耐火材料污染金属、熔炼难熔及活泼金属具有重要作用。

⑥ 电子束熔炼　电子束熔炼是利用电能产生的高速电子动能作为热源来熔炼金属的冶金过程，又称电子轰击熔炼。该法具有熔炼温度高、炉子功率和加热速度高、提纯效果好的优点；但也存在金属收率低、比电耗大等缺点。该法主要用于生产高熔点活性金属和耐热合

金钢。

（2）电化学冶金

电化学冶金是利用电化学反应，使金属从含金属盐类的水溶液或熔体中析出的冶炼方法。

电解质在阳极上发生氧化反应：$Me-2e^- \Longrightarrow Me^{2+}$ （金属溶解）

在阴极上则发生还原反应： $Me^{2+}+2e^- \Longrightarrow Me$ （金属离子还原，析出该金属）

以粗金属作阳极，而阳极反应又是目的金属本身的溶解反应，这一过程称为电解精炼（或称可溶性阳极电解），如图 1-1(a) 所示。以不溶性电极作阳极，对溶解于电解液中的金属离子进行还原、分解的过程，称为电解提取，如图 1-1(b) 所示。

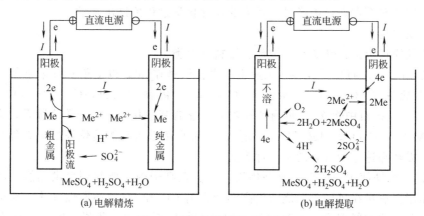

(a) 电解精炼   (b) 电解提取

图 1-1 电解精炼提取示意图

根据所用电解质的物理状态，电化学冶金可分为水溶液电解和熔盐电解两类。前者主要用于电极电位较正的金属，如铜、镍、钴、金、银等；后者主要用于电极电位较负的金属，如铝、镁、钛、铍、锂、钽、铌等。以下对其冶金过程及原理分别加以介绍。

① 水溶液电解 水溶液电解是以金属的浸出液作为电解液进行电解还原，使溶液中的金属离子还原为金属析出，或使粗金属阳极经由溶液精炼沉积于阴极的冶金过程。

a. 电解精炼 以铜的电解精炼为例，将火法精炼制得的铜板作为阳极，以电解产出的薄铜片为阴极，两极于充满电解液的电解槽中，直流电通过时，阳极中电极电势比铜负的金属，如锌、铁、钴、镍、砷等，优先失去电子而成为离子进入电解液。但是，这类杂质在经过火法精炼的阳极铜中含量很少，所以它们的电极反应不是主要反应。电极电势比铜正的金属，如金、银，总的说来不能进行阳极溶解，而以金属粒子形态落到电解槽底部或附着在阳极上，形成阳极泥，成为回收贵金属的原料。

阳极上的主要反应是： $Cu-2e^- \longrightarrow Cu^{2+}$

阴极上的主要反应是：$Cu^{2+}+2e^- \longrightarrow Cu$

电解结果使阴极铜的品位提高，达到精炼的目的。生产中，铜、镍、钴、金、银等金属大都用电解精炼制取；而铅、锡等金属既可用火法也可用电解进行精炼。

b. 电解提取 电解提取是从富集后的浸取液中提取金属或化合物的过程。其特点是可以不经冶炼粗金属的中间工序，直接获得纯金属；由于使用了不溶阳极，在电解的同时，溶剂也得到再生，可返回作浸取液使用。但是这种方法电流效率一般较低，电能消耗高。此法已广泛用于锌、铜、镉的湿法冶金，在镍、钴、锰、铬生产中也有使用的。

② 熔盐电解 熔盐电解是以熔融盐类为电解质进行金属提取或金属提纯的电化学冶金

过程。对于那些电位比氢负得多，而不能从水溶液中电解析出的金属（如铝、镁、钠等活泼金属）和用氢或碳难以还原的金属，常用熔盐电解法制取。按所用电解质，一般分为氟化物熔盐电解、氯化物熔盐电解和氟氯化物熔盐电解。如今已有 30 多种金属用该方法生产，其中包括全部碱金属和铝，大部分镁以及各种稀有金属。

1.2　钢铁冶炼

钢铁冶炼上包括从矿物到生铁的冶炼和由生铁冶炼成钢两个过程，属于火法冶金。

1.2.1　生铁的冶炼

生铁是用铁矿石在高炉中经过一系列的物理化学过程冶炼出来的。

（1）炼铁原料

高炉炼铁原料包括：铁矿石、熔剂、燃料三大类。

① 铁矿石　铁矿石种类较多，工业生产中含铁量在 30％ 以上就有开采价值。常用的铁矿石主要有磁铁矿（Fe_3O_4）、赤铁矿（Fe_2O_3）、褐铁矿（$2Fe_2O_3 \cdot 3H_2O$）和菱铁矿（$FeCO_3$）等。铁矿石中除含 Fe 的有用矿物外，还有其他化合物，统称为脉石，常见的脉石有 SiO_2、Al_2O_3、CaO 及 MgO 等。含铁量高，可直接送入高炉冶炼铁的矿石称为富矿；含铁品位低，需经筛选才能入炉的矿石称为贫矿。

② 燃料　炼铁使用的燃料主要是焦炭。焦炭在高炉内主要起到提供热能、还原剂及料柱骨架的作用。焦炭在风口前燃烧产生高温及含有 CO 和 H_2 的还原性气体；在炉内其与铁矿石、熔剂及其他炉料混合，在高温区，铁矿石与熔剂熔融后焦炭是唯一以固态存在的炉料，起着支撑高达数十米料柱的骨架作用，同时又维持炉内煤气自下而上流动的通路。焦炭质量的好坏直接影响着高炉产量、质量及能耗（铁焦比），通常高炉冶炼要求采用尽量低的灰分与硫含量的焦炭，以利于提高生铁质量。

③ 熔剂　矿石中的脉石与焦炭中的灰分，其主要成分是酸性氧化物。它们的熔点均较高（SiO_2 1713℃，Al_2O_3 2050℃），在高炉冶炼条件下很难熔化。熔炼时，熔剂和脉石反应生成熔点低、密度小的熔渣，浮于铁水上面，便于除去。

常用熔剂按其性质可分为碱性和酸性两种。由于矿石中脉石和焦炭中灰分大多为酸性氧化物，所以高炉最常用的是碱性熔剂，即石灰石与白云石等。当脉石中碱性氧化物含量较高时，则用酸性熔剂，常用的有硅石等。

（2）冶炼生铁的主要装置及冶炼过程

现代冶炼厂的设备主要由高炉炉体、炉顶装料、热风机、鼓风机以及高炉煤气除尘、渣铁处理设备所构成。高炉是炼铁的主体设备，其结构如图 1-2 所示。

高炉炼铁的基本过程如图 1-3 所示。在炼铁时，炉料（矿石、燃料和熔剂）由料车自上料斜桥从炉顶进入炉内，在自身重力作用下，自上而下运动；同时来自热风炉的热风从高炉下部的风口进入，使焦炭燃烧，产生的热炉气不断向上运动，使风口以上一定高度处的温度达到 2000℃ 以上，热气流上升时将炉料加热，而气流本身则被冷却，到达炉喉时，热气流的温度降到 300～400℃，最后产生的煤气从炉顶导出，经除尘后，作为热风炉、加热炉、焦炉、锅炉等的燃料。炉料则迎着上升的炉气而下降，经过一系列物理化学作用，矿石逐步被还原，并熔化成铁水和炉渣滴入炉缸。

（3）炼铁时高炉中的物理化学过程

高炉冶炼的目的是把铁矿石炼成生铁。因此，冶炼过程就是对矿石进行铁的还原过程和

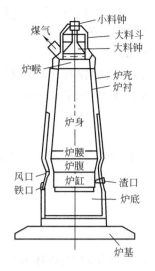

图 1-2　高炉内型示意图

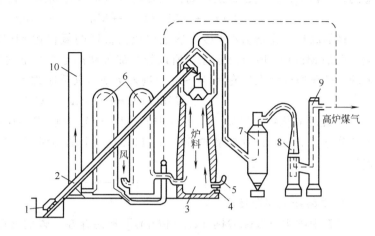

图 1-3　高炉炼铁过程示意图

1—料车；2—上料斜桥；3—高炉；4—铁渣口；5—风口；
6—热风炉；7—重力除尘器；8—文氏管；9—洗涤塔；10—烟囱

除去脉石的造渣过程。高炉冶炼原理如图 1-4 所示。其主要反应如下。

① 燃料的燃烧　焦炭在风口处与热风中的氧进行燃烧反应，一般生成产物为 CO_2 和 CO 两种气体。生成 CO_2 的燃烧称为完全燃烧，其反应式为 $C(固) + O_2 \Longrightarrow CO_2$；而生成 CO 的燃烧称为不完全燃烧，即 $2C(固) + O_2 \Longrightarrow 2CO$。这两种反应均为强放热反应，使炉料温度达到 $1800 \sim 1900℃$。

随着炉气的上升，炉气中所含氧气越来越少，同时炉气温度也不断降低。在 $1000℃$ 以上，炭过剩而又缺氧的条件下，完全燃烧生成的 CO_2 在高温区还可与固体炭作用生成 CO，即 $C(固) + CO_2 \Longrightarrow 2CO$，又称此反应为炭的气化反应，它是吸热反应。

含有大量 CO 的炽热炉气不断随炉料的下降而上升，保证了炉料的加热、分解、还原、熔化、造渣等炉缸内渣铁反应的进行。由于燃料燃烧使高炉下部形成自由空间，为炉料下降创造了条件。

② 各种元素的还原反应

a. 氧化铁的还原　铁氧化物无论用何还原剂还原，都是从高级向低级逐级还原的。根据铁的各级氧化物形成和分解的规律，铁的氧化物的还原顺序如下。

$> 570℃$ 　　　 $Fe_2O_3 \longrightarrow Fe_3O_4 \longrightarrow FeO \longrightarrow Fe$

$< 570℃$ 　　　 $Fe_2O_3 \longrightarrow Fe_3O_4 \longrightarrow Fe$

高炉冶炼所用的还原剂主要有 CO、固体炭和煤气中的 H_2 三种。通常将铁的各级氧化物以气态 CO 和 H_2 作还原剂进行的还原反应，称为间接还原；而用固体炭作还原剂的还原反应，称为直接还原。

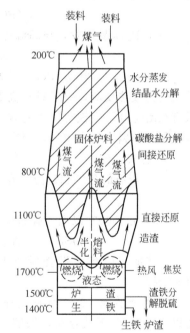

图 1-4　高炉冶炼原理

b. 锰的氧化物的还原 铁矿石中锰的氧化物以 MnO_2、Mn_2O_3 和 Mn_3O_4 的形式存在。锰的氧化物的还原过程也是从高价氧化物到低价氧化物的转化来实现的，即

$$MnO_2 \longrightarrow Mn_2O_3 \longrightarrow Mn_3O_4 \longrightarrow MnO \longrightarrow Mn$$

锰的高价氧化物易被 CO 一次还原成低价锰的氧化物 MnO，然后由固体炭直接还原成锰。但是 MnO 较 FeO 难还原，所以绝大部分锰都是在炉缸内从含有 MnO 的炉渣中还原出来的，被还原的锰大约有 $40\% \sim 60\%$ 进入生铁。其反应式为

$$MnO + C =\!=\!= [Mn] + 2CO$$

c. 硅的氧化物的还原 铁矿石中的硅以 SiO_2 的形式存在，由于 SiO_2 很稳定，所以绝大部分进入炉渣，只有少量的 SiO_2 在 1450℃ 以上的高温下被焦炭还原后溶入生铁。其反应式为

$$SiO_2 + 2C =\!=\!= Si + 2CO$$

d. 磷酸盐的还原反应

矿石中磷主要以磷酸钙 $[Ca_3(PO_4)_2]$ 形态存在，磷酸钙在 $1200 \sim 1500℃$ 与固体炭发生直接还原反应，其反应式为

$$Ca_3(PO_4)_2 + 5C =\!=\!= 3CaO + 2P + 5CO$$

渣中 SiO_2 的存在，又能与磷酸钙中的 CaO 相结合，使 P_2O_5 游离出来，从而加速磷酸钙的还原，其反应式为

$$2Ca_3(PO_4)_2 + 3SiO_2 =\!=\!= 3Ca_2SiO_4 + 2P_2O_5$$

由于 P_2O_5 易挥发，与高温焦炭接触将会被 C 还原。其反应式为

$$2P_2O_5 + 10C =\!=\!= 4P + 10CO$$

或

$$2Ca_3(PO_4)_2 + 3SiO_2 + 10C =\!=\!= 3Ca_2SiO_4 + 4P + 10CO$$

该反应为吸热反应，一般只在高温区发生。P 在高炉内几乎可以 100% 的被还原进入生铁，只有在冶炼高磷生铁时，才能有 $5\% \sim 10\%$ 的磷进入炉渣。所以，控制生铁含磷的最好办法是控制入炉料中的含磷量，否则，就需要采用炉外脱磷的措施来保证生铁的含磷量。

③ 造渣、出铁

a. 石灰石的分解和造渣 在 $750 \sim 1000℃$ 时，石灰石发生分解，反应如下。

$$CaCO_3 =\!=\!= CaO + CO_2$$

CaO 在 1000℃ 以上与脉石中的 SiO_2 和 Al_2O_3 等结成熔渣，其反应式为

$$mSiO_2 + pAl_2O_3 + nCaO =\!=\!= nCaO \cdot pAl_2O_3 \cdot mSiO_2$$

熔渣能吸收焦炭燃烧后留下的灰分及某些未完全还原的氧化物，例如 FeO、MnO、HgO 等。

b. 熔渣脱硫 高炉炼铁过程中所加入的焦炭、矿石、熔剂等均会带入一定量的硫，主要以 [FeS] 的形式存在，铁液中的 [FeS] 扩散到炉渣中，与石灰石中的 CaO（或 MgO）以及固体炭发生炉渣脱硫反应，该反应主要是在铁水滴入炉缸穿过渣层时进行的，反应式如下。

$$[FeS] + (CaO) + C =\!=\!= (CaS) + [Fe] + CO$$

该反应是强吸热反应，因此当 (CaO) 的数量愈多，还原剂炭的量愈充足，炉缸的温度愈高，则脱硫效果愈好。

由炉料带入的硫化物，一部分在炉料下降受热过程中分解或挥发进入煤气，大部分被炉渣吸收并通过渣铁反应转入炉渣排出炉外，部分硫化物则被铁液吸收。

c. 生铁形成 最初被还原出来的铁如海绵状，称为海绵铁。海绵铁在下降过程中吸收

碳素（渗 C），使其熔点降低，在 1200℃ 左右开始熔化成铁水。在铁还原的同时，不可避免地还会有少量的 Si、Mn、P、S 等元素被还原熔入铁液中，其中 S、P 是有害元素，它们的存在会增加铁的脆性。形成的铁液下落时，在风口前会有部分再氧化，随后进入炉缸。

（4）高炉炼铁产品

① 生铁　根据使用要求不同，在高炉中可以冶炼出两类不同成分的生铁：一类是炼钢生铁，约占生铁总产量的 80%～90%，其含碳量一般为 4.0%～4.4%，含硅量较低，通常低于 1.5%，碳在铁中主要以渗碳体（FeC_3）的形式存在，其性硬而脆，不能用作结构零件，是炼钢的主要原料；另一类是铸造生铁，与炼钢生铁相比其成分最大的特点是硅含量较高，一般为 2.75%～3.25%，因为硅能促进生铁中碳的石墨化，使铁水有良好的填充性能，并有利于减磨，用于机械制造厂生产成型铸件。高炉中还可冶炼铁合金，如硅铁、锰铁等，用作炼钢时的脱氧剂和合金元素添加剂。

② 炉渣　通常，每炼 100t 生铁出产 50～80t 炉渣。炉渣是炼铁的副产品，属于 CaO、SiO_2 和 Al_2O_3 的铝硅酸盐。碱性炉渣在炉前水冲处理后制成水渣，可用于生产水泥、渣砖等建筑材料；酸性炉渣在炉前用蒸汽吹成渣棉可用于生产绝热材料。炉渣中还富集了许多宝贵元素（如稀土、钛等），因此广泛开展炉渣综合利用的研究具有重要意义。

③ 高炉煤气　冶炼 1t 生铁可产生 2000m³ 左右的高炉煤气，其中含（质量分数）约 25%CO，1%～4%H_2，还有少量 CH_4 等可燃气体，其发热值约为 3000～4000kJ/m³，因此高炉煤气可用作燃料，用于炼焦、炼钢和各种加热炉。

（5）冶炼主要技术经济指标

通常采用如下的技术经济指标来衡量高炉生产水平的高低。

① 高炉利用系数　每立方米高炉有效容积一昼夜生产生铁的质量（t），是衡量高炉生产效率的指标。比如 1000m³ 高炉，日产 2000t 生铁，则利用系数为 2t/(m³·d)。

② 铁焦比　每炼 1t 生铁所消耗的焦炭量，用"kg/t 生铁"表示。高炉焦比在 20 世纪80 年代初一般为 450～550kg/t 生铁，先进的为 380～400kg/t 生铁。焦炭价格昂贵，降低焦比可降低生铁成本。

③ 燃料比　高炉采用喷吹煤粉、重油或天然气后，折合每炼一吨生铁所消耗的燃料总量。每吨生铁的喷煤量和喷油量分别称为煤比和油比。此时燃料比等于焦比加煤比加油比。根据喷吹的煤和油置换比的不同，分别折合成焦炭（kg），再和焦比相加称为综合焦比。燃料比和综合焦比是判别冶炼 1t 生铁总燃料消耗量的一个重要指标。

④ 冶炼强度　每昼夜高炉燃烧的焦炭量与高炉容积的比值，是表示高炉强化程度的指标，单位为 t/(m³·d)。

⑤ 休风率　休风时间占全年日历时间的比例（%）。降低休风率是高炉增产的重要途径。一般高炉休风率低于 2%。

⑥ 生铁合格率　化学成分符合规定要求的生铁量占全部生铁产量的比例（%），是评价高炉优质生产的主要指标。

⑦ 生铁成本　生产 1t 生铁所需的费用，是从经济方面衡量高炉作业的指标。

1.2.2　钢的冶炼

生铁含有较多的碳、硫和磷等有害杂质元素，其强度低、塑性差，绝大多数生铁需要精炼成钢才能用于工程结构和制造机器零件。炼钢的目的就是通过冶炼降低生铁中的碳和其他杂质元素的含量，得到按规定要求碳含量的铁碳合金，通常称其为碳钢；或再根据对钢性能的要求而加入适量的其他化学元素（通常称合金元素），以获得由铁、碳及合金元素形成的合金，通常称其为合金钢。

（1）炼钢原材料

炼钢用原材料主要是生铁液、废钢和铁合金。此外，还需使用一些辅助材料，主要包括造渣材料（石灰、白云石等）、熔剂（萤石）、氧化剂（氧气、铁矿石、氧化铁皮等）、冷却剂（废钢、富铁矿、石灰石）以及还原剂和增碳剂（硅铁、硅钙、铝及电石、木炭、焦炭、氟石、石墨电极等）等。

（2）炼钢基本方法

常见的炼钢方法有三种：平炉炼钢、电弧炉炼钢和转炉炼钢。目前，平炉炼钢已经淘汰，常采用的方法是电弧炉炼钢和转炉炼钢。

① 电弧炉炼钢 电弧炉炼钢是利用石墨电极和金属炉料之间形成的电弧高温（通常可达3000℃）快速熔化金属，金属熔化后加入铁矿石、熔剂、造碱性氧化性渣，并吹氧，以加速钢中的碳、硅、锰、磷等元素的氧化。当碳、磷含量合格时，扒去氧化性炉渣，再加入石灰、萤石、电石、硅铁等造渣剂和还原剂，形成高碱度还原渣，脱去钢中的氧和硫。炉内通过炉料的选择添加，即可造成氧化性气氛，又可造成还原性气氛，同时可方便地调控炉温。因此高合金工具钢、不锈钢和耐热钢等大多是在电弧炉内熔炼的。目前世界上电弧炉钢占电炉钢的95%以上，还有少量电炉钢是由感应炉、电渣炉等生产的。电弧炉炼钢如图1-5所示。

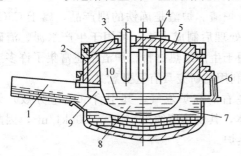

图1-5 电弧炉炼钢示意图
1—出钢槽；2—炉墙；3—电极夹持器；4—电极；
5—炉顶；6—炉门；7—炉底；8—熔池；
9—出钢口；10—渣层

② 转炉炼钢 转炉为梨形容器，因装料和出钢时需倾斜而得名。转炉炼钢是生铁炼钢的主要方法。冶炼时，利用喷枪直接向由高炉或化铁炉提供的温度约为1250～1400℃的生铁液中吹入高压工业纯氧，在熔池内部造成强烈的搅拌，使钢液中的碳、硅、锰、磷等元素迅速氧化，并靠这些元素氧化反应所放出的大量热迅速加热钢液到1600℃以上，熔化造渣材料，从而在熔渣和铁水间发生一系列的物理化学反应，把碳氧化到一定范围，并去除铁液中的杂质元素。吹炼完毕后即可脱氧出钢。根据氧枪的安放位置，转炉炼钢方法主要可分：氧气顶吹转炉炼钢、氧气底吹转炉炼钢和顶底复吹转炉炼钢三种。氧气顶吹转炉炼钢过程如图1-6所示。

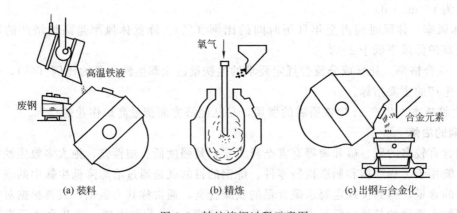

(a) 装料 　　(b) 精炼 　　(c) 出钢与合金化

图1-6 转炉炼钢过程示意图

氧气顶吹转炉炼钢工艺流程：倾倒铁水→加废钢→直立加渣料→准备吹炼→吹炼→停吹→倾倒炉渣→直立加二批渣料→继续吹炼→倾倒取样→脱氧出钢→浇铸。

氧气转炉炼钢具有冶炼周期短，脱碳速度快，仅 20min 就能炼出一炉钢；炼钢不用外加燃料；基建费用低等特点。因此，氧气顶吹转炉炼钢已成为现代冶炼碳钢和低合金钢的主要方法。

随着现代工程技术的飞速发展，对钢的质量要求也日益多样化和严格化，为了进一步提高钢的冶炼质量，针对不同类型的钢，目前已经研究出了多种类型的精炼钢的新技术，通常称为特殊炼钢技术，如电渣重熔炼钢，真空熔炼炼钢，真空自耗炉熔炼等技术。

（3）炼钢的基本过程

① 元素的氧化　炼钢的主要途径是向液体金属供氧，使多余的碳和杂质元素去除。炼钢过程可以直接向高温金属熔池吹入工业纯氧，也可以利用氧化性炉气、铁矿石和氧化铁皮供氧。

在炼钢过程中，由于各元素与氧的亲和力不同，因此各种元素的氧化是有一定顺序的。一般情况下，硅、锰先被氧化，随后是碳和磷。此外，还要受元素在钢液中浓度的影响，所以实际上氧进入熔池后首先和铁发生氧化反应。

$$2[Fe] + \{O_2\} = 2(FeO)$$

然后，(FeO) 再间接和金属中的其他元素发生氧化反应。

$$2(FeO) + [Si] = (SiO_2) + [Fe]$$
$$(FeO) + [Mn] = (MnO) + [Fe]$$
$$5(FeO) + 2[P] = (P_2O_5) + [Fe]$$
$$(FeO) + [C] = (CO) + [Fe] \quad （脱碳反应）$$

另外，还有一小部分的 Si、Mn、C 与直接吹入的氧进行氧化反应。所生成的杂质元素的氧化物及少量氧化铁进入熔渣，形成的 CO 气体被释放。

碳的氧化反应又叫脱碳反应，反应放出大量的热量，是转炉生产的主要热源之一，反应排出的 CO 气体搅动熔池，起到促进化渣传热，均匀温度和成分，加热渣铁界面的物化反应和带走有害气体氮、氢及非金属杂质等作用。

② 造渣脱磷、硫

a. 脱磷　磷是钢中有害元素。在碱性炼钢法中，磷的氧化是在炉渣-金属液界面进行的，生成的 P_2O_5 可与 CaO 形成稳定的 $(CaO)_x \cdot P_2O_5$ 型化合物，其中 x 为 3 或 4，其反应式如下。

$$2P + 5FeO + 3CaO = 5Fe + (3CaO \cdot P_2O_5) \quad （进入熔渣）$$
或　　　　$$2P + 5FeO + 4CaO = 5Fe + (4CaO \cdot P_2O_5) \quad （进入熔渣）$$

上述反应均为放热反应，因此在温度较低的炼钢初期就可以发生脱磷反应。相反，升高炉温将不利于脱磷进行；虽然渣中的 CaO 有利于脱磷反应进行，可是过高的 CaO 含量会增加渣液的黏度，亦会给脱磷重新带来不利的作用。

另外，金属液中的易氧化的杂质 Si、Mn、C 的含量也会影响脱磷过程，其含量较高时，脱磷过程将受到抑制。这是因为它们能与 FeO 相互作用使渣液中的 [O] 含量减少。其中影响最大的是 Si，其氧化物 SiO_2 还将影响炉渣的碱度而不利于脱磷。在炼钢后期，如果炉温较高，且又加入硅铁、锰铁等还原剂，这时甚至可能发生"回磷"现象，即已被氧化进入炉渣的磷会重新破还原（有如炼铁过程中磷的还原），并返回到钢液中。

b. 脱硫　硫的主要来源是从铁水、废钢和石灰石中带入的。硫和磷一样，是钢中的有害元素，因此在炼钢过程中应尽可能地将硫从钢液中除去。硫在钢中是以 [FeS] 的形式存在，它可与渣中的 CaO 在钢液和熔渣界面发生以下脱硫反应。

$$[FeS]+(CaO)\Longrightarrow(FeO)+(CaS)$$

所形成的化合物 CaS 溶于渣中，而不溶于钢液，这样硫就被排除到渣中。由于上述反应是吸热反应，因此高炉温、高碱度和大渣量有利于脱硫充分。

在炼钢过程中，溶于铁液中的一部分 [S] 还可与 [O] 发生反应，生成 SO_2 气体，排入气相之中，称此为气化脱氧。气化脱硫效果一般低于炉渣脱氧，但是在转炉炼钢中，气化脱硫可得到较好的效果。

③ 脱氧及合金化　随着金属液中碳和其他杂质元素的氧化，钢液中溶解的氧（以 FeO 形式存在）不断增多，致使钢中氧化夹杂升高，降低钢的力学性能，而且还有碍于钢液的合金化及成分控制。因此在氧化精炼末期，当钢中杂质元素被除去到规格要求后，应进行脱氧处理，脱氧后按不同钢种的成分要求和合金的回收率，向钢液中加入需要的合金元素进行合金化处理。炼钢生产中常采用的脱氧方法如下。

a. 沉淀脱氧　即向钢液中加入块状的硅铁、锰铁、铝等脱氧剂，直接与溶解于钢中的 [O] 反应，生成密度小、不溶于钢液的脱氧产物，上浮至炉渣被排除，从而达到脱氧的目的。沉淀脱氧产物如不及时排除，就会成为固态钢中的非金属夹杂物，影响钢的质量。

b. 扩散脱氧　扩散脱氧主要应用于电弧炉炼钢。在电弧炉炼钢还原期，渣中含 FeO 很少，钢液中的氧会按下列反应进入渣中：$[Fe]+[O]\longrightarrow(FeO)$，这称为扩散脱氧。要使扩散脱氧不断进行，就要分期分批向渣中加入脱氧剂（常用硅铁粉、炭粉、电石粉，某些合金钢还用铝粉、硅钙粉等强脱氧剂）使渣中保持很低的 FeO 含量。扩散脱氧的产物不沾污钢液，因而是冶炼优质钢中较好的脱氧方法。其缺点是反应速度慢，需时间较长，致使炉衬受高温炉渣侵蚀较严重。

c. 真空脱氧　真空脱氧是在低压下用钢液中含有的碳脱氧，使钢液中碳氧反应更加完全而进行的脱氧反应。其优点是：脱氧产物是气体，不会形成非金属夹杂物，CO 气泡上浮，搅拌熔池，有利于去氮去氢。在常压下不能再进行碳氧反应的钢水，在真空下则可继续进行碳氧反应，使氧减少到更低的数值，而碳的减少值则为氧的下降值的 3/4。真空脱氧在真空熔炼或钢液真空处理过程中进行。

按脱氧程度，钢可分为：经过充分脱氧处理的镇静钢；未经完全脱氧处理的沸腾钢；介于镇静钢与沸腾钢之间的半镇静钢。

（4）炉外精炼

炉外精炼是将转炉、平炉或电炉中初炼过的钢液移到另一个容器中进行精炼的炼钢过程，也叫"二次炼钢"。炼钢过程因此分为初炼和精炼两步进行：初炼，炉料在氧化性气氛的炉内进行熔化、脱磷、脱碳和主合金化；精炼，将初炼的钢液在真空、惰性气体或还原性气氛的容器中进行脱气、脱氧、脱硫，去除夹杂物或改变其形态；调整和均匀钢液的成分和温度；添加特殊元素进行成分微调以及细化晶粒等。这样将炼钢分两步进行，可提高钢的质量，缩短冶炼时间，简化工艺过程并降低生产成本。

现有的炉外精炼方法有很多，其中最主要的有：合成渣洗、钢包吹氩、喷吹粉料、真空处理和钢包精炼等。

（5）钢的浇铸

钢的浇铸就是把在炼钢炉中熔炼和炉外精炼所得到的合格钢液，经过盛钢桶及中间浇包等浇铸设备注入到一定形状和尺寸的钢锭模或结晶器中，使之凝固成钢锭或钢坯的过程。钢的浇铸工艺是炼钢生产过程中的最后一道工艺，钢锭（坯）是炼钢生产的最终产品。因此钢的浇铸工艺也是控制钢的冶金质量及生产成本的重要环节。

浇铸过程既是一个钢液凝固的物理过程，又同时发生若干化学变化。此外，浇铸操作又要求在相当短的时间内完成。对不同的钢种，应在规定的温度下开始浇铸，在钢液具有足够的流动性之前结束。因此，浇铸是个复杂而又要求准确、迅速进行的操作过程。

目前采用的浇铸方法，有模铸法和连铸法两种。

① 模铸法　是传统的铸锭方法，产品为钢锭，已有一百多年历史，已趋于淘汰。

② 连铸法　是 20 世纪 50 年代发展起来的浇铸方法，它能直接得到一定断面形状的铸坯，大大简化了由钢液到钢坯的生产工艺和设备，并为炼钢生产的连续化、自动化创造了条件。

1.3　有色金属冶金

现代有色金属冶金生产，按所采用的工艺流程可大致划分为全火法流程、湿法流程、火法-湿法联合流程三大类。

1.3.1　全火法流程

全火法流程是指从金属矿的粗炼到金属精炼的全过程全部采用的是火法冶金技术。多年以来，有色重金属铜、镍、铅、锌、锡、汞等的生产就是以全火法流程为主，由焙烧、熔炼到精炼为成品都是在高温下进行的。由于温度高，反应速度快，设备单位容积的处理量大，金属的生产成本比较低，并且经过历年的改进，逐步实现了机械化、自动化、连续化和大型化。另外，火法冶金未受到环境法规的限制，所以仍在持续地发展。但全火法流程不容易实现矿物原料中贵金属的全面回收和其他伴生金属的综合利用，所以纯火法产出的粗金属大都还要采用电解或其他湿法工艺，这样就形成子火法-湿法联合流程。

1.3.2　全湿法流程

全湿法流程是指从选矿到金属的提纯全过程全部采用的是湿法冶金技术。全湿法流程主要针对的是那些不适用火法冶金的氧化矿物原料及海水、废水、废渣、选矿尾矿所含的有色金属的冶炼与提取，例如低品位氧化铜矿、铜矿山的废矿堆、浮选尾矿、含铜矿水等不适合火法炼钢的矿物的冶金。据估计世界范围内，此类方法所生产的铜，年产约占总产量的15%。近年来，以硫化铜精矿为原料采用强氯化剂可使精矿的铜转化为可溶性的硫酸铜，同时使硫还原为元素硫，从而出现了许多种全湿法流程，如常压酸浸出法、高压氧浸出法、二氯化铁浸出法、重铬酸盐浸出法以及细菌浸出法等。如果按照湿法炼锌那样，也可把铜精矿的焙烧-浸出-电解视为全湿法流程。目前湿法炼锌的生产能力已达世界锌产量的80%。轻金属冶金中的铝电解，由海水炼镁、用硫化法浸出炼锑以及黄金生产中普遍采用的氰化法工艺，都可以说是全湿法流程。

1.3.3　火法-湿法联合流程

火法-湿法联合流程是在冶金过程中采用火法冶金与湿法冶金相配合的方法，以充分发挥各自的优点，避免其不足。

对于有色金属的冶金，采用火法冶金处理的主要为硫化矿。因为一般需要首先在高温条件下脱硫和造渣。但是从经济角度考虑，矿物原料中的脉石成分不应太多，一般要通过选矿富集为有一定品位的精矿。然而湿法冶金则不同，它既能处理富集的氧化矿物（锌焙烧矿），也能处理原生的氧化矿（如南美智利的氧化铜矿），此外，湿法工艺可以利用已在化工领域发展起来的许多新技术和新方法，因而两者配合起来可充分发挥各自优势，现已形成现代有色提取冶金中广泛采用的工艺流程。这种流程大都是先经过脱硫焙烧、造锍熔炼、吹炼、烧结焙烧、还原熔炼等火法过程产出粗金属或其他半成品，然后采用浸出、净化、溶剂萃取、电解等湿法过程获得纯金属或其他工业原料。在这种联合流程中火法和湿法是前后紧密衔接、相辅相成的。例如重金属冶金中的电工铜、电工铅、镍、钴生产；轻金属冶金中的联合法生产氧化铝，由菱镁矿生产金属镁等，都是这种流程。在高熔点稀有金属冶金中，锆、钛等的生产所采用的工艺大多也是火法-湿法联合流程。

有关有色金属的冶金工艺流程方式的选择，固然考虑技术上的可能性和经济上的合理性是重要的，但是还必须符合环境保护的要求，从此角度考虑，火法冶金虽然耐处理硫化矿具有效率高，能耗少，有利于富集其中的贵金属，但毕竟不如湿法冶金流程容易解决环境污染和劳动保护问题。所以，湿法冶金工艺流程更值得重视。

1.4　典型有色金属冶金

1.4.1　铜、镍的造锍冶炼

铜、镍矿大多为硫化物矿，而且多数情况下还是两者的共生矿，因此，铜与镍的火法冶炼属于同一类型。

火法炼铜（镍）一般是将铜（镍）矿（或其焙砂、烧结块等）和熔剂一起在高温下熔化成粗铜（镍），或者先将铜（镍）矿（或其焙砂、烧结块等）和熔剂炼成以铜（镍）及铁、硫为主体的冰铜（冰镍）熔体（此过程通常称为造锍），然后再吹炼成粗铜（镍）。火法炼铜的工艺流程主要包括造锍、吹炼、火法精炼及电解精炼四部分。

下面以铜的冶炼工艺流程为例进行分析。

（1）造锍

硫化矿火法炼铜的第一步是造锍，所得产物主要由 Cu_2S 和 FeS 组成，有 Fe_3O_4、Au、Ag、Sb、As、Bi、Se、Fe 以及 ZnS、PbS、Ni_3S_2 等物质，习惯称其为冰铜。

造锍炼钢所用设备有：反射炉、密闭鼓风炉和闪速熔炼炉。

（2）冰铜的吹炼

冰铜为 Cu-Fe-S 体系，吹炼便是将冰铜转变为粗铜，即氧化除去冰铜中的铁和硫以及其中的一部分杂质。在此氧化过程中金属硫化物被氧化成金属是分两步进行的。

第一步
$$MS + \frac{3}{2}O_2 = MO + SO_2$$

第二步
$$2MO + MS = 3M + SO_2$$

吹炼是周期性作业，每个周期又分两个阶段，即造渣期和造粗铜期。全周期都是通过风口鼓风去完成的。造渣期为冰铜中的硫化亚铁氧化生成氧化亚铁和二氧化硫，再将氧化亚铁与加入的石英熔剂造渣除去，直至获得含铜量 75% 以上和含铁量千分之几的白冰铜为止。所谓白冰铜，即是成分接近 Cu_2S 的熔体。造粗铜期是将 Cu_2S 在不加熔剂的情况下继续吹炼成粗铜。

造渣期的基本反应为
$$2FeS + 3O_2 = 2FeO + 2SO_2$$
$$2FeO + SiO_2 = 2FeO \cdot SiO_2$$

造粗铜期的基本反应为
$$Cu_2S + 2Cu_2O = 6Cu + SO_2$$

（3）粗铜的火法精炼

粗铜中含有各种杂质和金、银等贵金属，其总量可达 $0.4\%\sim2\%$。它们不仅影响铜的物理化学性质和用途，而且有必要把其中某些有价值的金属提取出来，以达到综合回收的目的。粗铜火法精炼为周期性作业，过程多在反应炉内进行。按过程物理化学变化特点和操作程序，每周期基本包括熔化、氧化、还原和洗铸四个阶段，其中氧化和还原为主要阶段。

氧化阶段中，铜首先氧化：$4Cu+O_2 = 2Cu_2O$。生成的 Cu_2O 立即溶于铜液中，再与活性杂质元素（M'）接触的情况下杂质可以还原 Cu_2O 中的 Cu：$[Cu_2O]+[M'_2]=2[Cu]+(M'_2O)$。氧化阶段的基本原理，在于铜中多数杂质对氧的亲和力都大于铜对氧的亲和力，且杂质氧化物在铜中的溶解度很小，可扒渣除去。

还原阶段中，还原剂可选天然气、氨、液化石油气、丙烷等，在我国一般采用重油。重油的主要成分为各种碳氢化合物，高温下分解为氢和炭，而炭燃烧为 CO，所以重油还原实际上是氢和一氧化碳对氧化亚铜还原。

$$Cu_2O+H_2 = 2Cu+H_2O$$
$$Cu_2O+CO = 2Cu+CO_2$$

（4）铜的电解精炼

火法精炼产出的精铜品味一般铜的质量分数为 $99.2\%\sim99.7\%$，其中还含有 $0.3\%\sim0.8\%$ 杂质。为了提高铜的性能，使其达到各种应用的要求，同时回收其中的有价金属，特别是贵金属、铂族金属和稀有金属，必须进行电解精炼。

铜的电解精炼是以火法精炼产出的精铜为阳极，以电解产出的薄铜作阴极，以硫酸铜和硫酸的水溶液作电解液。在直流电的作用下，阳极铜进行电化学溶解，纯铜在阴极上沉积，杂质则进入阳极泥和电解液中，从而实现了铜与杂质的分离，获得高品位精铜。

1.4.2　铝冶金

1886 年通过在冰晶石熔体中电解氧化铝制取金属铝的方法实验成功，1887 年拜耳发明了生产氧化铝的拜耳法，这些发明奠定了现代铝工业的基础。至今，冰晶石-氧化铝熔盐电解法仍是工业生产金属铝的唯一方法。

（1）氧化铝生产

生产氧化铝的矿物原料是铝土矿，生产方法可以大致分为碱法、酸法和电热法，但在工业上得到应用的只有碱法。碱法生产氧化铝有拜耳法、烧结法，也有采用拜耳-烧结联合法生产的。

① 拜耳法生产氧化铝　拜耳法是直接利用含有大量游离苛性碱的循环母液处理铝土矿，溶出其中的氧化铝得到铝酸钠溶液，并用加氢氧化铝种子（晶种）分解的方法（简称种分法），使铝酸钠溶液分解析出氢氧化铝结晶。析出的氢氧化铝经沉淀、过滤、洗涤、干燥，再经煅烧得到氧化铝。剩余的母液经蒸发后返回，继续用于溶出铝土矿。此法的基本流程及化学反应如下。

a. 铝土矿的溶出过程及反应

ⓐ 对三水铝石型铝土矿　$Al(OH)_3+NaOH \xrightarrow{>100℃} NaAl(OH)_4$

ⓑ 对一水软铝石型铝土矿　$Al(OH)_3+NaOH+H_2O \xrightarrow{\gg200℃} NaAl(OH)_4$

ⓒ 对一水硬铝石型铝土矿

$$AlOOH+NaOH+Ca(OH)_2+H_2O \xrightarrow{>240℃} NaAl(OH)_4+Ca(OH)_2$$

b. 铝酸钠溶液晶种分解反应

$$Al(OH)_4^-+xAl(OH)_3（晶种）\longrightarrow (x+1)Al(OH)_3（结晶）+4OH^-$$

呈微粒的氢氧化铝（$<10\mu m$），在空气中加热时于 130℃ 开始脱水，并按下列过程转变

为 $\alpha\text{-}Al_2O_3$，即

$$Al_2O_3 \cdot 3H_2O \xrightarrow{225℃} Al_2O_3 \cdot H_2O \xrightarrow{500\sim550℃} \gamma\text{-}Al_2O_3 \xrightarrow{900\sim1200℃} \alpha\text{-}Al_2O_3$$

拜耳法比较简单，能耗低，产品质量高，成本低，但只限于处理较高品味的铝土矿（A/S 比值应大于 7）。

② 烧结法生产氧化铝　烧结法是在铝土矿中配入石灰石（或石灰）、纯碱（Na_2CO_3）及含大量 Na_2CO_3 的提取氧化铝后的剩余母液，在高温下烧结得到含有固态铝酸钠的熟料，用水或稀碱溶液溶出熟料，得到经脱硅净化的铝酸钠溶液，用碳酸化分解法（向溶液中通入二氧化碳气）使溶液中的氧化铝成分以氢氧化铝形式结晶析出（简称碳分法）。取母液再直接或经蒸发后返回，继续用于配制生料浆。

烧结法的主要工艺过程有：生料配料和烧结、熟料溶出、粗液脱硅、碳酸化分解、氢氧化铝煅烧、碳分母液蒸发等。

碱石灰烧结法中存在的主要化学反应如下。

a. 溶出过程的反应

$$Na_2O \cdot Al_2O_3（固）+4H_2O \longrightarrow 2Na^+ + 2Al(OH)_4^-$$

b. 铝酸钠溶液的碳分过程反应

$$2NaOH + CO_2 \longrightarrow Na_2CO_3 + H_2O$$
$$NaAl(OH)_4 \longrightarrow Al(OH)_3 + NaOH$$

碱-石灰烧结法工艺较复杂，能耗高，产品质量和成本不及拜耳法，但它可以处理低品位的铝土矿（A/S 比值应大于 3.5）。

（2）铝电解

现代铝工业生产，主要采用冰晶石-氧化铝融盐电解法。直流电瓶通入电解槽，在阴极和阳极上起电化学反应。电解产物，阴极上是铝液，阳极上是 CO_2 和 CO 气体。铝液用真空抬包抽出，经过净化和澄清之后，浇铸成商品铝锭，其质量分数达到 99.5%～99.8%。阳极气体中还含有少量有害的氟化物和沥青烟气，经过净化之后，废气排入大气，收回的氟化物返回电解槽，电解过程中的阴极、阳极反应如下。

阴极　　　　　　　　Al^{3+}（络合的）$+3e^- \longrightarrow Al$
阳极　　　　　　　　$2O^{2-} + C - 4e^- \longrightarrow CO_2$
总反应　　　　　　　$2Al_2O_3 + 3C \longrightarrow 4Al + 3CO_2$

（3）铝的电解精炼

工业铝电解槽中产出的原铝，由于受所用原料（氧化铝）、熔剂（冰晶石＋氟化铝）与材料（炭阳极和炭阴极）中所含杂质的影响，其纯度一般为 99.5%～99.8% 的精铝，则需要把原铝加以电解精炼，所用电解质仍为融盐。

铝的电解精炼所依据的原理是：在阳极合金的各种金属元素中，只有铝在阴极析出。

① 阳极反应　阳极合金中，如铜、铁、硅等比铝不活泼的金属元素，并不从阳极上溶解，仍然残留在合金内，如钙、镁、钠之类比铝更活泼的金属元素，虽然同铝一起溶解出来，生成相应的离子进入电解液内，但它们并不在阴极上析出。因此，阳极上的溶解反应是

$$Al \longrightarrow Al^{3+} + 3e^- \qquad\qquad Ca \longrightarrow Ca^{2+} + 2e^-$$
$$Mg \longrightarrow Mg^{2+} + 2e^- \qquad\qquad Na \longrightarrow Na^+ + e^-$$

② 阴极反应　迁往阴极的各种阴离子当中，铝的电极电位比较正，故 Al^{3+} 优先在阴极上析出，而原铝中所含的杂质则少，因此达到精炼的目的。

1.4.3 钨冶金

钨属于难熔金属，因此，金属钨的冶金是采用粉末冶金法。其工艺流程分钨精矿处理、三氧化钨生产及钨粉制取三阶段。

(1) 钨精矿处理

钨精矿分黑钨矿（$FeWO_4$、$MnWO_4$）与白钨矿（$CaWO_4$）两类，并且其处理方法有多种。

① 苏打烧结结法　苏打烧结是分解黑钨精矿和白钨精矿常用的方法。

a. 黑钨精矿的苏打烧结　是在有氧存在下，发生如下反应。

$$2FeWO_4 + 2Na_2CO_3 + \frac{1}{2}O_2 = 2Na_2WO_4 + Fe_2O_3 + 2CO_2 \uparrow$$

$$3MnWO_4 + 3Na_2CO_3 + \frac{1}{2}O_2 = 3Na_2WO_4 + Mn_3O_4 + 3CO_2 \uparrow$$

反应在 $800 \sim 900℃$ 下于有黏土砖衬里的回转窑中进行。

b. 白钨精矿的苏打烧结　分解过程主要有如下反应。

$$CaWO_4 + Na_2CO_3 + SiO_2 = Na_2WO_4 + CaSiO_3 + 2CO_2 \uparrow$$

苏打烧结法的特点是：用同样的设备和大致相同的工艺条件，既可处理黑钨精矿，又可处理白钨精矿。

② 碱液分解黑钨精矿　苛性钠（NaOH）溶液分解黑钨精矿（$FeWO_4$ 及 $MnWO_4$）发生如下反应。

$$FeWO_4 + 2NaOH = Na_2WO_4 + Fe(OH)_2$$

$$MnWO_4 + 2NaOH = Na_2WO_4 + Mn(OH)_2$$

此反应是在带有搅拌器的钢制搅拌槽中进行。

③ 白钨精矿苏打溶液压煮法　用苛性钠溶液分解白钨精矿（$CaWO_4$）是不适宜的，但用苏打溶液分解则是可行的，其反应为

$$CaWO_4 + Na_2CO_3 = Na_2WO_4 + CaCO_3 \downarrow$$

反应在高压浸出釜中进行，故称压煮法。

以上几种碱法分解精矿后均需浸出，得到钨酸钠溶液，但此时溶液中杂质含量较高，需经进一步处理，以除去杂质，并将钨酸钠溶液转变为钨酸沉淀或重钨酸铵结晶。

④ 白钨精矿的酸分解法　白钨精矿的酸分解法是在 $90 \sim 100℃$ 下，用浓盐酸处理精矿，发生如下反应。

$$CaWO_4 + 2HCl \rightleftharpoons H_2WO_4 + CaCl_2$$

此操作是在带有蒸汽夹套和搅拌器的耐酸槽中进行。

盐酸分解后，用耐酸过滤器过滤出粗钨酸，并用水洗涤。所得粗钨酸含有很多杂质，如硅酸、钼酸、钙盐、铁盐、铝盐、锰盐、磷化物、砷化物、未分解的精矿等杂质，总含量可达 3% 左右，因此需作进一步处理，才可送下一道工序。

(2) 三氧化钨的生产

三氧化钨是由钨酸或重钨酸铵焙烧分解制得。钨酸能在 $500℃$ 下完全脱水变成三氧化钨。而重钨酸铵 $[(NH_4)_2O \cdot WO_3 \cdot H_2O]$ 在超过 $250℃$ 时即能完全分解，其反应如下。

$$H_2WO_4 \longrightarrow WO_3 + H_2O \uparrow$$

$$5(NH_4)_2O \cdot 12WO_3 \cdot nH_2O \longrightarrow 12WO_3 + 10NH_3 \uparrow + (n+5)H_2O \uparrow$$

由重钨酸铵制取三氧化钨的粒度，一般比由钨酸制得的要粗些。工业上钨酸和重钨酸铵的焙解作业是在管状回转式电炉中进行的。

（3）金属钨的生产

生产金属钨的方法是将钨化合物在远低于钨的熔点温度条件下还原成钨粉。随后用粉末冶金法将钨粉做成致密的金属钨。

在工业上，主要是用氢气还原三氧化钨生产钨粉。用此法生产的钨粉适合于生产致密金属、硬质合金和多种钨合金。用氢还原三氧化钨是由如下四个反应步骤完成的。

$$WO_3 + 0.1H_2 \longrightarrow WO_{2.9} + 0.1H_2O$$
$$WO_{2.9} + 0.18H_2 \longrightarrow WO_{2.72} + 0.18H_2O$$
$$WO_{2.72} + 0.72H_2 \longrightarrow WO_2 + 0.72H_2O$$

总反应为

$$WO_2 + 2H_2 \longrightarrow W + 2H_2O$$
$$WO_3 + 3H_2 \longrightarrow W + 3H_2O$$

通常是将还原过程分两个阶段进行：第一阶段是由 WO_3 还原到 WO_2；第二阶段是由 WO_2 还原到钨粉。两个阶段是分开在单独的炉子中进行的。这样可使每个阶段的还原制度容易控制，提高炉子的生产率。一般第一阶段是在四管炉中进行，也可以在回转炉中进行；第二阶段常在十二管炉中或十一管炉中进行。还原得到的是金属钨的粉末材料，要制取致密材料或金属的钨制品，需继续采用粉末冶金技术获得。

炭也可以用来还原三氧化钨制取钨粉，但炭还原法却难以避免在钨粉中生成夹杂物（碳化物），不适于生产展性钨。

1.4.4 钛冶金

目前在钛冶金工业中，生产纯金属钛的主要途径是以 Mg 为还原剂，通过还原四氯化钛的方法。但是四氯化钛的生产，因所用钛矿的种类而异。如果用金红石矿（TiO_2）作原料生产四氯化钛，可以直接用氯气氯化金红石矿得到四氯化钛。对于钛铁矿来说，它是稳定的钛酸铁矿物，必须用反应能力很强的反应剂，如浓硫酸、氯气等来分解它。并且，因钛铁矿中氧化铁的含量约占一半，故还应先除铁富钛。

硫酸分解法处理钛铁矿生产的二氧化钛主要供钛白颜料和电焊条涂料等方面使用。在电炉中用铝热还原钛铁矿精矿，可生产出含（质量分数）Ti 25%～30%，Al 5%～8%、Si 3%～4%，其余为铁的富钛钛铁。

（1）钛铁矿精矿的还原熔炼

由于钛和铁对氧的亲和力不同，它们的氧化物生成自然会有较大的差异。因此经过选样性的还原熔炼，可以分别获得生铁和钛渣（TiO_2 90%～96%，质量分数）。由于富钛渣的熔点高（>1500℃），并且黏度大，所以含钛量高的铁矿石不宜在高炉中冶炼，可在电弧炉中还原熔炼。

用炭还原钛铁矿，在不同的温度范围主要有以下反应。

在 >1200℃ 时　　$FeTiO_3 + C \rlap{=}= Fe + TiO_2 + CO$

$$3TiO_2 + C \rlap{=}= Ti_2O_3 + CO$$

在 1270～1400℃ 时　$2Ti_3O_5 + C \rlap{=}= 3Ti_2O_3 + CO$

在 1400～1600℃ 时　$Ti_2O_3 + C \rlap{=}= 2TiO + CO$

钛铁矿精矿的还原熔炼，通常是在三相电弧炉中进行，用焦炭或无烟煤作还原剂。

（2）四氯化钛的生产

在有炭存在下，二氧化钛的氯化反应在较低的温度（700～900℃）下即能正常进行，主要反应为

$$TiO_2 + 2Cl_2 + C \rlap{=}= TiCl_4 + CO_2$$

$$TiO_2 + 2Cl_2 + 2C \xlongequal{\quad} TiCl_4 + 2CO$$

在粗四氯化钛中有各种杂质，如氯化物（$SiCl_4$、$SnCl_4$、$NbCl_5$、$TaCl_5$、$AlCl_3$）、氧氯化物（$TiOCl_2$、$VOCl_3$、CO_2Cl_2、$SOCl_2$）以及其他化合物（CCl_4、$COCl_2$、CCl_3COCl、$CH_2ClCOCl$、C_6Cl_6、CS_2）杂质。此外，还有固体夹杂物氧化铁、二氧化钛和炭粉等。工业上采用精馏法。利用各种氯化物沸点的差异，可以除去四氯化钛中的大部分杂质。但杂质$VOCl_3$的沸点与$TiCl_4$接近，故在精馏时应采取其他方法将钒除去，得到纯度较高的$TiCl_4$。

（3）生产金属钛

金属钛的最终提取，除前面提及的热金属镁还原四氯化钛法外，还采用热金属钠的还原法。

① 镁热还原法生产金属钛　用镁热还原法生产金属钛是在密闭的钢制反应器中进行。将纯金属镁放入反应器中并充满惰性气体，加热使镁熔化（熔点650℃），在800～900℃下，以一定的流速放入$TiCl_4$与熔融的镁反应，以下式表示。

$$TiCl_4 + 2Mg \xlongequal{\quad} 2MgCl_2 + Ti$$

实际上镁还原$TiCl_4$的历程是相继经过生成低价氯化物的中间反应过程而逐次完成的，有以下一系列的反应。

$$2TiCl_4 + Mg \xlongequal{\quad} 2TiCl_3 + MgCl_2$$
$$2TiCl_3 + Mg \xlongequal{\quad} 2TiCl_2 + MgCl_2$$
$$TiCl_4 + Mg \xlongequal{\quad} TiCl_2 + MgCl_2$$
$$TiCl_2 + Mg \xlongequal{\quad} Ti + MgCl_2$$
$$2TiCl_3 + 3Mg \xlongequal{\quad} 2Ti + 3MgCl_2$$

在900～1000℃下，$MgCl_2$和过剩的镁有较高的蒸气压，可在一定的真空度条件下将残留的$MgCl_2$和Mg蒸馏出去，获得海绵状金属钛。

② 钠热还原法生产金属钛　用钠热还原四氯化钛生产金属钛的反应，可用下式表示。

$$TiCl_4(气) + 4Na(液) \xlongequal{\quad} Ti(固) + 4NaCl(液)$$

钠还原四氯化钛可以在高于$NaCl$的熔点（801℃）温度直到低于钠的沸点（883℃）温度范围下进行。钠还原四氯化钛同样也是通过生成低价氯化钛的中间反应来完成的。

（4）钛的精炼

金属钛的精炼，目前有下述两种方法。

① 电解精炼　电解精炼钛是将含杂质的粗钛压制成棒状阳极或者是将粗钛放在阳极筐中，用碱金属氯化物（$NaCl$或$NaCl + KCl$）作电解质，并在其中溶有低价的氯化钛（$TiCl_2$、$TiCl_3$）。这种电解质可用钠或废钛在电解质溶液中还原$TiCl_4$获得。

用钢制阴极，在电解中阳极发生溶解，钛以Ti^{2+}和部分的Ti^{3+}的离子转入溶盐中，在阴极上发生低价钛离子还原成金属钛的电化学反应。

电解精炼是基于杂质元素与钛的析出电位不同，钛及其他更负电性的元素优先从阳极上溶解，以离子态进入熔盐中，而比钛更正电性的杂质元素留在阳极泥中。因此，钛在阴极上优先析出而得到纯钛。

② 碘化法精炼　钛的碘化法精炼过程可用下面的工艺流程表示：

$$Ti(固) + 2I_2(气) \xrightarrow{100\sim200℃} TiI_4(气) \xrightarrow{1300\sim1500℃} Ti(固) + 2I_2(气)$$

钛在较低温度下即能与碘作用，生成碘化钛蒸气，然后在高温的金属丝上发生分解，释放出来的碘在较低温度区重新与粗钛反应。如此循环作用，由碘将纯钛输送到金属丝上。碘化法精炼可以除去氧、氮等杂质，因为钛的氧化物和氮化物此时不能和碘反应。

第2章 常用金属材料及其制备

2.1 黑色金属介绍及其制备

2.1.1 钢铁材料介绍

2.1.1.1 碳钢和合金钢

(1) 钢的分类和编号

① 钢的分类 钢的分类方法很多，下面分别介绍几种。

按照钢中所含合金元素多少分成碳钢和合金钢两大类。碳钢中含一些 Si、Mn、P 和 S，其他合金元素可忽略。P 和 S 是有害元素，普通钢中含量较高，优质钢中含量较低。合金钢根据合金元素总量分为低合金（<5%）、中合金和高合金（>10%）。用量最大的是低合金钢。

按照用途分为结构钢（低合金结构钢、易切削钢、渗碳钢、调质钢、弹簧钢、滚动轴承钢等）、工具钢（刃具钢、模具钢和量具钢等）及其他特殊性能钢（不锈钢、耐热钢、耐磨钢等）。

按照钢中含碳量的多少分为低碳钢（<0.25%）、中碳钢和高碳钢（>0.6%）。

钢的力学性能和热处理工艺与含碳量的关系最大，如低碳钢主要用于渗碳，渗碳后进行淬火和低温回火；中碳钢属于调质钢，进行淬火＋高温回火，高碳钢采用淬火＋低温回火。基于上述原因，这里按该分类方法介绍一些典型钢种。

② 钢的编号

a. 优质碳钢 对低碳和中碳用含碳量的万分数表示：20、25、30、40、45、50、60 等。高碳碳素钢用字母 T 加含碳量的千分数表示：T7、T8、T9、T10、T11、T12。

b. 优质合金钢 对低碳和中碳合金结构钢，前两位数字表示含碳量（万分数）＋合金元素符号（合金元素含量小于 1.5% 的不加数字，否则加上整数数字）：20CrMnTi、40Cr、42CrMo 等。对高碳合金钢，含碳量>0.95% 不加标注，否则前面加含碳量（千分数表示），如 9SiCr、W18Cr4V、Cr12MoV、CrWMn 等。热作模具钢用千分数表示含碳量，如 5CrMnMo、5CrNiMo。滚动轴承钢前面加 G，Cr 含量用万分数表示，如 GCr15、GCr9、GCr15SiMn 等。

(2) 合金元素在钢中的作用

碳钢的价格低廉，容易加工，因而在机械工业中得到了广泛使用。但是，随着现代工业的发展，碳钢往往很难满足使用性能方面的要求，需要在碳钢的基础上加入合金元素形成合金钢以满足使用性能的更高要求。

① 合金元素的分类 把除 Fe、C 以外有意加入到钢中的元素叫做合金元素。根据合金元素与 C 亲和力的大小，将合金元素分成非碳化物形成元素、弱碳化物形成元素和强碳化物形成元素三类。

a. 非碳化物形成元素　这类合金元素与 C 的亲和力非常弱，不与 C 形成碳化物。钢中常加的这类合金元素有 Si、Ni、B、Al、Cu 和 Co 等，它们在钢中主要以置换固溶原子的形式存在。

b. 弱碳化物形成元素　这类合金元素与 C 的亲和力较弱，主要是 Mn 元素。弱碳化物形成元素首先固溶在基体中，含量高时一部分溶入渗碳体（Fe_3C）中置换 Fe 原子形成合金渗碳体（$Fe，Mn)_3C$。

c. 强碳化物形成元素　这类合金元素与 C 的亲和力较强，如 Cr、W、Mo、V、Ti 等。当其含量较低时置换渗碳体中的 Fe 原子形成合金渗碳体（$Fe，Me)_3C$（Me 代表合金元素）。当其含量较高时，除形成合金渗碳体外还形成合金碳化物，如 Cr_7C_3、$Cr_{23}C_6$、Fe_4W_2C、WC、W_2C、VC、MoC 等，它们的热稳定和耐磨性比渗碳体高。

② 合金元素的作用　合金元素加入到钢中可能起到多方面的作用，但是，对一种钢来说，加入合金元素的目的可能只利用其中的一个或几个作用。下面对合金元素在钢中的作用作概括性归纳总结。

a. 固溶强化和韧化　凡溶于铁素体的元素都能使其硬度和强度提高，Mn、Cr、Ni 还能使其韧性提高。

b. 形成碳化物提高强度和耐磨性　合金元素溶入渗碳体或形成合金碳化物在起到第二相强化的同时能显著提高钢的耐磨性。合金元素，尤其是强碳化物形成元素含量越高，其耐磨性越高。在高速钢 W18Cr4V 回火组织中，马氏体基体上均匀分布大量碳化物，具有优良的耐磨性。

c. 细化晶粒　W、Mo、V、Ti 等与 C 形成特殊碳化物，熔点高、硬度高，在加热时不容易溶解。形成的特殊碳化物呈细小、颗粒状的质点弥散分布在钢中，这些碳化物对奥氏体晶界起钉扎作用，强烈阻碍奥氏体晶粒长大，故合金钢在淬火加热时易获得细小的奥氏体晶粒＋未溶的碳化物质点，淬火后可获得在硬度高、强韧性好的细小马氏体的基体上弥散分布着碳化物质点的组织，从而使合金钢具有高的硬度、高的强韧性、高的耐磨性。

d. 提高钢的淬透性　钢的淬透性指钢淬火时获得马氏体的能力。钢经加热形成奥氏体后以大于某一临界速度进行冷却可以获得马氏体组织，通过回火再调整其力学性能满足使用要求。而工件的冷却速度由工件尺寸和冷却介质决定，如果工件尺寸大，冷却速度慢，达不到临界冷却速度，结果得不到马氏体。在钢中加入合金元素，减小钢的临界冷却速度，这样即使冷却速度慢，也超过了临界冷却速度，也能得到马氏体。除 Co 以外的合金元素都能提高钢的淬透性，并且合金元素含量越高，淬透性越好。当然，合金元素必须溶入奥氏体中才能提高淬透性。如果以碳化物形式存在，不仅不能提高淬透性，反而会使淬透性降低。

e. 提高回火稳定性　合金元素能推迟淬火钢在回火过程中的马氏体分解和残余奥氏体的转变，提高了铁素体的再结晶温度，使碳化物不易聚集长大。因此，合金元素提高了钢对回火的软化抗力，即提高了回火稳定性。

f. 产生二次硬化　钢中含有较多的强碳化物形成元素（如 W、Mo、V 等）时，淬火后的残余奥氏体十分稳定，加热至 500～600℃仍不分解，而后在回火冷却过程中部分转变成马氏体，反而使钢的硬度上升；此外，在此温度下回火钢中将沉淀析出这些元素的特殊碳化物并呈弥散分布，致使回火后钢的硬度不但不降反而再增加——"二次硬化"，具有红硬性。高速钢是典型的具有二次硬化钢。

g. 抑制第二类回火脆性　钢在 250～350℃与 550～650℃两个温度范围内回火时使钢的韧性显著降低的现象称为回火脆性。前者称为第一类回火脆性，后者称为第二类回火脆性。

第一类回火脆性在各种钢中都不同程度的存在，而第二类回火脆性主要出现在加有 Cr、Mn、Ni、Si 等合金元素的合金结构钢中。产生回火脆性的原因是回火后慢冷时 Cr、Mn 等合金元素以及钢中的杂质元素 P、Sb、Sn 等向原奥氏体晶界偏聚。防止第二类回火脆性的方法有两种：回火后快速冷却或在钢中加入 W、Mo 等合金元素抑制这些元素向奥氏体晶界偏聚。对多数淬透性较低的合金钢采用快冷的方法防止第二类回火脆性，而对于淬透性好的钢采用加入合金元素的方法抑制第二类回火脆性，因为大型零件即使在水中冷却，冷却速度也慢，不足以防止第二类回火脆性。

2.1.1.2　铸铁和铸钢

（1）铸铁

铸铁是碳含量大于 2.11% 的铁碳合金。工业上常用的铸铁成分中一般都含有 C、Si、Mn、P、S 等元素。为了提高铸铁的性能，有时添加一定量的 Cr、Ni、Cu、Mo 等合金元素。铸铁生产工艺简单，成本低廉，并且具有优良的铸造性能、切削加工性能、耐磨性能和消振性能，因此，铸铁广泛应用于机床、汽车、拖拉机等机械制造领域以及冶金、矿山行业与交通运输部门。

① 铸铁的成分、组织和性能特点　与碳钢相比，铸铁的化学成分中除了含有较高的 C、Si 等元素外，而且含有较多的 P、S 等杂质，在特殊性能铸铁中，还含有一些合金元素，这些元素含量的不同，将直接影响铸铁的组织和性能。

铸铁中的碳主要以石墨（G）的形式存在，所以铸铁的组织是由基体和石墨组成。铸铁的基体有铁素体、珠光体、铁素体加珠光体三种，它们都是钢中的基体组织。因此，铸铁的组织特点可以看作是在钢的基体上分布着不同形态的石墨。

铸铁的力学性能主要取决于基体组织及石墨的数量、形状、大小和分布。石墨的硬度仅为 3～5HBS，抗拉强度约为 20MPa，伸长率接近于零，故分布于基体上的石墨可视为空洞或裂纹。由于石墨的存在，减少了铸件的有效承载面积，且受力时石墨尖端处产生应力集中，大大降低了基体强度的利用率。因此，铸铁的抗拉强度、塑性和韧性都比碳钢低。

另一方面，石墨的存在使铸铁具有了一些碳钢所没有的性能，如良好的耐磨性、减振性、低的缺口敏感性以及优良的切削加工性能。此外，铸铁的成分接近共晶成分，因此铸铁的熔点低（约为 1200℃ 左右），液态流动性好，且石墨结晶时产生体积膨胀，从而导致铸铁在铸造时收缩率低，其铸造性能优于碳钢。

② 铸铁中石墨的形成　铸铁中的碳主要有两种存在形式，即渗碳体（Fe_3C）和石墨（G）。渗碳体是亚稳定相，在一定条件下可分解为铁和石墨，而石墨是稳定相。因此，由于条件的不同，实际上铁碳合金存在两种相图，即亚稳定的 Fe-Fe_3C 相图和稳定的 Fe-G 相图，放在一起就得到铁碳合金双重相图（图 2-1）。

在铁碳合金双重相图中，实线所示为亚稳定的 Fe-Fe_3C 相图，虚线所示为稳定的 Fe-G 相图。两者的主要区别为：Fe-G 相图中的 EC 线和 PS 线均上移，对应温度分别为 1154℃ 和 738℃（原来为 1148℃ 和 727℃）；E、C、S 点碳含量均相应减小，分

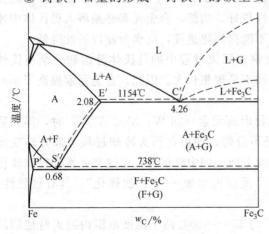

图 2-1　铁碳合金双重相图

别为 2.08%、4.26%、0.68%（原来为 2.11%、4.30%、0.77%）。

铸铁组织中石墨的形成过程称为石墨化过程。碳含量为 2.5%~4.0% 的铸铁石墨化过程可分为三个阶段。

第一阶段是在 1154℃ 时通过共晶反应形成石墨。

$$L_{C'} \longrightarrow A_{E'} + G$$

第二阶段是在 1154~738℃ 范围内冷却过程中自奥氏体中不断析出二次石墨。

第三阶段是在 738℃ 时通过共析反应形成石墨。

$$A_{S'} \longrightarrow F_{P'} + G$$

由于高温下原子的扩散能力强，所以第一阶段和第二阶段的石墨化过程较易进行，而第三阶段的石墨化过程，因温度较低，扩散条件差，有可能部分或全部被抑制，于是铸铁结晶后可得到三种不同的组织，即 F+G、F+P+G、P+G。

铸铁石墨化程度受许多因素影响，其中铸铁的化学成分和浇铸时的冷却速度是两个主要的因素。

铸铁中的 C 和 Si 是促进石墨化的元素，它们的含量越高，石墨化过程越容易进行，析出的片状石墨越多越粗大；反之，石墨越少越细小。除了 C 和 Si 外，铸铁中的 Al、Cu、Ni、Co 等合金元素也会促进石墨化，而 S 及 Mn、Cr、W、Mo、V 等碳化物形成元素则会阻止石墨化。

铸件的冷却速度主要取决于浇铸温度、铸型材料和铸件壁厚。浇铸温度越高，采用砂型铸造，铸件壁厚越大时，冷却速度越慢，即过冷度越小，越有利于原子的扩散，对石墨化越有利。反之，当铸件冷却速度较快时，不利于石墨化过程的进行，碳可能以渗碳体的形式存在，甚至出现白口。

③ 铸铁的分类

a. 按石墨化程度分类　根据结晶过程中石墨化过程进行的程度，铸铁可分为白口铸铁、灰口铸铁和麻口铸铁。

白口铸铁是第一阶段~第三阶段的石墨化过程全部被抑制，完全按照 Fe-Fe₃C 相图进行结晶而得到的铸铁，其中的碳几乎全部以 Fe₃C 形式存在，断口呈银白色。此类铸铁中含有大量莱氏体，硬而脆，切削加工较困难，主要用作炼钢原料。

灰口铸铁是第一阶段、第二阶段的石墨化过程充分进行而得到的铸铁，其中的碳主要以石墨形式存在，断口呈灰暗色。此类铸铁是工业上应用最多最广的铸铁。

麻口铸铁是第一阶段的石墨化过程部分进行而得到的铸铁，其中一部分碳以石墨形式存在，另一部分碳以 Fe₃C 形式存在，其组织介于白口铸铁和灰口铸铁之间，断口黑白相间构成麻点。此类铸铁硬而脆，切削加工困难，工业上使用较少。

b. 按石墨形态分类　根据石墨存在形态的不同，铸铁可分为灰铸铁、可锻铸铁、球墨铸铁和蠕墨铸铁。

灰铸铁中的石墨呈片状，其力学性能较差，但生产工艺简单，成本低廉，工业上应用最广。

可锻铸铁中的石墨呈团絮状，其力学性能好于灰铸铁，但生产工艺较复杂，成本高，故只用来制造一些重要的小型铸件。

球墨铸铁中的石墨呈球状，其力学性能较好，生产工艺比可锻铸铁简单，故得到广泛应用。

蠕墨铸铁中的石墨呈短小的蠕虫状，其强度和塑性介于灰铸铁和球墨铸铁之间，但铸造性、耐热疲劳性比球墨铸铁好，因此可用来制造大型复杂的铸件以及在较大温度梯度下工作的铸件。

（2）铸钢

铸钢是含碳量少于 2.11% 的铁碳合金。钢中硅、锰、磷、硫等元素一般较铸铁少。铸钢的主要优点是力学性能高，特别是塑性和韧性比铸铁高得多，焊接性能良好，适于铸焊联合工艺制造重型机械。但铸造性能、减振性和缺口敏感性都比铸铁差。

铸钢主要用于制造承受重载荷及冲击载荷的零件，如铁路车辆上的摇枕、侧架、车轮及车钩，重型水压机横梁，大型轧钢机机架、齿轮等。铸钢产量占铸件总产量的 15%。

常用铸钢包括碳素铸钢、合金铸钢、高合金铸钢。

① 碳素铸钢　在我国早期的国家标准中，以钢的含碳量作为分级的标准，根据含碳量不同，碳素铸钢分为三类：含碳量小于 0.25% 的为低碳钢，含碳量在 0.25%～0.60% 之间的为中碳钢，含碳量大于 0.60% 的为高碳钢。

1989 年颁布的"一般工程用铸造碳钢的标准（GB 5676—89）"将铸造碳钢按室温机械性能分为 5 个牌号，即 ZG200-400、ZG230-450、ZG270-500、ZG310-570 和 ZG340-640。对钢中的基本化学成分只规定其质量分数的上限，对钢中残余合金元素的限制比较宽。

② 合金钢铸钢　为了改善和提高铸钢的某些性能，在铸钢中加入一种或几种合金元素，即成为合金铸钢。按照加入合金元素的含量不同，合金铸钢可分为三类：合金元素含量低于 5% 的为低合金铸钢，合金元素含量在 5%～10% 之间的为中合金铸钢，合金元素含量大于 10% 的为高合金铸钢。在机械制造中，常用的合金元素有锰、铬、镍、硅、钼。

2.1.2 钢铁材料制备

金属熔炼是钢铁材料制备的主要工艺过程之一，钢铁零件的质量和性能与该过程密切相关。其主要内容包括熔炼设备，冶金原理及熔炼工艺等方面。

2.1.2.1 铸钢的熔炼

（1）铸钢熔炼的目的和要求

铸钢熔炼的目的和要求包括以下四个方面：①降低钢液中的有害元素硫和磷，使其含量降低到规定限度以下；②清除钢液中的非金属夹杂物和气体，使钢液纯净；③将钢液中的硅、锰和碳（冶炼合金钢时，还包括有合金元素）的含量控制在规定范围以内；④将炉料熔化成钢液，并提高其过热温度，保证浇铸的需要。

（2）铸钢熔炼的方法

铸钢熔炼主要用电弧炉，电弧炉冶炼的主要方法有氧化法、不氧化法和返回吹氧法三种，一般以有无氧化期来区分氧化法和不氧化法，而返回吹氧法是介于两者之间的一种冶炼方法，该法既有氧化期，但又不具有氧化期的全部任务，同时要进行预还原才进入还原期。

① 氧化法　氧化法是指包含熔化期、氧化期、还原期三个阶段的冶炼方法，其主要特点是具有氧化期和还原期的全部任务。其任务分述如下。

a. 熔化期　熔化期的主要任务是使炉料迅速熔化。

在通电至炉料全部熔化的过程中，还要接松电极、吊换渣包、清理修补出钢槽、堵塞出钢口、准备各种工具和材料及打扫场地等工作。熔化期占整个冶炼时间的一半以上。

b. 氧化期　氧化期的主要任务是脱磷、去气、去夹杂。

当炉料全部熔化，温度合适（一般为 1570℃时），通过供氧脱碳，使钢水沸腾，气体和夹杂上浮，并使钢液中的磷下降。同时要升温至出钢温度以上，控制好终点碳及对部分合金元素进行调整。

c. 还原期　还原期的主要任务是脱氧、脱硫、调整温度、调整成分。

氧化法冶炼的钢水质量最好，且适用范围最广，几乎所有钢种都可以用氧化法冶炼。

② 不氧化法　不氧化法是一种没有氧化期，而只有熔化期、还原期的一种冶炼方法。其主要特点是没有氧化期，一般不供氧，因此不能脱磷。装料时各元素成分按下限或略低于下限配制，炉料全部熔化后，只要达到温度要求，就可还原，调整成分出钢。

不氧化法适宜冶炼合金成分较高的合金钢，含铝、钛、硼等易氧化元素成分较高的钢种必须采用不氧化法冶炼。

③ 返回吹氧法　返回吹氧法是一种利用返回料回收合金元素并通过吹氧脱碳去气和除杂，从而保证钢的性能要求的冶炼方法。返回吹氧法一般适用于不锈钢和高速钢等。

2.1.2.2　铸铁的熔炼

熔炼铁液是生产铸铁件的重要环节。铸件质量包括内在质量、外观质量以及是否形成缺陷等，这些都与铁液方面的因素有直接的关系。

铁液的流动性、薄壁和结构复杂铸件的成型性以及冷隔缺陷等受铁液温度的影响，而熔炼的铁液化学成分是否符合要求，则对铸件的机械性能有直接的影响。铁液中的气体和非金属夹杂物含量不仅影响铸铁的强度和铸件的致密度，而且还与铸件形成气孔、裂纹等缺陷有关。

（1）冲天炉熔炼

在冲天炉底焦燃烧产生炉气的作用下，炉料熔化形成金属液滴和炉渣，金属液滴在下落过程中与炉气、焦炭、炉渣相互作用，金属的化学成分也发生变化。熔炼过程的核心是焦炭燃烧，因此，控制焦炭的燃烧反应是冲天炉熔炼的关键。

在熔炼较高质量要求的铸铁时，常采用冲天炉-电弧炉双联熔炼法或冲天炉-感应电炉双联熔炼法，以充分利用冲天炉熔化效率较高、电弧炉和感应电炉对铁液过热能力强及化学成分控制容易的优点。

（2）感应电炉熔炼

与冲天炉熔炼相比，感应电炉熔炼的优点是熔炼过程中不会有增碳和增硫现象，而且熔炼过程可以造渣覆盖铁液，在一定程度上能防止铁液中硅、锰及合金元素的氧化，并减少铁液从炉气中吸收气体，从而使铁液比较纯净。这种熔炼方法的缺点是电能耗费大。

感应电炉适用于熔炼高质量灰铸铁、合金铸铁、球墨铸铁及蠕墨铸铁等。无芯感应电炉能够直接熔化固体炉料，而且开炉及停炉比较方便，适合于间断性生产条件。有芯感应电炉开炉及停炉不便，适合于连续性生产。这种炉子熔化固体炉料的热效率低，而对过热铁液的热效率高，故适于与冲天炉配合使用。目前这两种形式的感应电炉在铸铁生产上都得到应用。

（3）电弧炉熔炼

电弧炉熔炼的优点是熔化固体炉料的能力强，而且铁液是在熔渣覆盖条件下进行过热和调整化学成分的，故在一定程度上能避免铁液吸气和元素的氧化，这为熔炼低碳铸铁和合金铸铁创造了良好的条件。

电弧炉的缺点是耗电能多，从熔化的角度看不如冲天炉经济，故铸铁生产上常采用冲天炉-电弧炉双联法熔炼。由于碱性电弧炉炉衬耐急冷急热性差，在间歇式熔炼条件下，炉衬寿命短，导致熔炼成本高，故多采用酸性电弧炉与冲天炉相配合。

2.2 有色金属材料介绍及制备

2.2.1 有色金属材料介绍

非铁（有色）金属的种类很多，但工业上应用较多的主要有铝合金、铜合金、镁合金、钛合金、轴承合金以及近年来发展起来的一些新型及特种用途材料。与钢铁相比，非铁（有色）金属及其合金具有许多特殊的力学性能、物理性能和化学性能，因而成为航空航天、汽车制造、船舶制造、仪器仪表等现代工业、国防、科学研究领域中不可缺少的工程材料。

2.2.1.1 铝及其合金

（1）概述

① 铝及其合金的性能特点

a. 密度小，比强度高　纯铝的密度为 $2.7g/cm^3$，大约是钢铁材料的 1/3，铝合金的密度也很小。采用各种强化手段后，铝合金的强度可以接近低合金高强度钢，因此其比强度（强度与密度之比）比一般的高强度钢高得多。

b. 加工性能良好　铝及其合金（退火状态）的塑性很好，能通过冷、热压力加工制成各种型材，如丝、线、箔、片、棒、管等。气切削加工性能也很好。高强铝合金在退火状态下加工成型后，经过适当的热处理工艺，可以达到很高的强度。铸造铝合金铸造性能优良，例如，硅铝明（一种铝硅合金）可适用于多种铸造方法。

c. 具有优良的物理、化学性能　铝的导电性和导热性好，仅次于银、铜和金，居第四位。室温时，铝的导电能力约为铜的 62%；若按单位质量材料的导电能力计算，铝的导电能力为铜的 2 倍。纯铝及其合金有相当好的抗大气腐蚀的性能，这是因为在铝的表面能生成一层致密的氧化铝薄膜，它能有效地隔绝铝与氧的接触，从而阻止铝的进一步氧化。

② 纯铝　纯铝是一种具有银白色金属光泽的金属，晶体结构为面心立方，无同素异构转变。纯铝在大气和淡水中具有良好的耐蚀性，但在碱和盐的水溶液中表面的氧化膜易破坏，使铝很快被腐蚀，纯铝具有良好的低温性能，在 $0 \sim -253℃$ 之间塑性和冲击韧性不降低。

纯铝的铝含量不低于 99.00%，此外还含有少量的杂质，主要杂质为铁和硅。一般说来，随着杂质含量的增加，纯铝的导电性和耐蚀性均降低。

纯铝的强度很低，虽然可通过冷作硬化的方式强化，但不宜直接用作结构材料。一般应在铝中加入适当的合金元素形成铝合金，按照生产工艺的不同，可分为铸造铝合金和变形铝合金。

（2）铝合金的强化

提高铝的强度的基本途径是在铝中加入适当的合金元素，通过固溶强化、弥散强化来实现。如果再配合热处理和其他措施，铝合金的强度和韧性可得到进一步的改善。

① 时效强化　将含有 4%Cu 的铝合金加热到 α 相区中的某一温度，经过一段时间保温，获得单一的 α 固溶体组织，而后投入水中快冷，使次生相来不及析出，从而在室温下获得过饱和 α 固溶体，这种处理称为固溶处理。经过固溶处理的铝合金，强度和硬度升高并不多，但在放置一段时间（4~5d）后，强度和硬度显著升高。这种淬火后铝合金的强度和硬度随时间延续而显著升高的现象称为时效强化。如果时效是在室温下进行，称为自然时效；在一定加热条件下进行，称为人工时效（温度较低或时间较短的称为不完全时效）。人工时效可以加快时效速度，但比自然时效的强化效果差。

② 细晶强化

a. 改善冷却条件，增大冷却速度   铝合金特别是变形镁合金的塑性较好，在铝合金结晶过程中，若采取一些强冷措施，如在连续浇铸铸锭时向结晶器中通水冷却、向热的铸锭上多次喷水激冷等，可以提高铸造的冷却速度，增大结晶时的过冷度，从而有效地细化晶粒，改善合金的性能。

b. 铝合金的变质处理   铝硅系铸造合金具有优良的流动性，并具有很小的收缩率，铸造性能很好，但二元铝硅合金不能进行有效的时效强化，固溶强化效果也不好，铸态组织很粗，合金强度很低。若在浇铸前向液态合金中加入变质剂，进行变质处理，则可以细化晶粒，提高力学性能。传统变质剂是钠盐的混合物，加入量一般为合金液的 $2\% \sim 3\%$。

目前，在各类变形铝合金的连续铸造中，已广泛采用变质处理细化基体组织。生产应用表明，以钛和硼同时加入，变质效果最好，其中钛的加入量为 $0.0025\% \sim 0.05\%$，硼的加入量为 $0.0006\% \sim 0.01\%$。

（3）铝合金的种类

① 铸造铝合金   铸造铝合金要求具有良好的铸造性能，为此，合金组织中应有适当数量的共晶体，合金元素总量为 $8\% \sim 25\%$，一般高于变形镁合金。铸造铝合金有铝硅系、铝铜系、铝镁系、铝锌系四种，其中以铝硅系合金应用最广。常用铸造铝合金的牌号（代号）、力学性能和用途见表 2-1。

表 2-1   常用铸造铝合金的牌号（代号）、力学性能和用途 （GB/T 1173—95）

类 别	牌号(代号)	铸造方法与合金状态	力学性能			用 途
			σ_b /MPa	δ /%	HBS	
铝硅合金	ZAlSi12 (ZL102)	金属型铸造，退火 砂型/金属型铸造，变质处理 砂型/金属型铸造，变质处理，退火	155 145 135	2 4 4	50 50 50	抽水机壳体，在 200℃ 以下工作、承受低载荷的气密性零件
	ZAlSi5Cu1Mg (ZL105)	金属型铸造，淬火＋不完全时效 砂型铸造，淬火＋不完全时效 砂型铸造，淬火＋人工时效	235 195 225	0.5 1.0 0.5	70 70 70	在 225℃ 以下工作的零件，如风冷发动机的汽缸头
铝铜合金	ZAlCu5Mn (ZL201)	砂型铸造，淬火＋自然时效 砂型铸造，淬火＋不完全时效	295 335	8 4	70 90	支臂、挂架梁、内燃机汽缸头、活塞等
	ZAlCu4 (ZL203)	砂型铸造，淬火＋自然时效 砂型铸造，淬火＋不完全时效	195 215	6 3	60 70	形状简单、粗糙度要求高的中等承载件
铝镁合金	ZAlMg10 (ZL301)	砂型铸造，淬火＋自然时效	280	10	60	砂型铸造、在大气或海水中工作的零件
铝锌合金	ZAlZn11Si7 (ZL401)	金属型铸造，不淬火，人工时效 砂型铸造，不淬火，人工时效	245 195	1.5 2	90 80	结构形状复杂的汽车、飞机零件

a. 铝硅系合金   这类合金又称为硅铝明，其特点是铸造性能好，线收缩小，流动性好，热裂倾向小，具有较高的抗蚀性和足够的强度，在工业上应用十分广泛。最常见的是 ZL102，其铸造性能好，但强度低，经过变质处理可提高其力学性能。在此合金成分基础上加入一些合金元素，可组成复杂硅铝明，通过固溶处理和时效处理实现合金强化，可满足较

大负荷零件的要求。

　　b. 铝铜系合金　这类合金可以通过时效强化提高强度，并且时效强化的效果可以保持到较高温度，使合金具有较高的热强性。由于合金中只含少量共晶体，故铸造性能不好，抗蚀性和比强度也较优质硅铝明低。

　　c. 铝镁系合金　这类合金密度小，强度高，比其他铸造铝合金耐蚀性好，但铸造性能不如铝硅合金好，流动性差，线收缩率大，铸造工艺复杂。

　　d. 铝锌系合金　这类合金密度较大，耐蚀性差，但铸造性能很好，铸造冷却时能够自行淬火，经自然失效后就有较高的强度，可在铸态下直接使用。

　　② 变形铝合金　按照主要合金元素的种类以及合金性能的突出特点，变形铝合金可分为防锈铝（Al-Mn、Al-Mg 系）、硬铝（Al-Cu-Mg 系）、超硬铝（Al-Mg-Zn-Cu 系）、锻铝（Al-Mg-Si-Cu、Al-Cu-Mg-Ni-Fe 系）等。常用变形铝合金的牌号、化学成分和力学性能见表 2-2（摘自 GB/T 3190—1996，GB/T 3191—1998）。牌号中的第一位数字表示主要合金元素的种类，第二位数字或字母表示改型情况，最后两位数字没有特殊意义，仅用来区分同一组中不同的铝合金。

表 2-2　常用变形铝合金的牌号、化学成分和力学性能

类　别	牌号	化学成分（质量分数）/%					力学性能	
		Cu	Mg	Mn	Zn	其　他	σ_b/MPa	δ/%
防锈铝	5A05	0.18	4.8~5.5	0.3~0.6	0.20	—	265	15
	3A21	0.20	0.05	1.0~1.6	0.10	Ti 0.15	≤165	20
硬铝	2A11	3.8~4.8	0.4~0.8	0.4~0.8	0.30	Ti 0.15	370	12
	2A12	3.8~4.9	1.2~1.8	0.3~0.9	0.30	Ti 0.10~0.15	390~420	12
超硬铝	7A04	1.4~2.0	1.8~2.8	0.2~0.6	5.0~7.0	Cr 0.10~0.25 Ti 0.10	530~550	6
锻铝	6A02	0.2~0.6	0.45~0.9	0.15~0.35	0.20	Si 0.5~1.2	295	12
	2A50	1.8~2.6	0.4~0.8	0.4~0.8	0.30	Si 0.7~1.2	380	10
	2A14	3.9~4.8	0.4~0.8	0.4~1.0	0.30	Ni 0.10	460	8

　　a. 防锈铝合金　防锈铝合金包含 Al-Mn 系合金和 Al-Mg 系合金，其中 Al-Mn 系合金有比纯铝有更高的强度和耐蚀性，并具有良好的塑性和焊接性，但切削加工性较差；Al-Mg 系合金比纯铝的密度小，强度比 Al-Mn 系合金高，并有较好的耐蚀性。这类合金的时效强化效果极弱，冷变形可以提高合金强度，但会显著降低塑性。主要用于制造各种耐蚀性薄板容器（如油箱）、蒙皮及一些受力小的构件，在飞机、车辆和日用器具中应用很广。

　　b. 硬铝合金　硬铝合金（Al-Cu-Mg 系）中铜、镁含量较高，有一定的固溶强化作用，通常采用自然时效，也可采用人工时效，故强度、硬度高，比强度高，耐热性好，可在150℃以下工作，但塑性低、韧性差。常用来制造飞机的大梁、螺旋桨、铆钉机蒙皮等，在仪器制造中也得到广泛应用。

　　c. 超硬铝合金　超硬铝合金（Al-Mg-Zn-Cu 系）是室温强度最高的铝合金，经过固溶处理和人工时效后，可获得很高的强度和硬度，其比强度相当于超高强度钢，但最大缺点是抗蚀性差，对应力腐蚀敏感。主要用于工作温度不超过 120~130℃ 的受力构件，如飞机蒙皮、大梁、起落架等。

　　d. 锻铝合金　锻铝合金（Al-Mg-Si-Cu、Al-Cu-Mg-Ni-Fe 系）中的元素种类很多，但含量少，通常要进行淬火和人工时效处理，具有良好的热塑性、铸造性能和锻造性能，并有

较高的力学性能。常用于制造形状复杂的大型锻件。

2.2.1.2 镁及其合金

(1) 概述

镁的密度小（$1.74g/cm^3$），是铝的 2/3，钢铁的 1/4。镁合金是目前工业应用中最轻的工程材料，比强度和比刚度高，均优于钢和铝合金，可满足航空、航天、汽车及电子产品轻量化和环保的要求。此外，镁合金还具有铸造性能优良、阻尼减震性好、导电导热性好、电磁屏蔽性好以及原料丰富、切削加工简单和回收容易等优点，成为世界各地应用增长最快的材料之一，被誉为"21 世纪的绿色工程结构材料"。

镁的平衡电位较低（$-2.34V$），比铝的电位还负，在常用介质中的电位也都很低。镁表面的氧化膜一般都疏松多孔，不像氧化铝膜那样致密而有保护性，故镁及镁合金耐蚀性较差，具有极高的化学和电化学活性。其电化学腐蚀过程主要以析氢为主，以点蚀或全面腐蚀形势迅速溶解直至粉化。镁合金在酸性、中性和弱碱性溶液中都不耐蚀。在 pH 值大于 11 的碱性溶液中，由于生成稳定的钝化膜，镁合金是耐蚀的。如果碱性溶液中存在 Cl^-，使镁表面钝态破坏，镁合金也会腐蚀。在 NaCl 溶液中，镁在所有结构金属中具有最低电位。故其抗蚀能力很低，这严重制约了镁合金的应用。但是随着镁合金腐蚀防护研究的不断深入和新型耐蚀镁合金材料的开发，镁合金的应用领域必将进一步扩大。

(2) 镁合金的分类

根据生产工艺的不同，镁合金可分为铸造（包括压铸和砂型铸造）镁合金和变形镁合金。许多镁合金既可作铸造镁合金，又可作变形镁合金。经锻造和挤压后，变形镁合金比相同成分的铸造镁合金有更高的强度，可以加工成形状更复杂的零件。我国的镁合金牌号中，MB 表示变形镁合金，ZM 表示铸造镁合金，后面标以序号。

根据化学成分的不同，镁合金可分为 Mg-Al、Mg-Zn、Mg-RE、Mg-Li 系镁合金。Mg-Al 系镁合金是应用最广泛的耐热镁合金，压铸镁合金主要是 Mg-Al 系合金。以 Mg-Al 系合金为基础，添加一系列其他合金元素形成了新的 AZ（Mg-Al-Zn）、AM（Mg-Al-Mn）、AS（Mg-Al-Si）、AE（Mg-Al-RE）系列镁合金。

① 变形镁合金　镁为密排六方晶格，这就决定了镁的塑性低，且物理性能和力学性能均有明显的方向性，这使其在室温下的变形只能沿晶格底面（0001）进行滑移，这种单一滑移系使它的压力加工变形能力很低。镁只有在加热到 225℃ 以上时，才能通过滑移系的增加使其塑性显著提高。因此，镁及镁合金的压力加工都是在热状态下进行的，一般不宜进行冷加工。

常用变形镁合金的牌号和化学成分见表 2-3，主要合金系为 Mg-Mn、Mg-Zn-Zr、Mg-RE、Mg-Li 系等。

表 2-3　常用变形镁合金的牌号和化学成分（质量分数）　　　　单位：%

牌号	美国牌号	Al	Zn	Mn	Zr	Th	Nd	Y
MB1				1.3～1.5				
MB2	M1	3.0～4.0	0.2～0.8	0.15～0.5				
MB8				1.5～2.5			0.15～0.35	
MB15	ZK61		5.0～6.0	0.1	0.3～0.9			
MB22			1.2～1.6		0.45～0.8		2.9～3.5	
MB25			5.5～6.4	0.1	≥0.45			0.7～1.1
	AZ80	8.5	0.5	0.2				
	HM21			0.8		2		

　　a. Mg-Mn 系合金　　Mg-Mn 系合金的使用组织是退火组织，在固溶体基体上分布着少量 β-Mn 颗粒，有良好的耐蚀性和焊接性。随锰含量增加，合金的强度略有提高。MB1、MB2、MB8 合金都属于 Mg-Mn 系合金。MB1 合金高温塑性好，可生产板材、棒材、型材和锻件，其中板材用于焊接件，棒材用作汽油和润滑油系统附件及形状简单、受力不大的高抗蚀性零件。MB2 合金主要用于生产形状较复杂的锻件和模锻件。在 MB1 合金基础上加入稀土元素，就成为 MB8 合金，细化了晶粒，提高了室温和高温强度，将工作温度由 MB1 合金的低于 150℃提高了 50℃。MB8 合金有中等强度和较高的塑性（$\sigma_{0.2}=167$MPa，$\sigma_b=245$MPa，$\delta=18\%$），可生产管材、棒材、板材和锻件，目前已取代 MB1 合金，用于飞机的蒙皮、壁板及润滑系统的附件。

　　b. Mg-Zn-Zr 系合金　　Mg-Zn-Zr 系合金是热处理强化变形镁合金，主要牌号有 MB15、MB22、MB25。MB15 合金为高强度变形镁合金，经过挤压后具有细晶组织，有较高的强度和塑性。挤压棒材经过固溶和人工时效后，$\sigma_{0.2}=343$MPa，$\sigma_b=363$MPa，$\delta=9.5\%$，而经过挤压和人工时效后，$\sigma_{0.2}=324$MPa，$\sigma_b=355$MPa，$\delta=16.7\%$。由于 MB15 合金强度高，耐蚀性好，无应力腐蚀倾向，且热处理工艺简单，能制造形状复杂的大型构件，如飞机上的机翼翼肋等，使用温度不得高于 150℃。在 MB15 合金的基础上加入适量的稀土元素，就成为 MB22 和 MB25 合金，它们可以取代部分中等强度铝合金，用于制造飞机受力构件。

　　c. Mg-RE 系合金　　Mg-RE 系合金是超过 200℃应用的镁合金。常用的稀土元素是 Y、Nd、Ce、Dy、Gd 等，此外还有混合稀土。加入稀土元素是提高镁合金性能最为直接的方法，可以有效提高镁合金的室温和高温力学性能，因此稀土元素在镁合金中的应用十分广泛。

　　d. Mg-Li 系合金　　Mg-Li 系合金采用密度只有 0.53g/cm^3 的 Li 作合金元素，可得到比镁还要轻的合金，因此具有超轻合金之称。Mg-Li 合金具有较好的塑性和较高的弹性模量，且阻尼减震性好，易于切削加工，是航空工业理想的材料。

　　② 铸造镁合金　　镁在高温下极易氧化，其氧化膜非但无保护性，反而会促进进一步的氧化。镁合金的熔炼都在 650℃以下进行，温度高会使氧化加剧，在 850℃以上表面有火焰出现或发生爆裂。因此镁合金熔炼前，所用各种原材料均要烘干以免带入水分；熔炼时要通入惰性气体或加覆盖剂进行保护，避免发生氧化和燃烧；浇铸前要搅拌以出去氧化物和氯化物夹杂，防止其降低合金的耐蚀性，且铸型也要充分烘干，以免浇铸时发生爆炸。

　　常用铸造镁合金的牌号和化学成分见表 2-4，主要合金系为 Mg-Zn-Zr、Mg-Al-Zn、Mg-RE、Mg-Th 系等。

表 2-4　常用铸造镁合金的化学成分（质量分数）　　　　　　　单位：%

牌号	美国牌号	Al	Zn	Mn	Zr	Th	RE	Nd	Ag
ZM1			3.5~5.5		0.5~1.0				
ZM2	ZE41		3.5~5.0		0.5~1.0		0.7~1.7		
ZM3			0.2~0.7		0.3~1.0		2.5~4.0		
ZM5	AZ81	7.5~9.0	0.2~0.8	0.15~0.5					
ZM4	EZ33		2.0~3.0		0.5~1.0		2.5~4.0		
ZM6			0.2~0.7		0.4~1.0			2.0~2.8	
ZM8			5.5~6.0		0.5~1.0		2.0~3.0		
	HK31				0.7	3.2			
	HK32		2.2		0.7	3.2			
	QH21				0.7	1		1	2.5
	QE22				0.7			2.5	2.5

a. Mg-Zn-Zr 系合金　Mg-Zn-Zr 系合金中含有 Mg_2Zn_3 相，其介稳相 $MgZn_2$ 有沉淀强化效果。当锌含量增加时，合金的强度升高，但锌含量超过 6% 时，合金的强度提高不明显，而塑性下降较多。加入少量锆后可细化晶粒，改善力学性能。早期使用的 ZM1 合金，采用铸件直接进行人工时效，其 $\sigma_{0.2}=167MPa$，$\sigma_b=275MPa$，$\delta=7.5\%$。在 ZM1 合金的基础上加入适量的混合稀土，使其铸造性和焊接性得到改善，就成为 ZM2 合金，其高温蠕变强度、瞬时拉伸强度和疲劳强度均得到明显提高，可在 170～200℃ 下工作，用于制造飞机的发动机和导弹的各种铸件。

b. Mg-Al-Zn 系合金　Mg-Al-Zn 系合金中的铝含量一般要高于 7%，才能保证合金有足够高的强度。加入少量锌可提高合金元素的固溶度，加强热处理强化效果，有效地提高合金的屈服强度。加入少量锰是为了提高耐蚀性，消除杂质铁对耐蚀性的不良影响。根据高锌的 Mg-Al-Zn 合金的优良铸造性能，发展了 AZ88（Mg-8Al-8Zn）合金，它比 AZ81（Mg-8Al-0.5Zn）合金和 AZ91（Mg-9Al-0.5Zn）合金有更好的耐蚀性和可铸性，用于制造压铸件。常用的 Mg-Al-Zn 合金为 ZM5，由于铝含量不高，故合金的流动性好，可以焊接。通常在 415～420℃ 固溶处理，在热水中或空气中冷却，再经 175℃ 或 200℃ 时效处理。其力学性能 $\sigma_{0.2}=118MPa$，$\sigma_b=250MPa$，$\delta=3.5\%$，用于制造飞机机舱连接隔框、舱内隔框等，以及发动机、仪表和其他结构上承受载荷的零件。

c. Mg-RE 系合金　Mg-RE 系合金是在高温下应用的镁合金。由于稀土元素对铸造镁合金质量的改进和工作温度的升高，形成了以稀土元素为主要合金元素的 Mg-RE 系合金，用于 200～300℃ 范围，具有良好的高温强度。常用的 Mg-Al-Zn 合金为 ZM5，由于铝含量不高，故合金的流动性好，可以焊接。ZM6 合金经 540℃ 固溶处理，205℃ 时效，室温下 $\sigma_{0.2}=157MPa$，$\sigma_b=245MPa$，$\delta=4\%$，200℃ 时强度仍保持较高水平，其 $\sigma_{0.2}=108MPa$，$\sigma_b=196MPa$，可在 250℃ 下长期工作。应用最广的是 QE22（Mg-2.5Ag-2Nd-0.7Zr），经 525℃ 固溶 4～8h 水冷，200℃ 时效 8～16h，其 $\sigma_{0.2}=185MPa$，$\sigma_b=240MPa$，$\delta=2\%$，在 250℃ 以下有较高的屈服强度，可用于制造飞机起落架等部件。

d. Mg-Th 系合金　Mg-Th 系合金中的 QH21（Mg-2.5Ag-1Nd-1Th-0.7Zr），由于加入了钍元素，降低了钕在镁中的溶解度，促使时效析出更为细小的沉淀强化相，并且不易聚集长大，因而有比 QE22 合金更为优越的蠕变性能。但钍具有放射性，这限制了它的使用。

2.2.1.3　铜及其合金

（1）概述

① 工业纯铜　工业纯铜具有玫瑰红色，表面形成氧化膜后呈紫色，故一般称为紫铜。

铜为面心立方晶格，密度约为 $8.9g/cm^3$，熔点为 1083℃。纯铜的最大优点是导电性、导热性好，其导电性在各种金属中仅次于银而居第二位，故纯铜的主要用途就是制作电工元件。工业纯铜中常含有少量的杂质，铜的物理性能随铜的纯度而异，加工因素也有一定影响。

铜在室温有轻微氧化，温度升高，氧化速度加快。铜的标准电极电位很高（+0.345V），表面又常生成一层保护膜，故耐大气、水、水蒸气的腐蚀，铜导线在野外使用时可以不加保护，还可以制作各种冷凝器、水管等。但是铜的钝化能力小，在各种含氧或氧化性的酸、盐溶液中，容易引起腐蚀。

纯铜的强度很低，但是塑性极好，可以承受各种形式的冷热压力加工，因此，铜制品多是经过适当形式压力加工制成的。

在冷变形过程中，铜有明显的加工硬化现象，加工硬化是纯铜的唯一强化方式。冷变形铜材退火时，也和其他金属一样，产生再结晶，从而影响铜的性能。再结晶软化退火温度一般选择 500～700℃。

② 铜合金的强化　纯铜的强度不高，不宜直接作为结构材料。采用加工硬化的方法虽然可将抗拉强度和布氏硬度提高，但伸长率急剧下降。铜中加入适量合金元素以后，可获得强度较高的铜合金，同时还保存纯铜的一些优良性能。

铜合金的强化机制主要有以下三种。

a. 固溶强化　用于铜合金固溶强化的元素主要有锌、铝、锡、镍等，它们在铜中的最大溶解度均大于 9.4%。合金元素与铜形成固溶体后，产生晶格畸变，增大了位错运动的阻力，使强度提高。

b. 时效强化　铍、钛、锆、铬等合金元素在铜中的溶解度随温度降低而急剧减少，因而具有时效强化效果。最突出的是 Cu-Be 合金，经固溶时效处理后，最高强度可达 1400MPa。

c. 过剩相强化　铜中加入的元素含量超过最大溶解度以后，会出现少量的过剩相。过剩相多为硬而脆的金属化合物，可使铜合金的强度提高。过剩相的量不能太多，否则会使铜合金的强度和塑性都降低。

③ 铜合金的分类　依据加入合金元素的不同，铜合金可分为黄铜和青铜两大类。

依据生产方法的不同，铜合金又可分为压力加工铜合金和铸造铜合金两大类。

（2）黄铜

黄铜是以锌为主要合金元素的铜合金。按所含合金元素的种类，黄铜可分为简单黄铜和复杂黄铜，只含锌不含其他合金元素的黄铜称为简单黄铜或普通黄铜，除锌以外还含有一定数量其他合金元素的黄铜称为复杂黄铜或特殊黄铜。按生产方法的不同，黄铜又可分为压力加工黄铜和铸造黄铜。

常用黄铜的牌号（代号）、化学成分、力学性能及用途见表 2-5。该表按 GB/T 1176—87 和 GB/T 5232—85 修正，其中力学性能数字中的分母表示对压力加工黄铜为硬化状态（变形程度 50%），对铸造黄铜为金属型铸造；分子表示对压力加工黄铜为退火状态（600℃），对铸造黄铜为砂型铸造。

表 2-5　常用黄铜的牌号（代号）、化学成分、力学性能及用途

类别	牌号(代号)	化学成分/%		力学性能			用　途
		Cu	其他	σ_b/MPa	δ/%	HBS	
普通黄铜	(H68)	67～70	余量 Zn	320/660	55/3	—/150	复杂的冷冲压件、散热器外壳、弹壳、导管、波纹管、轴套等
	ZCuZn38(ZH62)	60～63	余量 Zn	295/295	30/30	60/70	散热器、螺钉等
特殊黄铜	HSn62-1 (海军黄铜)	61～63	Sn0.7～1.1 余量 Zn	400/700	40/4	50/95	与海水和汽油接触的船舶零件
	HPb59-1 (易切削黄铜)	57～60	Pb0.8～1.9 余量 Zn	400/650	45/16	44/80	热冲压及切削加工零件，如销、螺钉、螺母、轴套等
	ZCuZn40Mn3Fe1 (ZHMn55-3-1)	53～58	Mn3.0～4.0 Fe0.5～1.5 余量 Zn	440/490	18/15	100/110	轮廓不复杂的零件，海轮上在 300℃ 以下工作的管配件、螺旋桨等
	ZCuZn25Al6Fe3Mn3	60～66	Al4.5～7.0 Fe2.0～4.0 Mn1.5～4.0 余量 Zn	725/740	10/7	157/166	高强、耐磨零件，如桥梁支撑板、螺母、螺杆、耐磨板、滑板、涡轮等

（3）青铜

青铜是以除锌和镍以外的其他元素作为主要合金元素的铜合金。按所含合金元素的种类，青铜可分为锡青铜、铝青铜、铅青铜、铍青铜等。按生产方法的不同，青铜又可分为压力加工青铜和铸造青铜。

常用青铜的牌号（代号）、化学成分、力学性能及用途见表 2-6。该表按 GB/T 1176—87 和 GB/T 5233—85 修正，其中力学性能数字中的分母：对压力加工青铜为硬化状态（变形程度 50%），对铸造青铜为金属型铸造；分子：对压力加工青铜为退火状态（600℃），对铸造青铜为砂型铸造。

表 2-6 常用青铜的牌号（代号）、化学成分、力学性能及用途

| 类别 | 牌号(代号) | 化学成分/% | | 力学性能 | | | 用　途 |
		第一主加元素	其他元素	σ_b /MPa	δ /%	HBS	
压力加工锡青铜	(QSn4-3)	Sn3.5~4.5	Zn2.7~3.3 余量 Cu	350/550	40/4	60/160	弹性零件、管配件、化工机械中的耐磨和抗磁零件
	(QSn6.5-0.1)	Sn6.0~7.0	P0.1~0.25 余量 Cu	350~450/ 700~800	60~70/ 7.5~12	70~90/ 160~200	弹簧、接触片、振动片、精密仪器中的耐磨零件
铸造锡青铜	ZCuSn10P1 (ZQSn10-1)	Sn9.0~11.5	P0.5~1.0 余量 Cu	220/310	3/2	80/90	重要的减磨零件，如轴承、轴套、涡轮、摩擦轮、机床丝杆螺母
	ZCuSn5Zn5Pb5 (ZQSn5-5-5)	Sn4.0~6.0	Zn4.0~6.0 Pb4.0~6.0 余量 Cu	200/200	13/13	60/65	中速中等载荷的轴承、轴套、涡轮及 1MPa 下的蒸汽管和水管配件
铸造铝青铜	ZCuAl10Fe3 (ZQAl9-4)	Al8.5~11.0	Fe2.0~4.0 余量 Cu	490/540	13/15	100/110	耐磨零件及在蒸汽、海水中工作的高强度耐蚀件、低于 250℃ 的管配件
铸造铅青铜	ZCuPb30 (ZQPb30)	Pb27.0~33.0	余量 Cu	—	—	—/25	大功率航空发动机、柴油机曲轴及连杆的轴承以及一些耐磨零件
压力加工铍青铜	(QBe2)	Be1.8~2.1	Ni0.2~0.5 余量 Cu	500/850	40/3	90/250	重要弹性元件、耐磨零件及在高温高压高速下工作的轴承

2.2.1.4 钛及其合金

（1）概述

钛是银白色金属，熔点为 1668℃，密度为 4.5g/cm³，具有质量轻、比强度高、耐高温等优点。钛的电极电位低，钝化能力强，在常温下极易形成由氧化物和氮化物组成的致密并与基体结合牢固的钝化膜，在大气及淡水、海水、硝酸、碱溶液等许多介质中非常稳定，具有极高的抗蚀性。

钛在固态下具有同素异构转变，在 882.5℃ 以下为密排六方晶格，称为 α-Ti，强度高而塑性差，加工变形较困难；在 882.5℃ 以上为体心六方晶格，称为 β-Ti，塑性较好，易于进行压力加工。目前，钛及钛合金的加工条件较复杂，成本较高，这在很大程度上限制了它的应用。

工业纯钛的钛含量一般在 99.5%～99.0% 之间，室温组织为 α 相，塑性好，具有优良的焊接性能和耐蚀性能，长期工作温度可达 300℃，可制成板材、棒材、线材等。主要用于飞机的蒙皮、构建和耐蚀的化工设置、海水淡化装置等。

工业纯钛不能进行热处理强化，实际使用中主要采用冷变形进行强化，热处理工艺主要有再结晶退火和去应力退火。

（2）钛合金的分类

为了进一步改善钛的性能，需进行合金化。按照对钛的 α 相、β 相转变温度的影响，所加的合金元素可分为三类：α 相稳定元素、β 相稳定元素以及对相变影响不大的中性元素。

根据钛合金在退火状态下的相组成，可将其分为 α 钛合金、β 钛合金和 （α+β） 钛合金，牌号分别用 TA、TB、TC 加上编号来表示，这是目前国内使用较普遍的钛合金分类方法。

（3）常用钛合金

常用钛合金的牌号、化学成分、热处理和力学性能见表 2-7。

表 2-7　常用钛合金 （GB/T 2965—1996，GB/T 3620—94）

类别	牌号	化学成分（质量分数）/%	热处理	室温力学性能		高温力学性能		
				σ_b /MPa	δ_5 /%	试验温度 /℃	σ_b /MPa	σ_{100} /MPa
α 钛合金	TA6	Ti-5Al	退火	685	10	350	420	390
	TA7	Ti-3Al-2.5Sn	退火	785	10	350	490	440
β 钛合金	TB2	Ti-5Mo-5V-8Cr-3Al	固溶+时效	1370	8	—	—	—
（α+β）钛合金	TC4	Ti-6Al-4V	固溶+时效					
	TC3	Ti-5Al-4V	退火	800	10			
	TC2	Ti-3Al-1.5Mn	退火	685	12	350	420	390

α 钛合金中加入的主要元素有 Al、Sn、Zr 等，在室温和使用温度下均处于 α 单相状态，在 500～600℃ 时具有良好的热强性和抗氧化能力，焊接性能也好，并可利用高温锻造进行热成型加工。典型牌号是 TA7，主要用于制造导弹燃料罐、超声速飞机的涡轮机匣等部件。

β 钛合金中加入的主要元素有 Mo、V、Cr 等，有较高的强度和优良的冲压性能，可通过淬火和时效进一步强化。典型牌号是 TB2，主要用于制造压气机叶片、轴、轮盘等重载荷零件。

（α+β）钛合金室温组织为 α+β 两相组织，塑性很好，容易锻造、压延和冲压成型，并可通过淬火和时效进行强化，热处理后强度可提高 50%～100%。典型牌号是 TC4，既可用于低温结构件，也可用于高温结构件，常用来制造航空发动机压气机盘和叶片以及火箭液氢燃料箱部件等。

2.2.2　有色金属材料制备

与黑色金属材料类似，金属熔炼是有色金属材料制备的主要工艺过程之一，有色合金零件的质量和性能与该过程密切相关。其主要内容也包括熔炼设备、冶金原理及熔炼工艺等。一般而言，电弧炉、感应炉等均可用于有色合金的熔炼。熔炼工艺对有色合金铸件的性能和缺陷有很大影响。多数有色合金易产生气孔和夹杂，尤其是钛合金、铝合金、镁合金和某些铜合金。在有色合金的熔炼中，为了获得优良的合金，减少合金的损耗，常使用各种熔剂对合金进行保护和精炼。一般的熔炼工艺流程是：①根据铸件技术要求所规定的合金牌号，可查出合金的化学成分范围，从中选定化学成分；②根据元素的烧损率和成分要求，进行配料计算，得出各种炉料的加入量，并选择炉料，若炉料受到污染，则需要进行处理，保证所有的炉料清洁、无锈，并在投料前进行预热；③检查和准备熔化用具，涂刷涂料，并预热，防止气体、夹杂物和有害元素的污染；④加料，一般加料顺序为回炉料、中间合金和金属料，低熔点易氧化的金属料，如镁，在炉料熔化之后加入；⑤为了减少合金液的吸气和氧化，应尽快熔化，防止过热，根据需要，有的合金液须加覆盖剂保护；⑥炉料熔化后，进行精炼处理，以净化合金液，并进行精炼效果的检验；⑦根据需要，进行变质处理和细化组织处理以提高性能，并检验处理效果；⑧调整温度，进行浇铸，有的合金在浇铸前要进行搅拌，以防发生比重偏析。

2.2.2.1　典型铝合金的熔炼工艺

(1) ZL101 合金的熔炼工艺

① 熔炼前的准备工作　a. 清炉和洗炉（电阻炉或中频感应炉）；b. 预热熔炉及熔炼工具到 $200\sim300℃$，然后喷涂料；c. 清理和预热炉料；d. 准备熔剂和变质剂。

② 配料计算　由于熔炼过程中 Si 和 Mg 烧损较大，合金成分的含量变化大，故应按标准成分的上限计算配料。

③ 装料次序及装料　a. 回炉料；b. 铝硅中间合金或 ZL102 合金；c. 铝锭。

④ 精炼及熔化　装完料后升温熔化炉料，等炉料全部熔化后，除净熔渣，加入熔剂，当温度升到 $680℃$ 时，用钟罩将预热到 $200\sim300℃$ 的金属镁块或 Al-Mg 中间合金块压入熔池中心离坩埚底 150mm，并缓慢回转和移动，时间为 $3\sim5min$，升温到 $730\sim740℃$，用占炉料总重量的 $0.5\%\sim0.7\%$ 的六氯乙烷分 $2\sim3$ 次用钟罩压入合金液中精炼合金液，总时间为 $10\sim15min$，缓慢在炉内绕圈。待精炼剂反应完后，静置 $1\sim2min$，取试样做炉前分析。如炉前分析发现合金成分不合格，则应马上进行调整成分的补加或冲淡工作。

⑤ 变质处理　当合金液的温度达到 $730\sim750℃$ 时，用炉料总重量的 $1.5\%\sim2.5\%$ 的三元变质剂作变质处理，总时间为 $15\sim18min$。

⑥ 浇铸　当温度达到 $760℃$ 时，扒渣出炉，用坩埚或手抬式浇包盛取合金液，将合金液浇入铸型中，同时浇铸检测化学成分、力学性能等的试样。

(2) ZL203 合金的熔炼工艺

① 熔炼前的准备工作　a. 清炉和洗炉（电阻炉或中频感应炉）；b. 预热熔炉及熔炼工具到 $200\sim300℃$，然后喷涂料；c. 清理和预热炉料；d. 准备熔剂和变质剂。

② 配料计算。

③ 装料次序及装料　a. 回炉料；b. 铝锭；c. 铝铜中间合金。

④ 精炼及熔化　装完料后升温熔化炉料，等炉料全部熔化后，除净熔渣，加入熔剂，当温度升到 $690\sim720℃$ 时，根据不同情况选用氯气、六氯乙烷、氯化锰和/或氯化锌等精炼合金液。精炼完后静置 $1\sim2min$，取试样做炉前分析。如炉前分析发现合金成分不合格，则应马上进行调整成分的补加或冲淡工作。

⑤ 变质处理　当合金液的温度达到 $710\sim730℃$ 时，用炉料总重量的 $1.5\%\sim2.5\%$ 的变质剂作变质处理，总时间为 $15\sim18min$。

⑥ 浇铸　当温度达到 $780℃$ 时，扒渣出炉，用坩埚或手抬式浇包盛取合金液，将合金液

浇入铸型中，同时浇铸检测化学成分、力学性能等的试样。

(3) ZL401 合金的熔炼工艺

① 熔炼前的准备工作　a. 清炉和洗炉（电阻炉或中频感应炉）；b. 预热熔炉及熔炼工具到 200～300℃，然后喷涂料；c. 清理和预热炉料；d. 准备熔剂和变质剂。

② 配料计算　由于 ZL401 合金中含有 Mg，烧损较大，导致合金成分的含量变化大，故应按标准成分的上限计算配料。

③ 装料次序及装料　a. 回炉料；b. 铝硅中间合金或 ZL102 合金；c. 铝锭；d. 锌锭。

④ 精炼及熔化　装完料后升温熔化炉料，等炉料全部熔化后，除净熔渣，轻轻搅拌合金液 3～5min，然后升温到 660℃时，用钟罩预热到 150～250℃ 的锌块，待锌块完全熔化后 1～3min，加入熔剂，并马上用钟罩将金属镁块或 Al-Mg 中间合金块压入熔池中心离坩埚底 150～200mm，并缓慢回转和移动，时间为 3～5min 升温到 710～730℃，用占炉料总重量 0.3%～0.5% 的六氯乙烷或 0.1%～0.15% 的氯化锰或其他精炼剂对合金液精炼 10～15min。待精炼剂反应完后，静置 1～3min，取试样做炉前分析。如炉前分析发现合金成分不合格，则应马上进行调整成分的补加或冲淡工作。

⑤ 变质处理　当合金液的温度达到 730～750℃ 时，用炉料总重量 1.5%～2.5% 的三元变质剂作变质处理，总时间为 15～18min。

⑥ 浇铸　当温度达到 750℃ 时，扒渣出炉，用坩埚或手抬式浇包盛取合金液，将合金液浇入铸型中，同时浇铸检测化学成分、力学性能等的试样。

2.2.2.2 典型镁合金的熔炼工艺

(1) AZ91 合金熔炼工艺

① 熔剂法　将坩埚预热至暗红色（400～500℃），在坩埚内壁及底部均匀地撒上一层粉状 RJ-2（或 RJ-1）熔剂。炉料预热至 150℃ 以上，依次加入回炉料、镁锭、铝锭，并在炉料上撒一层 RJ-2 熔剂，装料时熔剂用量约占炉料重量的 1%～2%。升温熔炼，当熔液温度达700～720℃ 时，加入中间合金及锌锭。在装料及熔炼过程中，一旦发现熔液露出并燃烧，应立即补撒 RJ-2 熔剂，炉料全部熔化后，猛烈搅动 5～8min，以使成分均匀。接着浇铸光谱试样，进行炉前分析。如果成分不合格，可加料调整，直至合格。

将熔液升温至 730℃，除去熔渣，并撒上一层 RJ-2 熔剂保温，进行变质处理。即将占炉料总重量 0.4% 的菱镁矿（使用前破碎成 φ10mm 左右的小块）分作 2～3 包，用铝箔包好，分批装于钟罩内，缓慢压入熔液深度 2/3 处，并平稳地水平移动，使熔液沸腾，直至变质剂全部分解（时间约 6～12min）；如采用 C_2Cl_6 变质处理，加入量为炉料总重量的 0.5%～0.8%，处理温度为 740～760℃。

变质处理后，除去表面熔渣，撒以新的 RJ-2 熔剂。调整温度至 710～730℃，进行精炼。搅拌熔液 10～30min，使熔液自下而上翻滚，不得飞溅，并不断在熔液的波峰上撒以精炼剂。精炼剂的用量视熔液中氧化夹杂含量的多少而定，一般约为炉料重量的 1.5%～2.0%。精炼结束后，清除合金液表面、坩埚壁、浇嘴及挡板上的熔渣，然后撒上 RJ-2 熔剂。

将熔液升温至 755～770℃，保温静置 20～60min，浇铸断口试样，检查断口，以呈致密、银白色为合格。否则，需重新变质和精炼。合格后将熔液调至浇铸温度（通常为 720～780℃），出炉浇铸。精炼后升温静置的目的是减少熔液的密度和黏度，以加速熔渣的沉析，也使熔渣能有较充分的时间从镁熔液中沉淀下来，不致混入铸件中。过热对晶粒细化也有利，必要时可过热至 800～840℃，再快速冷却至浇铸温度，以改善晶粒细化效果。

　　熔炼好的熔液静置结束后应在 1h 内浇铸完，否则需重新浇铸试样，检查断口，检查合格方可继续浇铸，不合格需要重新变质、精炼。如断口检查重复两次不合格时，该熔液只能浇锭，不能浇铸件。整个熔炼过程（不包括精炼）熔剂消耗约占炉料总重量的 3%～5%。

　　② 无熔剂熔炼（气体）法　无熔剂法的原材料及熔炼工具准备基本上与熔剂熔炼时相同，不同之处在于：①使用 SF_6、CO_2 等保护气体，C_2Cl_6 变质精炼，氩气补充吹洗，其技术要求见表 2-8；②对熔体工具清理干净，预热至 200～300℃ 喷涂料；③配料时二级、三级回炉料总重量不大于炉料总重量的 40%，其中三级回炉料不得大于 20%。

表 2-8　无熔剂熔炼用气体及 C_2Cl_6 的技术要求

名　称	技术要求（质量分数）
SF_6	水分≤30×10^{-4}%；CF_4≤0.1%；空气≤0.1%；酸度（以 HF 表示）≤5×10^{-4}%；可水解氟化物（以 HF 表示）≤15×10^{-4}%；生物试验合格
CO_2	纯度≥99.9%
Ar	纯度≥99.9%
C_2Cl_6	工业一级

　　首先将熔炼坩埚预热至暗红，约 500～600℃，装满经预热的炉料，装料顺序为：合金锭、镁锭、铝锭、回炉料、中间合金和锌等（如无法一次装完，可留部分锭或小块回炉料待合金熔化后分批加入），盖上防护罩，通入防护气体，升温熔化（第一次送入 SF_6 气体时间可取 4～6min）。当熔液升温至 700～720℃ 时，搅拌 2～5min，以使成分均匀，之后清除炉渣，浇铸光谱试样。当成分不合格时进行调整，直至合格。升温至 730～750℃ 并保温，用质量分数为 0.1% 的 C_2Cl_6 进行变质精炼处理。

　　精炼变质处理后除渣，并在 730～750℃ 用流量为 1～2L/min 的氩气补充精炼（吹洗）2～4min（吹头应插入熔液下部），通氩气量以液面有平缓的沸腾为宜。通氩气结束后，扒除液面熔渣，升温至 760～780℃，保温静置 10～20min，浇铸断口试样，如不合格，可重新精炼变质（用量取下限），但一般不得超过 3 次。熔液调至浇铸温度进行浇铸，并应在静置结束后 2h 内浇完。否则，应重新检查试样断口，不合格时需重新进行精炼变质处理。

　　浇铸前，从直浇道往大型铸型内通入防护性气体 2～3min，中小型内为 0.5～1min，并用石棉板盖上冒口。浇铸时，往浇包内或液流处连续输送防护性气体进行保护，并允许撒硫黄和硼酸混合物，其比例可取 1:1，以防止浇铸过程中熔液燃烧。

　　(2) ZK40 镁合金的熔炼工艺　坩埚、炉料等准备与 AZ91 合金相同，锆以 Mg-Zr 中间合金形式加入，并仔细清理炉料，绝不允许与 Mg-Al 系合金混料。熔化工具也专用，不得与 Mg-Al 系合金的熔化工具混用。

　　炉料组成（质量分数）：新料 10%～20%、回炉料 80%～90%（其中一级回炉料应占 60% 以上）。

　　将坩埚加热至暗红色，在其底部撒以适当的熔剂。加入预热 150℃ 以上的镁锭及回炉料，升温熔化。当熔液温度达 720～740℃ 时加入锌。继续升温至 780～810℃，分批缓慢加入 Mg-Zr 中间合金。全部熔化后，搅拌 25min 以加速锆的溶解，使成分均匀。在熔液温度不低于 760℃ 时浇铸断口试样。若断口不合格，可酌情补加质量分数为 1%～2% 的 Mg-Zr 中间合金，重新检查断口，允许第二次补加，若仍不合格，该炉合金只能浇锭。断口合格的熔液温度可调至 750～760℃，将搅拌机叶轮沉至熔液 2/3 处，搅拌 4～6min，并不断在液流波峰上撒以熔炼熔剂，熔剂用量为炉料总重量的 1.5%～2.5%。然后清除浇嘴、挡板、坩埚壁及熔液表面上的熔渣，再撒入新的覆盖熔剂。将熔液升温至 780～820℃，静置保温 15min，必要时可再次检查断口，直至静置总时间为 30～50min，即可出炉浇铸。覆盖、精炼均采用 RJ-4 熔剂。在整个熔炼过程中，熔剂的消耗量占炉料总重量的 2%～3%（不包括精炼用熔剂）。精炼后静置时间不允许超过 2h，并且保持温度在 780～820℃ 之间，以免锆沉淀。

锆还可以氯锆酸盐或氟锆酸盐（Na_2ZrF_4）状态加入镁合金中，这时需要注意的是：①盐的加入量一般为计算组成的 8～10 倍；②以氟锆酸盐状态加入锆时，由于要求必须过热至 900℃，操作中比较困难；③以氯锆酸盐状态加入锆时，虽然加入难度小，但所获得的铸件耐蚀性能不足。

含锆镁合金的关键是锆能否加入到镁合金中去，晶粒细化效果是否合格。为此，第一，要仔细清理炉料，采用较纯净的炉料，以减少铁、硅、铝等各种杂质的影响，否则不仅会损耗一定数量的锆，而且会严重影响合金的质量。第二，锆的温度不低于 780℃，否则锆很容易沉淀在坩埚底部，造成合金中锆量不足。温度高于 820℃，熔液表面氧化加剧，且将从大气中吸氢，同时因铁的溶入量增加，使锆与铁、氢形成的化合物增多，也会加大锆的损耗，削弱锆的细化效果。为避免锆的沉淀析出，应尽量缩短合金液的停留时间，特别是 760℃ 以下的停留时间。

2.2.2.3　典型铜合金的熔炼工艺

（1）纯铜

纯铜的熔炼、铸造难度较大。因为，第一纯铜最杂质含量的控制很严格，尤其是磷，不可用磷铜终脱氧，对炉衬、坩埚和熔炼工具要求严，不能使用铁质工具，以防止渗铁，降低导热、导电性能；第二，纯铜的熔点高，容易氧化、吸氢，凝固时发生反应生成水汽气泡，浇铸时浇口、冒口会上涨，导致大量针孔；第三，纯铜的收缩大，高温时强度低，容易发生热裂。

熔炼纯铜一般在经焙烧的木炭或米糠等的严密覆盖下进行，以防止氧化。覆盖剂应随纯铜料一起加入炉中，纯铜开始熔化就被严密覆盖。在熔炼过程中需要随时补加覆盖剂，保持 50～100mm 的层厚。木炭应在 800℃ 以上焙烧 4h，边焙烧边使用，不允许在焙烧炉外放置 24h。

用木炭覆盖容易形成还原性气氛，吸入氢气，应在弱氧化性炉氛中快速熔炼，使炉料燃烧完全。熔炼温度控制在 1180～1220℃，可先用磷铜预脱氧，出炉前再加 0.03% 左右的锂进行终脱氧。

（2）锡青铜

锡青铜中的合金元素锡、铅、锌和磷等熔点均较低，除磷以 P-Cu 中间合金形式加入外，其余都以纯金属形式直接加入炉中。现以 5-5-5 锡青铜为例说明熔炼工艺要点。

① 传统工艺　先加入木炭覆盖剂，加热坩埚，然后加入全部纯铜，化清后升温到 1200℃ 左右，用 0.3%～0.4% 的磷铜脱氧后，依次加入回炉料和锡、锌、铅，最后补加 0.1%～0.2% 的磷铜终脱氧，改善流动性，出炉温度 1200℃ 左右，浇铸温度 1100～1180℃。传统工艺的特点是先化清熔点高的铜，再加入低熔点的合金元素，容易氧化、蒸发的锌最后加入。

② 新工艺　特点是底部加锌，上面覆盖纯铜和回炉料，化锌后借助合金化将纯铜、回炉料逐步熔化并化清，预脱氧后依次加入锡和铅。新工艺缩短熔炼时间，降低含气量。由于锌具有脱氧作用，因此可少加或不加磷铜脱氧，可减少残留含磷量，防止铸型反应，消除皮

下气孔。此外，由于化锌时不像传统工艺那样直接加入高温铜液中会剧烈氧化，产生浓厚 ZnO 白色烟雾，因此锌熔化、蒸发时间比传统工艺长，但烧损率并不增加。新工艺加速熔炼，提高铜液质量，有取代传统工艺的趋势。

（3）铝青铜

铝青铜中含有铝、铁、锰等，化清后铜液表面覆盖一层 Al_2O_3 保护膜，故可以不加覆盖剂。但需要防止铜液吸氢。下面是 10-3 铝青铜的两种不同的熔炼工艺。

① 二次熔炼工艺 由于铝和铁的熔点差别较大，选预制成 Al-Fe 中间合金，使其熔点接近铝青铜的熔炼温度，降低铝青铜的熔炼温度，加快熔炼速度。加料次序为：先加纯铜，化清后升温到 1150~1180℃，再加回炉料和 Al-Fe 中间合金，继续升温到 1200℃ 左右，用 0.1% ZnCl 精炼，炉前工艺试验合格后，调整铜液温度并加少量 Na_3AlF_6 清渣后，即可浇铸。为了防止铜液过热，留少量回炉料作降温用。

② 一次熔炼工艺 特点是利用铝热反应发热化清高熔点的铁。先在坩埚底部加入经除油的低碳钢屑，上面覆盖纯铜，开风熔化，纯铜熔化后，升温到 1150℃ 左右，估计钢屑尚有 1/3 左右未化清时，加入铝锭并搅拌，利用铝热反应升温使钢屑化清，然后加回炉料降温，炉前质量检验合格后，加少量的 Na_3AlF_6 清渣，即可浇铸。此法的关键是掌握好加铝的时间，过早则钢屑不能熔化，过晚则钢液过热跑温，严重氧化、吸氢。一次熔炼工艺省去了一道熔剂 Al-Fe 中间合金的工序，节省了能源和工时，但要求有丰富的熔炼经验。

（4）黄铜

黄铜含有大量的锌，由于锌的沸点低，高锌黄铜在熔炼时会沸腾，产生除气效果，故熔炼黄铜时，除 16-4 硅黄铜外，一般不进行精炼。

熔炼黄铜应遵循"低温加锌"和"逐块加锌"的原则，防止铜液剧烈沸腾，不然会引起铜液飞溅，锌被大量损耗，甚至危及人身安全。熔炼铝黄铜时，应在加锌之前加铝，熔炼锰黄铜时，应加 0.2%~0.5% Al，可防止锰被氧化，提高铜液流动性，并改善合金的表面光泽。

2.3 其他特种用途材料

（1）非晶态合金

非晶态合金也称为"金属玻璃"，它是由熔融状态的合金以极高速度冷却，使其凝固后仍保持液态结构而得到的。理想的非晶态合金的结构是长程无序结构，可认为是均匀的、各向同性的。

非晶态合金与金属相比，结构完全不同，故性能上有很大差异。非晶态合金具有许多优良的性能，如高的强度、硬度和断裂韧性等。铁基非晶态合金的抗拉强度可达 4000MPa，钴基非晶态合金的显微硬度高达 1400HV。非晶态合金的无序结构不存在磁晶各向异性，因而易于磁化，且没有位错、晶界等晶体缺陷，故磁导率、饱和磁感应强度高，是理想的软磁材料，已成功用于变压器材料、磁头材料等。非晶态合金具有良好的耐蚀性，在中性盐溶液和酸性溶液中的耐蚀性比不锈钢好得多，可用来制造耐腐蚀管道、电池电极、海底光缆屏蔽等。

获得非晶态合金的最根本条件是要有足够快的冷却速度，目前常用的制备方法可归纳为三大类：①由气相经真空蒸发、溅射等直接凝聚成非晶态固体，这种方法一般只用来制造薄膜；②由液态快速淬火的非晶态固体，这是目前使用最广泛的制备方法；③由结晶材料通过辐射、离子注入、冲击波等方法知的非晶态材料。

（2）纳米材料

纳米材料是指尺寸在 $1\sim100nm$ 之间的超细微粒，这是肉眼和一般显微镜看不见的微粒。纳米粒子属于原子族与宏观物体交界的过渡区域，该系统既不属于非典型的微观系统也不属于非典型的宏观系统，具有一系列新异的特性。

纳米材料的颗粒尺寸为纳米量级，存在三个方面的效应。

① 小尺寸效应　当超微粒子的尺寸与光波波长相当或更小时，材料的声、光、电磁、热力学等特性均呈现新的尺寸效应。

② 表面与界面效应　随着粒子直径减小，表面积急剧增大，表面原子数急剧增加，大大增加了纳米粒子的活性。

③ 量子尺寸效应　该效应将导致纳米微粒的声、光、热、磁、电及超导特性与宏观物体显著不同。

这三个方面的效应使纳米微粒和纳米固体产生了许多传统固态材料不具备的特殊物理、化学性能。

目前，纳米材料已用于化工催化材料、（气、光）敏感材料、吸波材料、阻热涂层材料、陶瓷的扩散连接材料等，其制备方法有化学气相沉积法、惰性气体淀积法、还原法等。

（3）梯度材料

梯度材料是依据使用要求，选择两种不同性能的材料，采用先进的材料复合技术，使中间部分的组成和结构连续地呈梯度变化，内部不存在明显的界面，从而使材料的性质和功能沿厚度方向也呈梯度变化的一种新型复合材料。

梯度材料的显著特点是克服了两种材料结合部位的性能不匹配因素，同时，梯度材料的两侧具有不同的功能。以航天飞机的超声速燃烧冲压式发动机为例，燃烧气体的温度通常超过 $2000℃$，燃烧室壁的一侧要承受极高的温度，另一侧又要经受液氢的冷却作用，温度极低，一般材料显然满足不了要求。于是可将金属和陶瓷结合起来，且使金属和陶瓷之间不出现界面，用陶瓷应对高温，用金属应对低温，就可以解决这一难题。

目前，梯度材料的用途不再局限于航天工业，已扩展到核能源、电子、光学、化学、生物医学工程等领域，其制备方法有化学气相沉积法、物理蒸发法、等离子喷涂法、自蔓延高温合成法等。

（4）记忆合金

记忆合金是指具有形状记忆效应的金属材料。所谓形状记忆效应是指一定形状的合金在某种条件下经塑性变形，然后加热至该材料的某一临界温度以上时，又完全恢复其原来形状的现象。

形状记忆效应有单向、双向和全方位三种形式，大部分形状记忆合金的记忆机理是热弹性马氏体相变。马氏体相变具有可逆性，冷却时由高温母相转变为马氏体，马氏体晶核随温度下降逐渐长大，加热时又会发生马氏体逆变为母相的过程，马氏体片又反过来同步地随温度上升而缩小，从而完成型状记忆过程。

目前，记忆合金在工程和医学方面都得到成功的应用，如管道接头、热敏装置、热能和机械能转换装置等。其种类有钛-镍系、铜系和铁系，一些聚合物和陶瓷材料也具有形状记忆功能。

（5）贮氢合金

贮氢合金是一种能在适当温度、压力下大量可逆地吸收、释放氢的材料。它的应用主要有氢燃料发动机、氢静压机以及氢的贮存、净化和回收等，其最成功的应用是作为镍氢电池的负极材料，在移动电话、笔记本电脑、电动工具（包括电动汽车）上的应用和发展前景十分广阔。

贮氢合金是靠金属与氢起化学反应生成金属氢化物来贮氢的。金属与氢的反应，是一个可逆过程，受温度和压力条件的影响。改变温度和压力条件可使反应按正向、逆向反复进行，实现材料的吸、放氢功能。

目前，正在研究和开发的贮氢合金主要有稀土系（AB_5 型）、镁系（A_2B 型）、钛系（AB 型）、钛锆系（AB_2 型），其中稀土系 AB_5 型贮氢合金由于具有一系列优良的电化学性能，而成为贮氢合金研究和开发的一个热点。

第3章 铸造成型及其工艺控制

3.1 概述

    铸造，通常也称液态金属成型，或金属浇铸成型，它是指把熔炼好的金属液体注入预制的铸型中使之冷却、凝固而形成铸件（零件）的一种工艺方法。该工艺一般包括金属的熔炼、浇铸和冷却等步骤，所铸出的毛坯或零件称为铸件。毛坯，一般需要经机械加工后才能成为各种机器零件；少数铸件的尺寸精度和表面粗糙度等若达到要求时，可作为零件直接应用。

    铸造生产在国民经济中占有极其重要地位，铸件在机床、内燃机、重型机器中约占 $70\% \sim 90\%$；在风机、压缩机中约占 $60\% \sim 80\%$；在拖拉机、农业机械中约占 $40\% \sim 70\%$；总的来说一般占各类机器质量的 $45\% \sim 80\%$。它广泛应用于机械制造、矿产冶金、能源与运输设备、航天航海、轻工纺织等领域。

    在材料加工成型方法中，铸造生产具有以下特点：①适用范围广，能生产形状复杂的毛坯或零件，如内燃机的汽缸体与汽缸盖、机床的箱体与机架、螺旋桨、各种阀体等，铸造壁厚最小可达 $0.3mm$，工业中常用金属材料的加工一般都可用铸造的方法；②尺寸精度高，铸件一般比锻件、焊接件尺寸精确，且能节省材料，提高加工效率；③成本低廉，铸造易实现机械化生产，可利用废旧再生材料，尺寸精度高，加工余量少，加工工时较小，故生产成本低；④铸造生产存在的不足，如铸件组织的内部晶粒粗大，常有缩孔、缩松、砂眼等铸造缺陷，故力学性能不如锻件高；铸造中的一些工艺过程精确控制难，且工序多，有时导致废品率高；铸造生产的工作条件差。

3.2 铸造合金的工艺性能

    铸造合金的工艺性能一般包括液态铸造合金的充型能力，铸造合金的凝固与收缩，铸造合金中的偏析、气体与夹杂物，铸件的应力变形与裂纹。

3.2.1 液态合金的铸造充型能力

    （1）合金的流动性与充型能力

    合金的流动性是指熔融液态铸造合金本身的流动能力。合金的流动性与合金的化学成分、温度、杂质含量及其物理性质有关，流动性好，易于充满薄而复杂的型腔，充型能力强，可避免出现冷隔、浇不足等缺陷，易于获得形状完整、轮廓清晰的铸件；流动性好，有利于液态合金中气体、夹杂物及时浮出，从而减少气孔和夹渣的产生；流动性好，有利于充填和弥合铸件在凝固期间产生的缩孔或因收缩受阻产生的裂纹等缺陷。

    （2）铸造合金流动性的测试与影响因素

    合金的流动性一般用浇铸"流动性试样"的方法来测试，流动性试样一般有螺旋线形、球形、U 形等，其中螺旋线形试样在生产研究中应用最普遍，如图 3-1 所示，可根据浇铸后金属所形成的螺旋线长度确定某种合金流动性的好坏，螺旋线长度越大，流动性就越好，表 3-1 为螺旋线形方法测得的几种常用合金的流动性。

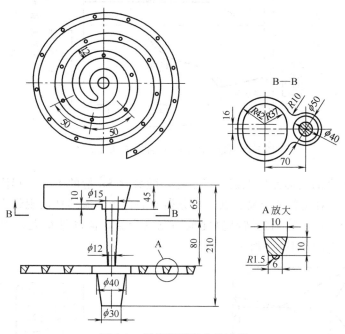

图 3-1　螺旋线形流动性试样

表 3-1　常用合金流动性

合金种类及化学成分	铸型种类	浇铸温度/℃	螺旋线长度/mm
灰铸铁 $w_C^{①}+w_{Si}=6.2\%$ $w_C+w_{Si}=5.2\%$	砂型	1300	1800 1000
铸钢 $w_C=0.45\%$	砂型	1600 1640	100 200
锡青铜（$w_{Sn}=10\%,w_{Zn}=2\%$）	砂型	1040	420
铝硅合金	金属型/300℃	680～720	700～800

① w 表示质量分数。

　　铸造合金流动性的影响因素主要有合金的物理性质、化学成分、结晶特点等。

　　① 合金的物理性质　若合金的比热容（c）和密度（ρ）较大，热导率（λ）较小，因本身含有较多的热量，而散热较慢，因此，流动性就好；反之，流动性就差；在相同条件下，合金的表面张力越大，流动性差；相反，则流动性就越好；液态合金的黏度愈大，流动性就愈差，而黏度愈小，流动性就愈好。

　　② 合金的化学成分　合金的化学成分不同，它们的熔点及结晶温度范围不同，其流动性也不同，Fe-C 合金的流动性与含碳量的关系如图 3-2 所示，共晶成分的合金流动性最好，其凝固时从表面逐层向中心凝固，已凝固的硬壳内表面较光滑，阻碍尚未凝固合金的流动力小，例如灰口铸铁、硅黄铜等，因而成型能力强。

　　随着结晶温度范围的扩大，初生的枝状晶已使凝固的硬壳内表面参差不齐而阻碍金属的流动，因此，从流动性考虑，选用共晶成分或结晶温度范围较窄的合金作铸造合金为宜。人

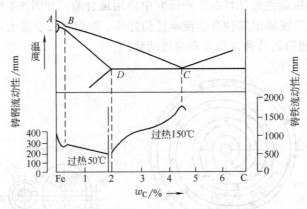

图 3-2 含碳量与 Fe-C 合金流动性关系

们在研究 Pb-Sn 合金的流动性中也证实了这点，随着含 Sn 量的不同，其流动性发生规律变化，如图 3-3 所示，对应着纯金属、共晶成分类型的合金，流动性出现最大值；对于具有一定结晶温度范围的合金，特别是结晶温度范围宽的合金，流动性最差，如图 3-4(a) 所示，纯金属流动性好，如图 3-4(b) 所示。

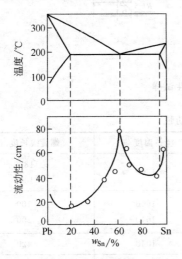

图 3-3 Pb-Sn 合金的流动性与化学成分的关系

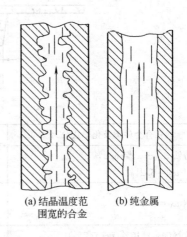

图 3-4 金属在结晶状态下流动

虽然铸铁结晶温度范围一般比铸钢宽，但实际上铸铁的流动性却比钢要好，这主要是因铸钢的熔点高，不易过热。另外，铸钢的温度高，在铸型中散热快，也使钢液流动能力减弱。几种铸铁的流动性见表 3-2。

表 3-2 几种铸铁的流动性比较

流动性	稀土球铁	普通球铁	球铁原铁液	$w_C = 3\%$ 灰铸铁
浇铸温度/℃	1270	1250	1280	1295
螺旋线长度/mm	1107	750	1082	380

铸铁中的其他合金元素也影响流动性。如图 3-5 所示，磷含量增加，铸铁的流动性增大，这主要是由于液相线温度下降，黏度下降，同时由于磷共晶增加，固相线温度也下降。但通常不用增加含磷量的方法提高铸铁的流动性，以防止使铸铁变脆，对于艺术品铸件要求

轮廓清楚，花纹清晰，而又几乎不承受载荷，故可采用适当增加含磷量的方法，以提高铁液的充型能力。铸铁中硅的作用和碳相似，硅量增加，液相线温度下降，故在同一过热温度下，铸铁的流动性随硅量的增加而提高，如图 3-6 所示。

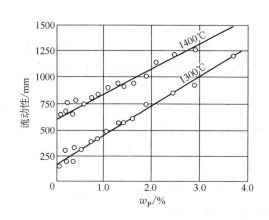

图 3-5　铸铁（$w_C=3\%$，即 $w_{Si}=2\%$）的流动性与含磷量的关系（浇铸温度分别为 1400℃ 与 1300℃）

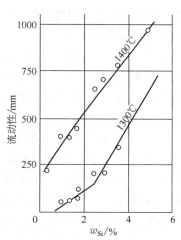

图 3-6　铸铁（$w_C=3\%$，$w_P=0.05\%$）的流动性与含硅量的关系（浇铸温度分别为 1400℃ 与 1300℃）

③ 合金结晶的特点　一般来说在合金的结晶过程中放出潜热越多，则液态合金保持时间就越久，流动性就越好，对于纯金属和共晶成分的合金，因其结晶潜热多，提高流动性的作用比结晶温度范围较宽的合金大，结晶晶粒的形状对流动性也有影响，比如同在固定温度下结晶的三种 Al-Cu 合金，中间化合物 AlCu（$w_{Cu}=54\%$）、Al＋AlCu 共晶（$w_{Cu}=33\%$）和纯 Al（$w_{Al}=100\%$），由于前两种合金形成球状及规则形状的晶粒，其流动性就比形成树枝状晶粒的纯铝好。

（3）液态合金的充型能力

液态金属的充型能力是指液态合金充满铸型型腔，获得形状完整、轮廓清晰健全铸件的能力。它主要取决于铸造合金的流动性，流动性好的合金在多数情况下其充型能力都较强，流动性差的合金其充型能力较差，同时也受到外界条件，如浇铸条件、铸件结构、铸型条件及熔炼质量等因素影响。

① 浇铸条件　浇铸温度越高，充型能力越好。在一定温度范围内，充型能力随浇铸温度的提高而直线上升，越过某界限后，由于吸气多，氧化严重，充型能力的提高幅度减小；液态金属在流动方向上所受的压力越大，充型能力就越好，但金属液的静压过大或充型速度过高时，易发生喷射、飞溅现象及"铁豆"、粘砂缺陷，且由于型腔中气体来不及排出，反压力增加，易造成"浇不到"或"冷隔"缺陷；浇铸系统的结构越复杂，流动阻力越大，在相同静压头的情况下，充型能力越低。

② 铸件结构　若铸件体积相同，在同样浇铸条件下，模数（或称当量厚度）大的铸件，由于与铸型的接触表面积相对较小，热量散失比较缓慢，则充型能力较高，铸件的壁越薄，模数越小，则越不容易被充满；铸件壁厚相同时，铸型中的垂直壁比水平壁更容易充满；铸件结构复杂，流动性相对差，铸型填充就困难。

③ 铸型条件　铸型的蓄热系数表示铸型从其中的金属吸取热量并将所吸取的热量贮存在本身中的能力。蓄热系数越大，铸型的激冷能力就越强，金属于其中保持液态的时间就越

短，充型能力就减弱；预热铸型能减小金属与铸型的温差，从而提高金属液的充型能力；铸型中的气体铸型具有一定的发气能力时，能在金属液与铸型之间形成气膜，可减小流动的摩擦阻力，有利于充型，但是铸型发气量若过大，在金属液的热作用下可产生大量气体。

3.2.2 铸造合金的凝固与收缩

（1）合金的凝固特性

铸造合金在一定温度范围内结晶凝固时，其断面一般存在三个区域，即固相区、液、固两相区和液相区，其中液、固两相区对铸件质量影响最大，通常根据液固两相区的宽窄将铸件的凝固方式分为逐层凝固、中间凝固和糊状凝固 3 种。

① 逐层凝固　纯金属或共晶成分合金在凝固过程中不存在液、固相并存的凝固区，如图 3-7(a) 所示，故断面上外层的固体和内层的液体由一条界限清楚地分开。随着温度的下降，固体层不断加厚，液体层不断减少，直到中心层全部凝固，这种凝固方式称为逐层凝固。纯铜、纯铝、灰铸铁、低碳钢等合金均属于逐层凝固。

② 中间凝固　介于逐层凝固和糊状凝固之间的凝固方式称为中间凝固，如图 3-7(b) 所示。大多数合金均属于中间凝固方式，例如，中碳钢、白口铸铁等。

③ 糊状凝固　合金的凝固温度范围很宽，或铸件断面温度分布曲线较为平坦时，其凝固区在某段时间内，液、固并存的凝固区贯穿整个铸件断面，如图 3-7(c) 所示。由于这种凝固方式与水泥很类似，即先成糊状而后固化，故称为糊状凝固。高碳钢、球墨铸铁、锡青铜等合金均为糊状凝固。

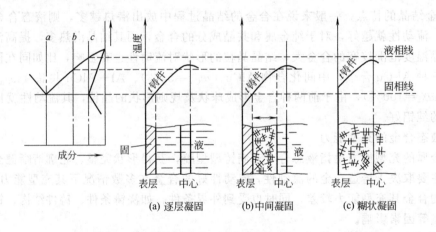

图 3-7　铸件的凝固方式

不同合金的结晶过程不同，导致液态合金具有不同的凝固特性。逐层凝固一般又分为内生壳状凝固和外生壳状凝固，如碳素钢金属液凝固时，结晶从铸型壁开始，外生晶粒形成的凝固前沿比较光滑，凝固前沿向铸件中心的液相逐层推进，当相互面向的凝固前沿在铸件中心会合时，凝固结束，这种凝固有光滑的凝固前沿，属于外生壳状凝固方式，见表 3-3。凝固开始形成的外生壳承载能力高，凝固时液相补缩通道畅通，铸件接受补缩（受补）能力高；灰口铸铁液态金属及有色金属液凝固时，按内生生长方式结晶，即晶粒在金属液内部形核、长大。但在铸型壁处的晶粒由于热量能迅速传出，故形核、长大、结晶速度快，形成固体外壳，有粗糙的凝固前沿，属于内生壳状凝固，一般窄凝固温度范围合金中的共晶成分灰铸铁、共晶成分铝基合金属于内生壳状凝固方式。

（2）铸造合金的收缩性

表 3-3 三种铸造合金的不同凝固特性

合金种类	碳素钢	灰口铸铁	球墨铸铁
示意图	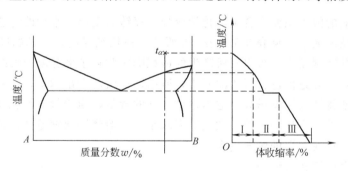		
凝固方式	逐层凝固		糊状凝固
	外生壳状凝固	内生壳状凝固	

铸造合金的收缩性指铸造熔融合金注入铸型、凝固直至冷却到室温过程中，由于温度的降低而发生的体积和尺寸的减小现象。它是铸造合金本身的物理性质，是产生缩孔、缩松、热裂、应力、变形、成分偏析和裂纹等铸件缺陷的基本原因。

铸造合金由液态到常温的收缩若用体积改变量来表示，称为体收缩。合金在固态时的收缩，若用长度改变量来表示，称为线收缩。铸造合金由液态冷却到常温，一般可分为三个阶段：液态收缩阶段（Ⅰ），凝固收缩阶段（Ⅱ），固态收缩阶段（Ⅲ），如图 3-8 所示。液态收缩和凝固收缩是铸件产生缩孔、缩松缺陷的基本原因，而固态收缩因收缩受阻而引起较大的铸造应力，是产生变形、裂纹缺陷的原因，而且还会影响铸件的尺寸精度。

图 3-8 铸造合金收缩的三个阶段
Ⅰ—液态收缩；Ⅱ—凝固收缩；Ⅲ—固态收缩

① 液态收缩 合金从浇铸温度冷却到开始凝固的液相线温度时的收缩称为液态收缩。其间，合金处于液态，因而，液态收缩会引起型腔内液面下降。

② 凝固收缩 合金从液相线温度（开始凝固的温度）冷却到固相线温度（凝固终止的温度）时的体积收缩称为凝固收缩。常见各种纯金属的凝固体收缩率见表 3-4，其收缩量的大小与合金的结晶温度范围和状态的改变有关。

表 3-4 各种纯金属的凝固体收缩率

金属种类	Al	Mg	Cu	Co	Fe	Zn	Ag	Sn	Pb	Sb	Bi
收缩率/%	6.24	4.83	4.8	4.8	4.09	4.44	4.35	2.79	2.69	−0.93	−3.1

③ 固态收缩　合金从凝固终止温度冷却到室温之间的体积收缩为固态收缩，通常表现为铸件外形尺寸的减小，对铸件的尺寸精度影响较大，常用线收缩率表示。若合金的线收缩不受铸型等外部条件的阻碍，称为自由线收缩；否则，称为受阻线收缩，常见几种铁碳合金的自由线收缩率见表 3-5，常用铸造合金的铸件线收缩率见表 3-6。

表 3-5　几种铁碳合金的自由线收缩率

材料名称	化学成分含量 w/%						总收缩率 /%	浇铸温度 /℃
	C	Si	Mn	P	S	Mg		
碳钢	0.14	0.15	0.02	0.05	0.02	—	2.165	1530
灰口铸铁	3.30	3.14	0.66	0.10	0.02	—	1.08	1270
球墨铸铁	3.40	2.96	0.69	0.11	—	0.05	0.807	1250
白口铸铁	2.65	1.00	0.48	0.06	0.26	—	2.180	1300

表 3-6　常用铸造合金的铸件线收缩率

合金类别	收缩率/%		合金类别	收缩率/%	
	自由收缩	受阻收缩		自由收缩	受阻收缩
灰铸铁			向口铸铁	1.75	1.5
中小型与小型件	1.0	0.9	铸造碳钢和低合金钢	1.6~2.0	1.3~1.7
中、大型铸件	0.9	0.8	含铬高合金钢	1.3~1.7	1.0~1.4
厕筒形件			铸造铝硅合金	1.0~1.2	0.8~1.0
长度方向	0.9	0.8	铸造铝镁合金	1.3	1.0
直径方向	0.7	0.5	铝铜合金($w_{Cu}=7\%\sim$	1.6	1.4
孕育铸铁	1.0~1.5	0.8~1.0	18%)		
可锻铸铁	0.75~1.0	0.5~0.75	锡青铜	1.4	1.2
球墨铸铁	1.0	0.8	铸黄铜	1.8~2.0	1.5~1.7

影响合金收缩的因素主要有合金的化学成分、浇铸温度等。常用的铸造合金中，铸钢的收缩最大，灰铸铁的最小，见表 3-5 和表 3-6 所示。铸铁结晶时，内部的碳大部分以石墨的形态析出，石墨的密度较小，析出时所产生的体积膨胀弥补了部分凝固收缩；灰铸铁中，碳是形成石墨的元素，硅是促进石墨化的元素，所以铸铁碳硅含量越多，收缩率越小；硫能阻碍石墨的析出，使铸铁收缩率增大；适当地增加锰的含量，由于锰与铸铁中的硫形成 MnS，可抵消硫对石墨化的阻碍作用，使铸铁收缩率减小。一般浇铸温度越高，过热度越大，合金液态收缩率增加，形成缩孔的倾向越大。

（3）铸件合金的缩孔与缩松

① 缩孔与缩松的含义及产生原因　铸件在冷却和凝固过程中，由于合金的液态收缩和凝固收缩，在铸件最后凝固的地方常常出现孔洞，容积大且比较集中的孔洞称为缩孔；细小且分散的孔洞称为缩松。缩孔的形成过程如图 3-9 所示 [图(a) 为铸型充满——初级阶段，(d) 和 (e) 为凝固终了阶段]。缩孔产生的原因是合金的液态收缩和凝固收缩值大于固态收缩值。缩孔产生的基本条件是铸件由表及里逐层凝固，缩孔通常隐藏在铸件上部或最后凝固的部位，其外形特征为倒锥形，内表面不光滑；缩松形成的基本原因主要是液态收缩和凝固收缩大于固态收缩，产生的基本条件是合金的结晶温度范围较宽，树枝晶发达，合金液几乎同时凝固，液态和凝固收缩所形成的细小、分散孔洞得不到外部液态金属的补充而造成的，一般多分布于铸件的轴线区域、厚大部位或浇口附近。

② 缩孔和缩松的防止措施　铸造合金的液态收缩越大，则缩孔形成的倾向越大；合金的结晶温度范围越宽，凝固收缩越大，则缩松形成的倾向越大。凡能促使合金减少液态和凝

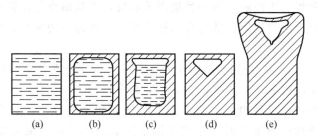

图 3-9　铸件中缩孔形成过程示意图

固期间收缩的工艺措施（如降低浇注温度和减慢浇注速度，增加铸型的激冷能力，调整化学成分，增加在凝固过程中的补缩能力，对于灰口铸铁可促进凝固期间的石墨化等），都能有利于减少缩孔和缩松的形成。为使铸件在凝固过程中建立良好的补缩条件，通过控制铸件的凝固方式（如采用设置冒口和冷铁配合），使之符合"定向凝固原则"、"同时凝固原则"或"均衡凝固"原则，尽量地使缩松转化为缩孔，并使缩孔出现在铸件最后凝固的地方。

定向凝固是采取一定措施如合理选择内浇道在铸件上的引入位置和高度、开设冒口、放置冷铁等，使铸件从一部分到另一部分逐渐凝固，如图 3-10 所示。主要用于凝固收缩大，凝固温度范围较宽的合金。如铸钢、高牌号灰铸铁、球墨铸铁、可锻铸铁和黄铜等。

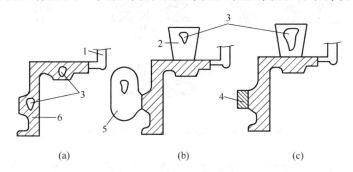

图 3-10　冒口和冷铁消除缩孔的示意图
1—浇注系统；2—顶冒口；3—缩孔；4—冷铁；5—侧冒口；6—铸件

同时凝固是采取工艺措施保证铸件结构上各部分之间没有温差或温差很小，使各部分同时凝固，一般用于壁厚均匀的薄壁铸件，均衡凝固是利用膨胀和收缩动态叠加的自补缩和浇冒口系统的外部补缩，采取工艺措施，使单位时间的收缩与膨胀、收缩与补缩按比例进行的一种凝固工艺。对于灰口铸铁和球墨铸铁件来说，均衡凝固的补缩技术，着重于利用石墨化膨胀自补缩，由于冒口只是补充自补缩不足的差额，不需要晚于铸件凝固，因此不需要放在铸件的热节上。

3.2.3　铸造合金中的偏析、气体和夹杂物

（1）铸造合金中的偏析

铸件截面上不同部位产生化学成分和金相组织不一致、不均匀的现象称为偏析。产生偏析的主要原因是由于各种铸造合金在结晶过程中发生了溶质再分配，即在晶体长大过程中，结晶速度大于溶质的扩散速度，先析出的固相与液相的成分不同，先结晶与后结晶晶体的化学成分也不相同，甚至同一晶粒内各部分的成分也不一样。根据偏析产生的范围大小可分为两大类：一类是宏观偏析，它指在铸件较大尺寸范围内化学成分不均匀的现象，一般包括正偏析、逆偏析、重力偏析等，宏观偏析会使铸件力学性能、物理性能和化学性能降低，直接

影响铸件的使用寿命和工作性能；另一类是微观偏析，微观偏析是指微小（晶粒）尺寸范围内各部分的化学成分不均匀现象。常见有两种形式：一种为晶内偏析，也叫枝晶偏析；另一种为晶界偏析。

① 晶内偏析是指一个晶粒范围内先结晶和后结晶部分的成分不均匀，所以也称为枝晶内偏析。它多发生在铸造非铁合金中，如 Cu-Sn 合金、Cu-Ni 合金。在铸钢组织中，初生奥氏体枝晶的枝干中心含碳量较低，后结晶的枝晶外围和多次分枝部分则含碳量较高。如图3-11所示为用电子探针所测定的低合金钢溶液中生成的树枝晶各截面成分的等浓度线，从中可以清楚地看出一次分枝、二次分枝以及晶内偏析的分布。

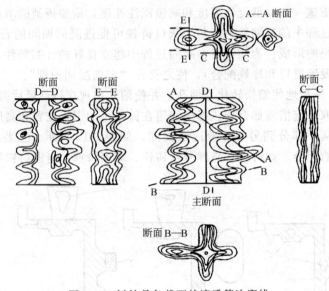

图 3-11　树枝晶各截面的溶质等浓度线

晶内偏析的倾向取决于合金的冷却速度、偏析元素的扩散能力和受液相与固相线间隔所支配的溶质的平衡分配系数。在其他条件相同时，冷却速度越大，偏析元素的扩散能力越小，平衡分配系数越小，晶内偏析越严重。但冷却速度增大到一定界限时，晶粒可以细化，晶内偏析程度反而可以减轻。晶内偏析会使合金的强度、塑性及抗腐蚀性能下降，晶内偏析在热力学上是不稳定的。通常采用扩散退火或均匀化退火的方法，即加热铸件到低于固相线100~200℃，并进行长时间的保温，使偏析元素进行充分扩散来消除晶内偏析。

② 晶界偏析是指铸件在结晶过程中，低熔点物质被排除在固液界面。当两个晶粒相对生长、相互接近并相遇时，在最后凝固的晶界上一般会有较细溶质或其他低熔点物质。如图3-12所示为晶粒相遇形成的晶间偏析。如图3-13所示为晶粒平行生长方向形成的晶界偏析。晶界偏析会使合金的高温性能降低，合金凝固过程中易产生热裂，一般采用细化晶粒或减少合金中氧化物和硫化物以及某些碳化物等措施来预防和消除。

（2）铸造合金中的气体

各种铸造合金经熔炼后都含有一定量的气体，金属液浇入铸型后，由于热作用有些铸型（例如湿黏土砂型）也会产生大量气体，如氢气、氧气和氮气，这些气体可能进入充型后的液态金属中，并且最终影响到铸件的质量。合金液所吸收的气体如未能排出而停留在合金液内，则会使铸件产生气孔缺陷。根据气体来源不同，气孔可分为侵入气孔、反应气孔和析出气孔三类。

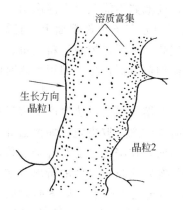

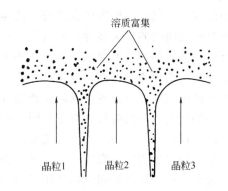

图 3-12　晶粒相遇形成的晶间偏析　　　　　图 3-13　晶粒平行生长方向形成的晶界偏析

①　侵入气孔　侵入气孔是由于砂型或砂芯受热而产生的气体侵入金属液内部而形成的。如图 3-14 所示为侵入气孔的示意图，在铸件上表面或砂型和砂芯表面附近有较大孔洞，呈梨形或椭圆形，且表面光滑。侵入气孔的形成原因是砂型或砂芯的水分、有机附加物含量过多，发气量大，发气速度快；型（芯）砂的透气性差；砂型排气不畅或者是浇铸时卷入气体等。

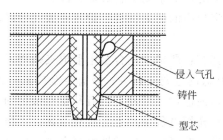

图 3-14　侵入气孔的示意图

②　反应气孔　合金液与型砂中的水分、冷铁、芯撑之间或合金内部某些元素、化合物之间发生化学反应产生气体而形成的气孔称为反应气孔。如图 3-15 所示为反应气孔的示意图，气孔特征是数量多而尺寸小（孔径一般为 $1\sim3mm$），大多数产生于铸件表皮下 $1\sim3mm$ 处，形状多呈针状或呈球状，故又称皮下针孔或皮下气孔。防止反应气孔的措施有降低合金液的含气量以及控制型砂的水分，保证冷铁、芯撑干燥，无锈、无油污等。

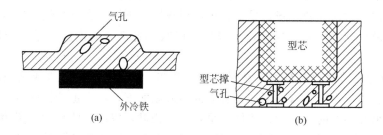

图 3-15　反应气孔示意图

③　析出气孔　合金在熔炼和浇铸过程中因接触气体而使 H_2、O_2、CO_2 等气体溶解在其中，且其溶解度随温度的升高而增加，当达到合金熔点时急剧上升。当合金液冷却凝固

时，气体在合金中的溶解度逐渐下降而以气泡形式析出，气泡如不能及时上浮逸出，便会在铸件中形成析出气孔。析出气孔的特征是体积较小，大面积分布于铸件截面上，且同一炉、同种材料所浇铸的铸件大部分都有这种气孔。防止析出气孔，须严格控制炉料质量、熔炼操作和浇铸工艺，如炉料不含水、氧化物和油污；熔炼时需加覆盖剂，尽量缩短熔炼时间；保证工具干燥；避免剧烈搅拌；合理设计浇铸系统等。

在生产中应采取措施减小或防止铸造合金的吸气，合金熔化时的过热温度不宜过高，与气体接触的时间也不宜过长。对于易吸气的合金，熔炼时要注意采取措施（如覆盖等）防止吸气。即使这样，合金中还是不可避免的有气体存在。因而，在浇铸之前对合金液采取除气处理（如采用浮游去气、真空去气、氧化去气、冷凝去气等）或阻止气体的析出（如提高铸件冷却速度，提高铸件凝固时的外压等），都可防止和减小气孔的产生。从铸型方面，应尽量减少铸型的含水量、黏结剂加入量以及尽量减少铸型中容易与金属反应而生成气孔的成分，如 N、P、S 等。

（3）铸造合金中的夹杂物

铸件内或表面上存在的和基体金属成分不同的质点称为夹杂物。按夹杂物的来源可分两类，一类是内在夹杂物，是指合金液本身各成分发生化学反应而产生的夹杂物，如铁碳合金中形成的 FeS、MnS、Fe_3P 等夹杂物；另一类是外来夹杂物，它是合金液受污染或与外界物质接触发生相互作用而产生的，如金属炉料表面粗砂、黏土、锈蚀，焦炭中的灰分熔化后变成熔渣，金属液与炉衬、浇包中的耐火材料、炉气或大气接触以及合金液与铸型的相互作用等所产生的夹杂物。

防止和减少夹杂物的措施有：严格控制合金中形成夹杂物元素的含量，熔炼时尽量减少炉料中的杂质，采用含 S、P 低的金属炉料等；液态合金中的一次夹杂物在浇铸之前应尽量排除，如将铁液、钢液在浇包内进行高温静置，有利于夹杂物的上浮和排除；浇铸过程中使用过滤网；防止合金在浇铸和充填过程中产生二次夹杂物；严格控制铸型中的水分，避免在铸型中形成过强的氧化性气氛；在真空或保护性气氛下进行熔炼和浇铸。

3.2.4　铸件的内应力、变形与裂纹

（1）铸造应力　铸件在凝固冷却过程中，由于温度下降而产生收缩，有些合金还会发生由固态相变而引起膨胀或收缩，会使铸件的体积和长度发生变化，若这些变化受到阻碍（热阻碍、外力阻碍等），便会在铸件中产生应力，称为铸造应力。按其产生的原因可分为三种：热应力、收缩应力和相变应力。

① 热应力是铸件在凝固或冷却过程中，不同部位由于不均衡的收缩而引起的应力。防止的根本途径是尽量减少铸件各部位的温差，使其均衡凝固，具体工艺措施有工艺上采取冒口、冷铁，加快厚大部分的冷却，尽量让铸件形成同时凝固；在满足使用要求下，减小铸件的壁厚差，分散或减小热节；提高铸型温度，以减小各部分的温差；适当控制铸件打箱时间等。

② 收缩应力是铸件的固态收缩受到铸型、型芯、浇铸系统、冒口或箱挡的阻碍而产生的应力。防止收缩应力措施有采用控制合适的型芯紧实度，加入退让性较好的材料（如木屑等）以改善铸型和型芯的退让性；铸件提早打箱或松砂，以减小收缩时的阻力。

③ 相变应力是铸件由于固态相变，各部分体积发生不均衡变化而引起的应力。消除相变应力的方法一般采用人工时效和振动时效。人工时效是将铸件重新加热到合金的临界温度以上，即使铸件处于塑性状态的温度范围，在此温度下保温一定时间，使铸件各部分的温度均匀，让应力充分消失，然后随炉缓慢冷却以免重新形成新的应力，人工时效的加热速度、

加热温度、保温时间和冷却速度等一系列工艺参数，要根据合金的性质、铸件的结构以及冷却条件等因素来确定。振动时效是将铸件在共振条件下（振动频率在 400~6000Hz）振动 10~60min，以达到消除残余应力的目的。

（2）铸件的变形　由于铸造应力的缘故，处于应力状态（不稳定状态）下的铸件能够自发地发生变形以减少内应力而趋于稳定状态，快冷部分凸起，慢冷部分凹下，机床车身变形示意图如图 3-16 所示。为了防止变形的产生，必须首先设法降低和消除铸件内的残余应力或从工艺上采取措施（如大型铸件可采用反变形法，具有一定塑性的薄壁铸件可进行校直等），以减小变形。

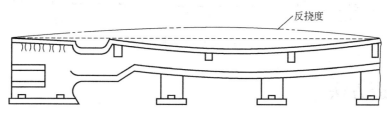

图 3-16　机床车身变形示意图

（3）铸件的裂纹　当内应力超过合金的强度极限时，铸件就会产生裂纹。根据裂纹产生的温度不同，把裂纹分为热裂和冷裂两种。

① 热裂是铸件在高温下形成的裂缝，外形形状曲折而不规则，断口严重氧化，无金属光泽，裂口沿晶粒边界产生和发展。（铸钢件裂口表面近似黑色，铝合金则呈暗灰色）热裂是铸件在凝固末期形成的，是铸钢和铸铝常见的缺陷。热裂是在凝固的末期，固相线附近，铸件中结晶的骨架已经形成并开始收缩，但晶粒间还有一定量的液相存在，且这时铸件强度和塑性极低，收缩稍受阻碍即可开裂。

② 冷裂是在较低温度下，铸件处于弹性状态，其热应力和机械应力总值超过合金强度极限而形成的。其外形呈连续直线状或圆滑曲线状，常常是穿过晶粒延伸到整个断面，断口干净，具有金属光泽或轻微氧化色。合金的化学成分（如钢中的 C、Cr、Ni 等元素，虽提高合金的强度，但降低钢的热导率，含量高时，冷裂倾向增大）和杂质状况（如 P 高时，冷脆性增加；S 及其他夹杂物富集在晶粒边界，易产生冷裂）对冷裂的形成影响很大，它们降低合金的塑性和冲击韧性，使形成冷裂的倾向增大。

（4）铸造应力大小的测定　铸件中残余应力测定基本原理是把试样拉、压两种相互平衡的应力加以破坏，使试样产生变形，然后测量变形量，求得残余应力的大小。通常试验中多采用应力框，应力框的结构有三种，如图 3-17 所示。

具体的方法是在砂型中浇铸出试样，切断中间杆以后，测量其伸长量，近似地计算出中间杆内应力的大小，即

$$\sigma = E(e_1 - e_2)\frac{f_1}{l(f_1 + f_2)}$$

式中　σ——铸造应力，MPa；

　$e_1 - e_2$——绝对变形量，即中间杆切断前后两测定点的距离差，mm；

　　E——金属的弹性模量，MPa；

　　l——试样杆长度，mm；

　　f_1——中间杆的断面积，mm²；

　　f_2——两侧杆的断面积之和，mm²。

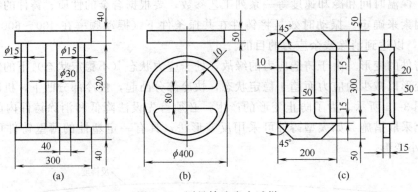

图 3-17　测量铸造应力试样

3.3　铸造方法

　　铸造工艺方法包括砂型铸造和特种铸造，其中后者又包括熔模铸造、离心铸造、金属型铸造、压力铸造、低压铸造、陶瓷型铸造、定向结晶铸造等。铸造方法的选择主要根据铸件的合金种类、重量、尺寸精度、表面粗糙度、批量铸件成本生产周期、设备条件等方面的要求综合考虑才能决定，砂型铸造约占铸造总产量的 60% 左右，故该节重点介绍砂型铸造的工艺。表 3-7 是一些铸件基本尺寸的公差等级（CT），表 3-8 是各种铸造方法的应用范围，可根据铸造企业的实际情况适当选择。

3.3.1　砂型铸造

（1）概述

　　砂型铸造是指铸型由砂型和砂芯组成，而砂型和砂芯是用砂子和黏结剂为基本材料制成的铸造工艺，依所用黏结剂的不同又可以分为黏土砂型、水玻璃砂型和有机黏结剂砂型等不同种类的砂型铸造方法（图 3-18）。如图 3-19 所示是紧实后的型砂结构示意图，它是由原砂和黏结剂（必要时还加入一些附加物）组成的一种具有一定强度的微孔-多孔隙体系，或者叫毛细管多孔隙体系。

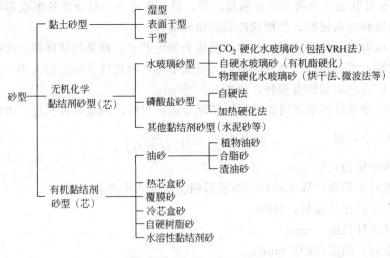

图 3-18　砂型铸造的分类

表 3-7　一些铸件基本尺寸的公差等级

铸件基本尺寸	铸件公差等级 CT															
	1	2	3	4	5	6	7	8	9	10	11	12	13	14	15	16
10	0.1	0.14	0.20	0.28	0.38	0.54	0.78	1.1	1.6	2.2	3.0	4.4				
100	0.15	0.22	0.30	0.44	0.62	0.88	1.2	1.8	2.5	3.6	5.0	7	10	12	16	20
400	—	—	—	0.64	0.90	1.2	1.8	2.6	3.6	5	7	10	14	18	22	28
4000	—	—	—	—	—	—	—	—	7.0	10	14	20	28	35	44	56

注：依据国家标准 GB/T 6414—1999。

表 3-8　各种铸造方法应用范围

序号	铸造工艺	适用合金种类	铸件质量范围	最小壁厚/mm	铸件表面粗糙度 $R_a/\mu m$	铸件尺寸公差等级 CT	批量
1	砂型铸造	不限	不限	3	12.5～100	8～10	不限
2	壳型铸造	不限	几十克～几十千克	2.5	1.6～50	6～9	中、大批量
3	熔模铸造	不限（主是合金钢、碳钢、不锈）	几克～几百千克	约0.5，最小孔径0.5	0.8～6.3	4～7	大、中批量
4	金属型铸造	不限（主要是非铁合）	几十克～几百千克	2～3（铝）5（铁）	3.2～12.5	6～9	中、大量
5	低压铸造	非铁合金	几百克～几十千克	2（铝）2.5（铸铁）	3.2～25	5～8	大、中、小批量
6	压力铸造	非铁合金	几克～几十千克	0.3～1.0，2（铜）	1.6～6.3（铝）0.2～6.3（镁）	4～8	大批量
7	离心铸造	不限	管件、套筒类	最小内径8	1.6～12.5	—	大、中、小批量
8	陶瓷型铸造	钢、铁	中、大件	2	3.2～12.5	5～8	单件、小批
9	石膏型铸造	以非铁合金为主	几克～几百千克	约0.5，最小孔径0.5	0.8～6.3	4～7	大、中批量
10	连续铸造	不限	坯料或型材	4	12.5～100	—	大批
11	真空铸造	不限	小件	5			中、大批量
12	挤压铸造	不限	几十克～几十千克	1	1.6～6.3	5	中、大批量
13	消失模铸造	不限	不限	2～3	3.2～50	6～9	不限

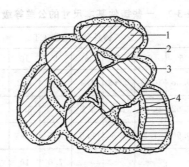

图 3-19　型砂结构示意图

1—原砂砂粒；2—黏结剂；3—附加物；4—微孔（孔隙）

掌握砂型铸造是合理选择铸造方法和正确设计铸件的基础。为了获得健全的铸件、减少铸型制造的工作量、降低铸件成本，在砂型铸造的生产准备过程中，必须合理地制定出铸造工艺方案，并绘制出铸造工艺图。铸造工艺图是在零件图上用各种工艺符号表示出铸造工艺方案的图形，其中包括：铸件的浇铸位置、铸型分型面、型芯的数量与形状、型芯固定方法、加工余量、拔模斜度、收缩率、浇铸系统、冒口、冷铁的尺寸和布置等。铸造工艺图是指导模型（芯盒）设计、生产准备、铸型制造和铸件检验的基本工艺文件。依据铸造工艺图，结合所选定的造型方法，便可绘制出模型图及合箱图。

（2）砂型铸造的造型材料

一般每生产 1t 铸件需消耗 3～6t 型砂，而与造型材料有关的废品率占铸件总废品率的 60%～80%，因此，现在各国对造型材料都很重视，工厂及专门研究机构都有科研技术人员负责质量监控。

1）石英砂铸造用的原砂以石英砂为主

石英砂资源丰富，价格低廉，其性能可满足普通铸件的要求。

2）非石英系的铸造用砂

虽然石英砂来源广，价格便宜，能满足一般铸件的要求，但它是酸性的，易与液态金属中的碱性金属氧化物生成低熔点的硅酸盐，使铸件粘砂。对于大型铸钢件，特别是一些合金钢铸件，石英砂不能满足要求，因此，需要用一些耐火度高、导热性好、热膨胀系数小、热化学稳定性好的材料来代替石英砂，或作为砂型和砂芯涂料的耐火骨料。常用的几种材料介绍如下。

① 镁砂　镁砂的主要成分是 MgO，它是菱镁矿（$MgCO_3$）高温煅烧再经破碎分选得到的。只有在 1500～1600℃以上高温煅烧得到的稳定晶体结构的氧化镁，因其体积致密，密度较大，方可作为耐火材料使用，其耐火度大于 1800℃。

② 锆砂　锆砂又称锆英砂，是一种以硅酸锆（$ZrO_2 \cdot SiO_2$）为主要组成的矿物，在 1430℃左右分解出 ZrO_2 和 SiO_2。纯的锆砂中 ZrO_2 的质量分数为 67.2%、SiO_2 的质量分数为 32.8%，纯锆砂的莫氏硬度为 7～8，密度为 4.5～4.7g/cm³，熔点为 2400℃左右，软化点为 1600～1860℃。锆砂中含有少量杂质 Fe_2O_3、CaO、Al_2O_3 等时，它的熔点将降为 2000℃左右，呈棕黄色。

③ 铬铁矿砂　铬铁矿砂属于尖晶石类矿物。主要矿物有铬铁矿 $FeCr_2O_4$、镁铬铁矿 $(Mg \cdot Fe)Cr_2O_4$ 和铝镁铬铁矿 $(Fe \cdot Mg)(Cr \cdot Al)_2O_4$，其主要化学成分是 Cr_2O_3，其次是 MgO、FeO、Al_2O_3 和少量的 SiO_2。镁铁矿砂的有害杂质是碳酸盐（$MgCO_3$、$CaCO_3$），

在浇铸时分解出 CO_2，可能使铸件产生气孔，因此铸造用的铬矿砂常需 900℃ 焙烧。铬矿砂熔点在 1450～1850℃ 之间，热导率较石英砂大，热膨胀小，不与金属氧化物起反应，有很好的抗碱性渣作用。

④ 耐火熟料　在 1200～1500℃ 熔烧过的铝矾土或高岭土称为耐火熟料，其主要成分是耐火度高、体积变化小的莫来石相（$3Al_2O_3 \cdot 2SiO_2$）。耐火熟料的熔点随 Al_2O_3 的增加而提高，当 Al_2O_3 的质量分数达到 71.3% 时，耐火度大于 1800℃，Fe_2O_3、CaO 等降低其耐火度，高铝矾土熟料要求 $w_{Al_2O_3} \geqslant 70\%$、$w_{SiO_2} \leqslant 20\%$、$w_{Fe_2O_3} \leqslant 3\%$、$w_{MgO+CaO} \geqslant 2.0\%$。耐火熟料的优点是热膨胀小，耐火度高，与铁的氧化物湿润性小。主要用做涂料及熔模铸造的模壳材料。

⑤ 刚玉　刚玉的成分是 Al_2O_3，由工业氧化铝经电弧炉熔融转变成纯刚玉，含 Al_2O_3 达 95%～98%（质量分数），其熔点为 2000～2050℃。电熔刚玉硬度较石英大，热导率高一倍，热膨胀小，对酸和碱都有很好的热化学稳定性，但价格高，只适合用做高合金钢的涂料。

⑥ 碳质材料　碳质材料主要有焦炭渣（冲天炉打炉后的焦炭破碎而成）、石墨和废石墨电极及废坩埚破碎成的碎粒。它们是中性材料，化学性质不活泼，与金属氧化物不湿润，有良好导热能力，耐火度高。碳质材料对铸件有激冷作用。

（3）砂型铸造的造型方法

造型是砂型铸造最基本的工序，造型方法选择是否合理，对于铸件质量和成本有着重要的影响。由于手工造型和机器造型对铸造工艺的要求有着明显的不同，因此在许多情况下，造型方法的选定是制订铸造工艺的前提。

① 手工造型　手工造型操作灵活，大小铸件均可适应，它可通过分离模、活块、挖砂、三箱、劈箱等方法制出外廓复杂、难以起模的铸件。手工造型对模具的要求不高，一般采用成本较低的实体木模，对于尺寸较大的回转体或等截面铸件还可采用成本很低的刮板来造型。手工造型对砂箱的要求也不高，如不需严格的配套和机械加工，较大的铸件还可采用地坑来取代下箱，这样可减少砂箱费用，并缩短了生产准备时间。因此，尽管手工造型生产率低，对工人技术水平要求较高，而且铸件的尺寸精度及表面质量较差，但在实际生产中仍然是难以完全取代的重要工艺方法。手工造型主要用于单件、小批生产，有时也可用于较大批量的生产。

② 机器造型（制芯）　现代化铸造多用机器造型和制芯，并与机械化砂处理、浇铸和落砂等工序共同组成流水生产线。机器造型和制芯可大大提高劳动生产率，制出铸件的尺寸精确、表面光洁、加工余量小。机器造型是将紧砂和起模等主要工序实现机械化。为适应不同形状、尺寸和不同批量铸件生产的需要，造型机的种类繁多，其紧砂和起模方式也有所不同，其中以压缩空气驱动的震压式造型机最为常用。顶杆起模式震压造型机的工作过程（图3-20）分为以下几步。

a. 填砂　打开砂斗门，向砂箱中放满型砂。

b. 震击紧砂　先使压缩空气从进气口 1 进入震击汽缸底部，活塞在上升过程中关闭了进气口，接着又打开排气口，使工作台与震击汽缸顶部发生撞击，如此反复进行震击，使型砂在惯性力的作用下被初步紧实。

c. 辅助压实　由于震击后砂箱上层的型砂紧实度仍然不足，还必须进行辅助压实。此时，压缩空气从进气口 2 进入压实汽缸底部，压实活塞带动砂箱上升，在压头的作用下，压实型。

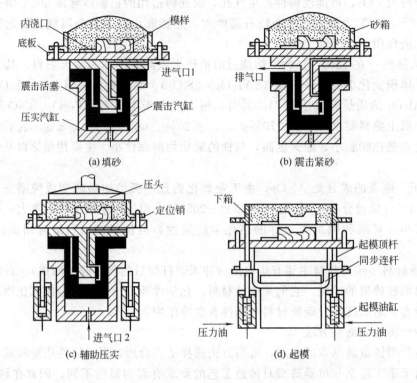

图 3-20 顶杆起模式震压造型机工作示意图

d. 起模 当压缩空气推动压力油进入起模油缸，四根顶杆平稳地将砂箱顶起，从而使砂型与模型分离。震压式造型机主要用于制造中、小铸型，其主要缺点是噪声大、工人劳动条件较差，且生产率不够高。在现代化的铸造车间里，震压造型机已逐步被机械化程度更高的造型机（如微震压实造型机、高压造型机、射压造型机、多工位造型机等）所取代。机器制芯除可采用前述的震击、压实等紧砂方法外，最常用的是吹芯机或射芯机。首先将芯盒置于工作台上，并向压紧缸通入压缩空气，使芯盒上升，以便与底板压紧。射砂时，打开射砂阀，使贮气筒中的压缩空气通过射砂筒上的缝隙进入射砂筒内，于是型芯砂形成了高速的砂流从射砂孔射入芯盒，将砂紧实，而剩余空气则从射砂头上的排气孔排入大气。可见，射砂紧实是将填砂与紧砂两个工序同时完成，故生产率很高，它不仅用于制芯，也开始用于造型。

近些年来，由于采用以合成树脂为黏结剂的树脂砂来制芯，使机器制芯工艺发生了变革。它采用电热的芯盒（或其他硬化措施）使射入芯盒内的树脂砂快速硬化，这不仅省去了型芯骨和烘干工序，还降低了型芯成本。

（4）砂型铸造工艺方案的确定

① 浇铸位置的选择原则 浇铸位置是指金属浇铸时铸件所处的空间位置，而铸型分型面是指砂箱间即铸型与铸型之间的接触表面。浇铸位置正确与否，对铸件的质量影响很大，且与模样、芯盒等工艺装备的结构、浇铸系统的开设等有直接关系，故选择浇铸位置时应考虑如下原则。

a. 铸件的重要加工面应朝下或侧立。因为铸件的上表面容易产生砂眼、气孔、夹渣等缺陷，组织也不如下表面致密。如果这些加工面难以做到朝下，则应尽力使其位于侧面，当铸件的重要加工面有数个时，则应将较大的平面朝下。如图 3-21 所示，（a）是合理的，它将齿轮要求较高并需要进行机械加工的齿面朝下放，（b）将齿面朝上，难保其质量，（c）将齿面立放，会导致齿轮周围质量不均。

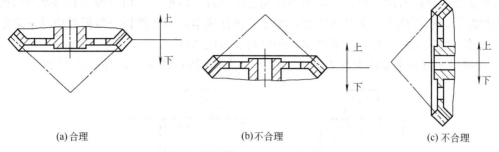

(a)合理　　　　　　　(b)不合理　　　　　　　(c)不合理

图 3-21　锥齿轮的浇铸位置比较

　　b. 铸件的大平面应朝下。型腔的上表面除了容易产生砂眼、气孔、夹渣等缺陷外，大平面还常产生夹砂缺陷。这是由于在浇铸过程中金属液对型腔上表面有强烈的热辐射，型砂因急剧热膨胀和强度下降而拱起或开裂，于是金属液进入表层裂缝之中，形成了夹砂缺陷。因此，对平板、圆盘类铸件大平面应朝下，如图 3-22 所示。

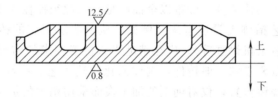

图 3-22　平板类铸件的合理浇铸位置

　　c. 为防止铸件薄壁部分产生浇不足或冷隔缺陷，应将面积较大的薄壁部分置于铸型下部或使其处于垂直或倾斜位置。

　　d. 对于容易产生缩孔的铸件，应使厚的部分放在分型面附近的上部或侧面，以便在铸件厚处直接安置冒口，使之实现自下而上的顺序凝固，如图 3-23 所示。

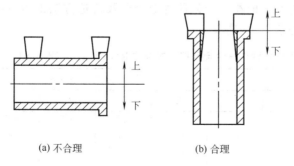

(a) 不合理　　　　　　　(b) 合理

图 3-23　卷筒的浇铸位置

　　② 铸型分型面的选择原则　铸型分型面如果选择不当，不仅影响铸件质量，而且还会使制模、造型、制芯、合箱或清理等工序复杂化，甚至还可增大切削加工的工作量。因此，分型面的选择应能在保证铸件质量的前提下，尽量简化工艺，节省人力物力，故选择分型面应考虑如下原则。

　　a. 应便于起模，使造型工艺简化。如尽量使分型面平直、数量少，避免不必要的活块和型芯等。应尽量使铸型只有一个分型面，以便采用工艺简便的两箱造型，同时因为多一个分型面，铸型就增加一些误差，使铸件的精度降低。铸件的内腔一般是由型芯来形成，有时还可用型芯来简化模型的外形，以制出妨碍起模的凸台、凹槽等。但制造型芯需要专门的型芯盒和型芯骰，还需烘干、下芯等工序，增加了铸件成本，因此选择分型面时应尽量避免不必要的型芯。但须指出，并非型芯越少，铸件的成本就越低。

　　b. 应尽量使铸件全部或大部置于同一砂箱，以保证铸件精度，如图 3-24 所示。

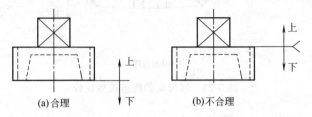

　　　　　　(a)合理　　　　　　　　　　(b)不合理

图 3-24　螺丝塞头铸件的分型方案

　　c. 为便于造型、下芯、合箱和便于检验铸件壁厚，应尽量使型腔及主要型芯位于下箱。但下箱型腔也不宜过深，并尽量避免使用吊芯和大的吊砂。

　　上述原则，对于某个具体铸件一般难以全面满足，因此须抓住主要矛盾以全面考虑，对于次要矛盾，则应从工艺措施上设法解决。例如，质量要求很高的铸件（如机床床身、立柱、刀架、钳工平板、造纸机烘缸等），应在满足浇铸位置要求的前提下再考虑造型工艺的简化。对于没有特殊质量要求的一般铸件，则以简化铸造工艺、提高经济效益为主要依据，不必过多地考虑铸件的浇铸位置，仅对朝上的加工表面采用稍大的加工余量即可。

　　③ 砂型铸造的工艺参数　铸造工艺方案初步确定后，绘制铸造工艺图，此时必须选定铸件的机械加工余量、拔模斜度、收缩率、型芯头尺寸等具体工艺参数。

　　a. 机械加工余量和铸孔　在铸件上为切削加工而加大的尺寸称为机械加工余量。加工余量必须慎重选取，余量过大，切削加工费时，且浪费金属材料；余量过小，制品会因残留黑皮而报废，或者因铸件表面过硬而加速刀具磨损。一般要求的机械加工余量（RMA）等级有 A、B、Z、P、Z、J、G、H、J 和 K 共 10 级。确定铸件的机械加工余量之前，需要先确定机械加工余量等级，推荐用于各种铸造合金及铸造方法的 RMA 等级列于表 3-9 中，加工余量的具体数值按表 3-10 选取。

表 3-9　**推荐用于各种铸造合金及铸造方法的 RMA 等级**（GB/T 6414—1999）　单位：mm

最大尺寸		要求的机械加工余量等级							
大于	至	C	D	E	F	G	H	J	K
—	40	0.2	0.3	0.4	0.5	0.5	0.7	1	1.4
40	63	0.3	0.3	0.4	0.5	0.7	1	1.4	2
63	100	0.4	0.5	0.7	1	1.4	2	2.8	4
100	160	0.5	0.8	1.1	1.5	2.2	3	4	6
160	250	0.7	1	1.4	2	2.8	4	55.5	8
250	400	0.9	1.3	1.4	2.5	3.5	5	7	10
400	630	1.1	1.5	2.2	3	4	6	9	12
630	1000	1.2	1.8	2.5	3.5	5	7	10	14
1000	1600	1.4	2	2.8	4	5.5	8	11	16

　　注：最大尺寸指最终机械加工后铸件的最大轮廓尺寸。

表 3-10　毛坯铸件典型的机械加工余量等级 （GB/T 6414—1999）

方　　法	要求的机械加工余量等级							
	铸件材料							
	钢	灰铸铁	球墨铸铁	可锻铸铁	铜合金	锌合金	轻金属合金	镍基合金
砂型铸造手工造型	G~K	F~H	F~H	F~H	F~H	F~H	F~H	G~K
砂型铸造机器造型和壳体	F~H	E~G	E~G	E~G	E~G	E~G	E~G	F~H
金属型(重力铸造和低压铸造)	—	D~F	D~F	D~F	D~F	D~F	D~F	—

　　机械加工余量的具体数值取决于铸件生产批量、合金的种类、铸件的大小、加工面与基准面的距离及加工面在浇铸时的位置等。大量生产时，因采用机器造型，铸件精度高，故余量可减小；反之，手工造型误差大，余量应加大。铸钢件表面粗糙，余量应加大；有色合金铸件价格昂贵，且表面光洁，所以余量应比铸钢小。铸件的尺寸越大或加工面与基准面的距离越大，铸件的尺寸误差也越大，故余量也应随之加大。此外，浇铸时朝上的表面因产生缺陷的概率较大，其加工余量应比底面和侧面大。铸件的孔、槽是否铸出，不仅取决于工艺上的可能性，还必须考虑其必要性。一般说来，较大的孔、槽应当铸出，以减少切削加工工时、节约金属材料，同时也可减小铸件上的热节。较小的则不必铸出，留待后加工反而更经济。灰口铸铁件的最小铸孔（毛坯孔径）推荐如下：单件生产为 3~5mm，成批生产为 15~30mm，大量生产为 12~15mm，对于零件图上不要求加工的孔、槽，无论大小均铸出。

　　b. 拔模斜度　为了使模型（或型芯）易于从砂型（或芯盒）中取出，凡垂直于分型面的立壁，制造模型时必须留出一定的倾斜度，此倾斜度称为拔模斜度或铸造斜度。拔模斜度的大小取决于立壁高度、造型方法、模型材料等因素，通常为 15°~30°，立壁越高，斜度越大。

　　c. 收缩率　由于合金的线收缩，铸件冷却后的尺寸比型腔尺寸略为缩小，为保证铸件的应有尺寸，模型尺寸必须比铸件放大一个该合金的收缩量。铸件冷却过程中，其线收缩不仅受到铸型和型芯的机械阻碍，同时还受铸件各部分之间的相互制约，因此铸件的线收缩率除因合金种类而外，还随铸件形状、尺寸而定。通常，灰口铸铁的线收缩率为 0.7%~1.0%，铸造碳钢为 1.3%~2.0%，铝硅合金为 0.8%~1.2%，锡青铜为 1.2%~1.4%。

　　d. 型芯头　型芯头的形状和尺寸对于型芯的装配工艺性和稳定性有很大影响。型芯可分为垂直芯头和水平芯头两大类。垂直型芯一般都有上、下芯头，短而粗的型芯可省去上芯头。垂直芯头的高度主要取决于型芯头直径。芯头必须留有一定的斜度。下芯头的斜度应小些（50°~100°），高度大些，以便增强型芯在铸型中的稳定性；上芯头的斜度应大些（60°~150°），高度应小些，便于合箱。

　　水平芯头的长度取决于型芯头直径及型芯的长度，为便于下芯及合箱，铸型上型芯座的端部也应留出一定斜度 α。悬臂型芯头必须长而大，以平衡支持型芯，防止合箱时型芯下垂或被金属液抬起。型芯头与铸型型芯座之间应留有 1~4mm 的间隙，以便于铸型的装配。

3.3.2　特种铸造

（1）熔模铸造

熔模铸造又称失蜡铸造，它是先制造蜡模，然后在蜡模上涂覆一定厚度的耐火材料，待耐火材料层固化后，将蜡模熔化去除而制成型壳，型壳经高温焙烧后进行浇铸获得铸件的铸造方法。用熔模铸造制造的铸件具有较高的尺寸精度和较好的表面质量。

① 熔模铸造的工艺过程　熔模铸造通常包括制模、制壳、脱蜡、熔烧型壳、浇铸和脱壳与清理等工艺过程，如图 3-25 所示。

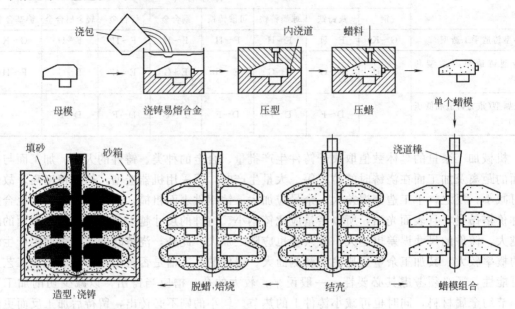

图 3-25　熔模铸造的工艺过程

a. 制造蜡模　蜡模材料常用石蜡、硬脂酸和其他一些化工原料配制，以满足工艺要求为准。首先将具有一定温度的蜡料压入压型（压制熔模用的模具），冷凝后取出即为蜡模。为提高生产率，常把数个蜡模熔焊在蜡棒上，成为蜡模组。

b. 结壳　在蜡模组表面浸挂一层以黏结剂和耐火材料粉配制的涂料，然后在上面撒一层较细的耐火砂，并放入固化剂（如氯化镀水溶液）中硬化。如此反复多次，使蜡模组外面形成由多层耐火材料组成的坚硬型壳（一般为 4～10 层），型壳的总厚度为 5～7m。

c. 熔化蜡模（脱蜡）　通常将带有蜡模组的型壳放在 80～90℃ 的热水或高温蒸汽中，使蜡料熔化后从浇铸系统中流出。

d. 型壳的熔烧　把脱蜡后的型壳放入加热炉中，加热到 800～950℃，保温 0.5～2h，烧去型壳内的残蜡和水分，并使型壳强度进一步提高。

e. 浇铸　将型壳从熔烧炉中取出后，周围堆放干砂，加固型壳，然后趁热（600～700℃）浇入合金液，并凝固冷却。

f. 脱壳和清理　用人工或机械方法去掉型壳并切除浇冒口，清理后即得铸件。

② 熔模铸造铸件的结构工艺性　熔模铸造铸件的结构，除应满足一般铸造工艺的要求外，还具有其特殊性。铸孔一般应大于 2mm，铸孔太小和太深，则不得不采用陶瓷芯或石英玻璃管芯，这就使得工艺复杂，清理困难。铸件壁厚不可太薄，一般为 2～8mm。熔模铸造工艺一般不用冷铁，少用冒口，多用直浇道直接补缩，故铸件的壁厚应尽量均匀，不能有分散的热节。

③ 熔模铸造的特点和应用

a. 熔模铸造的铸件精度高、表面质量高　铸件尺寸精度可达 IT11～IT14，表面粗糙度为 $R_a 2.5～6.3\mu m$。如熔模铸造的涡轮发动机叶片，铸件精度已达到无加工余量的要求。

b. 可制造形状复杂铸件　其最小壁厚可达 0.3mm，最小铸出孔径为 0.5mm 对由几个零件组合成的复杂部件，可用熔模铸造一次铸出。

c. 可铸造各种种类合金　用于高熔点和难切削合金，更具显著的优越性。

d. 生产批量基本不受限制　既可成批、大批量生产，又可单件、小批量生产。

e. 熔模铸造工序繁杂，生产周期长，原辅材料费用高，生产成本较高　由于受蜡模与型壳强度、刚度的限制，熔模铸造铸件一般不宜太大、太长，主要用于生产汽轮机及燃气轮机的叶片、泵的叶轮、切削刀具以及飞机、汽车、拖拉机、风动工具和机床上的小型零件。

（2）金属型铸造

金属型铸造是将液体金属在重力作用下浇入金属铸型以获得铸件的一种方法。铸型用金属制成，可以反复使用几百次到几千次，故又称硬模铸造。

① 金属型的结构与材料　根据分型面位置的不同，金属型可分为垂直分型式、水平分型式和复合分型式三种结构。其中，垂直分型式金属型开设浇铸系统和取出铸件比较方便，易实现机械化，应用较广，如图 3-26 所示。金属型的材料熔点一般应高于浇铸合金的熔点。如浇铸锡、钵、续等低熔点合金，可用灰铸铁制造金属型；浇铸铝、铜等合金，则要用合金铸铁或钢制金属型。金属型用的芯子有砂芯和金属芯两种。

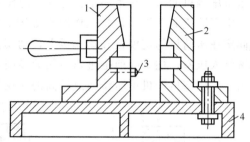

图 3-26　垂直分型式金属型
1—动型；2—定型；3—定位销；4—底座

② 金属型铸件的结构工艺性

a. 金属型无退让性和溃散性，铸件结构要保证能顺利出型，铸件结构斜度比砂型铸件大。

b. 铸件壁厚要均匀，以防出现缩松或裂纹。同时，为防止浇不足、冷隔等缺陷，铸件的壁厚不能过薄，如铝硅合金铸件的最小壁厚为 2～4mm，铝镁合金为 3～5mm，铸铁为 2.5～4mm。

c. 铸孔的孔径不能过小、过深，以便于金属型芯的安放和抽出。

③ 金属型铸造工艺措施　金属型导热速度快，没有退让性和透气性，为了确保获得优质铸件和延长金属型的使用寿命，必须采取下列工艺措施。

a. 加强金属型的排气　在金属型腔上部设排气孔、通气塞（允许气体通过，但金属液不能通过），在分型面上开通气槽等。

b. 表面喷刷涂料　金属型与高温金属液直接接触的工作表面上应喷刷耐火涂料，以保护金属型，并可调节铸件各部分冷却速度，提高铸件质量。

c. 预热金属型　金属型浇铸前需预热，预热温度一般为 200～350℃，目的是防止金属液冷却过快而造成浇不到、冷隔和气孔等缺陷。

d. 开型　金属型无退让性，如果浇铸后铸件在铸型中停留时间过长，易引起过大的铸造应力而导致铸件开裂，因此，应及时从铸型中取出。通常铸铁件出型温度为 780～950℃左右，开型时间为 10～60s。

④ 金属型铸造的特点及应用范围

a. 尺寸精度可达 IT12～IT16，表面粗糙度为 $R_a 2.5～6.3\mu m$，机械加工余量小。

b. 由于金属型的导热性好，冷却速度快，铸件的晶粒较细，力学性能好。

c. 一型多铸，劳动生产率高。节省造型材料，环境污染小，劳动条件好。金属型制造成本高，不宜生产大型、形状复杂和薄壁铸件。受金属型材料熔点的限制，熔点高的合金不适宜用金属型铸造。

（3）压力铸造

压力铸造（简称压铸）是将熔融合金在高压（5～150MPa）条件高速充型，并冷却凝固成型的精密铸造方法。压力铸造需要使用压铸机和金属铸型。压铸所用的压射比压为 30～70MPa，金属液充满铸型的时间为 0.01～0.2s，所以高压和高速是压力铸造的重要特点。

① 压铸生产设备和压铸工艺过程　压铸机是压铸生产的基本设备，根据压室工作条件不同，可分为冷压室压铸机和热压室压铸机两类。热压室压铸机的压室与坩埚连成一体，而冷压室压铸机的压室与坩埚是分开的。冷压室压铸机又可分为立式和卧式两种，目前以卧式冷压室压铸机应用较多，其工作原理如图 3-27 所示。压铸型由定型和动型两部分组成，分别固定在压铸机的定模板和动模板上，动模板可做水平移动。动型与定型合型后，将定量金属液浇入压室，柱塞向前推进，金属液经浇道压入压铸模型腔中，冷凝后开型，顶杆将铸件推出。冷压室压铸机可压铸熔点较高的非铁金属，如铜、铝和续合金等。

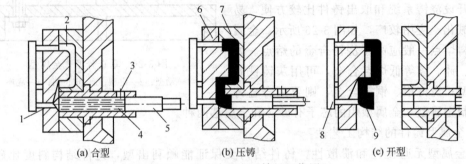

(a) 合型　　　　　　(b) 压铸　　　　　　(c) 开型

图 3-27　卧式冷压室压铸机工作原理

1—浇道；2—型腔；3—浇入金属液处；4—液态金属；5—压射冲头；
6—动型；7—定型；8—顶杆；9—铸件及余料

② 压铸件的结构工艺性

a. 压铸件上应消除内侧凹，以保证压铸件从压型中顺利取出。

b. 压力铸造可铸出细小的螺纹、孔、齿和文字等，但有一定的限制。

c. 压力铸造应尽可能采用薄壁并保证壁厚均匀。由于压铸工艺的特点，金属浇铸和冷却速度都很快，厚壁处不易得到补缩而形成缩孔、缩松。压铸件适宜的壁厚为：铝合金1.5～5mm，锌合金 1～4mm，铜合金 2～5mm。

d. 于复杂而无法取芯的铸件或局部有特殊性能（如耐磨、导电、导磁和绝缘等）要求的铸件，可采用嵌铸法，把镶嵌件先放在压型内，然后和压铸件铸合在一起。

③ 压力铸造的特点及其应用范围

a. 高压和高速充型是压力铸造的最大特点，因此，它可以铸出形状复杂、轮廓清晰的薄壁铸件，如铝合金压铸件的最小壁厚可为 0.5mm，最小铸出孔直径为 0.7mm。

b. 铸件的尺寸精度高（公差精度等级可达 IT11～IT13），表面质量好（表面粗糙度为 $R_a5.6～3.2\mu m$），一般不需机械加工可直接使用；而且组织细密，铸件强度高。

c. 压铸件中可嵌铸其他材料（如钢、铁、铜合金、金刚石等）的零件，以节省贵重材料和机械加工工时。有时嵌铸还可以代替部件的装配过程。

d. 生产率高，劳动条件好，压力铸造是所有铸造方法中生产率最高的。

压力铸造存在的不足之处主要是：压铸机造价高、投资大，压铸型结构复杂、成本费用高、生产周期长。由于液态金属高速充型，液流中易裹携大量空气，最后以气孔的形式留在压铸件中，因此压铸件机械加工的余量不能过大，以免气孔暴露于表面，影响铸件的使用性能。压铸件一般也不能进行热处理，因为在高温时，铸件内部的气体会膨胀而使表面鼓泡。

压力铸造主要适用于大批量生产非铁合金（铝合金、镁合金、辛辛合金等）的中小型铸件，如汽缸盖、箱体、发动机汽缸体、化油器、发动机罩、管接头、仪表和照相机的壳体与支架、齿轮等，在汽车、拖拉机、仪表、电器、航空、医疗器械等行业获得广泛的应用。

（4）低压铸造

低压铸造是液体金属在压力作用下由下而上充填型腔而后凝固形成铸件的方法。所用的压力较低，一般为 0.02～0.06MPa。

① 低压铸造的工艺过程　低压铸造装置如图 3-28 所示。下部是密闭的保温坩埚炉，贮存金属液。坩埚炉顶部紧固着铸型（通常为金属型），升液管使金属液与浇铸系统相通。工艺过程是：铸型在浇铸前需预热，型腔内喷刷涂料。压铸时，先缓慢地向坩埚炉内通入干燥的压缩空气，金属液受压力作用，沿升液管和浇铸系统充满型腔。这时将气压上升到规定值，使金属液在压力下结晶。凝固后，使大气与坩埚相通，液面压力恢复到大气压，升液管及浇铸系统中尚未凝固的金属液回流到坩埚中。然后开启铸型，取出铸件。

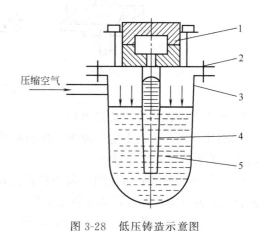

图 3-28　低压铸造示意图
1—铸型；2—密封盖；3—增塌；4—金属液；5—升液管

② 低压铸造的特点及应用　低压铸造金属液充型平稳，对铸型的冲刷力小，故可适用各种不同的铸型（砂型或金属型）；金属在压力下结晶，而且浇口内的金属液在压力下保持着一定的补缩作用，故铸件组织致密，力学性能高；金属液在外界压力作用下强迫流动，提高了其充型能力，铸件的成型性好，合格率高。此外，低压铸造设备投资少，便于操作，易于实现机械化和自动化。

低压铸造主要适用于对铸造质量要求较高的铝合金、镁合金铸件，也可用于形状复杂或薄壁壳体类铸铁件，如汽缸体、汽缸盖、曲轴、活塞、曲轴箱等。

（5）离心铸造

离心铸造是指将熔融金属浇入高速旋转的铸型中，使液体金属在离心力作用下充填铸型并凝固成形的一种铸造方法。

① 离心铸造的工艺过程与设备　离心铸造工艺主要是确定铸型转速、控制浇铸温度以及金属液的定量。铸型转速的快慢决定离心力的大小，没有足够大的离心力，就不可能获得形状正确和性能良好的铸件。在离心铸造生产中，通常按下式来确定铸型转速。

$$n = \frac{55200}{(\rho g R)^{1/2}}$$

式中　n——铸型转速，r/min；

　　　ρ——液态金属的密度，kg/m³；

　　　g——重力加速度；

R——铸件内表面半径，m。

一般情况下，铸型转速大约在 $250 \sim 1500 \text{r/min}$ 的范围内。浇铸筒状或环状铸件时，铸件的内孔将由金属液的自由表面形成，铸件壁厚的大小取决于金属液的多少，一般可采用定容积法和定重量法来控制。

离心铸造工艺过程采用的离心铸造机一般可分为立式和卧式两大类。立式离心铸造机的铸型是绕垂直轴回转的 [图 3-29(a)]，主要用来生产高度小于直径的环类铸件。卧式离心铸造机的铸型绕水平轴旋转 [图 3-29(b)]，它主要用来生产长度大于直径的套类和管类铸件。

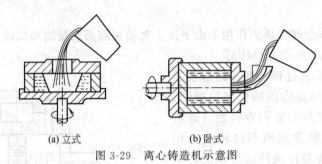

(a) 立式   (b) 卧式

图 3-29　离心铸造机示意图

② 离心铸造的特点及应用范围

a. 液体金属在铸型中能形成中空的自由表面，不用型芯即可铸出中空铸件，大大简化了套筒、管类铸件的生产过程。

b. 液体金属受离心力作用，离心铸造提高了金属充填铸型的能力，因此一些流动性较差的合金和薄壁铸件都可用离心铸造法生产。

c. 由于离心力的作用，改善了补缩条件，气体和非金属夹杂物也易于自金属液中排出，产生缩孔、缩松、气孔和夹杂等缺陷的概率较小。

d. 无浇铸系统和冒口，可节约金属。

由于离心力的作用，金属中的气体、熔渣等因密度较轻而集中在铸件内表面，所以内孔尺寸不精确，质量较差，必须增加加工余量。铸件有成分偏析和密度偏析。

（6）挤压铸造

挤压铸造是将定量金属液浇入铸型型腔并施加较大的机械压力，使其凝固、成形后获得毛坯或零件的一种工艺方法。挤压铸造按液体金属充填的特性和受力情况可分为柱塞挤压、直接冲头挤压、间接冲头挤压等，如图 3-30 所示。

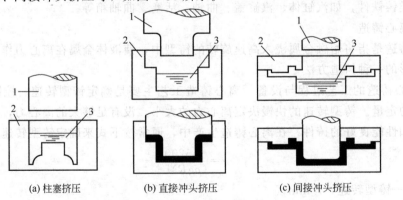

(a) 柱塞挤压   (b) 直接冲头挤压   (c) 间接冲头挤压

图 3-30　三种挤压铸造原理图

1—压头；2—铸型；3—金属液

① 挤压铸造的工艺过程　铸型准备即铸型清理、型腔内喷涂料和预热等，然后进行浇铸即将定量的金属液浇入型腔，再进行合型加压，将上、下型锁紧，依靠冲头压力使金属液充满型腔，进而升压到预定的压力并保持一定时间，使金属液凝固，最后卸压、开型、取出铸件。

② 挤压铸造的特点及应用范围　挤压铸造生产的铸件尺寸精度高，表面粗糙度值低，加工余量小；铸件冷却速度快，晶粒细化，力学性能好；无需设置浇冒口系统，金属利用率高；工艺过程较简单，生产率较高，易于实现机械化和自动化。与压力铸造相比，挤压铸造时金属液充型平稳，补缩效果好，因而铸件的气孔和缩孔倾向小，致密度高。挤压铸件允许的厚度和重量也大于压铸件。

目前，挤压铸造已应用于活塞、汽缸体、轮毂、阀体等的生产上。

3.4　铸造工艺技术的新发展

铸造生产的发展受到多因素的限制，要求在稳定提高铸件质量的前提下，尽量地节省原材料及能源，降低成本，减少污染，努力实现铸造生产过程机械自动化和专业信息化，以达到优质、高产、低耗、少污染的要求。随着科技水平的不断发展，对过去一些铸造工艺方法的不断改进和革新，人们研制出了许多新的工艺方法，有力地推动了铸造生产工艺技术的不断向前发展。

3.4.1　国外铸造技术发展现状

发达国家总体上铸造技术先进、产品质量好、生产效率高、环境污染少、原辅材料已形成商品化系列化供应，如在欧洲已建立跨国服务系统。生产普遍实现机械化、自动化、智能化（计算机控制、机器人操作）。

铸铁熔炼使用大型、高效、除尘、计算机测控、外热送风无炉衬水冷连续作业冲天炉，普遍使用铸造焦，冲天炉或电炉与冲天炉双联熔炼，采用氮气连续脱硫或摇包脱硫使铁液中硫含量达 0.01% 以下。熔炼合金钢精炼多用 AOD、VOD 等设备，使钢液中 H、O、N 达到几个或几十个 10^{-6} 的水平。在重要铸件生产中，对材质要求高，如球墨铸铁要求 P 小于 0.04%、S 小于 0.02%，铸钢要求 P、S 均小于 0.025%，采用热分析技术及时准确控制 C、S 含量，用直读光谱仪 2～3min 分析出十几种元素含量且精度高，C、S 分析与调控可使超低碳不锈钢的 C、S 含量得以准确控制，采用先进的无损检测技术有效控制铸件质量。普遍采用液态金属过滤技术，过滤器可适应高温诸如钴基、镍基合金及不锈钢液的过滤。过滤后的钢铸件射线探伤 A 级合格率提高 13%，铝镁合金经过滤，铸件抗拉强度提高 50%、伸长率提高 100% 以上。广泛应用合金包芯线处理技术，使球铁和孕育铸铁工艺稳定、合金元素收得率高、处理过程无污染，实现了计算机自动化控制。

铝基复合材料以其优越性能被广泛重视并日益转向工业规模应用，如汽车驱动杆、缸体、缸套、活塞、连杆等各种重要部件都可用铝基复合材料制作，并已在高级赛车上应用；在汽车向轻量化发展的进程中，用镁合金材料制作各种重要汽车部件的量已仅次于铝合金。

采用热风冲天炉、两排大间距冲天炉和富氧送风，电炉采用炉料预热、降低熔化温度、提高炉子运转率、减少炉盖开启时间，加强保温和实行计算机控制优化熔炼工艺。在球墨铸铁件生产中广泛采用小冒口和无冒口铸造。铸钢件采用保温冒口、保温补贴，工艺出品率由 60% 提高到 80%。考虑人工成本高和生产条件差等因素而大量使用机器人。由于环保法制严格（电炉排尘有 9 个国家规定 100～250mg/m³；冲天炉排尘有 11 个国家规定 100～

$1000mg/m^3$，或 $0.25\sim1.5kg/t$ 铁液；砂处理排尘有 8 个国家规定 $100\sim250mg/m^3$），铸造厂都重视环保技术。

在大批量中小铸件的生产中，大多采用计算机控制的高密度静压、射压或气冲造型机械化、自动化高效流水线湿型砂造型工艺，砂处理采用高效连续混砂机、人工智能型砂在线控制专家系统，制芯工艺普遍采用树脂砂热、温芯盒法和冷芯盒法。熔模铸造普遍用硅溶胶和硅酸乙酯做黏结剂的制壳工艺。用自动化压铸机生产铸铝缸体、缸盖；用差压铸造生产特种铸钢件；已经建成多条铁基合金低压铸造生产线。

成功地采用 EPC 技术大批量生产汽车汽缸体、缸盖等复杂铸件，生产率达 180 型/h。在工艺设计、模具加工中，采用 CAD/CAM/RPM 技术；在铸造机械的专业化、成套化制备中，开始采用 CIMS 技术。铸造生产全过程主动、从严执行技术标准，铸件废品率仅 $2\%\sim5\%$；标准更新快（标龄 $4\sim5$ 年）；普遍进行 ISO 9000、ISO 14000 等认证。重视开发使用互联网技术，纷纷建立自己的主页、站点。铸造业的电子商务、远程设计与制造、虚拟铸造工厂等飞速发展。

3.4.2 我国铸造技术发展现状

总体上，我国铸造领域的学术研究并不落后，很多研究成果居国际先进水平，但转化为现实生产力的少。国内铸造生产技术水平高的仅限于少数骨干企业，行业整体技术水平落后，铸件质量低，材料、能源消耗高，经济效益差，劳动条件恶劣，污染严重。具体表现在，模样仍以手工或简单机械进行模具加工；铸造原辅材料生产供应的社会化、专业化、商品化差距大，在品种质量等方面远不能满足新工艺新技术发展的需要；铸造合金材料的生产水平、质量低；生产管理落后；工艺设计多凭个人经验，计算机技术应用少；铸造技术装备等基础条件差；生产过程手工操作比例高，现场工人技术素质低；仅少数大型汽车、内燃机集团铸造厂采用先进的造型制芯工艺，大多铸造企业仍用震压造型机甚至手工造型，制芯以桐油、合脂和黏土等黏结剂砂为主。大多熔模铸造厂以水玻璃制壳为主；低压铸造只能生产非铁或铸铁中小件，不能生产铸钢件；用 EPC 技术稳定投入生产的仅限于排气管、壳体等铸件，生产率在 30 型/h 以下，铸件尺寸精度和表面粗糙度水平低；虽然建成了较完整的铸造行业标准体系，但多数企业被动执行标准，企业标准多低于 GB（国标）和 ISO（国际标准），有的企业废品率高达 30%；质量和市场意识不强，仅少数专业化铸造企业通过了 ISO 9000 认证。结合铸造企业质量管理研究十分薄弱的特点，近年开发推广了一些先进熔炼设备，提高了金属液温度和综合质量，如外热式热风冲天炉开始应用，但为数少，使用铸造焦的仅占 1%。一些铸造非铁合金厂仍使用燃油、焦炭坩埚炉等落后熔炼技术。冲天炉-电炉双联工艺仅在少数批量生产的流水线上得以应用。少数大、中型电弧炉采用超高功率（$600\sim700kV\cdot A/t$）技术。开始引进 AOD、VOD 等精炼设备和技术，提高了高级合金铸钢的内在质量。重要工程用的超低碳高强韧马氏体不锈钢，采用精炼技术提高钢液纯净度，改善性能。0Cr16Ni5Mo、Cr13Ni5Mo 铸造马氏体不锈钢在保持原有韧性基础上，屈强比由 $0.70\sim0.75$ 提高到 $0.85\sim0.90$，强度提高 $30\%\sim60\%$，硬度提高 $20\%\sim50\%$。

广泛应用国内富有稀土资源，如稀土镁处理的球墨铸铁在汽车、柴油机等产品上应用；稀土中碳低合金铸钢、稀土耐热钢在机械和冶金设备中得到应用；初步形成国产系列孕育剂、球化剂和蠕化剂，推动了铸铁件质量提高。高强度、高弹性模量灰铸铁用于机床铸件，高强度薄壁灰铸铁件铸造技术的应用，使最薄壁厚达 $4\sim16mm$ 的缸体、缸盖铸件本体断面硬度差小于 HB30，组织均匀致密。灰铸铁表面激光强化技术用于生产。人工智能技术在灰铸铁性能预测中应用。蠕墨铸铁已在汽车排气管和大马力柴油机缸盖上应用，汽车排气管使用寿命提高 4～5 倍。钒钛耐磨铸铁在机床导轨、缸套和活塞环上应用，寿命提高 1～2 倍。高、中、低铬耐磨铸铁在磨球、衬板、杂质泵、双金属复合轧辊上使用，寿命提高。应用过滤技术于缸体、缸盖等调高强度薄壁铸件流水线生产中，减少了夹渣、气孔缺陷，改善了铸件内在质量。国产水平连铸生产线投入市场，可生产直径 30～250mm 圆形及相应尺寸的方形、矩形或异形截面的灰铸铁及球墨铸铁型材。与砂型比，性能提高 1～2 个牌号，铁液利用率提高到 95％以上，节能 30％，节材 30％～50％，毛坯加工合格率达 95％以上。

金属基复合材料研究有进步，短纤维、外加颗粒增强、原位颗粒增强研究都有成果，但较少实现工业应用。某些重点行业的骨干铸造厂采用了直读光谱仪和热分析仪，炉前有效控制了金属液成分，采用超声波等检测方法控制铸件质量。

环保执法力度日渐加强，迫使铸造业开始重视环保技术。沈阳铸造研究所等开发了大排距双层送风冲天炉和冲天炉除湿送风技术；我国初建铸造焦生产基地，形成批量规模。铸造尘毒治理、污水净化、废渣利用等取得系列成果，并开发出多种铸造环保设备（如震动落砂机除尘罩、移动式吸尘器、烟尘净化装置、污水净化循环回用系统、铸造旧砂干湿法再生技术及设备、铸造废砂炉渣废塑料制作复合材料技术和设备等）。

铸造业互联网发展快速，部分铸造企业网上电子商务活动活跃，如一些铸造模具厂实现了异地设计和远程制造。铸造专家系统研究虽然起步晚，但进步快。先后推出了型砂质量管理专家系统、铸造缺陷分析专家系统、自硬砂质量分析专家系统、压铸工艺参数设计及缺陷诊断专家系统等。机械手、机器人在落砂、铸件清理、压铸及熔模铸造生产中开始应用。

3.4.3　现代铸造方法的发展

（1）悬浮铸造

悬浮铸造又称悬浮浇铸，分为外生悬浮铸造和内生悬浮铸造两种。外生悬浮铸造是在浇铸过程中，将一定量的金属粉末加入到金属液流里，使其与金属液流掺和在一起流入型腔，在金属液中引入外来晶核，提高了铸件的凝固速度，是增强体积凝固方式的一种铸造方法。悬浮铸造时，金属粉末是在浇铸过程中加到浇铸系统里，因此其铸型结构与普通砂型不同，如图 3-31 所示。它有一个离心式集液包，当金属液以切线方向进入集液包后，绕其中心线旋转后再流入型腔。此时集液包中形成一个漏斗形的空穴，产生负压，将金属粉末卷入液流，可保证金属粉末均匀分布在金属液中，并随其流入铸型中。加入的金属粉末称为悬浮剂，又称弥散成核剂。悬浮剂具有通常的内冷铁作用，又称为微型冷铁。悬浮铸造可降低铸件热裂和横截面偏析与轴向偏析的发展（降低 1～3 级），减少缩孔体积 10％～20％，减轻铸件的缩松缺陷，铸件机械性能在截面上各向同性程度平均提高 20％～30％。

（2）半固态金属成形

金属凝固过程中，进行强烈搅拌，打碎树枝晶网络，得到一种液态金属母液中均匀悬浮着一定颗粒状固相组分的固-液混合浆料（固相颗粒的质量分数可高达 50％），这种半固态金属具有特殊的流变特性，因而可易于用常规加工技术如压铸、挤压、模锻等实现成型。半固态金属成型技术是集铸造、塑性加工等多学科于一体制造金属制品的又一独特领域。

金属半固态成型的特点：①具有均匀的细晶粒组

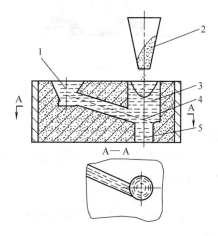

图 3-31　悬浮铸造浇铸系统示意

1—浇口杯；2—供料斗；3—离心式
集液包；4—旋转中心；5—直浇口

织及特殊的流变特性，工件综合力学性能高。成型温度低，凝固收缩小，同时黏度较大，成型时无涡流现象，卷入空气少，故气孔、夹杂和缩松等缺陷少，铸件质量高，可应用于高熔点合金；②可减轻铸件质量，实现产品的最终成型；③可制造常规液态成型方法不能制造的合金铸件，如某些金属基复合材料。因此，该项技术以其诸多的优越性被视为具有划时代意义的金属加工新工艺。

半固态坯料制备方法有熔体搅拌法、应变诱发熔化激活法、热处理法、粉末冶金法等，熔体搅拌法是应用最普遍的方法。可分成机械搅拌法和电磁搅拌法两种。机械搅拌法的设备技术比较成熟，易于实现。搅拌状态和强弱易控制，剪切效率高，但对搅拌器材料的强度、可加工性及化学稳定性要求很高。早期多采用机械搅拌法。电磁搅拌法是在旋转磁场作用下，使金属液在容器内作涡流运动。该法不用搅拌器，对合金液成分影响小，搅拌强度易于控制，尤其适合于高熔点金属的半固态制备。

半固态金属成型的工艺流程可分为两种：一种途径是由原始浆料连铸或直接成型的方法，称为"流变铸造"；另一种途径是用适当加热的方法使半固态金属键具有触变流变特性，然后进行加压铸、锻加工成型，即为"触变成型"。

目前，采用半固态成型的铝和铝合金件已经大量地用于汽车工业的特殊零件上。生产的汽车零件主要有：汽车轮毂、主制动缸体、反锁阀体、盘式制动钳、动力换向壳体、离合器总泵体、发动机活塞、液压管接头、空压机本体、空压机盖等。

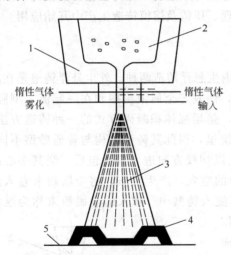

图 3-32　喷射成型工艺原理
1—中间包；2—液态金属；3—雾化液
微粒流；4—沉积物；5—基体

（3）近净成型铸造技术

该技术主要包括薄板坯连铸（厚度 40～100mm、带钢连铸，厚度小于 40mm）以及喷雾沉积等技术。其中，喷雾沉积技术为金属成型工艺开发了一条特殊的工艺路线，适用于复杂材料的凝固成型，其工艺原理如图 3-32 所示。

液态金属的喷射流从中间包底部的耐火材料喷嘴喷出，金属被强劲的气体流雾化，形成高速运动的液滴。雾化液滴与基体接触前，温度介于固、液相温度之间。随后液滴冲击在基体上，完全冷却和凝固，形成致密的产品。根据基体的几何形状和运动方式，可以生产各种形状的产品，如小型材、圆盘、管子和复合材料等。当喷雾锥的方向沿平滑的循环钢带移动时，便可得到扁平状的产品。多层材料可由几个雾化装置连续喷雾成型，空心的产品也可采用类似的方法制成，将液态金属直接喷雾到旋转的基体上，可制成管坯、圆坯和管子。以上讨论的各种方式均可在喷雾射流中加入各种颗粒，制成颗粒复合材料。该工艺是可代替带钢连铸或粉末冶金的一种生产工艺。

（4）凝固技术的新发展

除快速凝固技术外，新的凝固技术还有微重力凝固技术、超重力凝固技术、定向凝固技术等。

① 微重力凝固技术　由于凝固期间液体金属的流动影响传热和传质，进而影响晶体的生长。在微重力条件下，向液态金属中引入气体或发泡物质，凝固时气体可更均匀地分布在

金属中，制成多孔发泡材料。如在地面上向铝合金熔体中通入压力为 0.3～0.5Pa 的氢气并使铝合金快速凝固，然后在空间实验室将铝合金重熔并缓慢进行微重力凝固，析出的氢气在铝合金中形成的气泡很均匀，制成泡沫铝合金的密度只是原铝合金的 1/3，可浮在水面上。

在微重力条件下，重力受到抑制，扩散和界面张力作用突出，两物质相互润湿时，界面张力会使液体沿界面无限制的延伸；不相互润湿时，液体则倾向于成球形。利用这些现象已开发了扩展铸造工艺及液态金属直接拉丝、制带工艺和空间钎焊工艺。

微重力条件下，若将液态金属送到铸型表面，液态金属由于润湿作用可以扩展到铸型表面的每个角落，凝固之后形成厚度均匀的金属壳，然后在第一层金属壳的表面再送入第二层金属液，按此法进行，可制作多种材料、任意形状的多层结构的复合材料铸件。

② 超重力凝固技术　超重力是指物体的合成加速度大于重力加速度的状态。应用超重力凝固技术中，多采用离心机。在通常情况下（即正常重力情况下）制备晶体材料时，材料中会出现溶质偏析和杂质带，这是由于实际的晶体生长系统都是非等温、非等浓度系统。温度的不均匀，必然会造成熔体密度的不均匀。在重力场中，密度较大的流体单元将下沉，而密度较小的将上浮，造成浮力对流，这就是所说的自然对流，而其实质是无规则的热质对流，它对晶体生长动力学产生较大的作用，严重影响着晶体材料的质量。在微重力下，浮力对流得以消除，可获得溶质分布高度均匀的元晶体缺陷的材料。近来研究者们发现，在超重力状态下，也可以获得组织与性能均类同于微重力条件下生长的晶体。在超重力状态下熔体中浮力对流强度得到加强，液流状态随对流强度发生变化。反映在温度的波动上，层流温度起伏平缓，而紊流温度波动剧烈。温度的波动会造成生长界面的热扰动，从而带来成分的波动。研究发现，增大重力加速度而加强浮力对流，当浮力对流增强到一定程度时，就转化为层流状态，即"重新层流化"，此时是一种高速层流状态，可极大地提高凝固界面的热稳定性，为制备元偏析晶体创造了必要的条件。

实验表明，平行于固-液界面的高速层流可极大地提高固-液界面的稳定性，提高单晶的生长速率，人为地控制掺杂物的含量以及获得元成分偏析的晶体等。因此，超重力凝固技术对于在地基下（即超重力）开发高性能的半导体功能材料有重大意义。

③ 定向凝固技术　定向凝固是使材料由熔体中定向生长出晶体的一种工艺方法，用于制备单晶柱状晶和自生复合材料。为实现晶体的定向生长，必须避免在固-液界面前沿的熔体中形成新的晶核和长大，为此要做到以下几点：a. 保证材料单向散热，避免在侧面型壁上形核长出新的晶体；b. 固-液界面前沿液相中的温度梯度 G_L 与固-液界面向前推进的速度即晶体生长速度 R 之比应足够大，以便使成分过冷限制在允许的范围内；c. 减小熔体的形核能力，避免固-液界面前方形核。

定向凝固方法可分为炉外定向凝固法和炉内定向凝固法。炉外定向凝固法是将铸型加热升高温度后，迅速取出并放在激冷铜板上，立即浇铸。在冒口上方盖以发热剂，激冷板下喷水冷却。由于铸型表面温度升高到熔点以上，能使金属较长时间保持液态，创造了自下而上的定向凝固条件。这种方法的缺点是浇铸后不能调节温度梯度 G_L 和凝固速度 R，单向散热能力随界面向前推进而逐渐减弱，当定向生长的晶体长度超过 50～100mm 后便出现等轴晶粒，因此不适合制造大型和优质铸件。该法多用于磁钢生产。

炉内定向凝固法的加热器始终加热铸型凝固时铸件与加热器之间相对移动。在热区底部设有辐射挡板和水冷结晶器，铸型的移出速度应能确保固-液界面位于辐射板附近的上方。辐射挡板的作用是将高温区和低温区分开，从而有利于 G_L 的提高。该法有较高的 G_L（可达 $26 \sim 30℃/cm$）和 R（可达 $23 \sim 27cm/h$），一次枝晶间距和二次枝晶臂间距 d_2 较小，柱状晶细密挺直，凝固区域较窄，有利于补缩，铸件致密。用该法生长的柱状晶长度可达 300mm 以上。为了进一步提高长度，可使结晶器连同铸型在移出隔板后尽快浸入低熔点、高沸点的液态金属（如 Sn）中，利用液态金属的高散热能力使凝固区激冷，使温度梯度达到 $200℃/cm$ 以上，可得到极长的单向柱状晶。

单相合金采用定向凝固可以获得按一定方向生长的柱状晶组织。定向凝固单向柱状晶组织大量用于制造高温合金与磁性合金铸件上。单向柱状晶铸件与用常规方法铸成的铸件相比，偏析、疏松明显减少，而且由于晶粒的取向平行于主应力轴，基本上消除了垂直应力轴的横向晶界，使高温强度、蠕变和持久特性、热疲劳性能明显改善。如果整个铸件只是由一个柱状晶组成的，这就是所谓的单晶体铸件。由于它不存在晶界，没有晶界强化元素，因而具有良好的持久寿命、低的蠕变速度和优良的热疲劳性能，抗氧化、抗热腐蚀性能也大大提高。

3.4.4 铸造工艺设计与过程控制技术的发展

（1）铸造过程的模拟仿真

铸造工艺计算机辅助设计及铸造过程计算机模拟仿真（简称铸造 CAD/CAE）涉及计算机辅助绘图、计算机辅助工艺与工装设计和充型凝固过程模拟仿真三部分内容。国外的基础研究及商品化软件开发主要集中在充型凝固过程模拟分析方面，因为这部分的基础理论深、技术含量高，而且也因其内容通用性强，可应用在不同合金、不同形状、不同工艺的铸件，因而有利于软件的通用化、商品化及推广应用。

凝固过程数值模拟技术即用数值计算方法求解凝固成型的物理过程所对应的数学离散方程，并由计算机显示其计算的结果。这项技术在许多方面获得了很大的进展，已成为提高铸造业技术水平和铸件竞争能力的关键技术之一。可以实现的目标有：预知凝固时间、开箱时间、确定生产率；预测缩孔和缩松形成的位置和大小；预知铸型的表面及内部的温度分布，方便铸型（特别是金属型）的设计；控制凝固条件，为预测铸件应力、微观及宏观偏析、铸件性能等提供必要的依据和分析计算的数据。凝固过程数值模拟不仅可以形象地显示液态充填型腔和在型腔中冷却凝固的进程，还可预测可能产生的缺陷，所以可在制造计划现场实施前，综合评价各种工艺方案和参数，优化工艺方案，取代或减少现场试制，这对大型复杂形状或贵重材料凝固成型铸件的生产，其优越性和经济效益尤为突出。由于凝固过程数值模拟可以揭示许多物理本质过程，所以也促进了凝固理论的发展，近年来研究和发展的微观组织模拟，可预测晶粒大小和力学性能，可望在不久的将来用于生产实际。

（2）铸造工艺参数检测与生产过程的计算机控制

计算机作为生产过程和凝固过程的控制手段已得到了广泛的应用，铸造生产工序繁多、工作条件相对恶劣、影响因素复杂，有必要在铸造生产中深入研究和广泛应用微型计算机检测与控制技术。近年来已经出现了很多用计算机分析生产过程的变化，用计算机选择最佳参数、调节控制生产过程，使铸造生产实现自动化，从而达到稳定铸件质量，提高劳动生产率，降低铸件成本的范例。目前新一代的造型生产线已采用计机控制，以计算机为基础的自控系统已用于熔化、浇铸、砂处理、质量检验等工序中。采用计算机技术是生产高质量铸件的必备条件，也是铸造过程控制的主要发展方向。

（3）铸造信息处理技术及铸造专家系统　采用最先进的计算机及信息处理技术，研究开发能涵盖铸造企业所有行为的集成化铸造信息处理系统，包括企业的市场营销、物料进出、生产组织与协调、行政管理、与外界的信息交换等。如铸造生产 MRP-Ⅱ 应用技术、铸造生产 Internet/Intranet 应用技术、并行环境下 CAD/CAE/CAM/RPM 集成技术、铸造模具 DNM 技术的研究与开发、计算机集成制造系统（CIMS）的应用、铸造局域网及在线专家系统控制等。当今，铸造企业如何利用先进的计算机网络技术、信息技术、先进管理思想等来提高技术与管理水平及建立铸造专家信息系统，是提高铸造企业竞争能力的最重要手段之一。

第4章 金属塑性成型及工艺控制

4.1 概述

金属塑性成型是利用被加工材料的塑性，通过外力作用改变坯料的形状和性能，以获得毛坯或零件的工艺方法。金属经塑性成型后能使晶粒细化、成分均匀、组织致密、流线合理、力学性能显著提高，同时塑性成型加工还具有生产效率高、材料利用率较高等特点。这些因素均使得塑性成型成为金属成型加工中的一类主要方法。

目前，塑性成型技术正在继续向着高速化、精密化、自动化的方向发展，并与其他成型方法结合形成了多种复合成型工艺，此外，在非金属材料和复合材料的成型加工领域中也被借鉴和应用，具有非常广阔的应用前景。

（1）塑性成型技术的分类

塑性成型技术可以分为板料成型和体积成型两大类。

① 体积成型 体积成型是指对金属块料、棒料或厚板在高温或室温下进行成型加工的方法，主要包括锻造、轧制、挤压和拉拔等。其中，轧制主要用以生产板材、型材和无缝管材等原材料；挤压主要用于生产低碳钢和非铁金属的型材或零件；拉拔主要用于生产低碳钢和非铁金属的细线材、薄壁管或特殊形状的型材等，而锻造则主要用来生产各种机械零件及其毛坯。锻造大多在坯料加热后进行，根据使用的设备和变形方式的不同又可分为三类。

a. 自由锻造 自由锻造是在自由锻造设备上利用通用工具使金属坯料成型的工艺方法，如图 4-1(a) 所示。

b. 模型锻造 模型锻造是在模锻造设备上利用专用模具使金属坯料成型的工艺方法，如图 4-1(b) 所示。

c. 胎模锻造 胎模锻造是在自由锻造设备上利用可移动的胎模使金属坯料成型的工艺方法。

② 板料成型 板料成型是指使用成型设备通过模具对金属板料在室温下加压以获得所需形状和尺寸的成型方法，习惯上也称为冲压或冷冲压，如图 4-1(c) 所示。只有当板料厚

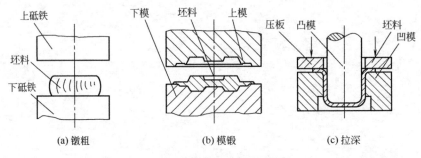

图 4-1 锻压生产方式示意图

度超过 8～10mm 时，才采用热冲压。板料成型可分为分离工序与成型工序。分离工序俗称冲裁，包括落料、冲孔、修边等。成型工序包括弯曲、拉伸、胀形、翻边。板料成型生产广泛用于制造各类薄板结构零件，其制品具有强度高、刚性好、结构轻等特点。

（2）塑性成型的特点和应用

塑性成型的主要特点如下。

① 改善金属内部组织　金属材料经过锻压变形后，可使金属铸锭内部的气孔、缩孔压合，粗大的树枝晶打碎，使组织致密，强度提高。另外，塑性成型主要是靠金属材料在塑性状态下的体积转移和形状改变来实现的，而不是通过切除金属的体积改变。因而锻件的材料流线合理，从而也提高了锻件的强度。

② 节省金属　用塑性成型方法得到的工件可以达到很高的精度。近年来，应用先进的技术和设备，不少零件已实现了少、无切削的要求，从而节省了金属材料。例如精密锻造伞齿轮，其齿形部分精度可不经切削加工直接使用；精锻叶片的复杂曲面可达到只需磨削的精度。

③ 生产率高　这一点对于金属材料的轧制、拉丝、冲裁、挤压等工艺尤其明显。如高速冲裁每分钟可达 2000 次以上。

④ 适应性广　塑性成型能生产出小至几克的仪表零件，大至几百吨的重型锻件。

由于塑性成型具有上述优点，因而在机械、交通、电力、电子、国防等工业中得到了广泛的应用。各类机械中受力复杂的重要零件，如机器的主轴、传动轴、曲轴、连杆，重要的齿轮、凸轮、叶片，以及炮筒、枪管、容器法兰、换热器管板等，大都采用锻件做毛坯。据统计，在飞机制造工业中，锻压件数量占其总量的 85%；在汽车、拖拉机工业中占60%～80%；电器、仪表及生活用品中的金属制件，绝大多数都是冲压件。但由于塑性成型是在固态下进行的，金属的流动受到限制，成型较为困难，所以与铸造成型相比，锻件、冲压件的形状（尤其是内腔形状）较为简单，也难于成型体积特别庞大的工件。

4.2　金属的塑性成型理论基础

金属的塑性成型性能又称金属的可锻性，用于衡量金属材料在经受塑性成型加工时获得优质零件难易程度的一种工艺性能，是金属材料工艺性能的重要指标之一。金属的塑性成型性能好，表明该金属适合于压力加工成型；塑性成型性能不好，说明该金属不适合于压力加工成型。

塑性成型性能的优劣，以金属的塑性和变形抗力综合衡量。变形抗力是指塑性成型时，变形金属抵抗工具的反作用力。它与工模具施加于坯料单位面积上的变形力大小相等、方向相反。塑性反映金属塑性变形的能力，变形抗力则反映塑性变形的难易程度。因此，材料的塑性越好，变形抗力越小，其塑性成型性能越好，反之则越差。

金属的塑性用金属的断面收缩率 ψ、伸长率 δ 和冲击韧度 α_k 等来表示。ψ、δ、α_k 值越大或墩粗时不产生裂纹条件下的变形程度越大，其塑性就越好。变形抗力越小，则变形中所消耗的能量越少，塑性变形越容易。

4.2.1　影响金属塑性成型性能的因素

金属的塑性成型性能不仅决定于金属的本质条件，也与其变形条件有关。

（1）金属本质条件对塑性成型性能的影响

① 化学成分的影响　化学成分不同，金属的可锻性也不一样。一般情况下，纯金属的

塑性成型性能优于其合金。例如，纯铁的塑性成型性能优于铁碳合金。铁碳合金中，碳钢的含碳量越高，其强度和硬度越高，塑性成型性能越差，铸铁则根本不能进行塑性加工；一般说来，合金钢中的合金元素成分越复杂，强碳化物形成元素（如 W、Mo、V、Ti 等）含量越高，金属的塑性越低，变形抗力越大，塑性成型性能越差；钢中含有的硫、磷等有害杂质越多，塑性成型性能越差。

② 金属组织的影响　金属内部组织结构不同，其塑性成型性能差异也很大。单相组织（纯金属和单相不饱和固溶体）比多相组织的塑性成型性能好，金属中的化合物相使其塑性成型性能变差。因此，一般金属锻造时，最好使其处于单相不饱和固溶体状态，而化合物相的数量越多越难以进行塑性加工。此外，铸态组织和粗晶组织由于其塑性较差，不如锻轧组织和细晶组织的塑性成型性能好。

（2）变形条件对塑性成型性能的影响

① 变形温度的影响　提高变形温度，有利于提高金属的塑性，降低变形抗力，从而改善金属的塑性成型性能。因为在一定的温度范围内（过热温度以下），随着温度的升高，金属原子的活动能量增强，原子间的结合力减弱，在外力作用下，易滑移变形，材料的塑性提高而变形抗力减小。同时，大多数钢在高温下为单一的固溶体（奥氏体）组织，而且变形的同时再结晶也非常迅速，所有这些都有利于改善金属的塑性成型性能。如图 4-2 所示为低碳钢在不同温度下的力学性能变化曲线。从图中可以看到，在 3000℃ 以上随温度的升高，金属的塑性上升，变形抗力下降，因而其塑性成型性能好。

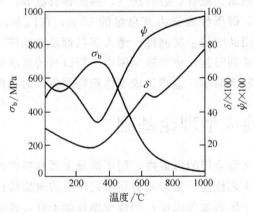

图 4-2　低碳钢力学性能与变形温度的关系

② 应力状态的影响　实践证明，金属内的拉应力使原子趋向分离，从而可能导致坯料破裂；反之，压应力状态可提高金属的塑性。金属在经受不同方式的塑性变形时，其内部的应力状态是不同的。如图 4-3 所示为挤压、拉拔时坯料内部不同质点上的应力状态。挤压加

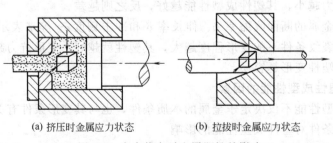

(a) 挤压时金属应力状态　　　(b) 拉拔时金属应力状态

图 4-3　应力状态对金属塑性的影响

工时，由于变形金属内部存在三向压应力，即使在较低的变形温度下，本质塑性较差的金属都表现出较好的塑性；拉拔加工时，由于存在较大的轴向拉应力，变形量过大则可使坯料沿横截面断裂。因此金属材料的挤压工艺比拉拔工艺的塑性成型性能好。

（3）应变速率的影响

还应指出，压应力在提高金属塑性的同时，使变形抗力大大增加。应变速率是指变形金属在单位时间内的应变量（不是指工模具的运动速率）。应变速率在不同范围内对金属的塑性成型性能的影响是矛盾的，如图 4-4 所示。在应变速率低于临界速率 a 的条件下，随着应变速率的提高，回复和再结晶不能及时消除塑性变形产生的加工硬化，金属表现为塑性下降，变形抗力增大，因而随应变速率提高，塑性成型性能变差；当应变速率超过临界速率后，金属在变形过程中，由于消耗于塑性变形的能量转化为热能，使金属的温度明显提高（称为热效应）。变形速度越大，热效应越明显，使金属的塑性提高，变形抗力下降，从而又改善了塑性成型性能。高速锤锻造和某些高能成型工艺就是利用这一原理，使本质塑性差的金属表现出较好的塑性。通常应用的各种锻造方法应变速率都远低于上述临界速率，因此，对于本质塑性较差的金属（如高碳钢，中碳、高碳合金钢），在一般锻造中均应减慢应变速率，以防止锻裂。

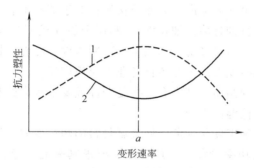

图 4-4　变形速率对塑性和变形抗力的影响
1—变形抗力曲线；2—塑性变化曲线

综上所述，影响金属塑性成型性能的因素是很复杂的。选择塑性加工方法和制定锻压工艺的重要原则之一，是在充分发挥金属塑性，满足成型要求的前提下尽量减少变形抗力，以降低设备吨位，减少能量消耗，使锻压件的生产达到优质、低耗的要求。

4.2.2　钢加热时可能产生的缺陷

主要有氧化、脱碳、过热、过烧和内部裂纹等。

（1）氧化

在高温下，表层金属与加热炉中的氧化性气体（H_2O、CO_2、O_2 等）进行化学反应生成氧化皮的现象称为氧化。氧化一方面造成金属的损失，另一方面引起工具的磨损。影响氧化的因素主要有金属的化学成分、炉气成分、加热温度和加热时间等。

（2）脱碳

在高温下，金属中的碳与炉气中的 H_2O、CO_2、O_2、H_2 等发生化学反应，造成金属表层 ω_C 下降的现象称为脱碳。脱碳层深度小于加工余量时，对零件没有影响，脱碳层深度大于加工余量时，将降低零件的强度、硬度等性能。影响脱碳的因素与氧化相同。

（3）过烧

金属在加热到接近熔点温度时，晶间低熔点物质开始熔化，由于炉子中的氧化性气体渗入晶粒边界，晶界上形成氧化层，破坏了晶粒间的联系，一经锻打即破碎而成为废品，这种现象称为过烧。过烧是不能挽救的。

（4）过热

金属在略低于过烧温度下保持时间过长，会使晶粒过分长大，这种现象叫做过热。过热一方面使金属的塑性下降，更主要的是粗大的晶粒使金属的力学性能下降。过热可以通过再锻造或热处理来消除。

（5）内部裂纹

大型锻件（如钢锭）加热时，由于锻件内外温差大，形成热应力，当产生的热应力超过该材料的屈服强度时而形成裂纹的现象，称为内部裂纹。内部裂纹主要是由于大型锻件升温过快而产生的，因而对于大截面、形状复杂的锻件（特别是高合金钢锻件），应严格控制加热速率。

4.2.3　金属成型过程的分类

按金属固态成型时的温度，其成型过程分为两大类。

（1）冷变形（又叫冷成型）过程

冷变形是指金属在进行塑性变形时的温度低于该金属的结晶温度。

冷变形的特征是金属变形后具有加工硬化现象，即金属的强度、硬度升高，塑性和韧度下降；冷变形制成的产品尺寸精度高、表面质量好；对于那些不能或不易用热处理方法提高强度、硬度的金属构件（特别是薄壁细长件），利用金属在成型过程中的加工硬化来提高构件的强度和硬度不但有效，而且经济。例如各类冷冲压件、冷轧冷挤型材、冷卷弹簧、冷拉线材、冷镦螺栓等，可见冷变形加工在各行各业中应用广泛。

冷变形过程加工出来的制品，其中有一些复杂件或要求较高的制件，还需进行消除内应力，但要保留加工硬化的低温回火处理。

由于冷变形过程中的加工硬化现象，使金属材料的塑性变差，给进一步塑性变形带来困难，故冷变形需重型和大功率设备；对加工坯料要求其表面干净、无氧化皮、平整等；另外，加工硬化使金属变形处电阻升高，耐蚀性降低等。

（2）热变形（又叫热成型）过程

热变形是指金属材料在其再结晶温度以上进行的塑性成型。

金属在热变形过程中，由于温度较高，原子的活动能力大，变形所引起的硬化随即被再结晶消除。

① 金属在热变形中始终保持着良好的塑性，可使工件进行大量的塑性变形；又因高温下金属的屈服强度较低，故变形抗力低，易于变形。

② 热变形使金属材料内部的缩松、气孔或空隙被压实，粗大（树枝状）的晶粒组织结构被再结晶细化。从而使金属内部组织结构致密细小，力学性能（特别是韧度）明显改善和提高。

③ 热变形使金属材料内部晶粒间的杂质和偏析元素沿金属流动的方向呈线条状分布，再结晶后，晶粒的形状改变了，但定向伸长的杂质并不因再结晶的作用而消除，形成了纤维组织，使金属材料的力学性能具有方向性。即金属在纵向（平行于纤维方向）具有最大的抗拉强度且塑性和韧性较横向（垂直于纤维方向）的好；而横向具有最大的抗剪切强度。因此，为了利用纤维组织性能上的方向性，在设计和制造零件或毛坯时，都应使零件在工作中所承受的最大正应力方向尽量与纤维方向重合，最大剪切应力方向与纤维方向垂直，以提高零件的承载能力。

金属的热变形程度越大，纤维组织现象越明显。纤维组织的稳定性很高，无法消除，只能经过热变形来改变其形状和方向。

热变形广泛应用于大变形量的热轧、热挤以及高强度、高韧度毛坯的锻造生产等；但热变形中，金属表面氧化较严重，工件精度和表面品质较冷变形的低；另外，设备维修工作量大，劳动强度也较大。

综上所述，利用金属固态塑性成型过程不仅能得到强度高、性能好的产品，且多数成型过程具有生产率高、材料消耗少等优点。但成型件（如锻件、挤压件、冲压件等）的形状和大小受到一定的限制，另外，大多数固态塑性成型方法的投资较大，能耗也较大。由于金属固态塑性成型过程在技术经济上的独特之处，使其在各行业中成为不可缺少的材料成型方法。

4.3　塑性成型方法及其应用

4.3.1　自由锻造

自由锻造是采用简单工具或在自由锻造设备上利用通用工具，使金属坯料产生变形而获得锻件的工艺方法。金属坯料在铁砧间受力变形时，朝各个方向可以自由流动，不受限制。锻件的形状和尺寸由锻工的操作水平保证。

（1）自由锻的特点及应用

自由锻分为手工锻造和机器锻造两种。手工锻造只能生产小型锻件，且生产效率低、劳动强度大。机器锻造则是自由锻的主要生产方法。

自由锻造使用的工具简单，通用性好，变形抗力小，应用较为广泛。锻件的质量可在不足 1kg 到数百吨之间。如水轮机主轴、多拐曲轴、大型连杆等零件在工作中承受的载荷较大，要求具有较高的力学性能，多用自由锻制造毛坯。因而自由锻在重型机械制造中具有特别重要的作用。

（2）自由锻造设备

根据自由锻造设备对坯料作用力的性质，分为锻锤类和液压机类两种。锻锤主要有空气锤和蒸汽-空气锤；液压机主要指水压机。

① 空气锤　如图 4-5 所示，工作时，电动机驱动曲柄连杆机构，使压缩缸中的活塞作上、下往复运动，活塞上部或下部的空气受到压缩。被压缩的空气经上、下转阀交替地进入工作缸的上部或下部空间，推动工作缸内的活塞上、下运动锤击工件。控制上、下转阀的位置，实现锤头的悬空、压紧、连续轻重锤击、单下锤击等动作。空气锤的吨位较小，以其落下部分的质量来表示吨位，通常在 637~7350N 之间。主要用于小型锻件的镦粗、拔长、冲孔、弯曲等自由锻工序，也可用于胎模锻造。空气锤吨位的选择，主要按锻件的质量和尺寸，参见表 4-1。

表 4-1　国产空气锤的主要技术规格

型号		C41-65	C41-75	C41-150	C41-250	C41-400	C41-560	C41-750
落下部分质量/kg		65	75	150	250	400	560	750
锤击次数/(r/min)		200	210	180	140	120	115	105
锤击能量/kJ		0.9	1.0	2.5	5.3	9.5	13.7	19.0
锻工件最大尺寸/mm	方	65	—	130	—	—	270	270
	圆	$\phi 85$	$\phi 85$	$\phi 145$	$\phi 175$	$\phi 220$	$\phi 230$	$\phi 300$

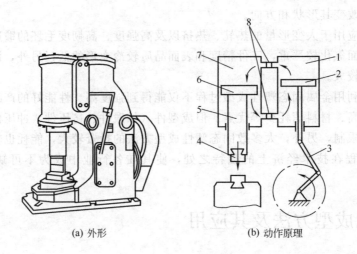

(a) 外形　　　　　　　　　(b) 动作原理

图 4-5　空气锤

1—压缩缸；2—压缩缸活塞；3—连杆；4—上锤头；5—活塞杆；6—工作缸活塞；7—工作缸；8—转阀

② 蒸汽-空气锤　有单柱式蒸汽-空气自由锻锤、双柱式蒸汽-空气自由锻锤和桥式蒸汽-空气自由锻锤等。吨位一般在 5t 以下，如图 4-6 所示为生产中使用最广泛的双柱式蒸汽-空气自由锻锤，以压缩空气或蒸汽为动力，由动力站通过管道输送到锻锤的进气口，推动活塞上、下运动锤击工件。主要用于锻造中等尺寸的工件。选择蒸汽 空气锤的吨位，主要根据锻件的质量和形状，参考数据见表 4-2。

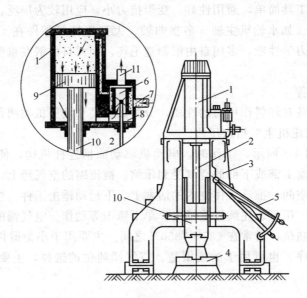

图 4-6　双柱式蒸汽-空气自由锻锤

1—工作缸；2—活塞杆；3—机架；4—下抵铁；5—操纵杆；6—滑阀；

7—进气口；8—滑阀缸；9—活塞；10—上抵铁；11—排气口

③ 水压机　如图 4-7 所示，通过高压水进入水压机的工作缸 1 和回程缸 8 推动中横梁 4 上、下移动实现对工件的锻造。以其工作液体产生的压力表示水压机的吨位。水压机的吨位一般在 500～1500t 之间，可以锻造质量达数百吨的锻件。金属在其变形过程中没有震动，锻透性好，可获得整个截面都是细晶粒的锻件。水压机是巨型锻件的唯一成型设备。

表 4-2　蒸汽-空气锤吨位选用的概略数据

锻锤的吨位 /t	锻件质量/kg			方断面坯料的最大边长 /mm
	成形类锻件		光轴类锻件的最大质量	
	一般质量	最大质量		
1	20	70	250	160
2	60	180	500	225
3	100	320	750	275
5	200	700	1500	350

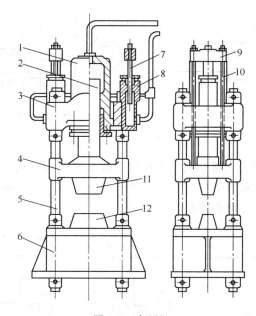

图 4-7　水压机

1—工作缸；2—工作活塞；3—上横梁；4—中横梁；5—立柱；6—下横梁；
7—回程活塞；8—回程缸；9—横架；10—拉杆；11—上抵铁；12—下抵铁

（3）自由锻造工序

自由锻造工序可分为基本工序、辅助工序、精整工序三大类。

自由锻造的基本工序是使金属产生一定程度的塑性变形，以达到所需形状及尺寸的工艺过程，主要有镦粗、拔长、冲孔、扩孔、弯曲、切割、扭转和错移等。其中以镦粗、拔长、冲孔和扩孔最为常用。

① 镦粗　使毛坯高度减小，横断面积增大的锻造工序称为镦粗，如图 4-8 所示。镦粗的变形程度用坯料变形前后的高度比值 J 表示，称为镦粗锻造比。镦粗坯料的原始高度 h_0 与直径 d_0 之比不宜超过 2.5～3，否则，镦粗时可能产生轴线弯曲。镦粗主要用于制造高度小、截面大的工件，如齿轮、法兰盘等，也可用于冲孔前的准备及增加以后拔长锻造比的工件。

② 拔长　使毛坯横断面积减小而长度增加的锻造工序叫拔长。如图 4-9 所示，可在平砧上拔长，也可在型砧上拔长。型砧拔长效率比平砧高。拔长的变形程度用变形前后的断面积之比值表示，称为拔长锻造比，一般在 2.5～3。为提高拔长效率，送进量 L 应等于坯料宽度的 0.4～0.5 倍。为减少空心坯料的壁厚和外径，增加其长度，可采用如图 4-9（b）所示的心轴拔长方式。

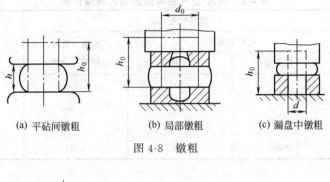

(a) 平砧间镦粗　　(b) 局部镦粗　　(c) 漏盘中镦粗

图 4-8　镦粗

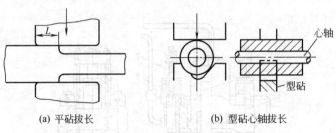

(a) 平砧拔长　　　　(b) 型砧心轴拔长

图 4-9　拔长

③ 冲孔　在锻件上制造出通孔或不通孔的锻造工序称为冲孔。如图 4-10 所示，较厚的锻件可采用双面冲孔，较薄的锻件采用单面冲孔，直径 $d<450mm$ 的孔用实心冲头冲孔，直径 $d>450mm$ 的孔用空心冲头冲孔。

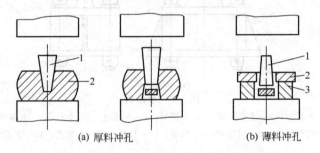

(a) 厚料冲孔　　　　(b) 薄料冲孔

图 4-10　冲孔

1—冲头；2—工件；3—漏盘

④ 扩孔　减小空心毛坯壁厚、增加其内径和外径的锻造工序称为扩孔。扩孔可以用冲头扩孔，也可用芯轴扩孔，如图 4-11 所示。通常当孔的直径较小，轴向尺寸较小时，用冲头扩孔，反之则用芯轴扩孔。

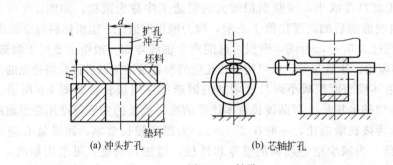

(a) 冲头扩孔　　　　(b) 芯轴扩孔

图 4-11　扩孔

此外，辅助工序是为了基本工序操作方便而进行的预先变形工序。如压钳口、压钢锭棱边、切肩等。

精整工序是用以减少锻件表面缺陷而进行的后处理工序。如清除锻件表面凸凹不平、校正、滚圆及整形等。精整工序一般在终锻温度以下进行。

4.3.2　模型锻造

模型锻造（简称模锻）是在模锻设备上利用锻模对金属材料进行锻造成型的一种工艺方法。锻模是用高强度金属制造的成型锻件的模具，其上有与锻件形状一致的模膛，使坯料在模膛内受压变形。在变形过程中由于模膛对金属坯料流动的限制，因而锻造终了时能得到和模膛形状相同的锻件。

按模锻使用设备的不同可分为：锤上模锻、摩擦压力机模锻、热模锻压机模锻和水压机模锻等。这里主要介绍模锻锤上的模锻。

（1）模锻的特点及应用

模锻与自由锻比较有如下特点。

① 生产率较高。自由锻时，金属的变形是在上、下两个铁砧间进行的，难以控制。模锻时，金属的变形是在模膛内进行的，故能较快获得所需要的形状。

② 模锻件尺寸精确，加工余量小。

③ 可以锻造形状比较复杂的锻件，如图 4-12 所示。这些零件如果用自由锻成型，则必须加上大量的敷料，以简化形状。

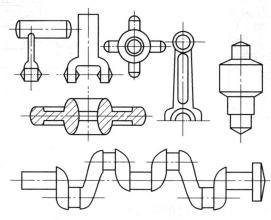

图 4-12　典型模锻零件

④ 模锻生产比自由锻消耗的金属材料少，切削加工工作量也小，有利于降低生产成本。

但是由于模锻生产受模锻设备吨位的限制，锻件质量不能太大，通常在 150kg 以下。而且模锻生产的锻模成本较高，只有在一定批量的生产条件下其优越性才能表现出来。

由于模锻的上述特点，模锻生产越来越广泛地应用在国防工业和机械制造工业中。如飞机制造厂、坦克厂、汽车厂、拖拉机厂、轴承厂等。

（2）模锻设备

模锻的设备有蒸汽-空气模锻锤、摩擦压力机、热模锻压机、水压机等。生产中应用最广泛的是蒸汽-空气模锻锤，简称模锻锤。如图 4-13 所示，其结构与自由锻造的蒸汽-空气锤相似。但由于模锻生产要求精度较高，锤的刚性更好，锤头与导轨之间的间隙更小。其吨位用落下部分的质量表示。以压缩空气或蒸汽为动力。下落部分的质量在 $10\sim160kN$ 之间，可锻造的锻件质量在 $0.5\sim150kg$ 之间。模锻锤的吨位与锻件的质量关系见表 4-3。

表4-3　模锻锤吨位选择的概略数据

锻锤吨位/kN	5～7.5	10	15	20	30	50	70～100	130
锻件质量/kg	<0.5	0.5～1.5	1.5～5	5～12	12～25	25～40	40～100	>100

（3）锻模　锻模是用高强度合金制造的成型锻件的模具。锤上模锻用的锻模如图4-14所示，由上模和下模两部分构成。下模部分通过燕尾和楔铁与锻锤工作台的模垫相连接，固定于工作台上。上模部分通过燕尾和楔铁与设备的锤头相连接，随锤头上、下往复运动锤击金属坯料。锻模上有使坯料成型的型腔，称为模膛。根据模膛的作用分为模锻模膛和制坯模膛两大类。

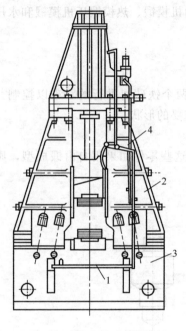

图4-13　蒸汽-空气模锻锤

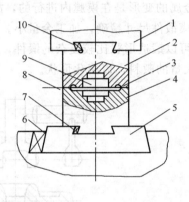

图4-14　锤上锻模
1—锤头；2—上模；3—飞边槽；4—下模；5—模垫；
6,7,10—紧固楔铁；8—分模面；9—模镗

① 模锻模膛　分为终锻模膛和预锻模膛两种。

a. 终锻模膛　终锻模膛的作用是使坯料最后变形到锻件要求的尺寸和形状，因而它的形状和锻件形状相同。但因为锻件冷却时要收缩，终锻模膛的尺寸应比锻件尺寸放大一个收缩量。钢件的收缩量通常取1.5%。另外，模膛的周边还有飞边，有孔的锻件还有冲孔连皮，如图4-15所示。除去飞边和冲孔连皮后才是最终的锻件。飞边的作用是容纳多余金属并增大金属流动阻力使之充满模膛。冲孔连皮是锻造通孔锻件时由于不可能靠上、下模的突

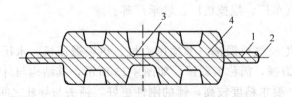

图4-15　带有冲孔连皮及飞边的模锻件
1—飞边；2—分模面；3—冲孔连皮；4—锻件

起部分将金属完全挤掉而在其孔内留下的一薄层金属。

b. 预锻模膛　预锻模膛的作用是使坯料变形到接近于锻件的形状和尺寸，这样有利于终锻成型，提高终锻模膛的寿命，改善金属在终锻模膛内的流动情况。预锻模膛与终锻模膛的主要区别在于前者的圆角和斜度较大，一般没有飞边。对于形状简单或者生产批量不大的模锻件一般可不设置预锻模膛。

② 制坯模膛　对于形状复杂的模锻件，为了使坯料形状基本接近模锻件形状，使金属能合理分布和有效地充满模膛，就必须预先在制坯模膛内制坯。主要的制坯模膛有以下几种。

a. 拔长模膛　拔长模膛是用来减小坯料某部分的横断面积，同时增大该处的长度，具有分配金属的作用。拔长模膛有开式和闭式两种，如图 4-16 所示。一般设在锻模的边缘。操作时坯料除送进外还要反复翻转。主要用于横断面积相差较大的轴类锻件（如连杆件）。

b. 滚压模膛　滚压模膛是用来减小坯料某部的横断面积和增大另一部分的横断面积，并有少量坯料长度的增加，起分配金属和光整表面的作用。有开式和闭式两种滚压模膛，如图 4-17 所示。一般置于终锻模膛的旁边。操作时坯料反复翻转。主要用于横断面积相差较大的长轴类锻件。

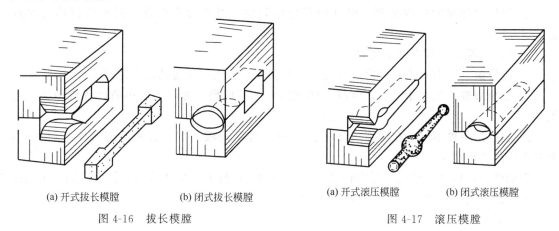

(a) 开式拔长模膛　(b) 闭式拔长模膛　　　(a) 开式滚压模膛　(b) 闭式滚压模膛

图 4-16　拔长模膛　　　　　图 4-17　滚压模膛

c. 弯曲模膛　对于弯曲的杆类模锻件，需用弯曲模膛来弯曲坯料，如图 4-18 所示。

坯料可直接或先经过其他制坯工步后放入弯曲模膛进行弯曲变形。弯曲后的坯料须翻转90°后放入模锻模膛成型。

d. 切断模膛　切断模膛是在上模与下模的角部形成的一对刀口，用来切断金属坯料，如图 4-19 所示。单件锻造时，用它来从坯料上切下锻件或从锻件上切下钳口；多件锻造时，

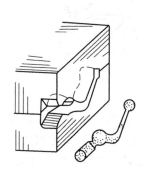

图 4-18　弯曲模膛

图 4-19　切断模膛

用它来分离成单个锻件。

此外还有成型模膛、镦粗台、拔长台等制坯模膛形式。

根据模锻件复杂程度的不同，变形所需要的模膛数量各异，可将锻模设计成单模膛形式，也可设计成多模膛形式。单模膛锻模是在一副锻模上只有一个终锻模膛，如齿轮坯模锻件就可设计为单模膛锻模，直接将圆柱形坯料放入锻模中成型。多模膛锻模是在一副锻模上具有两个以上模膛的锻模，如弯曲连杆锻件的锻模，如图 4-18 所示。

4.3.3 胎模锻造

胎模锻造是在自由锻设备上用可移动的锻模成型锻件的一种工艺方法。它是自由锻和模锻相结合的产物，并有其自身的特点，因而在生产中得到较广泛的应用。

（1）胎模锻的特点及应用

胎模锻与自由锻比较有如下优点。

① 胎模锻件的形状和尺寸基本与工人的技术无关，由模具来保证，对工人技术要求不高，操作简便。

② 胎模锻造的形状准确，尺寸精度较高，敷料少，加工余量小。因而既节约了原材料，又减少了后继的切削加工工作量。

③ 胎模锻件在胎模内成型，锻件内部组织致密，纤维分布合理。因而锻件的力学性能高。

胎模锻与模锻比较有如下优点。

① 胎模锻造不需采用昂贵的模锻设备，并扩大了自由锻设备的应用范围。

② 胎模锻造工艺操作灵活，可以局部成型或分段成型，能够用较小的设备成型较大的锻件。

③ 胎模是一种不固定在锻造设备上的锻模，其结构较简单，容易制造，生产周期短，有利于降低锻件成本。

但胎模锻件的尺寸精度比模锻件低，工人劳动强度较大，生产效率也较模锻低。主要用于没有模锻设备的中小型工厂的中小型锻件。

（2）胎模的种类

胎模锻造的类型很多，主要有扣模、筒模和合模三种。

① 扣模　扣模由上扣和下扣组成，用来对坯料进行全部或局部扣形，生产长杆非回转体锻件，也可以为合模锻造进行制坯。用扣模锻造时坯料不转动，扣形后翻转 90°在锤砧上平整侧面，如图 4-20 所示。

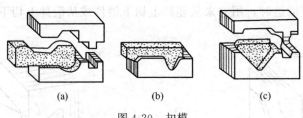

(a)　　　　　(b)　　　　　(c)

图 4-20　扣模

② 筒模　筒模主要用来锻造齿轮、法兰盘等回转体类锻件，也可用于非回转体类锻件。根据锻件的具体情况，可制成整体模、镶块模、带垫模和组合模等多种形式，如图 4-21 所示。其中图 4-21(d) 用于形状复杂的胎模锻件，坯料成型后，锻件 5 随右半模 2 和左半模 4 一起从筒模 1 内取出。

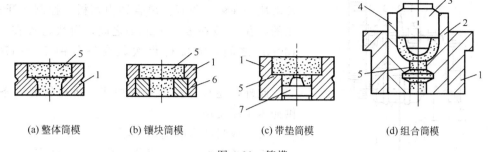

(a) 整体筒模　　　　(b) 镶块筒模　　　　　(c) 带垫筒模　　　　(d) 组合筒模

图 4-21　筒模

1—筒模；2—右半模；3—冲头；4—左半模；5—锻件；6—镶块；7—模垫

③ 合模　合模通常由上模和下模两部分组成，为了使上、下模对中和防止错位，在模具上有导向装置。合模结构如图 4-22 所示。与只有终锻模膛的锤上模锻锻模相似，锻件有飞边，分模面在锻件的最大断面处。主要用于连杆、拨叉等非回转体零件的锻造。

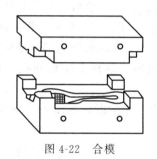

图 4-22　合模

4.3.4　板料冲压

板料冲压是在冲压设备上使金属板料在冲模间产生分离或变形，以获得零件的工艺方法。板料冲压通常在冷态下进行，所以又称为冷冲压，只有当板料厚度超过 8～10mm 时，才采用热冲压。

板料冲压广泛应用于金属制品工业，特别是在汽车、航空、仪表及国防、日用品工业中占有极为重要的地位。

板料冲压具有下述特点。

① 可成型形状复杂的零件，且材料利用率高。

② 产品具有较高的尺寸精度和低的表面粗糙度值，可满足一般互换性要求，不需进行切削加工就可装配使用。

③ 能获得质量轻而强度高、刚性好的零件。

④ 具有很高的生产率，且操作简单，便于实现机械化和自动化。

用于板料冲压的材料，特别是制造杯状和钩环状等产品时，须有足够高的塑性。常用的材料是低碳钢、高塑性的合金钢、铜、铝以及镁合金等。

按形状的不同，用于冲压的金属材料有板料、条料和带料之分。

非金属材料如石棉板、硬橡皮、绝缘纸、纤维板等也广泛地采用冲压加工。

（1）冲压的设备

冲压加工的主要设备是曲柄压力机，简称冲床。根据其结构形式可分为开式和闭式两种。

开式冲床的工作原理如图 4-23 所示。电动机 5 经飞轮 4 及离合器 3 带动曲柄 2，使滑块

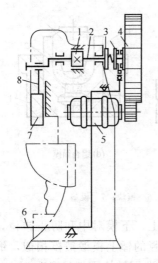

图 4-23 单柱式冲床工作原理

1—制动闸；2—曲柄；3—离合器；4—飞轮；
5—电动机；6—踏板；7—滑块；8—连杆

7 上下运动进行冲压工作。制动闸 1 与离合器配合可使滑块停在最高位置。离合器由踏板 6 控制。开式冲床的吨位一般在 6.3～200t 之间，滑块行程在 46～130mm 之间，滑块行程次数在每分钟 70～170 次之间。

此外，还有各种形式的剪床，将板料剪成条料，供冲压工序使用。

（2）板料冲压的基本工序

板料冲压的基本工序分为分离工序和变形工序两大类。

① 分离工序　分离工序是使坯料的一部分与另一部分相互分离的工艺方法。主要有落料、冲孔、切边、修整等。

落料和冲孔是使坯料沿封闭轮廓分离的工序，如图 4-24 所示。落料时，封闭轮廓内的部分是工件，封闭轮廓外的部分是废料；冲孔时，封闭轮廓外的部分是工件，而封闭轮廓内的部分是废料。落料工序和冲孔工序的变形过程和模具结构是相同的，习惯上统称为冲裁。

落料与冲孔的变形过程可分为三个阶段，如图 4-25 所示。

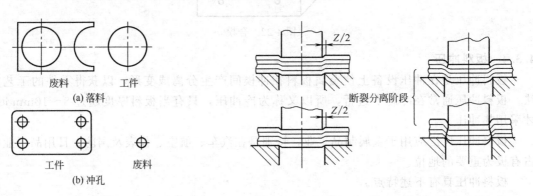

(a) 落料

工件　　　废料

(b) 冲孔

图 4-24　落料与冲孔

图 4-25　冲裁变形过程

a. 弹性变形阶段　凸模接触板料后继续向下运动的初始阶段，使板料产生弹性压缩、拉伸与弯曲等变形。板料中的应力迅速增大，但未超过材料的屈服强度，故称为弹性变形阶段。

b. 塑性变形阶段　凸模继续向下运动，板料中的应力继续增大，超过材料的屈服强度，则产生塑性变形。此时板料已部分被压入凹模。凸模继续下行，由于材料的硬化作用和凸、凹模刃口的应力集中作用，在凸模和凹模的刃口附近出现微裂纹，塑性变形阶段结束。

c. 断裂分离阶段　凸模继续下压，微裂纹不断向材料内部扩展，直至上、下两裂纹相遇为止，材料被剪断分离。

冲裁件的断面由四个部分构成：即毛刺、断裂带、光亮带和塌角，如图 4-26 所示。毛刺高度低，断裂带窄，光亮带宽，塌角小，则冲裁件的断面质量高；反之，则冲裁件的断面质量低。

② 修整工序　修整是利用修整模沿冲裁件外缘或内孔刮削一薄层金属，以切掉普通冲裁时在冲裁件断面上存留的断裂带和毛刺，从而提高冲裁件的尺寸精度和降低表面粗糙度，如图 4-27 所示。修整的机理与切削加工的拉削相似。修整时应合理确定修整余量和修整次数。对于大间隙冲裁件，单边的修整量一般为材料厚度的 10％左右。对于小间隙冲裁件，单边的修整量在材料厚度的 8％左右。当冲裁件的修整总量大于一次修整量时，或材料厚度大于 3mm 时，可采用多次修整。但修整次数越少越好。

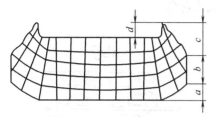

图 4-26　冲裁件断面结构

a—塌角；b—光亮带；c—断裂带；d—毛刺

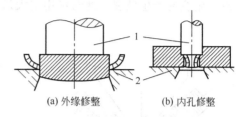

(a) 外缘修整　　　(b) 内孔修整

图 4-27　修整工序

1—凸模；2—凹模

修整模的凸、凹模间隙，单边约为 0.001～0.01mm。也可采用负间隙修整，即凸模大于凹模的修整工艺。

修整后冲裁件的尺寸精度可达 IT6～IT7，表面粗糙度 $R_a＝0.8～1.6$。

③ 变形工序　变形工序是使坯料的一部分相对于另一部分产生位移而不破裂的工艺方法。主要有拉深、弯曲、翻边、成型等。

a. 拉深工序　利用模具使冲裁后的平板毛坯变形为开口空心零件的工序称为拉深，如图 4-28 所示。

b. 拉深过程　把直径为 D 的平板坯料放于凹模上，在凸模作用下，板料被拉入凸模和凹模的间隙中，形成空心零件。拉深件的底部一般不变形，只起传递拉力的作用，厚度基本不变。零件直壁由坯料外径 D 减去凹模直径 d 的环形部分所形成，主要受拉力作用，厚度有所减小。而直壁与底部之间的圆角部分受的拉力最大，变薄最严重。拉深件的法兰部分，受周向压力作用，厚度有所增加。

c. 拉深件的废品　从拉深过程的分析知道，拉深件的底部圆角处受到的拉应力最大，易于产生拉裂缺陷；拉深件的法兰部分受到的压应力最大，易于产生起皱缺陷（图 4-29）。为防止拉裂、拉深模工作部分必须有一定的圆角。对于钢拉深件，$r_凹＝10s$，$v_凸＝(0.6～1.0)s$；拉深模的凸凹模间隙比冲裁模大，一般取 $Z＝(1.1～1.2)s$。为防止起皱，可采用设置压边圈的方法解决。

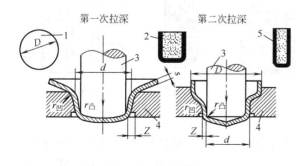

图 4-28　拉深工序

1—坯料；2—第一次拉深产品；3—凸模；4—凹模；5—成品

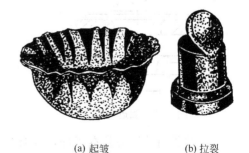

(a) 起皱　　　(b) 拉裂

图 4-29　拉深件废品

④ 弯曲工序 弯曲是坯料的一部分相对于另一部分弯曲成一定角度的工序，如图 4-30 所示。弯曲时材料的内侧受压缩，而外侧受拉伸。当外侧拉应力超过坯料的抗拉强度时，即会造成金属破裂。坯料越厚、内弯曲半径 r 越小，则压缩及拉伸应力越大，越容易弯裂。为防止破裂，弯曲的最小半径为 $r_{min}=(0.25\sim1)s$，s 为金属板料的厚度。材料的塑性好，则弯曲半径可小些。

弯曲时还应尽可能使弯曲线与坯料纤维方向垂直，如图 4-31 所示。若弯曲线与纤维方向一致，则容易产生破裂，此时可用增大最小弯曲半径来避免。

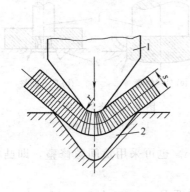

图 4-30 弯曲工序
1—凸模；2—凹模

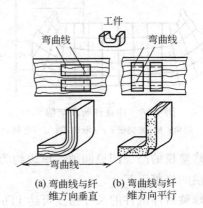

(a) 弯曲线与纤
维方向垂直 (b) 弯曲线与纤
维方向平行

图 4-31 弯曲时的纤维方向

在弯曲结束后，由于弹性变形的恢复，坯料略微弹回，使被弯曲的角度增大。此现象称为回弹。一般回弹角为 $0°\sim10°$。因此在设计弯曲模时必须使模具的角度比成品件的角度小一个回弹角，以便在弯曲后得到准确的弯曲角度。

⑤ 翻边工序 在预先冲孔的坯料上成型出凸缘的工序称为翻边，如图 4-32 所示。翻边时孔边材料沿切向受拉而使孔径扩大，材料厚度变薄。变形程度过大时，将使翻边部位拉裂。翻边的变形程度用 $K_0=d_0/d$ 表示，d_0 为预冲孔直径；d 为翻边孔直径。K_0 越小，变形程度越大。一般取 $K_0=0.65\sim0.72$。

⑥ 成型工序 材料的局部区域发生变形的工序称为成型，有压筋、胀形、缩口等，如图 4-33 所示。

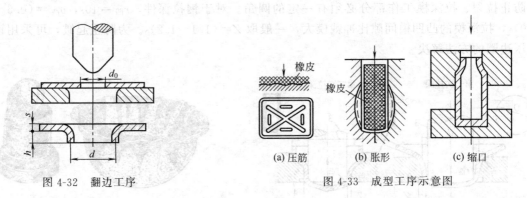

图 4-32 翻边工序

(a) 压筋　(b) 胀形　(c) 缩口

图 4-33 成型工序示意图

上述板料冲压的基本工序，经合理选用和适当组合，便可制定出各种冲压件的冲压工艺。并据此进行模具设计等工作。如图 4-34 所示为汽车消音器的冲压工艺，其主要工序有落料、冲孔、拉深、翻边和切槽等。

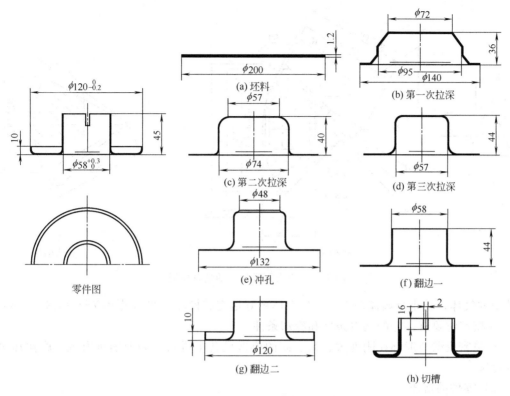

图 4-34   汽车消音器冲压工艺

4.3.5   其他塑性成型方法

随着现代工业生产的发展，对金属压力加工方法和工艺不断提出新的要求。主要包括采用先进的生产设备和自动控制技术，提高锻压生产的机械化和自动化水平，提高生产效率；提高锻压件的精度，降低表面粗糙度值，实现少、无切削加工；制造更大和更复杂的锻压件生产能力；为本质塑性差的材料寻找新的压力加工方法。因此，自 20 世纪 50 年代以来，新的压力加工方法不断涌现，并迅速在生产中推广应用。如精密锻造、挤压成型、轧制成型、超塑性成型及精密冲裁等。这些新技术、新工艺的日益采用，正在改变着压力加工生产的面貌。

（1）精密锻造

精密锻造（简称精锻）是在模锻设备上锻出形状复杂、尺寸精度高的锻件的模锻工艺。精锻件的尺寸精度为 IT12～IT15，表面粗糙度 $R_a = 3.2 \sim 1.6$。

如图 4-35 所示为直齿圆锥齿轮的精密模锻实例。精锻之后，零件的切削加工部分仅为其内孔和背锥面，形状最复杂的齿形部分通过锻造成型，从而大大提高了生产效率。

精密模锻工艺特点如下。

① 精密模锻的下料质量要求严格，必须通过严格的计算。否则会增大锻件尺寸公差，降低锻件的精度。

② 精密模锻应仔细清理坯料表面，除净坯料表面氧化皮、脱碳层及其他缺陷。应采用少、无氧化加热方法，尽量减少坯料表面形成的氧化皮。

③ 精密模锻的锻件精度在很大程度上取决于锻模的加工精度。因此精锻模膛的精度必须很高。模具的精度一般要比锻件精度高两级。锻模应有导柱导套，保证合模准确。为排除

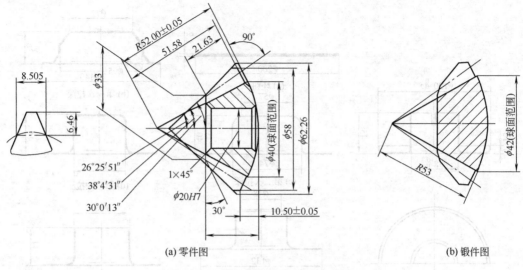

(a) 零件图　　　　　　　　　　　　　　(b) 锻件图

图 4-35　直齿圆锥齿轮的精密模锻

模膛中的气体，减小金属流动阻力，使金属更好地充满模膛，在凹模上应开设有排气小孔。

④ 模锻时要有良好的润滑条件和冷却条件。

⑤ 精密模锻一般都在刚度大、精度高的模锻设备上进行。如曲柄压力机、摩擦压力机或高速锤。

（2）零件的挤压

挤压是使坯料在挤压模中受很强的三向压力作用下产生塑性变形的工艺方法。

1）挤压的分类　根据挤压成型时金属流动方向与凸模运动方向的不同，可分为正挤压、反挤压、复合挤压和径向挤压四种，如图 4-36 所示。

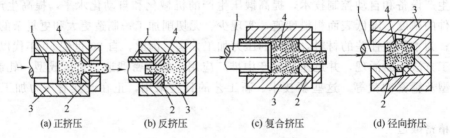

(a) 正挤压　　　(b) 反挤压　　　(c) 复合挤压　　　(d) 径向挤压

图 4-36　挤压成型

1—凸模；2—凹模；3—料筒；4—坯料

① 正挤压时金属流动方向与凸模运动方向相同。

② 反挤压时金属的流动方向与凸模的运动方向相反。

③ 复合挤压时一部分金属流动方向与凸模运动方向相同，另一部分金属流动方向与凸模运动方向相反。

径向挤压时，金属的流动方向与凸模运动方向垂直。

挤压时，为了降低坯料的变形抗力，也可将坯料加热后再进行挤压。根据加热温度的高低可将挤压分为热挤压、冷挤压和温挤压。热挤压的温度与锻造温度相同，冷挤压一般指在室温下进行的挤压，温挤压一般指在室温以上、再结晶温度以下进行的挤压成型。

挤压工艺一般是在专用的挤压机上进行，也可使用通过适当改装后的曲柄压力机或摩擦压力机。

2）挤压工艺的特点

① 挤压时金属坯料处于三向受压状态下变形，因此它可以提高金属坯料的塑性。

② 挤压材料不仅有铝、铜等塑性好的有色金属，而且碳钢、合金结构钢、不锈钢及工业纯铁等也可用挤压工艺成型。在一定的条件下，某些高碳钢、轴承钢甚至高速钢也可以进行挤压。

③ 可以挤压出各种形状复杂、深孔、薄壁、异型断面的零件。

④ 零件的尺寸精度高。一般在 IT6～IT7。表面粗糙度低，一般 $R_a = 0.4 \sim 3.2$。

⑤ 挤压零件的力学性能好。挤压变形后零件内部的纤维组织是连续的，基本沿零件外形分布而不被切断，从而提高了零件的力学性能。

⑥ 节约原材料。材料利用率达 70％ 以上，生产效率也高于其他锻造方法。

（3）轧制

轧制是用轧辊对坯料进行连续变形的压力加工方法。具有生产率高、质量好、成本低和材料消耗少等优点，在机械制造工业中得到了越来越广泛的应用。轧制方法很多，下面简单介绍辊锻轧制和辗环轧制。

① 辊锻轧制　辊锻轧制是把轧制工艺应用于锻造生产中的一种新工艺，也称为辊锻。辊锻是使坯料通过装有圆弧形模块的一对相对旋转的轧辊时，受压而变形的生产方法，如图 4-37 所示。它既可作为模锻的制坯工序，也可直接生产锻件。目前，辊锻轧制主要用于以下三种类型的锻件。

a. 扁断面的长杆件　如扳手、活动板子、链环等。

b. 带有不变形头部而沿长度方向横截面面积递减的锻件　如叶片等。叶片零件采用辊锻工艺后与原铣削工艺相比，材料利用率提高 4 倍，生产效率提高 2.5 倍，而且叶片的力学性能大大提高。

c. 连杆类锻件　国内已有不少工厂采用了辊锻工艺生产连杆，提高了生产效率，简化了工艺过程。

② 辗环轧制　辗环轧制是用来扩大环形坯料的外径和内径，从而获得各种环状零件的轧制方法，如图 4-38 所示。图中驱动辊 1 由电动机带动旋转，利用摩擦力使坯料 3 在驱动辊和芯辊 2 之间受压变形。驱动辊还可由油缸推动作上下移动，改变 1、2 两辊间的距离，使坯料厚度逐渐变薄，直径增大。导向辊 4 用以保持坯料正确运送。信号辊 5 用来控制环形坯料 3 的直径。当坯料 3 的直径达到设计值与信号辊 5 接触时，信号辊传出信号，使驱动辊

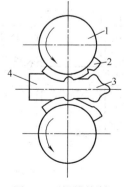

图 4-37　辊锻轧制

1—轧辊；2—模块；3—零件；4—坯料

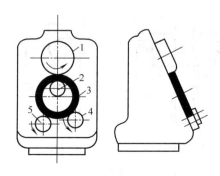

图 4-38　辗环轧制

1—驱动辊；2—芯辊；3—坯料；4—导向辊；5—信号辊

1 停止工作。

这种方法主要用来生产环形类零件，其横截面的形状各异，如火车轮箍、轴承座圈、齿轮及法兰等。

（4）超塑性成型

利用金属材料在特定条件下具有的超塑性进行压力加工的方法称为超塑性成型。

① 超塑性的概念　超塑性是指金属或合金在低的变形速率（$\varepsilon = 10^{-2} \sim 10^{-4}/s$）、一定的变形温度（约为材料熔点的一半）和均匀的细晶粒（平均晶粒直径为 $0.2 \sim 5\mu m$）的条件下，其相对伸长率 δ 超 100% 的特性。如钢的 $\delta > 500\%$、纯钛的 $\delta > 300\%$、锌铝合金的 $\delta > 1000\%$。

② 超塑性成型的应用　超塑性状态下的金属在拉伸变形过程中不产生缩颈现象，变形抗力比常态下金属的变形力低几倍至几十倍。因此在超塑性状态下的金属极易成型，可采用多种工艺方法制出复杂零件。超塑性成型在锻造、拉深、挤压、拉拔等工艺中都得到了有效的应用。

a. 超塑性模锻　一般情况下，钛合金和高温合金由于塑性差、变形抗力大而难于锻造成型，若采用超塑性模锻成型，则可锻造出如叶片、涡轮等形状复杂的零件，且具有较高的精度和较高的力学性能。

b. 超塑性挤压　目前国内外已经采用超塑性工艺挤压成型出了一些具有复杂形状和高精度的零件。如采用 HPb59-1 材料挤压的聚丙乙烯喷头，其表面粗糙度可达 $R_a = 0.4 \sim 0.8\mu m$。

c. 超塑性拉深　板料的超塑性拉深在具有特殊加热和加压装置的模具内进行，如图 4-39 所示，其深冲比（H/d_0）是普通拉深的 10 倍以上，拉深质量很好，零件无方向性。

（5）精密冲裁

精密冲裁（简称精冲）是使板料冲裁区在很大的静水压应力作用下，抑制剪切裂纹的产生，通过塑性变形实现板料分离的一种高精度冲裁方法。

常用的精冲方式为强力压边的精密冲裁，如图 4-40 所示。其模具与普通冲裁模的主要区别是增加了 V 形压边圈 2 和反压顶杆 5；模具间隙小，双边间隙值只有材料厚度的 0.5%～2%；凹模刃口处有小圆角，一般取 $R = 0.01 \sim 0.03mm$，以防止产生裂纹。V 形压边圈和反压顶杆的作用是使板料在整个冲裁过程中始终保持平面状态，并使模具刃口附近板料 3 处于三向压应力状态，从而提高了冲裁件的精度和板料在变形过程中的塑料。

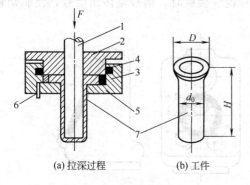

(a) 拉深过程　　(b) 工件

图 4-39　超塑性拉深

1—凸模；2—压板；3—凹模；4—电热元件；

5—板料；6—高压油孔；7—工件

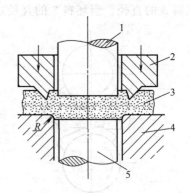

图 4-40　精密冲裁

1—凸模；2—V 形压边圈；3—板料；

4—凹模；5—反压顶杆

精冲件的尺寸精度可达 IT6～IT7 级，表面粗糙度 R_a 在 $0.63\mu m$ 以下，精冲技术发展很快，在仪器、仪表、汽车、家电等行业有着广阔的应用前景。

4.4　塑性成型工艺设计

4.4.1　锻造工艺设计

为了使锻件能够顺利地锻出，需要制定合理的锻造工艺规程，这对那些较复杂的锻件尤为必要。锻造工艺规程是工业生产必不可少的工艺技术文件，是组织生产过程、制定操作规范、控制和检查产品质量的依据。

4.4.1.1　自由锻造的工艺设计

自由锻造的工艺设计包括绘制锻件图、计算坯料质量和尺寸、确定锻造工序及选择设备、工具等内容。

（1）绘制锻件图

绘制锻件图是工艺规程的核心内容。它是以产品零件图为基础，结合自由锻的工艺特点绘制而成的。绘制锻件图应考虑以下因素。

① 敷料　为了简化锻件形状、便于进行锻造而在零件难于锻造成型的复杂形状部位增加的一部分金属称为敷料，如零件上的凹坑、沟槽等部位。

② 余量　由于自由锻锻件尺寸精度低、表面质量差，需要经过切削加工才能达到产品零件的技术要求，所以，应在零件的加工表面增加一层供切削加工的金属层，该部分金属称为锻件的余量。锻件余量的大小与零件的形状和尺寸等因素有关。零件越大，形状越复杂，锻件余量越大。具体数值结合生产实际条件和有关标准查表确定。

③ 锻件公差　锻件公差是指锻件名义尺寸的允许变动量。公差值的大小根据锻件的形状、尺寸及具体生产条件加以选取。

敷料、余量、公差确定之后，即可绘制锻件图。典型锻件图如图 4-41 所示。为了使操作者更好地了解零件的形状和尺寸，在锻件图上用双点划线或细实线画出零件的主要轮廓形状，并在锻件尺寸线的下面用括号标注出零件的尺寸。对于大型锻件，还应在同一坯料上锻造出做性能试验的试样位置和形状尺寸大小。

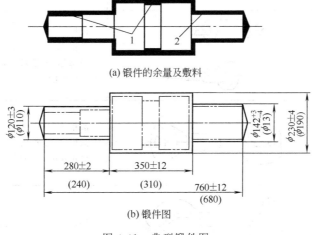

(a) 锻件的余量及敷料

(b) 锻件图

图 4-41　典型锻件图
1—敷料；2—余量

（2）坯料质量及尺寸计算

根据坯料经锻造后成为锻件体积和质量基本不变的规律，按照锻件的形状和尺寸，就可计算出锻件的质量。再考虑加热时的氧化损失、冲孔时冲掉的芯料以及切头损失等，就可计算出坯料的总质量。

① 坯料质量计算公式

$$m_{坯料} = m_{锻件} + m_{烧损} + m_{料头}$$

式中　　$m_{坯料}$——坯料质量；

　　　　$m_{锻件}$——锻件质量；

　　　　$m_{烧损}$——加热时坯料表面因氧化而损失的质量，一般以坯料质量的比例（％）表示，第一次加热取锻件质量的 2％～3％，以后各次加热取 1.5％～2％；

　　　　$m_{料头}$——在锻造过程中被冲掉或切除部分的金属质量。包括修切端部产生的料头、冲孔时的芯料等。

② 确定坯料尺寸　确定坯料尺寸时，应考虑坯料在锻造过程中必须的变形程度，即锻造比的问题。拔长工序的锻造比为锻件变形前后的横断面积之比；镦粗工序的锻造比为锻件变形前后的高度之比。对于以碳素钢钢锭为坯料并采用拔长方式锻造的锻件，锻造比一般不小于 2.5～3；如果采用轧材作坯料，其锻造比可取 1.3～1.5。

根据计算所得到的坯料质量 $m_{坯料}$ 和锻件的形状，按质量相等原理，即可确定下料的长度和截面尺寸。

（3）确定锻造工序

自由锻件的工序是根据工序特点和锻件形状来确定的。对于不同类型的锻件所需的基本工序见表 4-4。

表 4-4　锻件的分类及相应的锻造工序

序号	类别	图例	基本工序方案	实例
1	饼块类	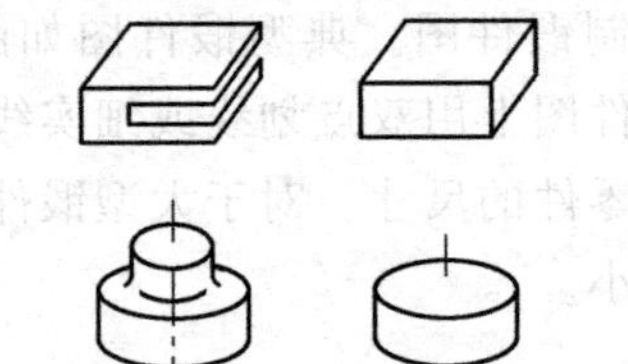	镦粗或局部镦粗	圆盘、齿轮、模块、锤头等
2	轴杆类	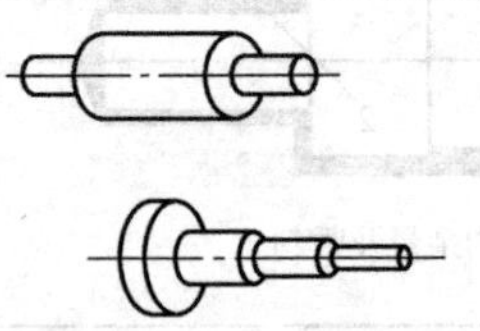	拔长 镦粗-拔长（增大锻造比） 局部镦粗-拔长（截面相差较大的阶梯轴）	传动轴、主轴、连杆等
3	空心类	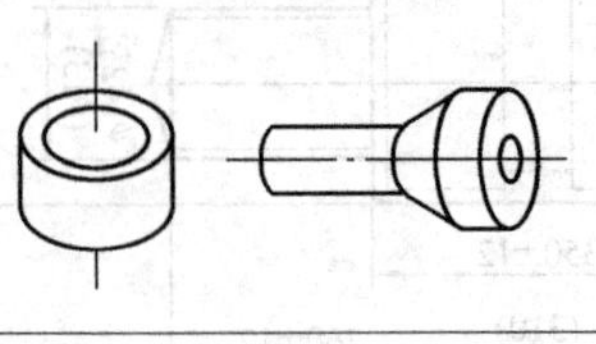	镦粗-冲孔 镦粗-冲孔-扩孔 镦粗-冲孔-心轴上拔长	圆环、法兰、齿圈、圆筒、空心轴等
4	弯曲类	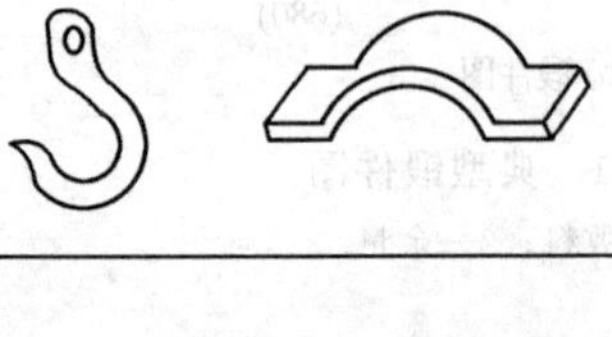	轴杆类锻件工序-弯曲	吊钩、弯杆、轴瓦盖等

续表

序号	类别	图例	基本工序方案	实例
5	曲轴类		拔长-错移(单拐曲轴) 拔长-错移	曲轴、偏心轴等
6	复杂形状类		前几类锻件工序的组合	阀杆、叉杆、十字轴、吊环等

（4）选择锻造设备

一般根据锻件的变形面积、锻件的质量、锻件材质、变形温度及锻造基本工序等因素，并结合生产实际条件选择设备及吨位。

对于低碳钢、中碳钢和普通低合金钢可按表 4-5 选择锻锤吨位。

表 4-5　自由锻锤的锻造能力范围

锻件类型		锻锤落下部分质量/t						
		0.25	0.5	0.75	1	2	3	5
圆盘	D/mm	<200	<250	<300	≤400	≤500	≤600	≤750
	H/mm	<35	<50	<100	<150	<200	≤300	≤300
圆环	D/mm	<150	<350	<400	≤500	≤600	≤1000	≤1200
	H/mm	≤60	≤75	<100	<150	<200	≤250	≤300
圆筒	D/mm	<150	<175	<250	<275	<300	<350	≤700
	d/mm	≥100	≥125	>125	>125	>125	>150	>500
	L/mm	≤165	≤200	≤275	≤300	≤350	≤400	≤550
圆轴	D/mm	<80	<125	<150	<175	≤225	≤275	≤350
	G/kg	<100	<200	<300	<500	≤750	≤1000	≤1500
方块	$H=B$/mm	≤80	≤150	≤175	≤200	≤250	≤300	≤450
	G/kg	<25	<50	<70	≤100	≤350	≤800	≤1000
扁方	B/mm	≤100	>160	>175	≤200	<400	≤600	≤700
	H/mm	>7	≥15	≥20	≥25	≥40	≥50	≥70
钢锭直径/mm		125	200	250	300	400	450	600
钢坯直径/mm		100	175	225	275	350	400	550

注：D 为锻件外径；d 为锻件内径；H 为锻件高度；B 为锻件宽度；L 为锻件长度；G 为锻件质量。

用铸锭或大截面毛坯作为大型锻件的坯料时，可能需要多次镦、拔操作，在锻锤上操作比较困难，并且心部不易锻透。而在水压机上因其行程较大，且下砧可前后移动，镦粗时可换用镦粗平台，所以大多数大型锻件都在水压机上生产。

（5）确定锻造温度范围

锻造温度范围是指金属在开始锻造和终了锻造之间的一段温度间隔。自由锻坯料加热的

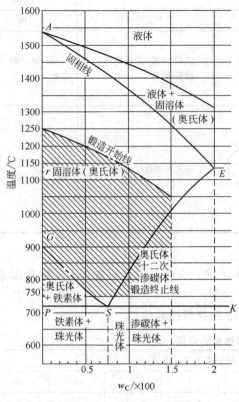

图 4-42 碳钢的锻造温度范围

目的是为了提高金属的塑性，减小变形抗力，使之易于变形，并获得良好的锻后组织和力学性能。因此锻造温度范围的确定直接关系到锻造的难易程度和锻件的质量。确定锻造温度范围的原则是：一方面要保证金属应具有良好的可锻性和合适的金相组织，另一方面要求在每一次加热之后做更多的成型工作，以节约能源和提高效率。

碳钢铸造温度范围的确定以铁-碳合金状态图为依据。如图 4-42 所示，始锻温度比 AE 线低 200℃左右；终锻温度约为 800℃左右。图中斜线部分区域为碳钢的锻造温度范围。过高的锻造温度，可能产生过热或过烧缺陷；过低的锻造温度，变形抗力急剧升高，甚至导致锻件被打裂。几种常用材料的始锻温度和终锻温度见表 4-6。

锻后锻件的冷却是保证锻件质量的重要环节。冷却过程中温度与时间的关系称为冷却规范。采用不同的冷却方法，可有不同的冷却规范。常见的冷却方法有：空冷、堆冷、坑冷、灰砂冷（将热态锻件埋入炉渣或灰砂中缓慢冷却）、炉冷等，其冷却速度一次降低。

表 4-6 常用材料的锻造温度范围

合 金 种 类	始锻温度/℃	终锻温度/℃
碳素钢		
w_C 0.3%以下	1200～1250	750～800
w_C 0.3%～0.5%	1150～1200	800
w_C 0.5%～0.9%	1100～1150	800
w_C 0.9%～1.5%	1050～1100	800
合金钢		
合金结构钢	1150～1200	850
低合金工具钢	1100～1150	850
高速钢	1100～1150	900
有色合金		
9-4 铝铁青铜	850	700
10-4-4 铝铁镍青铜	850	700
硬铝	470	380

热锻成型的锻件，通常要根据其化学成分、尺寸、形状复杂程度等来确定相应的冷却方法。低、中碳钢小型锻件锻后常采用空冷或堆冷的方式进行冷却；低合金钢锻件及截面宽大的锻件需要坑冷或灰砂冷；高合金钢锻件、大型锻件及其形状复杂的重要锻件冷却速度要缓慢，通常要随炉缓冷。

（6）典型锻件的工艺规程

自由锻件的工艺规程，也称为锻造工艺卡。表 4-7 为汽车半轴的自由锻工艺规程，在表中主要应包括锻件图、坯料的尺寸和质量、基本工序等。

表 4-7　半轴自由锻工艺卡

锻件名称	半　　轴	图　　例
坯料质量	25kg	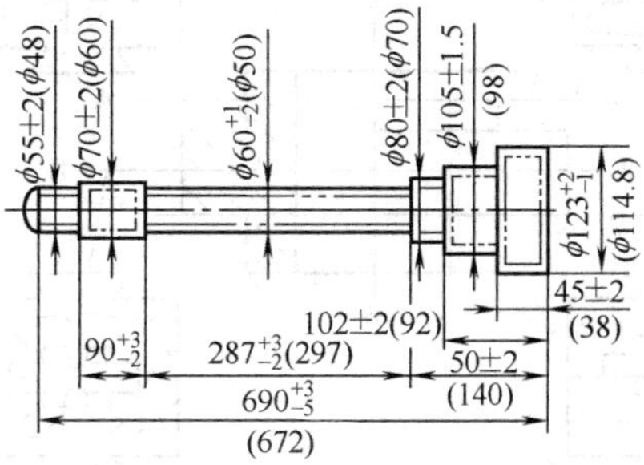
坯料尺寸	$\phi130\times240$	
材料	18CrMnTi	

火次	工　　序	图　　例
1	锻出头部	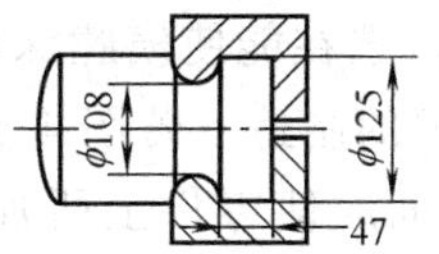
	拔长	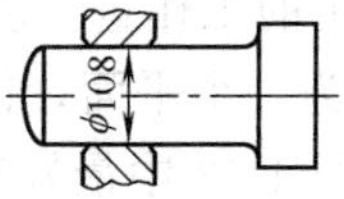
	拔长及修整台阶	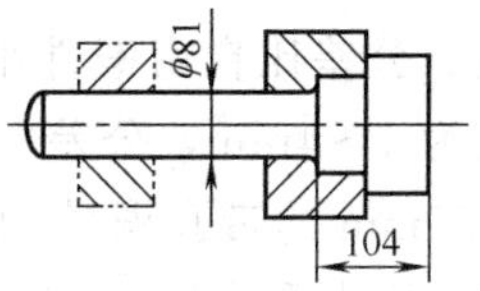
	拔长并留出台阶	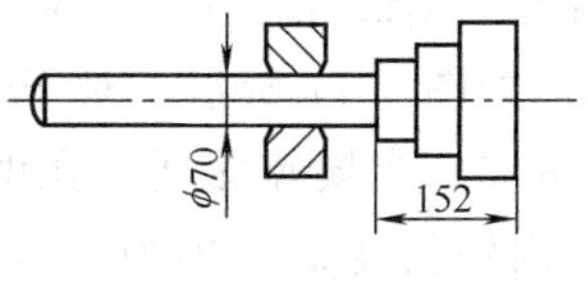
	锻出凹挡及拔长端部并修整	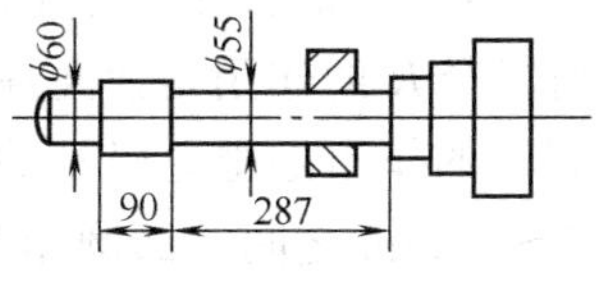

4.4.1.2　模锻的工艺规程

模锻件的工艺规程包括制定模锻件图、计算坯料尺寸、确定模锻工步、选择设备及安排修整工序等。

（1）制定模锻锻件图

模锻件图是设计和制造锻模、计算坯料尺寸及检查锻件的依据。制定模锻锻件图应考虑如下几个问题。

①　分模面　分模面是上、下锻模在锻件上的分界面。锻件分模面的位置选择合适与否，关系到锻件成型、锻件出模、材料利用等一系列问题。如图 4-43 所示，分模面的选择主要

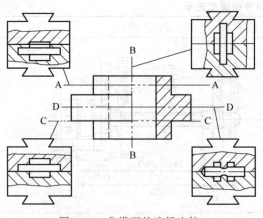

图 4-43　分模面的选择比较

原则如下。

　　a. 确保锻件从模膛中取出。如图 4-43 所示的零件，若选用 A—A 断面为分模面，则无法从模膛中取出锻件，一般情况下，分模面应选在模锻件最大尺寸的截面上。

　　b. 按选定的分模面制成锻模后，应使上、下两模面的模膛轮廓一致，以便在锻模的安装、调试和生产中发生错模现象时，及时调整上、下模的位置。图 4-43 的 C—C 断面在分模面时就不符合本原则。

　　c. 最好把分模面选在能使模膛深度为最浅的位置处，这样有利于金属充满模膛和取出锻件，并有利于锻模的制造。若图 4-43 的 B—B 断面为分模面就不符合此原则。

　　d. 选定的分模面应使零件上所加的敷料为最少。图 4-43 中的 B—B 断面为分模面时，零件中间的孔不能锻出，否则锻件不能取出，只能用敷料将此孔填上，其结果是既浪费原材料，又增加了切削加工的工作量。所以该断面不宜作分模面。

　　e. 最好使分模面为一个平面，便于加工制造。

　　综合上述原则，图 4-43 中最好选用 D—D 断面为分模面。

　　② 加工余量、公差和敷料　模锻时金属坯料是在锻模的模膛中成型的，因此锻件尺寸精度较高，其余量、公差比自由锻件小得多。根据锻件尺寸和形状的不同，已有相应的国家标准，其余量一般为 1～4mm，公差一般为 ±(0.3～3)mm。

　　对于孔径 $d>25$mm 的带孔锻件的孔应锻出。冲孔连皮的厚度与孔径 d 有关，当孔径为 30～80mm 时，冲孔连皮厚度取 4～8mm。

　　③ 模锻件斜度　模锻件上平行于锤击方向的表面必须具有一定的倾斜角度，以便于从模膛中取出锻件，如图 4-44 所示。对于锤上模锻，其模锻斜度一般取 5°～15°。模锻斜度与模膛深度和宽度有关。当模膛深度与宽度的比值（h/b）较大时，取较大的斜度值。通常取外壁斜度 α_1 小于内壁斜度 α_2，因为锻件冷却收缩将使锻件内壁包紧模具造成脱模困难。

　　④ 模锻件圆角半径　锻件上所有凸出或凹入的部分，必须有一定大小的圆角，如图 4-45 所示。凹圆角半径 R 的作用是使金属易于流动充满模膛，避免产生折叠，防止模膛压塌变形。凸圆角半径 r 的作用是避免锻模的相应部分产生应力集中造成开裂。钢质模锻件的凸圆角半径 r 取 1.5～12mm 之间，凹圆角半径 R 取凸圆角半径 r 的 2～3 倍。模膛越深圆角半径越大。

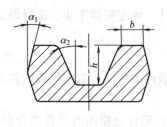

图 4-44　模锻件斜度

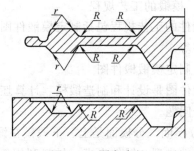

图 4-45　圆角半径

⑤ 冲孔连皮　对于具有通孔的锻件，由于锤上模锻时不能靠上、下模的凸起部分把孔内金属完全挤掉，因此不能锻出通孔。终锻后的空内仍留有一薄层金属，称为冲孔连皮，需锻后利用切边模将其去除。冲孔连皮可起到减轻上、下模刚性接触的缓冲作用，避免锻模的损坏，并使金属易于充型，因此其厚度不能太薄。但太厚不仅浪费金属，还会在切除时造成锻件的变形。所以必须合理确定连皮的形状和尺寸。常用的连皮形式是平底连皮。对于孔径 $d>25\text{mm}$ 的带孔锻件的孔应锻出。冲孔连皮的厚度与孔径 d 有关，当孔 d 为 $30\sim80\text{mm}$ 时，冲孔连皮厚度 t 取 $4\sim8\text{mm}$，可按下式计算。

$$t=0.45(d-0.25h-5)^{0.5}+0.6h^{0.5}$$

式中　d——锻件内孔直径，mm；

$\quad\quad h$——锻件内孔深度，mm。

连皮上的圆角半径 R_1，因模锻成型过程中金属流动激烈，应比内圆角半径 R 大一些，可按下式确定。

$$R_1=R+0.1h+2$$

孔径 $d<25\text{mm}$ 或冲孔深度大于凸模直径的 3 倍时，只在冲孔处压出凹穴。

如图 4-46 所示为齿轮坯的模锻锻件图。图中双点划线为零件外形轮廓，分模面选在锻件高度方向的中部。零件轮辐部分不加工，故不留加工余量。图中内孔中部的两条直线为冲孔连皮除掉后的痕迹线。

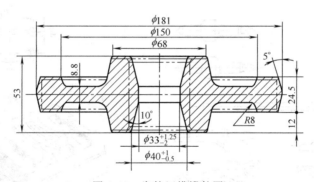

图 4-46　齿轮坯模锻件图

（2）坯料尺寸的计算

坯料的体积（$V_坯$）可按以下式计算。

$$V_坯=(V_锻+V_连+V_飞)(1+K_1)$$

式中　$V_锻$——锻件的体积；

$\quad\quad V_连$——冲孔连皮的体积；

$\quad\quad V_飞$——飞边的体积，可按飞边槽容积的一半计算；

$\quad\quad K_1$——烧损系数。

短轴类锻件的坯料直径（$D_计$）可按下式计算。

$$D_计=1.08\sqrt[3]{\frac{V_坯}{m}}$$

式中　m——坯料的高径比，可取 1.8～2.2。

长轴类锻件的坯料直径可根据锻件的最大横截面面积（F_{max}）计算。

$$D_坯=1.13\sqrt[3]{KF_{max}}$$

式中　K——模膛系数，不制坯或有拔长工步时 $K=1$；有滚挤工步时 $K=0.7\sim0.85$。

（3）确定模锻工序

模锻工步主要是根据模锻件的形状和尺寸来确定的。模锻件按形状可分为两大类：一类是长轴类模锻件，如台阶轴、连杆、弯曲摇臂等，如图 4-47 所示；另一类为盘类模锻件，如齿轮、法兰盘等，如图 4-48 所示。

① 长轴类模锻件　锻件在一个方向上的尺寸比另外两个方向大得多，锻造过程中，其锤击方向与锻件的轴线方向垂直。终锻时，金属为平面流动，即沿锻件的高度和宽度方向流动。因此，该类锻件常用拔长、滚压、弯曲等工步制坯，最后进行预锻和终锻。

拔长和滚压时，坯料沿轴线方向流动，金属体积重新分配，使坯料各横截面积与锻件相应处的横截面积相近。当坯料的横截面积大于锻件的横截面积时，应采用拔长和滚压工步。

弯曲轴线的模锻件，应选用弯曲工步。

小型长轴类模锻件，为了减少钳口料和提高生产率，常采用一根棒料同时锻造多个锻件的锻造方法，因此应增设切断工步，将锻好的锻件切离。

复杂形状的模锻件，还应选择预锻工步，最后才是终锻成型。图 4-49 为弯曲连杆的锻造过程，坯料经过拔长、滚压和弯曲工步后，材料的分配与锻件相近，然后经过预锻和终锻两个模膛制成带有飞边的锻件，最后再通过切边模除去锻件飞边，得到成品锻件。

某些模锻件还可以选用周期性轧制坯料，从而可以省去拔长、滚压等制坯工步，简化模锻过程，提高生产效率，如图 4-50 所示。

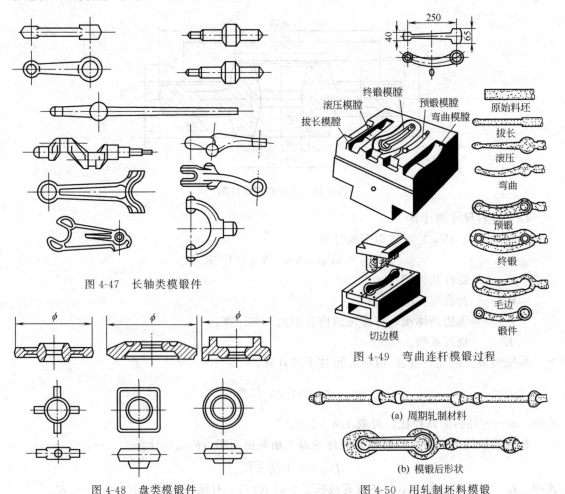

图 4-47　长轴类模锻件

图 4-49　弯曲连杆模锻过程

图 4-48　盘类模锻件

图 4-50　用轧制坯料模锻

② 盘类模锻件　在分模面上的投影为圆形或长度与宽度相近的锻件。锻造过程中锤击方向与坯料轴线相同，终锻时金属沿高度、宽度及长度方向流动。因此常选用镦粗和终锻等工步。对于形状简单的盘类模锻件，可只用终锻工步成型。对于形状复杂、有深孔或有高筋的模锻件，则应增加镦粗工步。

③ 修整工序　坯料在锻模内制成模锻件后，尚需经过一系列修整工序，以保证和提高锻件质量。主要修整工序有以下几种。

a. 切边和冲孔　模锻成型的零件，一般都有飞边及冲孔连皮，需在压力机上将它们切除。切边和冲孔既可在热态下进行，也可在冷态下进行，如图 4-51 所示。大中型模锻件一般在热态下进行，中小型模锻件一般在冷态下进行。

b. 校正　在切边、冲孔和其他工序中都可能引起模锻件变形，因此对许多模锻件，特别是形状复杂的模锻件，在切边和冲孔之后都应进行校正。校正可在锻模的终锻模膛或专用校正模具上进行。

c. 热处理　模锻件的热处理有正火和退火。其目的是消除锻件的粗大晶粒、锻造应力和改善力学性能等。

d. 精压　模锻件的精压有两种，即平面精压和体积精压，如图 4-52 所示。

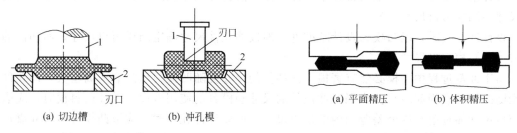

(a) 切边槽　　(b) 冲孔模　　　　(a) 平面精压　　(b) 体积精压

图 4-51　切边模及冲孔模　　　　图 4-52　精压
1—凸模；2—凹模

平面精压主要是提高锻件在一个方向上的精度和表面质量。

体积精压可提高锻件在三个方向上的精度和表面质量，多余部分金属被挤出成为锻件的飞边，再次切边后为最终锻件。

(4) 选择锻造设备

锤上模锻设备的选择应结合模锻件的大小、质量、形状复杂程度及所选择的基本工序等因素确定，并充分考虑到工厂的实际情况。一般工厂中主要使用蒸汽-空气锤。

(5) 确定锻造温度范围

模锻件的加热温度范围与自由锻生产相似。

4.4.2　冲压工艺设计

(1) 冲裁工艺设计

① 冲裁间隙 Z　凸模和凹模之间的双边间隙称为冲裁间隙 Z（图 4-25）。冲裁间隙的大小直接影响冲裁件的断面质量、模具的寿命和冲裁力的大小。

冲裁间隙增大，冲裁件断面斜度大，毛刺高而粗，光亮带窄，冲裁件平整度差，冲裁力下降，模具寿命增加。

冲裁间隙减小，冲裁件断面斜度小，光亮带大，毛刺细小，冲裁力增大，模具寿命下降。

合理的冲裁间隙要求是：既能保证冲裁件的质量，又能延长模具的寿命和降低冲裁力。

合理的间隙值可按表 4-8 选取或按下式计算。

$$Z=mS$$

式中　　S——材料的厚度，mm；

　　　　m——与材料性能、厚度有关的系数（当 $S<3mm$ 时，低碳钢和纯铁 $m=0.06\sim$
　　　　0.09；铜和铝合金 $m=0.06\sim0.10$；高碳钢 $m=0.08\sim0.12$）。

表 4-8　冲裁模合理间隙值（双边毫米，即双边间隙）

材料种类	材料厚度 S/mm				
	0.1~0.4	0.4~1.2	1.2~2.5	2.5~4	4~6
软钢、黄铜	0.01~0.02mm	7%~10%S	9%~12%S	12%~14%S	15%~18%S
硬钢	0.01~0.05mm	10%~17%S	18%~25%S	25%~27%S	27%~29%S
磷青铜	0.01~0.04mm	8%~12%S	11%~14%S	14%~17%S	18%~20%S
铝及铝合金(软)	0.01~0.03mm	8%~12%S	11%~12%S	11%~12%S	11%~12%S
铝及铝合金(硬)	0.01~0.03mm	10%~14%S	13%~14%S	13%~14%S	13%~14%S

② 冲裁模刃口尺寸的确定　冲裁模的刃口尺寸取决于冲裁件尺寸和冲模间隙。

设计落料模时，以凹模为设计基准件，即按落料件尺寸确定凹模刃口尺寸，而凸模的刃口尺寸＝凹模刃口尺寸－Z。

设计冲孔模时，以凸模为设计基准件，即按冲孔件尺寸确定凸模刃口尺寸，而凹模的刃口尺寸＝凸模刃口尺寸＋Z。

由于冲裁过程中冲模必然有磨损，落料件的尺寸会随凹模刃口的磨损而增大，冲孔件尺寸则随凸模的磨损而减小。为保证冲裁件的尺寸和模具的使用寿命，设计落料模时，应取凹模刃口尺寸靠近落料件公差范围内的最小尺寸；而设计冲孔模时，应取凸模刃口尺寸靠近冲孔件公差范围内的最大尺寸。

③ 冲裁力的计算　准确地计算冲裁力是选用冲床吨位、校核模具强度、发挥设备潜力、防止设备和人身事故的重要保证。

平刃冲模的冲裁力按下式计算。

$$F=KLS\tau$$

式中　　F——冲裁力，N；

　　　　L——冲裁周边长度，mm；

　　　　S——坯料厚度，mm；

　　　　K——系数，取 1.3；

　　　　τ——材料抗剪强度，MPa。

抗剪强度可根据有关资料查表，也可取 $\tau=0.8\sigma_b$（σ_b 为材料的抗拉强度），因而冲裁力也可按下式计算。

$$F=LS\sigma_b$$

④ 冲裁件的排样　排样是指落料件在条料、带料或板料上进行合理布置的方式。其目的是使废料最少，从而提高材料的利用率。如图 4-53 所示为同一冲裁件采用四种不同的排样方式材料消耗的对比。其中图 4-53(a)～(c) 为有搭边排样（即各落料件之间均留有一定尺寸的搭边），其优点是毛刺小，冲裁件尺寸准确，质量高，但材料消耗多；图 4-53(d) 为无搭边排样（即落料件一个边作为另一个落料件的边缘）。这种排样材料利用率高，但尺寸不易准确，用于质量要求不高的冲裁件。

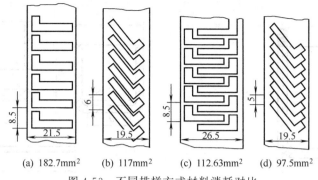

(a) 182.7mm²　(b) 117mm²　(c) 112.63mm²　(d) 97.5mm²

图 4-53　不同排样方式材料消耗对比

（2）拉深工艺设计

拉深工艺设计的内容包括：拉深件毛坯尺寸计算、拉深系数和拉深次数的确定、拉深力的计算和拉深件的结构工艺性分析等。以下简要介绍圆筒形件的拉深工艺设计。

① 毛坯尺寸的计算　拉深件毛坯尺寸计算是否正确，不仅直接影响生产过程，而且还在很大程度上影响着经济效益。在不变薄拉深中，材料厚度变化可以忽略不计，因此，毛坯尺寸的计算是按变形前后表面积相等的原则进行的。此外，由于板料力学性能具有方向性以及模具间隙不均匀等原因，使拉深件口部或凸缘周边不平齐，通常需要修边，将不平的部分切去。故在计算毛坯尺寸时，还要在拉深件高度方向上加一段修边余量 δ，如图 4-54 所示。表 4-9 为修边余量 δ 值可供选择。

表 4-9　筒形件的修边余量 δ　　　　　单位：mm

制 件 高 度	制件的相对高度 h/d			
	>0.5~0.8	>0.8~1.6	>1.6~2.5	>2.5~4.0
≤10	1.0	1.2	1.5	2
>10~20	1.2	1.6	2	2.5
>20~50	2	2.5	3.3	4
>50~100	3	3.8	5	6
>100~150	4	5	6.5	8
>150~200	5	6.3	8	10
>200~250	6	7.5	9	11
>250	7	8.5	10	12

计算毛坯尺寸时，通常将零件分为若干个便于计算的简单几何形体，分别求出其面积相加，得出零件的总面积，该面积即为毛坯的表面积，如图 4-55 所示。因此筒形件毛坯直径 D 可按下式确定。

$$D=\sqrt{d_1^2+2\pi d_1 r+8r^2+4d_2 h}$$

计算时应该注意，h 中应包括修边余量 δ；当 $t \geqslant 1$mm 时，应按拉深件的中线尺寸计算。其他形状工件的毛坯直径可查有关手册。

② 拉深系数的选择　拉深件的直径 d 与毛坯直径的 D 的比值称为拉深系数，用 m 表示，即 $m=d/D$。它是衡量拉深变形程度的指标。拉深系数越小，表示拉深件直径越小，变形程度越大，拉深最大应力也越大，越容易产生拉裂废品。能保证拉深正常进行的最小拉深系数，称为极限拉深系数。拉深时，若拉深系数取得过小，小于极限拉深系数时，就会使拉

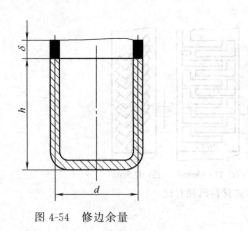

图 4-54 修边余量

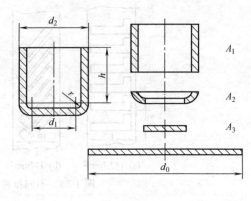

图 4-55 圆筒形拉深件

深件起皱、断裂或严重变薄超差。

影响拉伸系数 m 的因素很多。材料的塑性好，变形时不易出现颈缩，m 可小；毛坯相对厚度 t/D 大，抵抗失稳和起皱的能力大，m 可小；凸、凹模的圆角半径和间隙合适（单边 $1.1\sim1.5t$）压边力合理和润滑条件良好，有利于减小 m。生产中希望采用较小的拉深系数，以减少拉伸次数，简化拉伸工艺。表 4-10 为低碳钢的极限拉伸系数。

表 4-10 低碳钢的极限拉深系数值 m（带压边时）

拉伸次数	拉伸系数	t/D					
		0.08~0.15	0.15~0.30	0.30~0.60	0.60~1.0	1.0~1.5	1.5~2.0
1	m_1	0.63	0.60	0.58	0.55	0.53	0.50
2	m_2	0.82	0.80	0.79	0.78	0.76	0.75
3	m_3	0.84	0.82	0.81	0.80	0.79	0.78
4	m_4	0.86	0.85	0.83	0.82	0.81	0.80
5	m_5	0.88	0.87	0.86	0.85	0.84	0.82

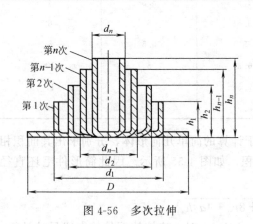

图 4-56 多次拉伸

③ 拉伸次数的确定　有些深腔拉伸件（如弹壳、笔帽等），由于 m 小于极限拉深系数，不能一次拉伸成型，则可采用多次拉伸工艺，如图 4-56 所示。此时，各道工序的拉深系数为

$$m_1=\frac{d_1}{D}, \ m_2=\frac{d_2}{d_1}, \cdots, m_n=d_n/d_{n-1}$$

总拉伸系数 $m_总$ 表示从毛坯 D 拉伸至 d_n 的总的变形量，即

$$m_总=m_1m_2\cdots m_{n-1}m_n=\frac{d_n}{D}$$

当 $m_总>m_1$ 时，则该零件只需一次拉出。否则需进行多次拉深。

多次拉伸时，拉伸次数可按下述推算法确定。

首先根据毛坯的相对厚度 t/D 值，由表 4-10 中查出 m_1，m_2，$\cdots$，m_n，然后从第一道工序开始依次求各半成品直径。

即　$d_1=m_1D$，$d_2=m_2d_1=m_1m_2D$，$\cdots$，$d_n=m_nd_{n-1}=m_1m_2$，$\cdots$，m_nD

一直计算到所得出的直径稍小于或等于制件所要求的直径值为止，这样推算的次数就是拉深次数。此法还兼得了中间格工序的拉深尺寸，在模具设计中经常应用。

必须指出，连续拉伸次数不宜太多，如低碳钢或铝，不多于 4～5 次，否则工件因加工硬化而使塑性下降，可导致拉裂。

（3）冲压模具设计简介

根据模具工序的复合性可分为单工序模、复合模和连续模三种类型。

① 单工序模　在冲床的一次行程中完成一道工序的冲模。如图 4-57 所示为落料用的单工序模。凹模 2 用压板 7 固定在下模板 4 上，下模板用螺栓固定在冲床的工作台上。凸模 1 用压板 6 固定在上模板 3 上，上模板则通过模柄 5 与冲床的滑块连接。因此，凸模可随滑块作上下运动。为了使凸模向下运动能对准凹模，并在凸模与凹模之间保持均匀间隙，通常用导柱 12 和导套 11 结构。条料在凹模上沿两个导板 9 之间送进，碰到定位销 10 为止。凸模向下

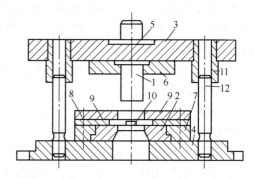

图 4-57　单工序模

1—凸模；2—凹模；3—上模板；4—下模板；
5—模柄；6,7—压板；8—卸料板；9—导板；
10—定位销；11—导套；12—导柱

冲压时，冲下的零件（或废料）进入凹模孔，而条料则夹住凸模并随凸模一起回程向上运动。条料碰到卸料板 8 时（固定在凹模上）被推下，这样，条料在导板间继续送进。重复上述工作过程，冲下第二个零件。

② 复合模　在冲床的一次行程中，模具的同一工作位置同时完成多道冲压工序的冲模，称为复合模，如图 4-58 所示。复合模的最大特点是模具中有一个凸凹模 1。凸凹模的外圆是落料凸模刃口，内孔则是拉深凹模。当滑块带着凸凹模向下运动时，条料首先在凸凹模 1 和落料凹模 4 中落料。落料件被下模中的拉伸凸模 2 顶住，滑块继续向下运动时，凹模随之向下运动进行拉深。顶出器 5 和卸料器 3 在滑块的回程中将拉伸件 9 推出模具。复合模适用于产量大、精度高的冲压件。

③ 连续模　在冲床的一次行程中，同一模具的不同工作位置上同时完成多道冲压工序的冲模，称为连续模，如图 4-59 所示。工作时定位销 2 对准预先冲出的定位孔，上模向下运动，在冲孔凸模 4 的工位上进行冲孔，在凸模 1 的工位上进行落料，从而得到成品零件 8。当上模回程时，卸料板 6 从凸模上刮下坯料 7，这时将坯料 7 向前送进一个工位，执行

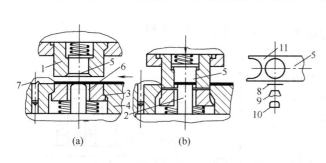

图 4-58　落料及拉深复合模

1—凸凹模；2—拉伸凸模；3—压板（卸料器）；
4—落料凹模；5—顶出器；6—条料；7—挡料销；
8—坯料；9—拉伸件；10—工件；11—废料

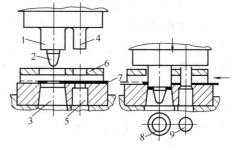

图 4-59　落料冲孔连续模

1—落料凸模；2—定位销；3—落料凹模；
4—冲孔凸模；5—冲孔凹模；6—卸料板；
7—坯料；8—成品；9—废料

第二次冲裁。循环上述过程，每次送进距离由挡料销控制。

（4）冲模设计要点

① 冲模的主要零件　冲压模具零部件按功能一般分为以下几部分。

a. 工作零件　使板料在冲压力的作用下成型的零件，有凸模、凹模，凸凹模等。

b. 支承及夹持零件　在模具的制造和使用中起装配固定作用的零件，以及在模具开合过程中起导向作用的零件。主要有上、下模板（座）、模柄、凸、凹模固定板、垫板、导柱、导套、导筒、导板等。

c. 定位零件　使条料或半成品在模具上定位、沿工作方向送进的零部件。主要有挡料销、导正销、导料销、导料板等。

d. 卸料及压料零件　防止工件变形，压住模具上的板料及将工件或废料从模具上卸下或推出的零件。主要有卸料板、顶件器、压边圈、推板、推杆等。

e. 紧固零件　主要有螺钉、销钉等。

② 冲模的压力中心　冲压力合力的作用点称为冲模的压力中心。为了保证压力机和模具正常工作，应该使冲模的压力中心与模柄的轴线重合。

形状对称的工件，如圆形、矩形、正多边形等，其压力中心与工件的几何中心重合。形状复杂不规则的工件、多凸模冲裁及连续模的压力中心与工件的几何中心不重合，压力中心通常用计算法求得。

③ 冲模的闭合高度　冲模的闭合高度（也叫封闭高度）是指模具在最低的工作位置时，上模座的上平面至下模座的下平面之间的距离，用 $H_模$ 表示。

压力机的闭合高度（封闭高度）是指滑块的下平面至工作台上平面之间的距离。大多数压力机，其连杆长度可以调节，也即压力机的闭合高度可以调整。当连杆调至最短时，压力机闭合高度最大，此时称为最大闭合高度 H_{max}；当连杆调至最长时，压力机闭合高度最小，此时称为最小闭合高度 H_{min}。

一般情况下，压力机工作台上装有垫板。压力机的闭合高度减去垫板厚度称为压力机的装模高度。没有垫板的压力机，装模高度的等于闭合高度。

冲模的闭合高度，一般按下列关系选择（图 4-60）。

$$H_{max} - H_1 - 5\text{mm} \geqslant H_模 \geqslant H_{min} + H_1 + 10\text{mm}$$

式中　H_{max}——压力机最大闭合高度，mm；

　　　H_{min}——压力机最小闭合高度，mm；

　　　H_1——垫板厚度，mm。

④ 冲模设计的内容与步骤

a. 冲模结构形式的选择　冲压件的总体冲压工艺方案确定后，根据所确定的工艺方案，来确定冲模的结构形式。确定冲模采用简单模、连续模还是复合模；确定模具上的其他工作装置，如支承及夹持装置、定位及导向装置、卸料及压料装置等。

合理的模具结构形式应符合以下几点具体要求：能冲出符合技术要求的工件；满足生产率要求；模具制造和修磨方便，有足够的寿命；模具安装、调整、操作方便，使用

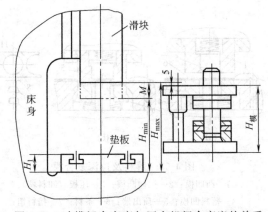

图 4-60　冲模闭合高度与压力机闭合高度的关系

安全。

b. 计算冲压力、选用压力机及校核模具强度　　冲压力确定后，即可根据冲压力选择压力机的吨位，进行模具强度校核计算。

c. 模具工作部分尺寸公差　　模具工作部分尺寸计算是模具设计过程中的关键内容。因为模具工作部分的尺寸精度直接关系到冲裁件的尺寸精度、断面质量以及模具的寿命。其中包括：落料凹、凸模工作部分尺寸及公差；冲孔凹、凸模工作部分尺寸及公差。

d. 模具其他零件的结构尺寸计算　　包括：闭合高度的计算、上下模板上的螺钉孔的深度、卸料螺钉的长度、推杆长度等。

4.5　塑性成型工件的结构工艺性

4.5.1　锻压件的结构工艺性

（1）自由锻件的结构工艺性

设计自由锻成型的零件时，除满足使用要求外，还必须考虑自由锻造设备和工具的特点，零件结构要符合自由锻的工艺性要求。锻件结构合理，可达到操作方便、成型容易、节约材料、保证质量和提高效率的目的。

① 锻件上应避免锥面和斜面的结构　　如图 4-61 所示，其中图 4-61(a) 有锥面结构，需要专用工具成型，工艺过程复杂，操作不便，成型困难，生产率低，其结构工艺性差。改进设计如图 4-61(b) 所示，其结构工艺性好。

② 锻件上应避免形成空间曲线　　由多个简单几何体构成的锻件，几何体的交接处不应为空间曲线。如图 4-62 所示，其中图 4-62(a) 的空间曲线锻造成型极为困难，结构工艺性差。改进设计为图 4-62(b) 所示的结构，工艺性好。

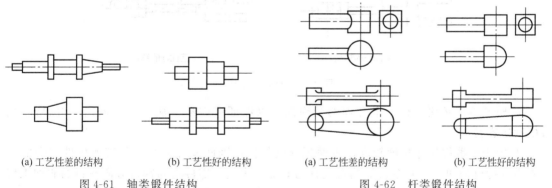

| (a) 工艺性差的结构 | (b) 工艺性好的结构 | (a) 工艺性差的结构 | (b) 工艺性好的结构 |

图 4-61　轴类锻件结构　　　　　　　　　　　　图 4-62　杆类锻件结构

③ 锻件上应尽量避免加强筋、凸台、工字形截面或空间曲面　　图 4-63(a) 的加强筋和凸台难以用简单的自由锻造方法成型，必须用特殊的工具和工艺措施来生产，因而结构工艺性差。改进设计后，如图 4-63(b) 所示，结构工艺性好。

④ 锻件结构应避免截面尺寸的急剧变化　　图 4-64(a) 的锻件截面尺寸变化剧烈，锻造过程中局部变形太大，结构工艺性差。改成由几个简单件构成的组合体，每个简单件分别锻后用焊接或螺纹方式组合起来，如图 4-64(b) 所示，其结构工艺性变好。

（2）模锻件结构工艺性

设计模锻零件时，应根据模锻的特点和工艺要求，使零件结构符合下列原则，以便于模锻生产和降低成本。

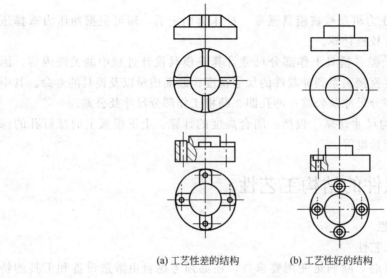

(a) 工艺性差的结构   (b) 工艺性好的结构

图 4-63 盘类零件结构

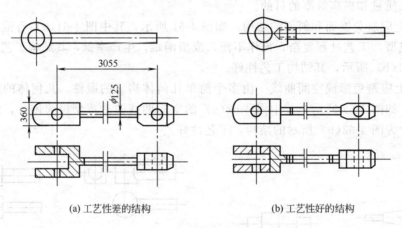

(a) 工艺性差的结构   (b) 工艺性好的结构

图 4-64 复杂件结构

① 模锻零件必须具有一个合理的分模面，以保证锻件易于从锻模中取出、敷料最少、锻模制造容易。

② 由于模锻件尺寸精度较高，表面粗糙度较低，因此零件上只有与其他机件配合的表面才需进行机械加工，其余表面均可设计为非加工表面。零件上与锤击方向平行的非加工表面应设计出模锻斜度。非加工表面所形成的圆角应按模锻圆角设计。

③ 为了使金属易于充满模腔和减少工序，零件外形应力求简单、平直和对称。尽量避免零件截面的面积差别过大或具有薄壁、高筋和凸起等结构。图 4-65(a) 所示的零件中，若

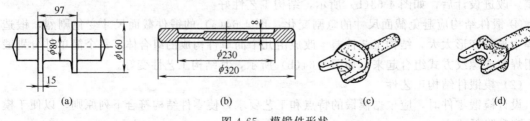

(a)   (b)   (c)   (d)

图 4-65 模锻件形状

零件的截面积相差太大、凸缘太薄、中间凹槽太深等均难以模锻成型。图 4-65(b) 所示零件扁而薄，模锻时薄壁部分的金属冷却较快，变形抗力增大，充满模膛较困难。图 4-65(c) 所示的零件有一个高而薄的凸缘，其成型和脱模均较困难，若在不影响零件使用要求条件下，将零件改进为图 4-65(d) 的形状，锻件的成型就变得容易了。

④ 模锻零件设计应尽量避免深孔结构和多孔结构。如图 4-66 所示，其上的四个 $\phi20mm$ 小孔一般不直接锻出，而是通过机加工得到。

⑤ 在条件允许情况下，某些零件可采用锻-焊组合工艺，以减少敷料，简化模锻工艺。可用图 4-67(a) 的形式分件锻造，再用焊接方法组合成图 4-67(b) 所示的零件，其锻造工艺性得到了改善。

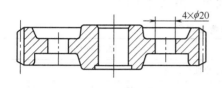

图 4-66　多孔齿轮

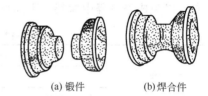

(a) 锻件　　　　(b) 焊合件

图 4-67　锻焊结合的模锻零件

4.5.2　板料冲压件结构工艺性

冲压件的设计不仅应保证其具有良好的使用性能，而且也应具有良好的工艺性能。以减少材料的消耗、延长模具寿命、提高生产率、降低生产成本及保证冲压件质量等。影响冲压件工艺性的主要因素有：冲压件的形状、尺寸、精度及材料等。不同的冲压工序对冲件的结构工艺性要求是不同的。

(1) 冲压件的形状与尺寸

① 对落料和冲孔件的要求

a. 落料件的外形和冲孔件的孔形应力求简单、对称，尽可能采用圆形、矩形等规则形状，并应使零件排样时的材料利用率最高。如图 4-68 所示为改变零件外形提高材料利用率的例子。

b. 应尽量避免如图 4-69 所示零件的长槽和细长悬臂结构。否则模具制造困难、模具寿命低。

c. 孔及其有关尺寸如图 4-70 所示。冲圆孔时，孔径 d 应大于材料厚度 s。方孔的边长应大于 $0.9s$。孔与孔之间、孔与边缘之间的距离应大于 s。外缘凸出或凹进的尺寸应大于 $1.5s$。

d. 冲孔件或落料件上直线与直线、曲线与直线的交接处，均应采用圆弧连接。以避免模具在该处的应力集中而破裂。最小圆角半径的数值参见表 4-11。

② 对弯曲件的要求

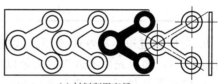

(a) 材料利用率低

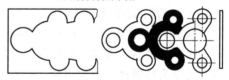

(b) 材料利用率高

图 4-68　零件形状与材料利用率

图 4-69　不合理的零件形状

图 4-70　冲裁件尺寸与厚度的关系

表 4-11 落料、冲孔件之最小圆角半径

工序	轮廓转角/(°)	最小圆角半径		
		黄铜、紫铜、铝	低碳钢	合金钢
落料	≥90	0.18s	0.25s	0.35s
	<90	0.35s	0.50s	0.70s
冲孔	≥90	0.20s	0.30s	0.45s
	<90	0.40s	0.60s	0.90s

注：s 为材料厚度。

a. 弯曲件形状应尽量对称，弯曲半径不能小于材料的最小弯曲半径，并注意材料的纤维方向，以免成型过程中弯裂。不同材料的最小弯曲半径参见表 4-12。

表 4-12 弯曲件的最小弯曲半径

材 料	退火或正火		加工硬化的	
	弯曲轴线位置			
	垂直纤维	平行纤维	垂直纤维	平行纤维
08、10	0.5s	1.0s	1.0s	1.5s
20、30、45	0.8s	1.5s	1.5s	2.5s
黄铜、铝	0.3s	0.45s	0.5s	1.0s
硬铝	2.5s	3.5s	3.5s	5.0s

b. 弯曲边过短不易弯曲成型，故应使弯曲边的平直部分 $H > 2s$，如图 4-71(a) 所示。如果 $H < 2s$，则应先留出适当的余量以增大 H，弯好后再切去多余部分高度。

c. 弯曲带孔件时，为避免孔的变形，孔的位置应使 $L > (1.5\sim2)s$，如图 4-71(b) 所示。

③ 对拉深件的要求

a. 拉深件的形状大致可分为回转体、非回转体（盆形零件）、空间曲面（如汽车覆盖件）三种类型。回转体件拉深较易，非回转体件次之，空间曲面零件拉深难度较大。回转体类零件又分为杯形件、阶梯形件、球形件和锥形件等。其中又以杯形件最易拉深，锥形件则较难。在条件允许的情况下，应尽量简化拉深件的形状，以便于拉深。

b. 拉深件底部转角和凸缘转角处均应有一定的圆角半径。圆角半径过小时，需要增加整形工序。不增加整形工序的最小圆角半径如图 4-72 所示。

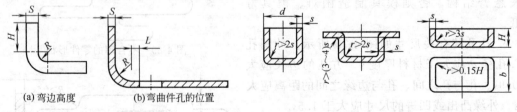

图 4-71 弯曲件工艺性   图 4-72 拉深件最小圆角半径

c. 拉深件上的孔应位于平直部分，最好不要进入零件的直壁部分甚至圆角部分，否则，孔的成型较困难。

d. 拉深件的高度不宜过高，凸缘宽度不宜过宽，以减少拉深次数。

④ 冲裁件结构形状的改进

　　a. 采用冲焊结构。对于形状复杂的冲压件，可先分别冲制若干个简单件，然后再焊接成整体件，如图 4-73 所示。

　　b. 采用冲口工艺，减少组合件数量。如图 4-74 所示，原设计用三个零件连接或焊接组合而成，现采用冲口工艺（冲口、弯曲）制成整体零件，可以节省材料，简化工艺。

　　c. 在满足使用性能的条件下，简化拉深件结构，可减少工序、节省材料、降低成本。如消音器后盖零件结构，原设计如图 4-75(a) 所示，经过改进后如图 4-75(b) 所示。结果冲压工序由原来的 8 道降为 2 道，材料消耗减少 50%。

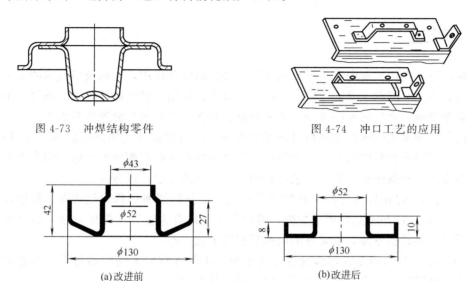

图 4-73　冲焊结构零件　　　　　　　　图 4-74　冲口工艺的应用

(a)改进前　　　　　　　　　　　　(b)改进后

图 4-75　消音器后盖结构

　　⑤ 冲压件的精度和表面质量　对冲压件的精度要求，不应超过冲压工艺所能达到的一般精度，并应在满足需要的情况下尽量降低要求。否则将增加工艺过程的工序，降低生产率，增加工艺成本。

　　冲压工艺的一般精度为：落料不超过 IT10，冲孔不超过 IT9，弯曲不超过 IT9～IT10；拉深件高度尺寸精度不超过 IT8～IT10，经整形工序后的精度可达 IT6～IT7。拉深件直径尺寸精度为 IT9～IT10。

　　一般对冲压件表面质量所提出的要求尽可能不要高于材料所具有的表面质量。否则要增加切削加工等工序，使产品成本大为提高。

第 5 章 焊接及工艺控制

5.1 概述

连接成型在现代工业中正显示出越来越重要的地位和作用，连接成型技术的应用已遍及机械制造、冶金、能源、交通、轻工、电子、通信、造船、航空航天等工业部门及国民经济的其他各个领域。常见的连接成型工艺主要有：焊接、粘接和机械连接三大类。

焊接是一种永久性连接金属材料的工艺方法。其实质是通过加热或加压，或两者并用，在使用或不用填充材料的情况下，使分离的物体在被连接的表面间产生原子结合而连接成一体的成型方法。根据焊接过程中工艺特点的不同，焊接方法可以分为三大类。

① 熔化焊　熔化焊是将两个被焊工件的连接部分局部加热到熔化状态（常加入填充金属），形成熔池，冷却结晶后形成焊缝，将被焊工件结合为整体的焊接方法。熔焊是目前应用最广泛的一类焊接方法，最常见的电弧焊就属于这一类。

② 压力焊　压力焊是在焊接过程中两个被焊工件连接处无论加热与否，都必须对焊件施加压力，使其产生一定的塑性变形，以完成焊接的方法。

③ 钎焊　钎焊是将比母材熔点低的填充金属（即钎料）熔化之后填充被焊工件接头间隙，并与被焊金属相互扩散，从而实现连接的焊接方法。

焊接方法很多，上述中的每一类又可根据所用热源、保护方式和焊接设备等的不同而进一步分为若干类型，如图 5-1 所示。

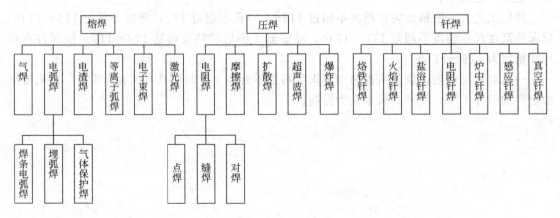

图 5-1　常用焊接方法

焊接生产的特点主要表现在以下几个方面。

① 焊接方法灵活多样，工艺简便，能在较短的时间内生产出复杂的焊接结构。

② 焊接结构的密封性等性能可与整体成型相当。

③ 焊接可用于不能（或不便甚至无法）采用机械连接方法的一些场合，而且通常比机

械连接方法更经济。

④ 焊接时被连接的两个部件可以是同类或不同类的金属（钢、铁及非铁金属），也可以是非金属（石墨、陶瓷、塑料、玻璃等），还可以是金属和非金属。

⑤ 适应性强，既适应单件小批量生产，也适应大批量生产。

目前，焊接技术在国民经济各部门中的应用十分广泛，机器制造、造船工业、建筑工程、电力设备生产、航空及航天工业等都离不开焊接技术。

但焊接工艺也存在一些缺点，如焊接结构不可拆卸，给维修带来不便；焊接结构中存在焊接应力和变形；焊接接头的组织和性能往往不均匀；焊接质量的可靠性还不令人十分满意，目前生产的自动化程度较低等。

5.2　电弧焊

5.2.1　焊接电弧

焊接电弧是由焊接电源维持的、在有一定电压的两电极间或电极与工件间的气体介质中产生的强烈而持久的放电现象。

（1）焊接电弧的形成

在一般情况下，气体的分子或原子呈中性，其中没有带电质点，因此气体不能导电，焊条端部与焊件之间的电弧是不能自发产生的。两电极（焊条与工件）相接触，在电路闭合瞬间，强大的电流流经焊条与工件的接触点，在此处产生强烈电阻热即使焊条与工件表面迅速加热到熔化甚至蒸发、气化状态，为气体介质电离和电子发射做好准备。然后迅速将焊条拉开至一定距离，两个电极脱离瞬间，产生电子发射，阴极电子高速射向阳极，同时电子以高能撞击中性气体介质并使其电离成电子和正离子，这些带电粒子在向两极运动的途中及到达两极表面时，又会不断碰撞与复合，从而产生大量的热和弧光，形成电弧。

电弧具有电压低、电流大、温度高、移动方便等特点，所以是理想的焊接热源。

（2）焊接电弧的构成

焊接电弧由阴极区、弧柱区和阳极区组成，如图 5-2 所示。

阴极区是电弧紧靠负电极的区域。阳极区是电弧紧靠正电极的区域。而弧柱区是电弧阴极区和阳极区之间的部分。一般情况下，阴极区的热量主要是正离子碰撞阴极时，由正离子的动能和它与阴极区电子复合时释放的位能转化而来的，因发射电子时要消耗一定能量，所以产生的热量较少，约占电弧总热量的 36%；在阳极区，由于高速电子撞击阳极表面并进入阳极区而释放能量，阳极区产生的热量较多，约占电弧总热量的 43%；其余 21% 左右的热量是在弧柱区产生的。电弧中各区的温度与电极和工件材料有关，用钢焊条焊接钢材时，阳极区平均温度为 2600K，阴极区平均温度为 2400K，而弧柱区的热力学温度可达 6000～8000K。

（3）电极的极性

采用直流电焊机焊接时，有两种极性接法：正接和反接。

① 正接　将工件接直流电焊机的正极，焊条接负极。因电弧中的热量大部分集中在工件上，可加快熔

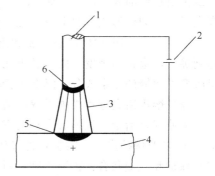

图 5-2　电弧的构造

1—电极；2—直流电源；3—弧柱区
4—工件；5—阳极区；6—阴极区

化速度，适用于焊接较厚的工件。

② 反接　将工件接直流电焊机的负极，焊条接正极，适用于焊接较薄的钢制工件和有色金属等。

用交流弧焊电源焊接时，因阳极与阴极不断交替变化，两个电极的热和温度的分布趋于一致，故不存在正接、反接问题。

5.2.2　焊接冶金过程

（1）熔焊的冶金过程特点

熔焊时形成的金属熔池可以看作是一个微型的冶金炉，其中所发生的焊接化学冶金过程实质上与普通化学冶金（如炼钢）过程是相同的，都是液态金属、熔渣和气体三者相互作用的熔炼过程。但由于焊接条件的特殊性，焊接化学冶金过程又有着与一般冶炼过程不同的特点，主要表现为以下两点：

① 焊接电弧和熔池金属的温度高于一般的冶炼温度，金属蒸发、氧化和吸气严重。

② 焊接熔池体积小，且周围是冷金属，散热快，熔池处于液态的时间短，冷却速度快。这使得各种冶金反应难以达到平衡状态，焊缝中化学成分不均匀，并且熔池中气体和杂质等来不及浮出，容易形成气孔、夹渣等缺陷，甚至产生裂纹。

由于电弧焊的冶金特点，不利因素较多，在液相时产生以下一系列冶金反应。

① 氧化　氧主要来源于空气，空气中的氧在电弧高温作用下要分解出氧原子 $[O]$。电弧越长，侵入熔池的氧越多，氧化越严重。例如氧与金属发生以下反应。

$$Fe+[O] \longrightarrow FeO \quad C+[O] \longrightarrow CO$$

$$Mn+[O] \longrightarrow MnO \quad Si+2[O] \longrightarrow SiO_2$$

$$2FeO+Si \longrightarrow SiO_2+2Fe \quad FeO+Mn \longrightarrow MnO+Fe$$

其结果造成钢中一些元素被氧化，其中有的氧化物（如 FeO）能熔于熔池，冷凝时因溶解度下降而析出成为焊缝中的夹渣，大部分氧化物（如 SiO_2、MnO 等）不溶于液态金属，会浮出熔池进入渣中，造成焊缝合金元素烧损。

② 吸气　熔池在高温时溶解大量气体，冷却时，熔池冷却极快，使气体来不及排出而存在焊缝中形成气孔。焊缝中气相成分主要是 CO、CO_2、H_2 及 H_2O，其中对金属有不利影响的是 H_2、N_2、O_2。

氮和氢在高温时能溶解于液态金属中，氮和铁可化合生成 Fe_4N 和 Fe_2N，冷却后一部分氮保留在钢的固溶体中，而 Fe_4N 呈片状夹杂物残留在焊缝内，使焊缝的脆性增大。氢的存在促使冷裂纹形成，并造成气孔，引起氢脆性。

③ 蒸发　熔池中的液态金属和落入熔池的焊条熔滴的各种元素在高温下，有时接近或达到沸点，会强烈蒸发，由于各种元素成分不同，沸点不同，因此蒸发的数量也不同，其结果改变了焊缝的化学成分，降低了接头的性能。

（2）熔焊冶金过程必须采取的措施

为使焊接冶金过程朝着有利的方向进行，获得优质的焊缝，熔焊时应采取以下措施。

① 采取保护措施，限制有害气体进入焊接区。例如，电弧焊的保护方式有气体保护、熔渣保护和气渣联合保护等三种；对于激光焊和电子束焊等，还可采用真空保护。

② 渗入有用合金元素以保护焊缝成分。在焊条药皮（或焊剂）中加入锰铁等合金，焊接时可渗合到焊缝金属中，以弥补有用合金元素的烧损，甚至还可以增加焊缝金属的某些合金元素，以提高焊缝金属的性能。

③ 对焊接熔池进行脱氧、脱硫和脱磷。焊接时，熔化金属除可能被空气氧化外，还可能被工件表面的铁锈、油垢、水分或保护气体中分解出来的氧所氧化，所以焊接时必须仔细清除上述杂质，并且在焊条药皮（或焊剂）中加入锰铁、硅铁等用以脱氧、脱硫。例如

脱氧反应：$2FeO + Si \longrightarrow SiO_2 + 2Fe$　　$FeO + Mn \longrightarrow MnO + Fe$

脱硫反应：$FeS + Mn \longrightarrow Fe + MnS$　　$FeS + CaO \longrightarrow CaS + FeO$

焊缝中硫或磷的质量分数超过 0.04% 时，极易产生裂纹。硫、磷主要来自基体金属（焊件），也可能来自焊接材料，因此一般选择含硫、磷低的原材料，并通过药皮（或焊剂）进行脱硫、脱磷，以保证焊缝品质。

5.2.3　焊条

（1）焊条的组成与作用

焊条是焊条电弧焊使用的焊接材料，它由心部的金属焊芯和表面药皮涂层两部分组成。

焊芯的主要作用是作为电极，产生电弧，传导电流并在熔化后作为填充金属成为焊缝的一部分。因此，焊芯的化学成分和杂质含量直接影响焊缝质量。钢焊条的焊芯采用专门的焊接用钢丝，焊接碳钢和低合金钢时，常选用牌号为 H08A 或 H08E 的低碳钢焊丝为焊芯，字母"H"表示"钢焊丝"。"08"表示焊芯平均含碳量 W_C 为 0.08%，"A"与"E"分别表示高级优质钢和特级优质钢。其特点是：含碳量低，含硫、磷、硅量均很低，并含有适量的锰，这样可以保证焊缝金属具有良好的抗裂性和良好的抗拉强度、冲击韧性等机械性能。几种常见的焊接用钢丝的牌号和化学成分见表 5-1。

表 5-1　常用焊接用钢丝的牌号和化学成分

牌　号	化学成分的质量分数 $w/\%$							用　途
	C	Mn	Si	Cr	Ni	S	P	
H08	≤0.10	0.35~0.55	≤0.03	≤0.20	≤0.30	≤0.04	≤0.04	一般焊接结构
H08A	≤0.10	0.35~0.55	≤0.03	≤0.20	≤0.30	≤0.03	≤0.03	重要焊接结构及埋弧焊焊丝
H08E	≤0.10	0.35~0.55	≤0.03	≤0.20	≤0.30	≤0.025	≤0.025	
H08Mn2Si	≤0.11	1.7~2.1	0.65~0.95	≤0.20	≤0.30	≤0.04	≤0.04	二氧化碳气体保护焊焊丝
H08Mn2SiA	≤0.11	1.80~2.10	0.65~0.95	≤0.20	≤0.30	≤0.030	≤0.030	

药皮是焊条中压涂在焊芯外表面上的涂料层。药皮依焊条种类而异，一般可由各种氧化物、碳酸盐、硅酸盐、氟化物、铁合金、金属粉以及有机物等组成。按规定化学药方组成配制的粉末经混合均匀后粘在焊芯上形成焊皮。例如钢焊条的药皮常由金红石与钛白粉（主要成分是 TiO_2）、钛铁矿（主要成分为 TiO_2 和 FeO）、石英砂（主要成分为 SiO_2）、大理石（主要成分为 $CaCO_3$）、萤石（主要成分为 CaF_2）以及锰铁、水玻璃（主要成分为 K_2O、Na_2O 和 SiO_2）等多种物质构成，参见表 5-2 结构钢焊条药皮配方。药皮主要具有三个方面的作用：一是改善焊接工艺性，如药皮中含有稳弧剂，使电弧易于引燃和保持燃烧稳定；二是对焊接区起保护作用，药皮中含有造渣剂、造气剂等，熔渣与药皮中有机物燃烧产生的气体对焊缝金属起双重保护作用；三是起有益的冶金化学作用，药皮中含有脱氧剂、渗合金剂、稀渣剂等，使熔化金属顺利进行脱氧、脱硫、去氢等冶金化学反应，并补充被烧损的合金元素。

（2）焊条的分类

按焊条的用途不同，焊条可分为：结构钢焊条；钼和铬钼耐热钢焊；不锈钢焊条；堆焊焊条；低温钢焊条；铸铁焊条；镍及镍合金焊条；铜及铜合金焊条；铝及铝合金焊条和特殊

用途焊条（例如水下焊条，水下切割焊条）等。

表 5-2 结构钢焊条药皮配方

焊条牌号	人造金红石	钛白粉	大理石	萤石	长石	菱苦土	白泥	钛铁	45硅铁	硅锰合金	纯碱	云母
J422	30	8	12.4		8.6	7	14	12				7
J507	5		45	25				13	3	7.5	1	2

　　按药皮熔化后形成熔渣的化学性质不同，焊条可分为酸性焊条和碱性焊条两类。酸性焊条的药皮中含有 SiO_2、TiO_2、MnO 等物质，其熔渣的化学性质呈酸性。酸性渣氧化性较强，焊缝中氧、氮的含量较高，合金元素烧损较大；同时酸性渣脱硫能力差，焊缝金属中氢的含量较高，故焊缝金属的塑性和韧性不高，抗裂性差。但酸性焊条具有良好的工艺性（如稳弧性好，易脱渣，飞溅小等），对油、锈和水的敏感性不大，焊接电源可采用直流电或交流电，因此广泛用于一般结构件的焊接。

　　碱性焊条的药皮中以碱性氧化物与萤石为主，熔渣呈碱性。与酸性焊条相比，保护气氛中氢很少，因此又称为低氢焊条。碱性焊条药皮中还含有较多的铁合金可作为脱氧剂和渗合金剂。因此其焊缝金属力学性能好，尤其是韧性较高，且焊缝中氢含量低，故抗裂性好。但碱性焊条工艺性较差，对油、锈和水的敏感性大，电弧稳定性差，一般要求采用直流电源焊接，主要用于焊接重要的结构件。

　　（3）焊条型号及牌号

　　焊条型号是国家标准中的焊条代号。按 GB 5117—1995 和 GB/T 5118—1995 规定表示，碳钢焊条和低合金钢焊条型号用一个大写拼音字母和四位数字表示。首位字母"E"表示焊条；此后的前两位数字表示熔敷金属抗拉强度的最小值；第三位数字表示焊条的焊接位置。"0"及"1"表示焊条适用于全位置焊接（平焊、立焊、仰焊、横焊）；"2"表示焊条适用于平焊及平角焊；"4"表示焊条适用于向下立焊；第三位和第四位数字组合表示焊接电流种类及药皮类型。如：E4315 表示焊缝金属的 $\sigma_b \geqslant 420MPa$，适用于全位置焊接，药皮类型是低氢钠型，电流种类是直流反接。表 5-3 所示为几种常见碳钢焊条的型号及适用范围。

表 5-3 几种常见碳钢焊条的型号及适用范围

型号	药皮类型	焊接电流	焊接位置	适用范围
E4303	钛钙型	直流或交流	全位置焊条	焊接低碳钢结构
E4316	低氢钾型	直流反接或交流	全位置焊条	焊接重要的低碳钢结构
E4322	氧化铁型	直流或交流	平焊	焊接低碳钢结构
E5003	钛钙型	直流或交流	全位置焊条	焊接重要的低碳钢和中碳钢结构
E5015	低氢钠型	直流反接	全位置焊条	焊接重要的低碳钢和中碳钢结构
E7015	低氢钠型	直流反接	全位置焊条	焊接重要的低碳钢和中碳钢结构

　　焊条牌号是焊条行业中现行的焊条代号。通常用一个大写的汉语拼字母和三位数字表示，拼音字母表示焊条的类别，牌号中前两位数字表示焊缝金属抗拉强度的最低值，单位为MPa，最后一位数字表示药皮类型和电流种类。如J422，"J"表示结构钢焊条，"42"表示焊缝金属抗拉强度不低于420MPa，"2"表示钛钙型药皮，采用直流电或交流电。表 5-4 所示为常用的焊条型号和牌号对照表。

表 5-4　常用焊条型号与牌号对照

型　　号	牌　　号	型　　号	牌　　号
E4303	J422	E5003	J502
E4316	J426	E5015	J507
E5016	J506	E6016	J606
E6015	J607	E7015	J707

（4）焊条选用原则

选用的焊条是否恰当将直接影响焊接质量、劳动生产率和产品成本，一般按以下原则选用焊条。

① 考虑母材的力学性能和化学成分　焊接低碳钢、普通低合金钢构件时，一般根据母材的抗拉强度选用相应强度等级的焊条，即等强度原则；对于耐热钢和不锈钢的焊接应选用与母材化学成分相同或相近的焊条，即等成分原则。

② 考虑结构的使用条件和特点　若工件承受交变载荷或冲击载荷、结构复杂或要求刚度大的工件，为保证焊缝具有足够的塑性和韧度，宜选用碱性焊条。

③ 考虑焊条的工艺性　当母材中碳、硫、磷质量分数较高时，宜选用抗裂性好的碱性焊条；对于焊前清理困难，容易产生气孔的焊接件，或焊接空间位置变化大时，尽量选用工艺性能适应范围较大的酸性焊条。

④ 考虑劳动条件、生产率和经济性　在满足使用性能和操作性能的基础上，尽量选用效率高、成本低的焊条。如在密闭容器内焊接时，应采用低尘、低毒焊条。

5.2.4　焊接接头的组织和性能

焊接过程结束后，熔池凝固冷却形成焊缝。同时，靠近焊缝的部分母材金属由于受到焊接时的热传导作用也有不同程度的温度升高，以致冷却后其组织和性能与焊接前的状态相比发生了变化，这一区域称为焊接热影响区。在焊缝与热影响区之间还存在一个极窄的过渡区域，称为熔合区。所以，熔焊的焊接接头是由焊缝、熔合区和热影响区组成。

（1）焊缝金属的组织与性能

焊缝金属的结晶是以熔池边界处的呈半熔化状态的母材金属晶粒为晶核，沿着垂直于散热面方向，反向生长成为柱状晶粒，最后两侧的柱状晶生长至焊缝中心相接触而完成结晶过程。由于熔池冷却速度快，金属结晶时其化学成分来不及扩散均匀，即形成结晶。

焊缝金属是由母材和填充材料熔化后形成的熔池冷却结晶而成的。焊缝金属的结晶是从熔池底壁开始的，由于结晶时各个方向冷却速度不同，因而形成的晶粒是柱状晶，柱状晶粒的生长方向与最大冷却方向相反，垂直于熔池底壁。由于熔池金属受电弧吹力和保护气体的吹动，熔池壁的柱状晶成长受到干扰，使柱状晶呈倾斜层状。熔池结晶过程中，由于冷却速率很快，已凝固的焊缝金属中的化学成分来不及扩散，易造成合金元素分布的不均匀。同时柱状晶向前生长时会将杂质推向焊缝中心区而在此形成硫、磷等低熔点杂质的偏析。

因此，焊缝金属的晶粒较粗大，成分不均匀，组织不够致密。但由于焊丝本身的杂质含量低，以及焊接冶金处理中的合金化作用，使焊缝化学成分优于母材，所以焊缝金属的力学性能一般不低于母材。

（2）熔合区的组织与性能

熔合区是焊接接头处焊缝和母材的过渡区，这个区域的焊接加热温度在液相线与固相线之间，又称半熔化区。焊接过程中仅部分金属熔化，熔化的金属将凝固成铸态组织，未熔化的金属因加热温度过高形成粗晶过热组织，致使该区强度、塑性和韧度都极差，并引起应力集中，是产生裂纹和局部脆性破坏的发源地，因此熔合区是焊接接头中的薄弱部位。在低碳钢焊接接头中，尽管熔合区很窄，宽度只有约 0.1~1mm，但仍在很大程度上决定着焊接接头的性能。

（3）热影响区的组织与性能

热影响区是焊缝两侧处于固态的母材金属由于受焊接过程的加热和冷却作用而产生组织及性能变化的区域。在电弧热的作用下，由于焊缝附近各点受热情况不同，其组织变化也不同，不同类型的母材金属，热影响区各部位也会产生不同的组织变化。图 5-3 为低碳钢焊接时热影响区组织变化示意图。按组织变化特征，其热影响区可分为过热区、正火区和不完全重结晶区。

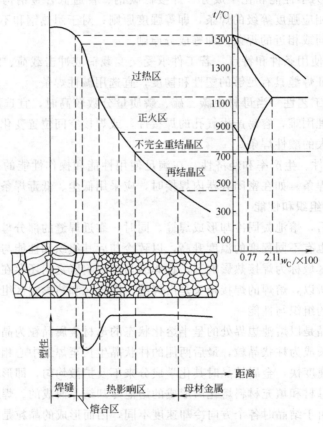

图 5-3　低碳钢焊接接头的温度分布与组织变化

① 过热区　过热区紧靠熔合区，低碳钢过热区的最高加热温度在1100℃至固相线之间，母材金属加热到这个温度，结晶组织全部转变成为奥氏体，并发生急剧长大，冷却后得到过热粗晶组织，因而，过热区的塑性和冲击韧度很低，也是焊接接头中的薄弱部位。对于刚度大的结构或碳质量分数较高的易淬火钢材，此区脆性更大，更易产生裂纹。

② 正火区　该区紧靠过热区，是焊接热影响区内相当于受到正火热处理的区域。低碳钢此区的加热温度在 Ac_3 至 1100℃之间。由 Fe-C 相图可知，此温度下金属发生重结晶加热，形成细小的奥氏体组织。由于焊接过程中金属的热传导，使该区的冷却速率较空冷快，相当于进行一次正火处理，使晶粒细小而均匀。因此，一般情况下，焊接热影响区内的正火区的力学性能高于未经热处理的母材金属。

③ 不完全重结晶区　紧靠正火区，母材金属处于 $Ac_1 \sim Ac_3$ 之间的区域为部分相变区，焊接加热时，该区只有部分组织发生重结晶，转变为奥氏体，冷却后获得细小的铁素体和珠光体，而另一部分铁素体仍保持原来较粗大的晶粒。因此，该区的组织不均匀，其力学性能稍差。

此外，如果母材在焊接之前经历过冷塑性变形，则加热温度在 450℃至 Ac_1 之间区域的金属会发生再结晶，该区称为再结晶区，但其力学性能变化不大。

由上述分析可见，熔合区和过热区对焊接接头的组织和性能有不利影响，应使其范围尽可能减小。通常影响熔合区和热影响区宽度的因素包括焊接材料、焊接方法（表 5-5）和焊接工艺等。例如，在保证焊接质量的前提下，采用细焊丝、小电流、高焊速，可减小热影响区宽度。此外，焊后对工件进行退火或正火处理，可细化焊接接头各区域的组织，改善焊接接头的力学性能。

表 5-5　焊接低碳钢时热影响区的平均尺寸

焊接方法	各区平均尺寸			热影响区总宽度
	过热区	正火区	不完全重结晶区	
焊条电弧焊	2.2～3.0	1.5～2.5	2.2～3.0	5.9～8.5
埋弧焊	0.8～1.2	0.8～1.7	0.7～1.0	2.3～3.9
电渣焊	18～20	5.0～7.0	2.0～3.0	25～30
气焊	21	4.0	2.0	27
电子束焊	—	—	—	0.05～0.75

5.2.5　焊接应力及变形

在金属焊接过程中，必然会伴随应力和变形的产生，这是焊接成型所特有的且与其他成型方法相比更为突出的问题，它直接影响到焊接结构的生产和质量。焊接应力的存在会影响焊后工件机械加工的精度，降低焊接结构的承载能力，在一定的条件下还会引发焊接裂纹。焊接变形的存在会使焊件形状和尺寸发生变化，影响焊接结构的配合质量，往往需要增加矫正工序，使生产成本提高；如果变形过大，则可能因无法矫正而使焊件报废。了解焊接应力和变形的形成原因与发生规律，就能在生产中对其加以控制和消除。

（1）焊接应力和变形的产生原因

焊接过程中对焊件进行了局部的不均匀加热，是产生焊接应力和变形的根本原因。图 5-4 为低碳钢平板对焊时产生的应力和变形示意图。现以其为例来分析焊接应力与变形产生的原因。焊接时，由于对焊件进行局部加热，焊缝区被加热到很高温度，离焊缝愈远，被加热的温度愈低。根据金属材料热胀冷缩特性，焊件各部位因温度不同将产生大小不等的伸长。如各部位的金属能自由伸长而不受周围金属的阻碍，其伸长应像图 5-4(a) 中虚线所示那样。但钢板是一个整体，各部位的伸长必须相互协调，不可能各处都能实现自由伸长，最终平板整体只能协调伸长 ΔL。因此，被加热到高温的焊缝区金属因其自由伸长量的限制而承受压应力（-），当压应力超过金属的屈服点时会产生压缩塑性变形，以使平板整体达到平衡。同理，焊缝区以外的金属则承受拉应力（+），所以，整个平板存在着相互平衡的压应力和拉应力。

焊后冷却时，金属随之冷却，由于焊缝区金属在加热时已经产生了压缩塑性变形，所以冷却后的长度要比原来尺寸短些，所短少的长度应等于压缩塑性变形的长度 [图 5-4(b) 中虚线]，而焊缝区两侧的金属则缩短至焊前的原长 L。但实际上钢板是一个整体，

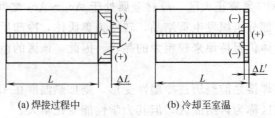

(a) 焊接过程中　　　　(b) 冷却至室温

图 5-4　平板对接焊变形和应力的形成

焊缝区收缩量大的金属将与两侧收缩量小的金属相互协调，最终共同收缩到比原长 L 短 $\Delta L'$ 的位置。此收缩变形 $\Delta L'$ 称为"焊接变形"。此时焊缝区受拉应力（＋），两边金属内部受到压应力（－）并互相平衡。这些应力焊后残余在构件内部，称为"焊接残余应力"，简称焊接应力。

　　焊接应力和变形是同时存在的，焊接结构中不会只有应力或只有变形。当母材塑性较好且结构刚度较小时，则焊接结构在焊接应力作用下会产生较大的变形而残余应力较小；反之则变形较小而残余应力较大。在焊接结构内部拉应力和压应力总是保持平衡，当平衡破坏时（如车削加工），则结构内部的应力会重新分布，变形的情况也会发生变化，使得预想的加工精度不能实现。

　　（2）焊接变形的基本形式

　　在实际的焊接生产中，由于焊接结构特点、焊缝的位置、母材的厚度和焊接工艺等的不同，焊接变形可表现出多种多样的形式。如图 5-5 所示为焊接变形的几种基本形式。

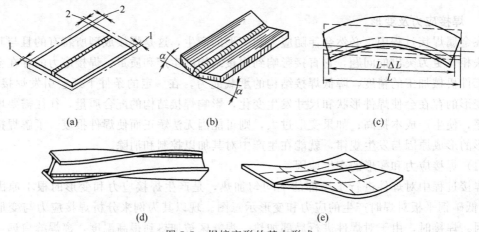

(a)　　　　(b)　　　　(c)

(d)　　　　(e)

图 5-5　焊接变形的基本形式

　　① 收缩变形　即焊件沿焊缝纵向和横向发生的尺寸减少的现象，一般是由焊缝区的纵向和横向收缩引起的，如图 5-5(a) 所示。

　　② 角变形　焊后，焊件以焊缝为轴回转一定角度的变形，这种变形的产生是由于焊缝截面形状上、下不对称，导致横向收缩沿焊缝厚度方向上分布不均匀所引起的，如图 5-5(b) 所示。

　　③ 弯曲变形　焊后构件中性层发生弯曲，产生一定挠度的变形。导致该变形的主要原因是由于焊缝布置相对于构件截面中性轴不对称，它既可能由焊缝纵向收缩引起，也可能由焊缝横向收缩引起，如图 5-5(c) 所示。

　　④ 扭曲变形　即焊件沿轴线方向发生扭转，是由于装配不良，施焊程序不合理，致使

焊缝横向收缩和纵向收缩没有一定规律而引起的变形，如图 5-5(d) 所示。

⑤ 失稳变形（波浪变形）　在焊接压应力作用下，刚性较小的结构局部失稳而引起的变形，如图 5-5(e) 所示。

（3）减小焊接应力和控制焊接变形的措施

减小和控制焊接应力与变形的措施可以从焊接结构设计和焊接工艺两个方面着手，在此仅介绍工艺方面的措施。

① 选择合理的焊接顺序

a. 应尽量使焊缝能比较自由地收缩，先焊收缩量较大的焊缝，从而使焊接残余应力较小。平板拼焊时，应先焊错开的横向焊缝，后焊直通的纵向焊缝，如图 5-6(a) 所示。如图 5-6(b) 所示中因先焊纵向焊缝，使横向焊缝的约束度增大，收缩不能自由进行，残余应力较大。

b. 采用分散对称焊工艺，以使焊接变形能在一定程度上相互抵消而得以减小，如图 5-7所示。

c. 焊接长焊缝应尽可能采用分段退焊或跳焊，以使整条焊缝的温度分布较均匀且温升较低，从而有利于减小应力，如图 5-8 所示。

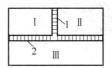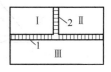

(a) 合理的焊接顺序　　(b) 不合理的焊接顺序

图 5-6　焊接顺序对应力的影响

1—纵向焊缝；2—横向焊缝；Ⅰ～Ⅲ为焊缝顺序

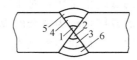

(a) 双Y形坡口焊接　　(b) 工字形焊接

图 5-7　分散对称焊的焊接顺序

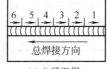

(a) 分段退焊　　(b) 跳焊

图 5-8　长焊缝的分段焊

② 焊前预热　预热是焊前对焊件的全部或局部进行适当加热的工艺措施。通过预热可以减小焊件上各区域的温差，降低焊后接头冷却速率，避免淬硬组织产生，因此可以减小焊接应力及变形。对于刚度不大的低碳钢和强度级别较低的低合金高强钢的普通结构，一般不必预热。但对刚度大或被焊材料焊接性差，容易开裂的结构，焊前需要预热。预热温度一般按被焊金属化学成分、板厚和焊接环境温度等条件确定，通常为 400℃ 以下。

③ 加热减应区法　焊接前或焊接时对焊件上的适当部位（即减应区）加热使之伸长，以减少其对焊接部位伸长的约束；焊后冷却时，加热部位与焊接处一起收缩，从而减小焊接应力。采用加热减应区法时必须正确地确定减应区的所在部位，即减应区应是焊件上妨碍焊缝区在焊接时自由膨胀与收缩的区域，如图 5-9 所示。

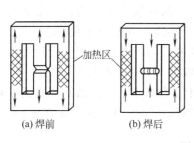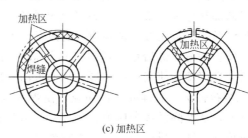

(a) 焊前　　(b) 焊后　　　　(c) 加热区

图 5-9　加热减应区法

④ 刚性固定法　刚性固定法是指焊前利用夹具、刚性支撑、专用夹具等强制手段，以外力固定被焊工件，以防止和减小焊接变形。如图 5-10(a) 所示为采用压铁和分段焊临时定位法对薄板焊件进行刚性固定，以防止焊接变形。如图 5-10(b) 所示为刚性固定法焊接法

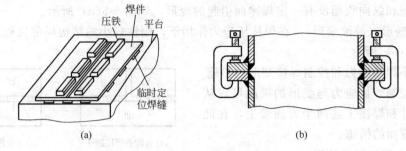

图 5-10　刚性固定法

兰盘。该法能有效地减小薄板的焊接变形，但会产生较大的焊接应力，因此只适用于塑性较好，结构刚度较小的低碳钢结构，对于淬硬性较大的金属不宜使用，以免焊后断裂。

　　对于一些大型的或结构较为复杂的焊件，也可以采用先组装后焊接的办法，即先将被焊工件用点焊或分段焊定位后再进行焊接，以借助焊件整体结构之间的相互约束来限制焊接变形。

　　⑤ 反变形法　根据经验或试验，预先估计出焊件在焊后将发生的变形的大小和方向，然后在装配时就对结构施加一个与焊接变形大小相等、方向相反的装配变形。从而使焊接变形和装配变形相互抵消，达到消除变形的目的，如图 5-11 所示。

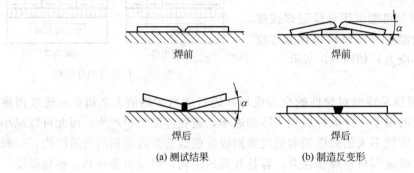

图 5-11　Y 形坡口单面对接焊反变形示意

　　(4) 消除焊接应力和矫正焊接变形的方法

　　① 消除焊接应力的方法

　　a. 焊后热处理　焊后对焊件进行去应力退火是消除残余应力的最常用方法。对于钢制焊件通常加热到 $550\sim650℃$，保温适当时间后缓慢冷却。根据焊件的大小可采用整体加热退火或局部加热退火。整体去应力退火可消除 80% 左右的焊接残余应力；局部去应力退火只加热焊缝及其附近区域，消除应力的效果较差，但可使残余应力的峰值降低。

　　b.　锤击焊缝　焊后用小锤对红热状态下的焊缝进行均匀迅速的锤击，利用焊缝金属在高温时的良好塑性使其得以伸展，从而抵消一部分收缩，减小了焊接残余应力。

　　c. 机械拉伸法　对焊件进行加载，使焊缝区得到塑性拉伸，以抵消其原有的一部分塑性压缩变形，从而降低残余应力。例如，压力容器进行水压试验时，在过载情况下焊缝区发生的微量拉伸塑性变形可使部分应力被消除。

　　d. 温差拉伸法　利用温差使焊缝两侧金属受热膨胀以对焊缝区进行拉伸，使其产生拉伸塑变以抵消原有的压缩塑变，从而减少或消除应力，如图 5-12 所示。

　　此外，还可以采用振动法等来消除焊接残余应力。

　　② 矫正焊接变形的方法　当焊接变形超过了设计规定的范围时，就必须对其加以矫正。

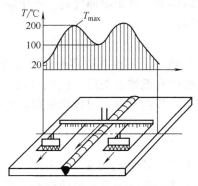

图 5-12　温差拉伸法示意图

矫正变形的基本原理是设法使焊件产生新的变形来抵消原有的变形。

　　a. 机械矫正法　它是利用机械力来迫使焊件产生与焊接变形的变形量相等而方向相反的塑性变形，使两者互相抵消。机械矫正可使用压力机、矫直机等设备来进行（图 5-13），有些情况下也可用人工锤击矫正。

　　b. 火焰矫正法　它是利用火焰局部加热焊件上的适当部位，通过其冷却时产生的收缩变形来抵消原有的焊接变形。火焰矫正一般采用气焊焊炬，操作灵活方便，且不受焊件尺寸的限制。其效果主要取决于火焰的加热位置和加热温度，加热区多呈三角形，加热温度范围通常为 600～800℃。如图 5-14 所示为 T 形梁上拱变形的火焰矫正。火焰矫正法主要用于低碳钢和淬硬倾向小的低合金钢焊件。

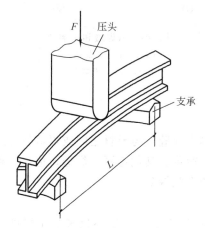

图 5-13　使用压力机进行机械矫正图

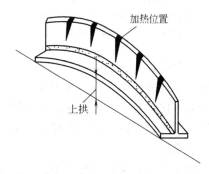

图 5-14　T 形梁上拱变形的火焰矫正

5.2.6　焊接接头的缺陷及其检验

　　在焊接结构生产中，由于结构设计不当、原材料不符合要求、焊接规范不正确或操作技术等原因，使焊接接头产生各种缺陷。常见的焊接缺陷有：焊缝形状尺寸不正确、咬边、烧穿、气孔、夹渣、焊接、未熔合，未焊透和裂纹等。

　　（1）气孔

　　气孔是熔池中气体来不及逸出而留在焊缝中所形成的孔洞。它降低了焊缝的强度和塑性，特别是冲击韧度。气体来源于母材、焊条、油污、铁锈或大气。预防气孔的措施是烘干焊条、焊件清理、采用合适的焊接电流、正确操作等。

　　（2）夹渣

夹渣是焊后残留在焊缝中的熔渣，其影响同气孔。产生原因是坡口角度过小，焊件表面不洁，电流小，焊接速率过大等。

（3）焊接裂纹

裂纹是焊接接头中最危险的缺陷。裂纹有许多种，其分布情况如图 5-15 所示。产生的主要原因是焊接应力过大，缝缝中有低熔点杂质（FeS、Fe_4P）及较多的氢造成的。因此预防裂纹的措施有：减小结构刚度，焊前预热，焊后热处理，选用低氢型焊条，清除焊件焊缝表面油污等。

（4）未焊透

未焊透是焊接时接头根部未完全熔透的现象。如图 5-16(a) 和(b) 所示。它相当于一个裂纹引起应力集中，大大降低接头强度，是开裂的根源。在重要焊接结构中不允许存在未焊透缺陷。导致未焊透的原因有：坡口角度或间隙太小，钝边过厚，焊接电流过小及操作不当等。

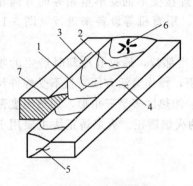

图 5-15　焊接裂纹的分布情况
1,3—纵向裂纹；2,4—横向裂纹；5—热影响区和焊缝贯穿裂纹；6—弧坑裂纹（星形裂纹）；7—内部裂纹

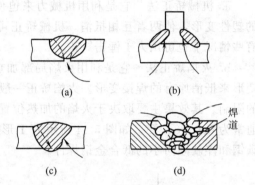

图 5-16　示焊透和未熔合
(a)，(b)—未焊透；
(c)，(d)—未熔合

（5）未熔合

未熔合是指焊道（每一次焊条运行所形成的一条单道焊缝）与母材之间或焊道与焊道之间未完全熔化结合所形成的缺陷，如图 5-16(c) 和(d) 所示。其危害同未焊透，也是一种严重缺陷。当坡口不洁、焊条直径过大及操作不当时可产生此缺陷。

（6）咬边

咬边是母材上与焊缝交界处产生的下凹沟槽，如图 5-17 所示。它不仅减少了焊件的工作截面，且在该处易形成应力集中。一般结构中咬边深度不超过 0.5mm，重要结构（如高压容器）不允许存在咬边。咬边是由于该处母材已熔化，而填充金属却未能及时流进所形成的。所以在电流过大、电弧过长、焊条角度不当等情况下均会产生咬边。对不允许存在的咬边可将该处清理干净后进行补焊。

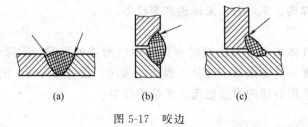

图 5-17　咬边

　　焊接质量检验是焊接结构生产过程的重要组成部分，是保证产品质量的重要措施。它包括焊前检验、焊接生产中检验和焊后成品检验。

　　焊前检验是防止缺陷产生的重要检验，包括设计图纸与技术文件、原材料的质量及焊工的培训考核等。

　　焊接生产中检验包括设备及焊接规范的执行。

　　成品检验是在全部焊接工作完毕后进行。常用的方法有外观检验和焊缝内部检验。

　　外观检验是用肉眼或低倍（小于 20 倍）放大镜及标准焊板、量规等工具，检查焊缝尺寸的偏差和表面是否有缺陷。

　　焊缝内部检验是用专门仪器检查焊缝内部有否气孔、夹渣、裂纹、未焊透等缺陷。常用的方法有 X 射线、γ 射线和超声波探伤。对于要求密封和承受压力的容器或管道，应进行焊缝的致密性检验。

5.3　常用电弧焊方法

5.3.1　焊条电弧焊

　　焊条电弧焊是以电弧作为热源，用手工操纵焊条进行焊接的方法，故习惯上简称为手弧焊。其手工操作包括引燃电弧、送进焊条和沿焊缝移动焊条。焊条电弧焊焊接过程如图5-18所示。电弧在焊条与工件（母材）之间燃烧，电弧热使母材熔化形成熔池，焊条金属芯熔化以熔滴形式借助重力和电弧吹力进入熔池，熔化的药皮进入熔池成为熔渣覆盖在熔池表面，保护熔池不受空气侵害。药皮分解产生的气体环绕在电弧周围，隔绝空气，保护电弧、熔滴和熔池金属。当焊条向前移动时，焊条和焊件在电弧热作用下继续熔化形成新的熔池。原先的熔池液态金属则逐步冷却结晶形成焊缝，覆盖在熔池表面的熔渣也随之凝固形成渣壳。

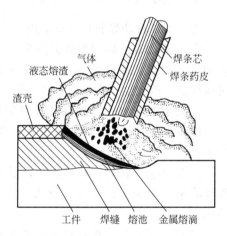

图 5-18　焊条电弧焊焊接过程

　　焊条电弧焊操作简便灵活，适应性强，设备简单，易于移动，在室内外场合下均可采用，在贮罐、锅炉、船舶、桥梁、输油（气）管道等现场焊接施工十分方便；可以进行各种位置及各种不规则焊缝的焊接；焊条系列完整，可以焊接大多数常用金属材料。但焊条载流能力有限（电流为 20～500A），焊接厚度一般在 3～20mm 之间，生产率较低，焊接质量很大程度上取决于焊工的操作技能；焊工需要在高温、尘雾环境下工作，劳动条件差，强度大；另外，活泼金属（如钛、铌、锆等）和难熔金属（如钽、钼等）由于机械保护效果不够理想，焊接质量达不到要求，一般不采用焊条电弧焊；低熔点低沸点金属（如铅、锡等）及其合金由于电弧温度太高，也不能用焊条电弧焊。

5.3.2　埋弧自动焊

　　埋弧焊是以颗粒状焊剂作为保护介质，将电弧埋在焊剂层下燃烧进行焊接的方法。如其焊接过程中的引弧、焊丝送进及电弧移动等操作均通过机械化和自动化完成，则为自动焊。

　　（1）埋弧自动焊的焊接过程

　　埋弧自动焊的焊接过程如图 5-19 所示。焊接时，自动焊机头将光焊丝通过送丝机构自动送进电弧区并保证选定的弧长。在焊丝前面，焊剂从焊剂漏斗中不断流出，均匀堆覆在工件表面，焊剂的作用与焊条药皮相同。电弧在焊剂层下引燃后，电弧热使其附近的焊丝、焊件和焊剂熔化形成熔池和熔渣，同时焊剂蒸发产生的气体将电弧周围的熔渣排开，形成一个笼罩着电弧和熔池的封闭熔渣泡。具有表面张力的熔渣泡不但能有效阻止空气中的氧和氮侵入熔池和熔滴，使熔化金属得到焊剂层和熔渣泡的双重保护，同时阻止金属熔滴向外飞溅，减少电弧热量损失，并阻止弧光四射。电弧随自动焊向前移动，不断熔化焊件金属、焊丝和焊剂，随后熔池金属冷却形成焊缝。与此同时，密度较小的熔渣冷却凝固形成渣壳，覆盖在焊缝表面上。没有熔化的大部分焊剂可回收后重新使用。

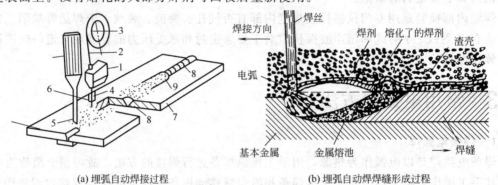

(a) 埋弧自动焊接过程　　　　(b) 埋弧自动焊焊缝形成过程

图 5-19　埋弧自动焊示意

1—自动焊机头；2—焊丝；3—焊丝盘；4—导电嘴；5—焊剂；6—焊剂漏斗；7—工件；8—焊缝；9—渣壳

（2）埋弧自动焊的特点及应用

① 生产率高　因焊丝外无药皮，埋弧自动焊的焊接电流比焊条电弧焊大得多，可以高达 1000A 以上，能得到较高的熔敷速率和较大的熔深；且焊接过程可连续进行而无需频繁更换焊条，因此生产率比手工电弧焊高 5～20 倍。

② 焊接质量好　埋弧自动焊焊剂供给充足，电弧区保护严密，熔池保持液态时间长，冶金反应比较彻底，气体和杂质易于浮出，同时焊接工艺参数稳定，所以焊缝质量好，且成形美观。

③ 成本低　因埋弧焊熔深大，厚度在（20～25mm）以下的工件可不开坡口进行焊接，焊丝填充量减少，且没有焊条头的损失和飞溅，所以节约了焊接材料、加工工时及电能消耗。

④ 劳动条件好　焊接时没有弧光辐射，焊接烟尘小，焊接过程自动进行，劳动强度低，对焊工技术水平的要求大大降低。

但埋弧自动焊也有不足之处，一般只适用于水平位置的长直焊缝和直径 250mm 以上的环形焊缝，焊接的钢板厚度一般在 6～60mm，适焊材料局限于各种钢材，如碳素结构钢、低合金结构钢、不锈钢、耐热钢及其复合钢材以及镍基合金、铜合金等，不能焊接铝、钛等活泼金属及其合金。

（3）埋弧焊的焊接材料

焊剂和焊丝是埋弧焊使用的焊接材料。埋弧焊的焊丝是直径 1.6～6mm 的实芯焊丝，其作用相当于焊条电弧焊的焊芯，在焊接过程中充当电极和填充金属，并具有渗合金、脱氧、去硫等冶金处理作用。埋弧焊的焊剂相当于焊条的药皮，按制造方法分为熔炼焊剂和非熔炼焊剂两大类。熔炼焊剂主要起保护作用；非熔炼焊剂除了保护作用外，还有渗合金、脱氧、去硫等冶金处理作用。国内目前使用的绝大多数焊剂为熔炼焊剂。为了获得高质量的埋弧焊焊缝，必须正确选配焊丝和焊剂。

埋弧焊常用熔炼焊剂牌号见表 5-6

表 5-6　埋弧焊常用熔炼焊剂牌号

焊剂牌号	焊剂类型	使用说明	电流种类
HJ430	高锰高硅低氟	配合 H08A 或 08MnA 焊接 Q235 和 09Mn2 等	交流或直流反接
HJ431		配合 H08 MnA 或 H10Mn2 焊接 16Mn、15MnV 等 配合 H08 MnMo 焊接 15MnVN 等	
HJ350	中锰中硅中氟	配合 H08 Mn2Mo 焊接 18MnMoNb、14MnMoV 等	交流或直流反接
HJ250	低锰中硅中氟	配合 H08 Mn2Mo 焊接 18MnMoNb、14MnMoV 等	直流反接
HJ251		配合 H12CrMo、H15CrMo 焊接 12CrMo、15CrMo 等	直流反接
HJ260	低锰高硅中氟	配合 H12CrMo、H15CrMo 焊接 12CrMo、15CrMo 配合不锈钢焊丝焊接不锈钢	直流反接

（4）埋弧自动焊工艺

埋弧自动焊要求焊接前仔细下料、开坡口和装配。装配时要用优质焊条点固。下料、开坡口和装备如不准确，就会使焊缝成型不均匀，甚至发生大的缺陷。应将焊缝两侧 50～60mm 内的油污与铁锈除去，以免焊接时产生气孔。

埋弧自动焊一般都在平焊位置焊接，用于焊接对接和丁字接头的长直焊缝或环焊缝。对于厚度在 14mm 以下的板材，可以不开坡口一次焊成，双面焊时，不开坡口的可焊厚度达 28mm；当厚度较大时，为保证焊透，最常采用的坡口形式为 V 形坡口和 U 形坡口。由于引弧处和断弧处质量不宜保证，可使用引弧板和引出板，如图 5-20 所示，焊后再去掉。为保持焊缝成型和防止烧穿，生产中常采用各种类型的焊剂垫与垫板，如图 5-21 所示。

焊接筒体对接环缝时，工件以选定的焊速作旋转（由滚轮架带动旋转），焊丝位置不动，为防止熔池中液态金属流失，焊丝位置应逆旋转方向偏离焊件中心线一定距离 a，如图 5-22 所示。

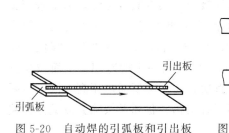

图 5-20　自动焊的引弧板和引出板

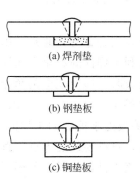

(a) 焊剂垫

(b) 钢垫板

(c) 铜垫板

图 5-21　自动焊的焊剂垫

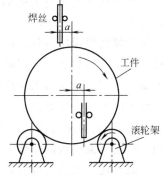

图 5-22　环缝自动焊示意图

5.3.3　气体保护电弧焊

气体保护电弧焊是指利用外加气体作电弧介质并保护电弧和焊接区的电弧焊方法，简称气体保护焊。常用的保护气体主要有 Ar、He、CO_2、N_2 等。

（1）氩弧焊

氩弧焊是用氩气作为保护气体的电弧焊。氩气是惰性气体，可保护电弧和熔化金属不受空气侵蚀。氩气既不与金属起化学反应，也不溶于液态金属，因此氩弧焊质量较高。根据焊接过程中电极是否熔化,氩弧焊可分为熔化极氩弧焊和不熔化极(钨极)氩弧焊。

① 熔化极氩弧焊　如图 5-23(a) 所示,熔化极氩弧焊是采用连续送进的焊丝作为电极,由氩气来保护电弧和熔池的一种焊接方法。焊接时焊丝熔化,起导电和填充金属的作用,所以称为熔化极氩弧焊,简称 MIG 焊。熔化极氩弧焊可为自动和半自动两种,它们的区别在于半自动焊时,手工移动电弧,送丝自动进行;而自动焊时全部过程自动完成。

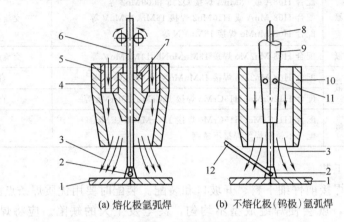

(a) 熔化极氩弧焊　　　　(b) 不熔化极(钨极)氩弧焊

图 5-23　氩弧焊示意图

1—焊件;2—熔滴;3—氩气;4,10—喷嘴;5,11—氩气喷管;6—熔
化极焊丝;7,9—导电嘴;8—非熔化极钨棒;12—外加焊丝

为使电弧稳定,熔化极氩弧焊一般采用直流反接。因没有电极烧损问题,熔化极氩弧焊所用电流较大,熔深较深,可适用于焊接 25mm 以下的中厚板。

② 钨极氩弧焊　钨极氩弧焊是用高熔点的钨或钨合金(钨钍合金或钨铈合金)棒作电极,在焊接过程中,由于钨的熔点高达 3410℃,钨极基本不熔化,只是作为电极起导电作用,因此需另外添加焊丝作为填充金属,所以又称为不熔化极氩弧焊,简称 TIG 焊。焊接时,氩气从喷嘴中喷出,在钨极和工件之间产生电弧并在电弧周围形成保护层,焊丝从一侧送入,电弧热将焊丝与工件局部熔化,冷凝后形成焊缝。钨极氩弧焊的焊接过程如图 5-23(b) 所示。

钨极氩弧焊焊接钢材、钛合金和铜合金时,通常采用直流正接,使钨极处在温度较低的负极,减少其熔化烧损,同时也有利于焊件的熔化。在焊接铝、镁及其合金时,通常采用交流电源,这主要是因为当焊件接负极时(即交流电的负半周),焊件表面可以接受质量较大的正离子的撞击,使焊件表面的难熔氧化膜 Al_2O_3、MgO 等被击碎(称为"阴极雾化"作用),从而保证焊件的焊合;而当钨极处于负极的半周时,可得到一定的冷却,从而减少其烧损。但是交流钨极氩弧焊的电流,每秒要经过零点一百次,再引弧所需电压高,因此电弧不稳,此外还产生直流成分,故交流钨极氩弧焊设备还要有引弧、稳弧及去除直流成分的装置,较为复杂。

由于钨极的载流能力有限,为了减少钨极的烧损,焊接电流不宜过大,所以钨极氩弧焊通常只适用于 0.5~6mm 的薄板。

③ 氩弧焊的特点及应用

a. 由于采用惰性气体氩保护,机械保护效果好,焊接质量优良,且适合于焊接各类合金钢、易氧化的有色金属及锆、钽、钼等稀有金属。

b. 电弧稳定,飞溅小,焊缝致密,成型美观,无渣壳。

c. 焊接速度快，热影响区小，焊后变形小且采用气体保护，明弧可见，便于操作，易实现全位置焊接，易于自动控制。

d. 钨极脉冲氩弧焊可焊接厚度小于 0.8mm 的薄板。

但由于氩气较贵，氩弧焊设备复杂，其成本高。所以目前主要用于焊接铝、镁及其合金，有时也用于焊接不锈钢、耐热钢、一部分重要的低合金结构钢。

（2）CO_2 气体保护焊

CO_2 气体保护焊是以 CO_2 气体作为保护气的电弧焊。它采用焊丝作为电极兼作填充金属，利用焊丝与焊件之间的电弧熔化工件与焊丝，以自动或半自动方式进行焊接。目前应用较多的是 CO_2 半自动焊。

CO_2 焊的焊接过程如图 5-24 所示。焊丝由送丝机构通过软管经导电嘴送出，在焊丝和焊件间产生电弧，CO_2 气体经焊枪的喷嘴沿焊丝周围喷射形成保护层，使电弧、熔滴和熔池与空气隔绝。

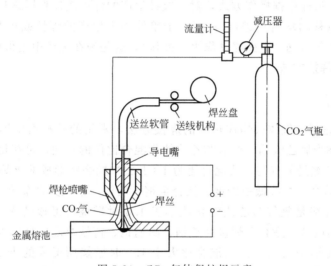

图 5-24　CO_2 气体保护焊示意

但 CO_2 气体是氧化性气体，在电弧高温下可分解为 CO 和 ［O］，使钢中的 C、Si、Mn 等合金元素氧化烧损，焊缝增氧，力学性能下降；另外 CO_2 气体冷却能力强，熔池凝固快，焊缝中易产生气孔，若焊丝中含碳量高，金属飞溅也较大。因此为保证焊缝的合金元素含量，必须使用焊接冶金过程中能脱氧和渗合金的特殊焊丝来完成 CO_2 焊。常用的 CO_2 焊焊丝是 $H08Mn_2SiA$，适于焊接低碳钢和普通低合金结构钢（$\sigma_b < 600MPa$）。还可使用 Ar 和 CO_2 混合气体保护，焊接强度级别较高的普通低合金结构钢。

CO_2 气体保护焊时，为获得稳定的焊接过程，金属熔滴进入熔池的过渡形式常采用短路过渡和颗粒过渡两种。短路过渡的特点是电弧稳定，飞溅较小，熔滴过渡频率高，焊缝成型较好，适合于焊接薄板及进行全位置焊接，短路过渡一般用于直径 0.6~1.2mm 的细焊丝。颗粒过渡特点是电弧穿透力强，母材熔深大，适合于焊接中等厚度及大厚度工件，主要采用较粗的焊丝，一般为 $\phi1.6mm$ 和 $\phi2.0mm$ 的焊丝。另外 CO_2 气体保护焊时，为了稳定电弧，减少飞溅，大多采用直流反接。

CO_2 气体保护焊特点及应用范围

① 生产率高　CO_2 焊电弧的穿透力强，熔深大而且焊丝的熔化率高，所以熔敷速度快，生产率比手工电弧焊高 1~4 倍。

② 焊接成本低　CO_2 气体是酿造厂和化工厂的副产品，价格低。因而，CO_2 保护焊的成本只有埋弧焊和手工电弧焊的 40%～50%。

③ 能耗低　CO_2 焊与手工电弧焊相比，3mm 碳钢和 25mm 低碳钢板同质对接焊缝，每米焊缝消耗的电能，CO_2 焊分别为手工电弧焊的 70% 和 40% 左右。

④ 抗锈能力强、焊缝含氢量低　CO_2 气体在电弧高温下分解，分解出的原子态氧具有强烈的氧化性。使得电弧气氛中自由态的氢被氧化成不溶于金属的水蒸气与羟基（OH^-），从而减弱了氢气（由铁锈中结晶水受电弧高温分解而来的氢气）的有害作用，使焊缝含氢量低，抗裂性好，抗氢气孔能力强。

⑤ 明弧焊接　便于观察、操作和控制，适合于各种空间位置的焊接，易于实现机械化和自动化。

目前，CO_2 焊主要用于焊接低碳钢和强度级别不高的普通低合金钢。对于不锈钢，由于焊缝金属有增碳现象，焊缝抗晶间腐蚀性能会受到影响。因此，只能用于对焊缝性能要求不高的不锈钢焊件。另外根据操作方式，对于成批生产的焊件或长直焊缝和环焊缝，可采用自动焊（送丝和电弧移动均自动进行）；而对于单件小批生产的焊件或短曲、不规则焊缝，则采用半自动焊（送丝自动，电弧移动靠手工操作），这是现在生产中用得最多的操作方式。

5.3.4　其他常用的焊接方法

5.3.4.1　熔焊

（1）气焊与气割

① 气焊　气焊是利用气体火焰作热源的焊接方法，常用的是氧乙炔焊。乙炔与氧混合燃烧所形成的火焰称为氧乙炔焰。按氧和乙炔体积混合比例的不同，可获得三种火焰。

a. 中性焰　中性焰是氧气与乙炔混合比为 1∶1.2 时燃烧所形成的火焰。其内焰温度可达 3000～3200℃，适合于焊接低中碳钢、低合金钢、紫铜、铝及其合金等。

b. 碳化焰　碳化焰是氧气与乙炔混合比小于 1.0 时燃烧所形成的火焰。由于氧气少，火焰比中性焰长，温度低，适合于焊接高碳钢、高速钢、铸铁及硬质合金等。

c. 氧化焰　氧化焰是氧气与乙炔混合比大于 1.2 时燃烧所形成的火焰。由于氧气多，火焰缩短，温度比中性焰高，最高温度可达 3300℃，适合于焊接黄铜、镀锌铁皮等。

气焊的特点是所使用的设备简单、搬运方便、通用性强；火焰温度低，加热缓慢，加热面积大，焊件变形大；接头晶粒较粗，焊缝易产生气孔、夹渣的缺陷，综合力学性能较差；难于实现机械化，生产率低。气焊通常只适用于焊接厚度小于 5mm 的薄板件、非铁金属及其合金和铸铁件的补焊，还可作为钎焊及钢件表面淬火的热源。

② 气割　气割是利用气体火焰的热能将工件切割处预热到一定温度后，喷出高速切割氧流，使其燃烧并放出热量实现切割的方法。

气割时，利用气体火焰（氧乙炔火焰、氧丙烷火焰）对准割件切口起始处进行预热，待加热到该种金属材料的燃点，然后放出高压氧气流使金属剧烈氧化并燃烧，并吹掉氧化燃烧产生的金属氧化物（熔渣）形成切口。随着割炬的移动，这种预热、燃烧、吹渣的过程重复进行，直至完成切割工作。割炬的移动速度与割件厚度及使用割嘴的形状有关，割件越厚，气割速度越慢。

金属材料要进行气割，并保证割口质量良好，应满足以下三个条件。

a. 金属在氧气中的燃点应比熔点低，为保证割口质量光洁，气割应在燃烧过程中进行，不应有熔化现象。

b. 金属燃烧生成氧化物的熔点应低于金属熔点，使得气割生成的氧化物易于吹掉。

c. 金属在氧流中燃烧时能放出大量热量，且金属本身的导热性要低，金属燃烧时放出的热量和预热火焰一起对下层金属起着预热作用，保证下层金属有足够高的预热温度，保证切割过程不断地进行。

气割只适用于纯铁、低碳钢、中碳钢和低合金结构钢的切割。

（2）等离子弧焊

等离子弧焊是利用具有高能量密度的等离子弧作为焊接热源的熔焊方法（图 5-25）。

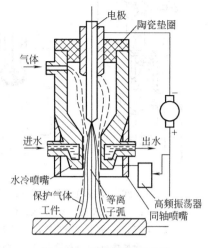

图 5-25　等离子弧焊示意

普通焊接电弧未受到外界的压缩，弧柱截面随着功率的增加而增加，因而其电流密度近乎常数，故称为自由电弧。等离子弧是对自由电弧进行强迫压缩而获得的，压缩形式有机械压缩、热压缩和磁压缩等。机械压缩是利用水冷喷嘴孔道限制弧柱直径，使弧柱截面积减小来提高弧柱的能量密度和温度；热压缩是电弧通过水冷喷嘴的同时又受到外部不断送来的高速冷却气流（氮气、氩气等）的冷却作用，弧柱外围受到强烈冷却，电离度大大减弱，电弧电流主要从弧柱中心通过，这时电弧的电流密度急剧增加，这种作用称为热压缩效应；磁压缩是弧柱电流本身产生的磁场对弧柱有压缩作用，且电流密度愈大，磁压缩作用愈强。

等离子弧由于弧柱断面被压缩得较小，因而能量集中（能量密度可达 $102 \sim 106 \mathrm{W/cm^2}$），温度高（弧柱中心温度约 $24000 \sim 50000 \mathrm{K}$）。等离子弧焊可以是手工焊，也可以是自动焊；其工作气体为氩气，电极一般用钨极，有时还需添加填充金属，与钨极氩弧焊有相似之处，它除了具有钨极氩弧焊的一些特点外，还具有以下的特点。

① 等离子弧能量密度大，温度高，穿透能力强，一次熔深大，厚度小于 12mm 的工件可不开坡口，不留间隙，一次焊透双面成形。

② 电流小于 0.1A 时，电弧仍能稳定燃烧，并保持良好的挺直性和方向性，因此能够焊接很细很薄的零件，如 0.025mm 厚的金属箱和薄板。

③ 焊接速度快，生产率高，热影响区小，焊接变形小，焊缝质量好。

④ 设备及控制线路较复杂，气体消耗量大，只宜在室内焊接。

等离子弧焊是一项先进焊接工艺，主要应用在国防工业和尖端技术中，它几乎可以焊接所有的金属，尤其是焊接多种难熔金属及易氧化、热敏感性强的材料，如钼、钨、铬、铍、钽、镍、钛及其合金以及不锈钢、超高强度钢等。在极薄金属焊接方面，其地位是不可替代的。例如，铁合金的导弹壳体、飞机上的一些薄壁容器、起落架等。

除焊接外，等离子弧还可用于切割。等离子弧切割的割炬与等离子弧焊接的焊枪相同。由于等离子弧柱的温度远远超过金属或非金属材料的熔点，其切割过程不是依靠氧化反应，而是靠熔化来进行的，因此可以切割绝大部分金属，尤其是气割所不能切割的金属，如不锈钢、耐热钢、铸铁、铝、铜、铁、钨及其合金等。还可切割非金属材料，如耐火砖、混凝土、花岗岩等。等离子弧切割的切口较窄、平直、整洁，热影响区小，变形小。切割工件厚度可达 $150 \sim 200 \mathrm{mm}$。

（3）电渣焊

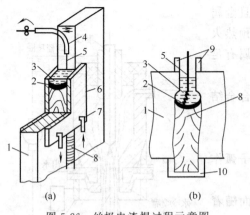

图 5-26 丝极电渣焊过程示意图

1—工件；2—金属熔池；3—渣池；4—导丝管；

5—焊丝；6—强制成型装置；7—引出板；

8—金属熔滴；9—焊缝；10—引弧板

电渣焊是指利用电流通过液态熔渣时产生的电阻热作为热源以熔化母材和填充金属进行焊接的方法。

① 电渣焊的焊接过程　根据焊接时使用电极的形状，可分为丝极电渣焊、板极电渣焊和熔嘴电渣焊等。电渣焊一般都是垂直向上施焊，丝极电渣焊的施焊情况如图 5-26 所示。电焊前，先将焊件垂直放置，在接触面之间预留 20～40mm 的间隙作为焊接接头的形成空间。在接头底部加装引入板和引弧板，顶部加装引出板，以便引燃电弧并引出渣池以保证焊接品质。在接头两侧装有水冷铜滑块以利熔池冷却凝固。焊件与填充焊丝接电源两极，焊接时先将颗粒焊剂放入焊接接头的间隙，然后送入焊丝，焊丝同引弧板接触后引燃电弧。电弧将不断加入的焊剂熔化成熔渣，当熔渣液面升高到一定高度形成渣池。渣池形成后，迅速将电极（焊丝）插入渣池但不进入熔池，将电弧熄灭，开始进行电渣焊，此时电压和送丝速度应适当降低。带电焊丝在液态熔渣中产生的大量电阻热使渣池温度升高，熔池温度一般应保持在 1700℃ 以上，将焊丝和渣池边缘的工件母材熔化，熔池中熔化的焊丝金属占大部分，密度轻的渣池浮在上面既作热源，又隔离空气，保护熔池金属不受侵害。随着焊丝的熔入，熔池液面顶着渣池不断上升，冷却铜滑块跟着逐渐上移，渣池底部逐渐凝固成焊缝。

② 电渣焊的特点

a. 电渣焊可以一次性完成厚大截面焊件的焊接，生产效率高。

b. 工件不开坡口，焊接同等厚度的工件，焊剂消耗量是埋弧焊的 1/50～1/20，电能消耗量是埋弧焊的 1/2～1/3、焊条电弧焊的 1/2，成本低。

c. 电渣焊时有渣池保护，熔池冷却慢，冶金反应充分，气泡杂质上浮彻底，熔滴在渣池中过渡，焊缝金属纯净，质量较好。

但是电渣焊时整个粗大截面一次焊成，加热时间长，热影响区宽，焊缝和热影响区晶粒均很粗大，所以焊后要进行正火处理以消除过热组织保证焊接质量。

电渣焊一般用于立焊直焊缝，也可用于焊接环焊缝。电渣焊适用于厚度在 40mm 以上的厚大焊件的焊接，它不仅适合于低碳钢普通低合金钢的焊接，也适合于塑性很低的中碳钢和合金结构钢的焊接。目前电渣焊是制造大型铸-焊、锻-焊复合结构的重要焊接方法。

（4）激光焊

激光焊是利用聚焦的激光束作为能源轰击工件所产生的热量进行焊接的方法。激光具有亮度高、方向性好和单色性好的特点。激光被聚焦后在焦点上的能量密度可高达 106～1012W/cm²，在极短时间（以毫秒计）内，光能转变为热能，温度可达 10000℃ 以上，是一种理想的焊接和切割热源。激光焊过程如图 5-27 所示，激光束 3 由激光器 1 产生，通过光学系统 4 聚焦使其能量进一步集中，当射到工件 6 的焊缝处，光能转化为热能，实现焊接。

激光焊的优点如下。

① 能量密度大，穿透深度大，焊缝可以极为窄小；热量集中，作用时间短，热影响区小，焊接残余应力和变形极小，特别适于热敏感材料焊接。

② 可以焊接一般焊接方法难以焊接的材料，如高熔点金属等，甚至可用于非金属材料，如陶瓷、塑料等的焊接。还可以实现异种材料的焊接，如钢和铝、铝和铜、钢和铜等。

③ 激光可以反射、透射，能在空间传播相当远的距离而衰减很小，因而可进行远距离焊接或一些难于接近部位的焊接。

④ 焊接过程时间极短，不仅生产率高，而且焊件不易氧化，因此不论在真空、保护气体或空气中焊接，其效果几乎相等。

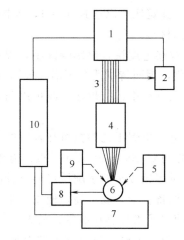

图 5-27　激光焊示意

1—激光器；2—信号器；3—激光束；4—光学系统；
5—辅助能源；6—工件；7—工作台；8—信号
器；9—观测瞄准器；10—程控设备

但激光焊的设备较复杂，投资较大，所以它主要用于电子仪表工业和航空技术、原子能反应堆等领域，如集成电路外引线的焊接、集成电路块、密封性微型继电器、石英晶体等器件外壳和航空仪表零件的焊接等。

（5）电子束焊

电子束焊是利用加速和聚集的电子束轰击置于真空或非真空中的工件所产生的热量进行焊接的方法。根据被焊工件所处的真空度不同，电子束焊可分为三类：高真空电子束焊、低真空电子束焊、非真空电子束焊。

真空电子束焊是目前应用较为成熟的一种先进工艺。如图 5-28 所示，电子枪、工件等均置于真空室 1 内。电子枪由灯丝 8、阴极 7、阳极 6、聚焦装置及磁性偏转装置 4 等组成。当阴极被灯丝加热后发射出大量电子，它们在阴极和阳极之间受到高电压（20～150kV）的作用被加速，经聚集透镜 5 聚成电子束 3，以极大的速度（约 160000km/s）射向工件 2，撞击工件后电子的动能转变为热能，使工件迅速熔化而实现焊接。利用磁性偏转装置可调节电子束的方向。

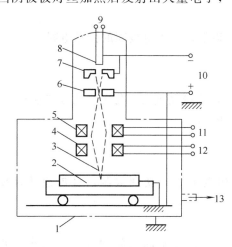

图 5-28　真空电子束焊示意图

1—真空室；2—工件；3—电子束；4—磁性偏转装置；5—聚集透镜；6—阳极；7—阴极；8—灯丝；9—交流电源；10—直流高压电源；
11,12—直流电源；13—排气装置

非真空电子束焊时，电子束仍在高真空条件下产生，然后穿过一组光栅射到处于大气环境中的工件上，由于散射，电子束能量密度明显下降，焊接工件的厚度受到限制，但这种方法的优点是不需要真空室，因而可以焊接尺寸较大的工件。目前，移动式真空室或局部真空室电子束焊接方法既保留了真空电子束高能量密度的优点，又不需要真空室，因而在大型工件的焊接上有广阔的应用前景。

真空电子束焊与其他焊接方法相比有以下特点。

① 电子束能量密度很高，穿透能力强。电子

束焊缝的深宽比可以达到 50：1，焊接厚板时可以不开坡口一次焊透，比电弧焊节约能源和节省辅助材料。

② 焊接速度快，热影响区小，焊接变形小，可对精加工后的零件进行焊接，金属的除气和净化，因而特别适合于活性或高纯度金属以及难熔金属的焊接。

③ 在真空中进行焊接，既可以防止熔化金属受氧、氮等有害气体侵蚀，又有利于焊缝成形。

④ 电子束焊工艺参数可在较广的范围内进行调节，控制灵活，适应性强。可焊 0.1mm 薄板，也可焊 200～300mm 厚板；能焊接各种金属材料、复合材料以及异种材料等。

⑤ 对焊接接头的装配质量要求较高，被焊工件的尺寸和形状常受到真空室的限制。

⑥ 设备复杂，成本高，使用、维修较困难。电子束产生的 X 射线需要防护。

目前电子束焊已在航空、航天、仪器仪表、原子能、机械等领域得到应用。如原子能燃料元件、导弹外壳、核电站锅炉汽包、齿轮组合件、轴承、卡车后桥等工件的焊接。

5.3.4.2 压焊

压焊是指通过施加压力（加热或不加热）使焊件结合在一起的焊接方法。施加压力可使两个分离表面的金属原子接近到足以形成金属键的距离，并在压力作用下产生塑性变形、再结晶和扩散等物理冶金过程，从而形成接头。由于加热能降低金属变形能力，提高塑性和原子扩散速度，促进原子间的相互作用，故焊接区所处的温度越高，实现焊接所需的压力越小。在某些压焊过程中，有焊接区金属熔化，同时在压力作用下凝固结合，但其中压力仍为实现焊接的必要条件。压焊包括扩散焊、摩擦焊、电阻焊等多种工艺。

（1）电阻焊

电阻焊是利用电流通过焊件接触处产生的电阻热，将焊件局部加热到塑性或熔化状态，然后在压力下形成焊接接头的焊接方法。

根据焦耳-楞次定律，电阻焊在焊接过程中产生的热量为

$$Q=I^2RT$$

式中　Q——电阻焊时所产生的电阻热，J；

　　　I——焊接电流，A；

　　　R——总电阻，Ω，包括焊件本身电阻、焊件间以及焊件和电极间的接触电阻；

　　　t——通电时间，s

电阻焊与其他焊接方法相比，具有以下特点。

① 生产率高，因为焊接时间短（0.01s 至几十秒），焊接电流大（几千至几万安培）。

② 焊接质量好，加热集中，热影响区小，焊接变形小。

③ 不需外加填充金属和其他焊接材料。

④ 操作简单，易于实现机械化和自动化。

但是电阻焊设备较复杂，耗电量大，焊件厚度和接头形式受到限制，且焊前清理要求高。

电阻焊分为点焊、缝焊和对焊三种类型。

① 点焊　点焊是利用柱状电极加压通电，在搭接工件接触面之间焊成焊点的电阻焊方法。

如图 5-29 所示，点焊前焊件接触处须严格清理。焊接时把工件搭接起来放在点焊的上、下极之间压紧通电，由于两工件接触处电阻较大。电阻热使该处温度迅速升高，金属熔化形成液态熔核。然后断电并保持或加大压力，使熔核在压力下凝固结晶成焊点。电极与工件接

触处所产生的电阻热可被导热性好的铜（或铜合金）电极与冷却水带走，因此温升有限，不会焊合。

焊完第一点后，当焊第二点时，有一部分电流流经已焊好的焊点，这称为分流现象（图5-30）。分流使焊接处电流减小而影响焊接质量，为了减轻分流现象，相邻两焊点间应有一定的距离，该距离的大小根据焊件材料和厚度确定。

由于点焊过程特点所决定，焊件都采用搭接，如图 5-31 所示为几种典型的点焊接头形式。

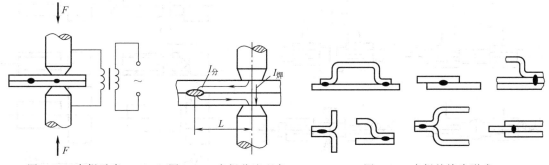

图 5-29　点焊示意　　　图 5-30　点焊分流现象　　　图 5-31　点焊的接头形式

点焊主要适用于厚度为 4mm 以下的薄板冲压结构及钢筋焊接。目前，它广泛用于汽车、飞机、车厢、电子设备等薄壁构件。

② 缝焊　缝焊与点焊原理相似，只是其电极为一对转动的铜滚轮。焊件在转动滚轮作用下，边焊接边前进，使焊点相互连接形成连续的焊缝，如图5-32 所示。

缝焊时，焊点相互重叠 50％以上，故密封性好。但焊接时分流现象严重，一般焊件厚度小于 3mm。故缝焊主要用于要求密封性好的薄壁构件，如油箱、小型容器与管道。

③ 对焊

对焊是利用电阻热使两被焊工件沿整个接触面焊合的电阻焊。按工艺方法不同，可分为电阻对焊和闪光对焊。

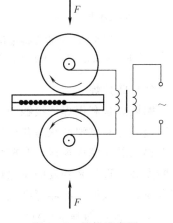

图 5-32　缝焊示意图

a. 电阻对焊　电阻对焊焊接过程如图 5-33（a）所示。将两焊件对准装夹在对焊机的夹钳中，先施加预压力使两焊件接触面压紧，然后通电，产生电阻热将接触处金属迅速加热到塑性状态，再向工件施加较大的顶锻压力并同时断电，使高温端面产生一定的塑性变形并形成焊接接头。

电阻对焊操作简单，接头光滑；但焊前对待焊表面清理工作要求高，否则易造成加热不均，出现局部氧化和夹渣缺陷。电阻对焊一般用于断面简单、直径（或边长）小于 20mm和强度要求不太高的焊件。

b. 闪光对焊　闪光对焊焊接过程如图 5-33（b）所示。两焊件端面稍加清理后夹在电极钳口中，通电并使两焊件逐渐接触。由于工件端面不平，首先只有某些点接触，强电流通过时，这些接触点迅速熔化，在电磁力的作用下液态金属发生爆破，并以火花的形式飞出，形成"闪光"。此时应继续送进工件，使闪光过程连续进行，待焊件端面全部熔化均匀时，迅速施以顶锻压力并同时断电，焊件在压力作用下产生塑性变形而焊为一体。

与电阻对焊相比，闪光对焊接头夹渣少、质量好、强度高（与母材相当）；而且焊前清理工作要求不高；可焊相同金属，也可焊一种金属（铝-钢、铝-铜）。广泛用于刀具、钢棒、钢筋、钢管等的对接。其缺点是金属损耗多，焊接接头处有毛刺，需清理。

总之，不论哪种对焊，焊接断面形状应尽量相同。圆棒直径、方钢边长和管子壁厚之差不应超过 15％。图 5-34 为几种典型对接接头形式。

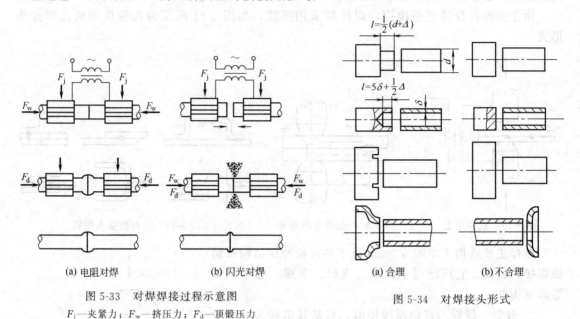

(a) 电阻对焊	(b) 闪光对焊
图 5-33　对焊焊接过程示意图	图 5-34　对焊接头形式

F_j—夹紧力；F_w—挤压力；F_d—顶锻压力

（a）合理　（b）不合理

（2）摩擦焊

摩擦焊是利用焊件接触面之间的相对摩擦运动和塑性流动所产生的热量，使接触面及其近区金属达到黏塑性状态并产生适当的宏观塑性变形，再通过两侧焊件材料间的相互扩散和动态再结晶而完成焊接。摩擦焊以其优质、高效、节能、无污染的技术特色得到广泛重视和不断发展。近年来开发的摩擦焊新技术，如超塑性摩擦焊、线性摩擦焊、搅拌摩擦焊等，在航空航天、核能、海洋等高技术领域得到越来越广泛的应用。

① 摩擦焊的基本过程　摩擦焊是依靠连续驱动摩擦焊机来实现的，如图 5-35 所示。待焊的一对工件分别夹持于旋转夹具和移动夹具上。焊接时，旋转焊件在电机驱动下高速旋转，移动焊件在轴向力作用下逐步向旋转焊件靠拢，两焊件接触并施加一定的轴向压力，由于两工件接触端有相对运动，发生摩擦而产生热，在压力、相对摩擦的作用下，原来覆盖在焊接表面的异物迅速破碎并挤出焊接区，露出纯净的金属表面。随着焊接区金属塑性变形的

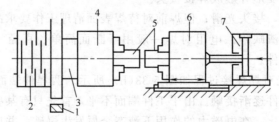

图 5-35　连续驱动式摩擦焊机示意图

1—离合器；2—制动器；3—主轴；4—旋转初夹头；

5—工件；6—移动夹头；7—轴向加压油缸

增加，焊接表面很快被加热到焊接温度，此时，立即刹车，同时对接头施加较大的轴向压力进行顶锻，使两焊件产生塑性变形而焊接起来。

由于在焊接过程中摩擦界面温度一般不超过熔点，故摩擦焊属于固态焊。金属焊合区为锻造组织，与熔焊相比不产生由于与熔化和凝固相关的冶金缺陷（粗晶、偏析、夹杂、裂纹、气孔等）和脆性。在轴向压力和扭矩共同作用下，焊合区组织致密、晶粒细化、摩擦表面具有"自清洁"效应等，这些都有利于获得与母材强度相等的焊接接头。

② 摩擦焊的特点与应用

a. 摩擦焊操作简单，不需填充金属和另加保护措施，焊接过程易于实现自动化，只需控制焊接压力、时间、速度和位移等少数几个参数，焊接精度与可靠性好，生产率高。

b. 焊接变形小，焊接接头质量好而且稳定。

c. 可焊材料种类广泛、焊接金属范围广，除传统的金属材料外，还可焊接粉末合金、复合材料、难熔材料等，特别适用于异种材料，如铝-铜、铜-钢、高速钢-碳素钢、高温合金-碳素钢等焊接，甚至陶瓷-金属、硬质合金-碳素钢等性能差异极大的异种材料亦可采用摩擦焊方法连接。一些高性能航空部件采用高合金化或复杂合金化的合金制造，例如镍基合金和超高强度钢等，其熔焊的焊接性能差，而摩擦焊已被认为是可靠的连接方法。

d. 焊机设备简单，功率小，电能消耗少。

摩擦焊还具有好的结构尺寸与接头形式的适应性，可进行棒-棒、管-管、棒-管、棒(管)-板的焊接。但摩擦焊对非圆断面工件的焊接很困难；由于受设备功率和压力的限制，焊件截面不能太大；摩擦系数特别小的和易碎的材料难以进行摩擦焊；摩擦焊的一次性投资较大，主要适合于大批量生产。

摩擦焊多用于焊接圆形截面的棒料或管子，或将棒料、管子焊在平板上。可焊实心工件的直径为 2~100mm，管子外径可达几百毫米。目前，摩擦焊在汽车、拖拉机、电站锅炉、金属切削刀具、石油、电力电器和纺织等工业部门得到较广泛的应用。

（3）其他压焊方法

① 扩散焊　扩散焊又称固态焊，是适应航空、航天等高技术领域和新材料的连接需要而迅速发展起来的一种精密连接方法。目前扩散焊在航空、航天、仪表和电子等国防高科技领域具有重要地位，获得了广泛应用，并已逐步扩展到机械、化工及汽车制造等领域。

扩散焊方法是将焊件置于真空或保护气氛中，在压力和温度的同时作用下，使焊接表面微观凸起处产生塑性变形而达到紧密接触，再通过原子扩散过程，而形成整体的牢固连接的工艺过程。扩散焊借助于压力的作用，但压力很小，工件不产生宏观变形。随着扩散焊的发展，有时也借助于液相来填充界面间隙，消除界面孔洞，加速扩散过程，但液相量极少，且在液相生成温度下进行等温凝固，使接头成分与母材均匀化。

扩散连接过程大致可分为三个阶段：第一阶段为物理接触阶段，高温下微观不平的表面，在外加应力的作用下，总有一些点首先达到塑性变形，在持续压力的作用下，接触面积逐渐扩大，最终达到整个面的可靠接触；第二阶段是接触界面原子间的相互扩散，形成牢固的结合层；第三阶段是在接触部位形成的结合层逐渐向体积方向发展，形成可靠的连接接头。三个过程相互交叉进行，连接过程中可以生成固溶体及共晶体，有时形成金属间化合物，通过扩散、再结晶等过程形成固态冶金结合，达到可靠连接。

与其他焊接方法、特别是熔化焊相比，扩散焊具有下列特点。

a. 焊接温度低，一般在母材熔化温度 T_M 的 0.4~0.8 之间，排除了由于母材熔化、焊缝凝固结晶可能带来的种种缺陷对接头性能的影响。

b. 适合耐热合金（钨、钼、铌、钛）、陶瓷、磁性材料及活性金属的连接。特别适合异种材料以及冶金上互不相溶材料的连接，包括金属与金属、金属与非金属以及非金属与非金属的焊接，实际中约有70%扩散焊涉及异种材料的连接。

c. 可以进行内部和多点、大面积构件的连接，以及电弧可达性不好或用熔焊方法不能实现的连接，可焊接结构复杂、厚薄相差悬殊、精度要求高以及有封闭性焊缝的各种工件，如蜂窝夹芯板等。

d. 焊接后工件不变形，可以实现机械加工后的精密装配，是一种高精密的焊接方法。但扩散焊设备较贵，生产率较低，要求焊接表面加工精度高等是其不足之处。

② 超声波焊　将超声频率的机械振动能加于金属连接处以造成永久性连接的一种焊接方法。焊件被夹持在声极头与反射声极之间，并对两焊件施加一定的压力，声极头的超声波机械振动通常依靠磁致伸缩换能器，将超声频率的电能变为机械振动能加于金属连接处。焊接处的金属在压力和超声波振动的作用下造成两金属的固态连接。按声极头的构造和连接方式，分为超声波缝焊和超声波点焊。超声波焊的焊接过程可以不用附加热源，金属不致受高温影响而发生不良的化学反应和组织转变，其焊接处的变形较其他点焊或冷焊方法为小。超声波焊可以焊接各种不同金属，也可用来焊接塑料，但主要用于很薄的衔片之间或衔片与较厚的金属零件之间的焊接。

③ 爆炸焊　采用某种爆炸剂，利用其爆炸时造成的推动力，使一个金属件以极高的速度压向另一个金属件，由此引起显著的塑性变形并形成金属突出点，在两金属间摩擦而被焊接。

5.3.4.3 钎焊

钎焊是利用熔点比焊件金属低的钎料作填充金属，在焊件处于固态时利用熔化的钎料将焊件连接起来的一种焊接方法。在焊接过程中只有钎料熔化而母材不熔化，钎焊时虽然也能形成不可拆卸的接头，但在连接处一般不形成共同的晶粒，只是在钎料与母料之间相互扩散实现连接，可见，钎焊和熔化焊接是有区别的。钎焊已有5000多年的历史，在现代民用和军用工业中，特别是现代尖端科学技术领域内，钎焊技术应用非常广泛，是一种不可取代的连接技术。

（1）钎焊过程和特点

钎焊时，将表面清理好的工件以搭接形式装配在一起，把钎料放在接头间隙附近或间隙之间，当工件与钎料被加热到稍高于钎料熔点的温度后钎料熔化，然后熔化的钎料借助毛细管作用被吸入并充满固态工件间隙，液态钎料与工件金属相互溶解和扩散，最后冷凝即形成牢固的钎焊接头。

与熔焊相比，钎焊有以下优点：可根据不同的钎料自由选择钎焊温度，适应性强。由于钎焊加热温度较低，焊件的应力较小，母材的性能变化和结构变形较小，易于保证焊件形状和尺寸；钎焊接头平整光滑，外观美观，可以实施精密焊接，从而获得高精度的焊接制品；异种金属、金属与非金属材料都可以进行连接，如金属与陶瓷、金属与石墨之间的连接等；对于厚工件与薄工件间以及形状差异很大的构件间的连接也很适用；能成批生产，工艺过程容易实现机械化和自动化。但钎料接头强度一般比较低，钎焊装配要求较高。如果合理设计钎焊接头，选择恰当的钎焊工艺，可以在一定程度上弥补上述缺点。

（2）钎焊材料

钎焊添加的焊接材料和辅助材料主要有钎料和钎剂。两者混合在一起的称为焊膏。

钎料的作用是清除被焊金属表面的氧化膜及其他杂质，充分湿润焊件的焊接面，保护钎料及焊件免于氧化,并能与母材金属相互溶解和扩散。钎料通常主要是金属材料,但用于氧化铝陶瓷与铝合金封接时则采用氧化物型钎料(俗称封接玻璃,如 Al_2O_3-CaO-MgO-BaO 系钎料)。金属钎料常制成丝、片、箔、粉末等状态使用。钎料按熔点分为硬钎料和软钎料两类。

硬钎料熔点高于 450℃,常用的有铝基、镁基、银基、铜基、金基、锰基、镍基、钴基、钛基、锡基钎料,此外黄铜钎料、铜钎料、铜磷钎料和镍磷钎料也广泛使用。软钎料熔点低于 450℃,常用的有铟基、镉基、铅基、锌基钎料。

在钎焊过程中,钎料中组成元素的作用如下。

① 确定钎焊接头基本性能 如镍基、铜基、铝基和锡基钎料,由于基本组成不同,它们的钎焊温度、钎焊工艺、钎焊接头性能大不一样。

② 降低钎料熔化温度 如铜磷合金中加入质量分数为 4%~8% 的磷,熔化温度从 1084℃(铜的熔点)降低到 950~714℃(铜磷亚共晶或共晶温度)。

③ 改善工艺性能 如铝硅镁钎料中加入质量分数为 1%~2.5% 的镁,银铜锂钎料中加入质量分数为 0.1%~0.3% 锂,可明显改善钎料对基体材料的润湿性和钎焊工艺性能。

④ 改善接头性能 如镍基、锰基钎料中加入适量钯或金元素,可改善接头塑性、抗氧化性,降低对基体材料的熔蚀作用。

钎剂是促进钎焊接头形成所使用的辅助材料,一般由多种化合物混合而成。钎焊加热时,熔化钎剂的主要作用是消除母材金属和钎料表面的氧化膜,保护母材金属和钎料在加热过程中不致再氧化,改善液态钎料对母材金属的润湿性,保证获得高质量的钎焊接头。

常用的硬钎剂如下。

① 硼酸盐(硼酸钠、硼酸钾、硼酸锂)、熔融硼砂和氟硼酸盐(氟硼酸钠、氟硼酸钾等),它们具有良好的溶解氧化物的能力。

② 氟化物和氯化物,它们可有效消除难溶氧化物。

③ 硼酸,可使焊后玻璃状残留钎剂容易脱除。

④ 碱类,如氢氧化钠、氢氧化钾,其作用是提高钎剂的有效工作温度。

⑤ 润湿剂,常用于膏状钎剂和液体钎剂中,能提高钎剂在工件表面上的流动性。在火焰钎焊、盐浴钎焊、感应钎焊、炉中钎焊中,硬钎剂得到了广泛的应用。

软钎剂根据性能可分为腐蚀性钎剂、弱腐蚀性钎剂和无腐蚀性钎剂。腐蚀性钎剂主要由无机盐和无机酸组成(氯化锌、氯化铵、氢氟酸等),要求钎剂活性高、作用快时选用。弱腐蚀性钎剂主要由有机酸、有机碱及其衍生物组成。无腐蚀性钎剂常用成分为松香,在 127℃ 时溶化,315℃ 仍保持活性。

为满足一定的工艺要求,还可以由粉末状钎料和钎剂混合制成焊膏。钎焊膏按钎料类型分为软钎膏和硬钎膏。软钎膏有天然松香型和人工合成树脂型,在微电子工业中广泛应用。硬钎膏性能差别很大,按作业的具体要求,在使用时将硬钎料与钎剂混合配制。

(3)钎焊工艺

按焊接温度,钎焊可分为硬钎焊和软钎焊。使用硬钎料的钎焊称为硬钎焊,又称高温钎焊;使用软钎料的钎焊称为软钎焊,又称低温钎焊。硬钎焊可焊接的材料有铸铁、低碳钢、低合金钢、工具钢、不锈钢、铝及铝合金、镁及镁合金、铜及铜合金、镍基合金和含钴合金、钛锆和铍基合金、钨钼钽合金和钼基合金、贵金属和碳化物硬质合金、陶瓷、石墨等,硬钎焊广泛应用于航空航天、原子能等工业部门。软钎焊可焊接的金属材料有铸铁、钢、合金钢、不锈钢、铜及铜合金、镍及高镍合金、铅及铅合金、铝及铝合金、镁及镁合金、锡及锡合金、贵金属等，软钎焊广泛用于微电子线路、尖端电子计算机接头、汽车散热器及家用电器等。

按加热热源和加热方法，钎焊又可分为以下 6 种。

① 火焰钎焊　用可燃气体或液体燃料的气化产物与氧或空气混合燃烧所形成的火焰来实现钎焊加热。火焰钎焊通用性大，所需设备简单轻便，燃气来源广，不依赖电力供应，并能保证质量，应用很广。常用的是氧-乙炔火焰钎焊。

② 炉中钎焊　利用电阻炉实现钎焊加热。按钎焊过程中焊件所处气氛，又可分为空气炉中钎焊、还原性气氛炉中钎焊、惰性气氛炉中钎焊和真空炉中钎焊。真空炉中钎焊是一种新型钎焊方法，可以成功地用来钎焊含有铬、钛、铝等元素的合金钢、高温合金、钛合金、铝合金及难熔金属等，而不需使用钎剂，钎焊质量高。目前，陶瓷与陶瓷、陶瓷与金属的钎焊，大多是在真空炉中进行。

③ 感应钎焊　利用交变磁场作用于钎焊处，使其产生感应电阻热来实现钎焊加热。广泛用于钎焊钢、铜及铜合金、高温合金等具有对称形状的焊件，其生产效率高，易实现自动化。

④ 电阻钎焊　基本原理与电阻焊相同，是依靠电流通过焊件的钎焊处所产生的电阻热加热焊件和熔化钎料而实现钎焊。钎焊时要在钎焊处施加压力。电阻钎焊可在普通的电阻焊机上进行，也可以使用专门的电阻钎焊设备。其优点是加热迅速，生产率高，劳动条件好。缺点是加热温度不容易控制，接头尺寸不能太大，形状不能太复杂。

⑤ 浸渍钎焊　把焊件局部或整体地浸入熔化的盐混合物或熔融钎料中实现钎焊。浸渍钎焊按所用液体介质分为盐浴浸渍钎焊和熔化钎料浸渍钎焊。

⑥ 烙铁钎焊　依靠烙铁头部集聚的热量熔化钎料，同时加热钎焊处的金属而完成钎焊。烙铁头部集聚的热量有限，因此这种方法只适用于以软钎料钎焊不大的焊件，故广泛应用于无线电、仪表等工业部门。

此外，钎焊还可根据使用的钎料种类分为锡焊、银焊、铜焊等。

5.4　常用金属材料的焊接

5.4.1　金属材料的焊接性

（1）焊接性的概念

金属材料的焊接性即金属焊接性是指金属在一定的焊接条件下（包括工艺方法、焊接材料、工艺参数及结构形式等），获得优质焊接接头的难易程度。即金属材料对焊接加工的适应性。材料的焊接性一般包括两个方面：一是结合性能，也称工艺焊接性，即在焊接加工时金属形成完整无缺陷焊接接头的能力，特别是接头中产生焊接裂纹的倾向性；二是使用性能，也称使用焊接性，是指在一定的焊接工艺条件下，已焊成的焊接头头是否满足预定的各种使用性能的要求，如力学性能或其他特殊性能（耐热性、耐蚀性等）的要求。

焊接性只是一个相对的概念。对于一定的金属，在简单的焊接工艺条件下，就能保证不产生焊接缺陷，且具有优异的使用性能，则认为该金属的焊接性优良；必须采用复杂的焊接工艺条件才能实现优质焊接接头时，则认为焊接性相对较差。

金属的焊接性反映出金属材料对焊接成形加工的适应性，既与金属材料本身的材质有关，也与焊件结构、使用条件和焊接工艺条件等因素有联系。母材的供货状态及表面状态、焊接材料、接头尺寸形状及施焊方位、焊接工艺参数、预热、后热或焊后热处理以及环境条件等均属焊接工艺条件的内容。所有这些因素发生变化之后都会对焊接质量产生影响，因此，焊接时应该严格控制焊接工艺条件。

（2）估计钢材可焊性的方法

金属材料的可焊性是产品设计、施工准备及正确制定焊接工艺的重要依据。因此当采用材料制造焊接结构时，应首先了解和评价该材料的可焊性。

实际焊接结构所用的金属材料绝大多数是钢。影响钢材可焊性的主要因素是化学成分。各种化学元素加入钢以后，对焊缝组织性能、夹杂物的分布、焊接热影响区的淬硬程度等影响不同，产生裂纹的倾向也不同。各种元素中碳的影响最大。其他元素对可焊性的影响可以折合成碳的影响。因此最终可用碳当量来估算被焊钢材的可焊性。

碳钢、低合金钢的碳当量的经验公式为

$$C_E = \left(w_C + \frac{w_{Mn}}{6} + \frac{w_{Cr} + w_{Mo} + w_V}{5} + \frac{w_{Ni} + w_{Cu}}{15} \right) \times 100\%$$

经验表明，碳当量越高，裂纹倾向越大，钢的焊接性越差。

一般认为，当 $C_E < 0.4\%$ 时，钢材塑性好，淬硬倾向较小，焊接性良好。在一般的焊接工艺条件下即可获得优质焊接接头，而无需采取预热等特殊工艺措施。

当 $C_E = 0.4\% \sim 0.6\%$ 时，钢材塑性下降，有一定的淬硬倾向，焊接性较差，需采用焊前工件适当预热，焊后缓冷等工艺措施。

当 $C_E > 0.6\%$ 时，钢材塑性低，淬硬倾向大，热影响区冷裂倾向大，焊接性更差。需采取焊前预热到较高的温度，严格工艺和焊后热处理等工艺措施。

应当指出，利用碳当量法估算钢材可焊性是粗略的，它仅仅考虑了母材成分这一因素。钢材的可焊性还受到金属材料的厚度、焊件的结构形式、焊接方法及其他工艺条件等影响。因此，在实际工作中除初步估算碳当量外，还应根据情况进行抗裂性试验和接头可靠性试验，用来作为制定合理工艺规程与规范的依据。

5.4.2　钢铁材料的焊接

5.4.2.1　碳钢的焊接

（1）低碳钢的焊接

低碳钢的 w_C 小于 0.25%，碳含量小于 0.40%，其淬硬冷裂倾向小，因此焊接性良好。焊接这类钢时，通常不需要采取特殊的工艺措施，在焊后也无需进行热处理（电渣焊除外），即能获得优质焊接接头。但在焊接较厚或刚性很大的构件时，需采用大电流多层焊，并考虑焊后进行消除应力退火。另外，低温环境下焊接刚性较大的结构时，由于焊件各部分温差大，变形又受限制，焊接过程中容易产生大的内应力，可能导致构件开裂，因此需焊前预热，例如在低于 $0\,℃$ 的环境温度焊接厚度大于 50mm 的钢板时，应将其预热至 $100 \sim 150\,℃$。

低碳钢几乎可采用各种的焊接方法进行焊接，并都能保证焊接接头的良好质量。用得最广泛的焊接方法有焊条电弧焊、埋弧自动焊、CO_2 焊、电渣焊、气体保护焊和电阻焊等。

低碳钢结构件焊条电弧焊时，根据母材强度等级，一般选用酸性焊条 E4303（J422）、E4320（J424）等；承受动载荷，结构复杂的厚大焊件，选用抗裂性好的碱性焊条 E4315（J427）、E4316（J426）等。CO_2 焊焊丝常采用 H08MnSi、H08MnSiA、H08Mn2SiA 等。

（2）中、高碳钢的焊接

中碳钢由于含碳量较高，随着含碳量的增加，焊接接头的淬硬倾向和冷裂倾向增大，焊接性逐渐变差。

中碳钢的焊接特点如下。

① 热影响区易产生淬硬组织和冷裂纹　中碳钢属于易淬火钢，热影响区被加热到超过正常淬火温度时，受焊件低温部分的迅速冷却作用，将出现马氏体等淬硬组织。如果焊件刚性较大或工艺不当，就会在淬火区产生冷裂纹。

② 焊缝金属热裂纹倾向增大　焊接中碳钢时，因母材中的碳与硫、磷等杂质远远高于焊条焊芯，母材熔化后进入熔池，使焊缝金属 w_C 增加，塑性下降，加上碳、硫低熔点杂质的存在，焊缝及熔合区在相变前就有可能因内应力而产生裂纹。

因此，焊接中碳钢构件时，必须进行焊前预热，使焊接时工件各部分温差减少，以减少焊接应力，同时也减少熔合区和热影响区的冷却速度，避免产生淬硬组织；另外，焊接应选用抗裂能力较强的低氢型焊条，并选用细焊条小电流，开坡口多层焊，以防止母材过多地熔入焊缝，同时减小热影响区的宽度。

焊接中碳钢一般都采用电弧焊，但厚件可考虑用电渣焊，因为电渣焊可减轻焊接接头的淬硬倾向，能提高生产率，但焊后要进行热处理。

高碳钢（$w_C > 0.6\%$）的焊接特点与中碳钢基本相似。由于 w_C 更高，使可焊性更差。焊接时应采用更高温度的预热，更严格的工艺措施（包括焊接材料的选配）。实际上，高碳钢的焊接只限于修补工作。

5.4.2.2　普通低合金结构钢的焊接

普通低合金结构钢又称低合金高强度钢，它的 w_C 都很低，但由于其合金元素种类与合金元素的质量分数不同，所以其可焊性差别较大。总的说来。其可焊性随着强度等级的提高而变差。

（1）普通低合金结构钢的焊接特点

① 热影响区的淬硬倾向　由于合金元素可提高钢的淬透性，因此热影响区可产生淬硬组织，淬硬程度与钢的化学成分和强度级别有关。钢中 w_C 和 w_{Mn} 越大，钢材强度级别越高，焊后热影响区的淬硬倾向也越大。

② 焊接接头的裂纹倾向　随着钢材强度的提高，产生冷裂纹的倾向增大。影响产生冷裂纹的因素是：焊接接头的含氢量、淬硬程度及焊接应力。冷裂纹是在这三种因素综合作用下产生的。而氢常常又是主要因素。

（2）焊接普通低合金结构钢的工艺措施

① 对于 16Mn 等强度级别较低的钢材（$\sigma_s \leqslant 300 \sim 400$MPa），因其 C 含量 $\leqslant 0.4\%$，可焊性较好，在常温下焊接时与对待低碳钢一样。但在低温环境下或对大厚度、大刚度的结构焊接时，应适当增大电流、减小焊速，选用低氢型焊条，并进行预热；对受压容器，当厚度大于 20mm 时，焊后还必须进行退火以消除内应力。表 5-7 为 16Mn 钢的焊接预热条件。

表 5-7　焊接 16Mn 钢的焊接预热条件

工件厚度/mm	不同环境温度的预热要求
16 以下	不低于 -10℃ 不预热，-10℃ 以下预热 $100 \sim 150$℃
$16 \sim 24$	不低于 -5℃ 不预热，-5℃ 以下预热 $100 \sim 150$℃
$25 \sim 40$	不低于 0℃ 不预热，0℃ 以下预热 $100 \sim 150$℃
40 以上	均应预热 $100 \sim 150$℃

② 对强度等级高的普通低合金结构钢（$\sigma_s \geqslant 450$MPa），如 15MnV 等，因其 C 含量较高，可焊性较差，因此应根据钢材强度等级选用低氢型焊条或碱度高的焊剂配合适当焊丝施焊；焊前烘干焊条或焊剂，认真清理焊件并将焊件预热到 150℃ 以上；焊后要进行消除内应

力退火或去氢处理（将焊件加热到 $250 \sim 350 ℃$，保温 $2 \sim 6h$），防止产生冷裂纹。

　　焊接普通低合金结构钢常用的方法有手弧焊、埋弧焊、气体保护焊和电渣焊等。

5.4.2.3　不锈钢的焊接

　　不锈钢是具有优良的化学稳定性和一定的抗腐蚀性的高合金钢，不锈钢中的 w_{Cr} 都不低于 12%，还含有镍、钼、锰等合金元素，以保证其耐热性和耐腐蚀性。不锈钢按其室温组织状态可分为奥氏体不锈钢、马氏体不锈钢和铁素体不锈钢。在不锈钢的焊接中，常遇到的大都是铬镍奥氏体不锈钢的焊接。

　　（1）奥氏体不锈钢的焊接性

　　奥氏体型不锈钢如 0Cr18Ni9、1Cr18Ni9 等，虽然 Cr、Ni 元素含量较高，但 C 含量低，焊接性良好，焊接时一般不需要采取特殊工艺措施。同时，焊条、焊丝和焊剂的选用应保证焊缝金属与母材成分类型相同。奥氏体不锈钢焊接的主要问题是，若工艺操作不当，容易出现热裂纹或在使用中出现晶间腐蚀。

　　① 晶间腐蚀　这是奥氏体不锈钢极危险的一种破坏形式，它是接头在腐蚀介质作用下沿晶粒边界发生的腐蚀。其特点是腐蚀沿晶界深入金属内部，具有穿透性，并引起金属力学性能和耐腐蚀性降低。晶间腐蚀的根本原因是奥氏体不锈钢焊接时，在 $450 \sim 850℃$ 范围内停留一定时间后，在晶界处会析出碳化铬（$Cr_{23}C_6$），引起晶粒表层含铬量 $w_{Cr} < 12\%$ 而形成贫铬区，在强烈腐蚀介质作用下，晶界贫铬区受到腐蚀而形成晶间腐蚀。受到晶间腐蚀的不锈钢在表面上没有明显的变化，但在受力时会延晶界断裂。晶间腐蚀可以发生在焊缝区，也可以发生在热影响区或熔合区。为防止和减少焊接接头处的晶间腐蚀，应采用超低碳的焊接材料和母材，严格控制焊缝金属的含碳量。其次，当不锈钢或焊缝中含有能优先与碳形成稳定化合物的元素如 Ti、Nb 等，也可防止晶粒表层区域的贫铬现象

　　② 热裂纹　奥氏体不锈钢焊缝中树枝晶方向性很强，有利于 S、P 等元素的低熔点共晶产物的形成和聚集。另外此类钢热导率小，线膨胀系数大，所以焊接应力也大，焊缝很容易产生热裂纹。为了避免热裂纹，常采用以下措施：①减少焊缝中的含碳量；②通过焊接材料向焊缝中加入铁素体形成元素，如加入 Mo、Si 等可使焊缝形成铁素体加奥氏体的双相组织，减少偏析，避免热裂。

　　（2）奥氏体不锈钢的焊接工艺

　　一般熔焊方法均能用于奥氏体不锈钢的焊接，目前生产中常用的方法主要是焊条电弧焊、埋弧焊、氩弧焊。在焊接工艺上需注意以下问题。

　　① 采用小电流、快速焊，可有效地防止晶间腐蚀和热裂纹等缺陷的产生。一般焊接电流应比焊接低碳钢时低 20%。

　　② 焊接电弧要短，且不作横向摆动，以减少加热范围。避免随处引弧，焊缝尽量一次焊完，以保证耐蚀性。

　　③ 双面焊时先焊非工作面，后焊与腐蚀介质接触的工作面。

　　④ 对于晶间腐蚀，在条件许可时，可采用强制冷却。必要时可进行稳定化处理。

5.4.2.4　铸铁的焊补

　　铸铁的 w_C 高，塑性差，强度低，属于可焊性很差的材料，一般不宜用作焊接构件。但铸铁在生产中出现的某些铸造缺陷以及铸铁零件在使用过程中发生的局部损坏或断裂，可以通过焊补修复，其经济效益也是很大的。

　　（1）铸铁的焊接特点

　　① 易产生白口组织　焊接属于局部加热，焊后铸铁焊补区冷却速度比铸造时快得多，

熔合区易产生白口组织和淬火组织，硬度较高，焊后难以机械加工。

② 易产生裂纹　铸铁抗拉强度低，塑性差，当焊接应力较大时，容易在焊补区产生裂纹，甚至沿焊缝整个断裂。

③ 易产生气孔　铸铁 w_C 高，焊接时易生成 CO 与 CO_2，且结晶时间短，熔池中的气体往往来不及逸出而形成气孔。

另外，铸铁流动性好，立焊时熔池金属容易流失，所以一般只适于平焊。

（2）焊补方法

对于铸铁的焊补，一般都采用气焊、手弧焊（个别大件可采用电渣焊）。根据工艺特点的不同，又分为热焊和冷焊两大类。

① 热焊法　焊前将工件整体或局部加热至 600～700℃，并在焊接过程中保持此温度，焊后缓慢冷却。热焊法可防止工件产生白口组织和裂纹，焊补质量较高，焊后可进行机械加工。但成本较高，生产率低，劳动条件差。一般用于焊补形状复杂、焊后需要加工的重要工件，如床头箱、汽体缸等。

用手弧焊焊补时，选用石墨化型药皮和铸铁芯焊条；用气焊补焊时，除选用相应的铸铁焊芯外，还需配以硼砂和碳酸钠等组成的焊剂，这种方法比较方便，气焊火焰还可用于预热工件和焊后缓冷。

② 冷焊法　焊前不预热工件或只预热到 400℃ 以下，依靠焊条来调整焊缝化学成分以防止、减少白口组织和裂纹的产生。冷焊法方便灵活，生产率高，成本低，劳动条件好。但焊接处切削加工性较差。生产中多用于焊补要求不高以及怕高温预热引起变形的工件。

冷焊法一般用于手弧焊进行焊补。根据铸铁材料性能、焊后对切削加工的要求及工件重要性来选择焊条。常用的焊条分为以下几类。

a. 钢芯铸铁焊条（Z100）　这类焊条用低碳钢作焊芯，通过药皮中强氧化性成分使熔池金属中的 Si、C 大量烧损，以获得塑性较好的低碳钢焊缝，但焊后不能机加工。若在药皮中加入大量钒铁，焊缝具有较好的抗裂性及加工性，用于高强度铸铁和球墨铸铁的焊补。这类焊条称为高钒铸铁焊条（如 Z116、Z117）。

b. 铸铁芯铸铁焊条（如 Z248）　焊芯是铸铁，这样焊缝金属与母材在组织、性能上基本相同，适用于较大灰口铸铁焊补。

c. 铜基铸铁焊条（如 Z607）　这类焊条防止白口和裂纹的效果均好，用于灰铸铁非加工面焊补。

d. 镍基铸铁焊条（如 Z408）　焊芯是纯镍或镍铜合金，焊缝具有良好的抗裂性和加工性。用于焊后要求机械加工的铸铁焊补，这类焊条价格昂贵，应尽量少用。

5.4.3　有色合金的焊接

5.4.3.1　铝及铝合金的焊接

铝及铝合金的焊接性较差。焊接特点如下。

① 易氧化　铝容易氧化成 Al_2O_3。由于 Al_2O_3 氧化膜的熔点高（2050℃）而且密度大，在焊接过程中，会阻碍金属之间的熔合易形成夹渣。

② 易形成气孔　铝及铝合金液态时能吸收大量的氢气，但在固态时几乎不溶解氢。因此，熔池结晶时，溶入液态铝中的氢大量析出，使焊缝易产生气孔。

③ 易变形、开裂　铝的热导率为钢的 4 倍，焊接时，热量散失快，需要能量大的或密集的热源。同时铝的线膨胀系数为钢的 2 倍，凝固时收缩率达 6.5%，易产生焊接应力与变

形，并可能产生裂纹。

④ 操作困难　铝及铝合金从固态转变为液态时，无塑性过程及颜色的变化，因此，焊接操作时，很容易造成温度过高、焊缝塌陷，烧穿等缺陷。

焊接铝及铝合金常用的方法有氩弧焊、电阻焊、气焊、其中氩弧焊应用最广，电阻焊应用也较多，气焊在薄件生产中仍在采用。

氩弧焊电弧热量集中，保护效果好，且在采用适当的电源极性时具有阴极破碎作用，能自动清除焊件表面的氧化膜，所以焊缝质量高，成型好，焊接变形小，接头耐腐蚀性好。氩弧焊多用于焊接质量要求较高的结构，焊丝选用与母材成分相近的铝基焊丝，常用的有丝 301（纯铝焊丝）、丝 311（铝硅合金焊丝）、丝 321（铝锰合金焊丝）和丝 331（铝镁合金焊丝），其中丝 311 是一种通用性较强的焊丝，可用于焊接除铝镁合金以外的铝合金，焊缝的抗裂性能较高，也能保证一定的机械强度。

电阻焊焊接铝合金时，应采用大电流、短时间通电，焊前必须清除焊件表面的氧化膜。如果对焊接质量要求不高，薄板件可采用气焊，焊前必须清除工件表面氧化膜，焊接时使用焊剂，并用焊丝不断破坏熔池表面的氧化膜，焊后应立即将焊剂清理干净，以防止焊剂对焊件的腐蚀。

为保证焊接质量，铝及铝合金在焊接时应采用以下工艺措施。

① 焊前清理　去除焊件表面的氧化膜、油污、水分，便于焊接时金属的熔合，防止气孔、夹渣等缺陷。清理方法有化学清理——酸洗或碱洗，机械清理——用钢丝刷或刮刀清除表面氧化膜及油污。

② 对厚度超过 5~8mm 的焊件，预热至 100~300℃，以减小焊接应力，避免裂纹，且有利于氢的逸出，防止气孔的产生。

③ 焊后清理残留在接头处的焊剂和焊渣，防止其与空气、水分作用，腐蚀焊件。可用 10% 的硝酸溶液浸洗，然后用清水冲洗、烘干。

5.4.3.2　铜及铜合金的焊接

铜及铜合金属于焊接性差的金属，其焊接特点如下。

① 难熔合　铜及铜合金的导热性很强，焊接时的热量很快从加热区传导出去，导致焊件温度难以升高，金属难以熔化，因此，填充金属与母材不能良好熔合。

② 易变形开裂　铜及铜合金的线膨胀系数及收缩率都较大，并且由于导热性好，而使焊接热影响区变宽，导致焊件易产生变形。另外，铜及铜合金在高温液态下极易氧化，生成的氧化铜与铜形成易熔共晶体沿晶界分布，使焊缝的塑性和韧度显著下降，易引起热裂纹。

③ 易形成气孔和产生氢脆现象　铜在液态时能溶解大量氢，而凝固时，溶解度急剧下降，焊接熔池中的氢气来不及析出，在焊缝中形成气孔。同时，以溶解状态残留在固态金属中的氢与氧化亚铜发生反应，析出水蒸气，水蒸气不溶于铜，但以很高的压力状态分布在显微空隙中，导致裂缝产生所谓氢脆现象。

此外，焊接黄铜时，会产生锌蒸发（锌的沸点仅 907℃），一方面使合金元素损失，造成焊缝的强度、耐蚀性降低；另一方面，锌蒸气有毒，对焊工的身体造成伤害。

铜及铜合金的焊接采用的主要方法是氩弧焊、气焊和手工电弧焊，其中氩弧焊是焊接紫铜和青铜最理想的方法，黄铜焊接常采用气焊，因为气焊时可采用微氧化焰加热，使熔池表面生成高熔点的氧化锌薄膜，以防止锌的进一步蒸发，又能对焊缝起到保护作用。

　　为保证焊接质量，在焊接铜及铜合金时还应采取以下措施。

　　① 为了防止 Cu_2O 的产生，可在焊接材料中加入脱氧剂，如采用磷青铜焊丝，即可利用磷进行脱氧。

　　② 清除焊件、焊丝上的油、绣、水分，减少氢的来源，避免气孔的形成。

　　③ 厚板焊接时应以焊前预热来弥补热量的损失，改善应力的分布状况。焊后锤击焊缝，减小残余应力。焊后进行再结晶退火，以细化晶粒，破坏低熔共晶。

5.5　焊接件的结构工艺性

　　焊接结构工艺性是指在设计焊接结构时，除了满足焊件使用性能要求外，还要考虑到施焊技术的可行性和经济性，使结构的制造具有尽可能低的成本和高的生产率。

　　焊接件的结构工艺性应考虑到各条焊缝的可焊到性、焊缝质量的保证、焊接工作量、焊接变形的控制、材料的合理运用等因素，具体主要表现在焊缝的布置、焊接接头和坡口形式等几个方面。

5.5.1　焊缝布置

　　焊缝是构成焊接接头的主体部分，焊接结构设计的关键是焊缝位置的合理布置，它对焊接接头质量、焊接应力、变形和生产率都有很大影响。焊缝布置一般应考虑以下原则。

　　(1) 焊缝位置应便于焊接操作，以保证焊接质量

　　根据施焊时焊缝空间位置的不同，焊缝可分为平焊、横焊、立焊和仰焊四种形式，如图5-36 所示。其中，在平焊位置施焊时，熔滴可借助重力落入熔池，熔池中的气体和溶渣容易浮出表面。因此，平焊可以采用较大焊接电流，焊缝成型好，生产率高，劳动条件较好。横焊、立焊、仰焊因有熔化金属和液态熔滴下流的趋势，要求焊工的操作技术熟练并采用能使熔融金属与熔渣较快凝固的焊条，以抵消重力的影响。因此在生产中应尽量使焊缝处于平焊位置。

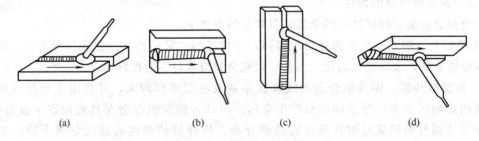

　　　　(a)　　　　　　　　(b)　　　　　　　(c)　　　　　　　(d)

图 5-36　焊缝的空间位置

　　除焊缝空间位置外，布置焊缝时还应考虑各种焊接方法要有足够的操作空间。如图5-37所示为考虑焊条电弧焊施焊空间时对焊缝的布置要求，如图 5-38 所示为考虑点焊或缝焊电极进出方便的焊缝的布置要求。另外气体保护焊时，要考虑气体的保护作用，如图 5-39 所示。埋弧自动焊结构要考虑接头处施焊时能存放焊剂，如图 5-40 所示。

　　(2) 尽量减少焊缝数量

　　在设计焊接结构时，应尽量选用型材、板材和管材，形状复杂的部分可采用冲压件、锻件和铸钢件，以减少焊缝数量。这样不仅可以减少焊接应力和变形，还可以减少焊接材料消耗，提高生产率。如图 5-41 所示的箱体结构，如采用型材或冲压件焊接，可较板材拼焊减少两条焊缝。

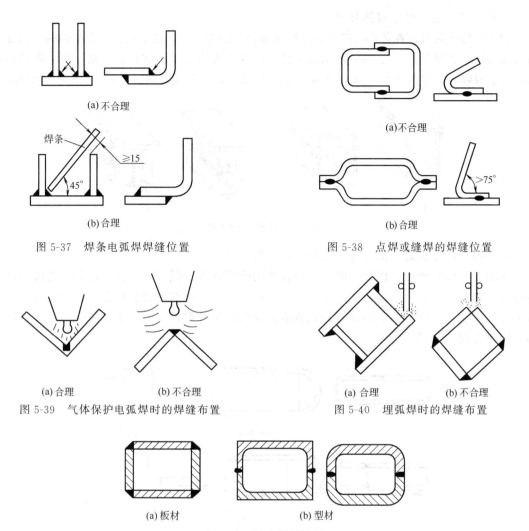

(a)不合理

焊条
≥15
45°

(b)合理

图 5-37　焊条电弧焊焊缝位置

(a)不合理

>75°

(b)合理

图 5-38　点焊或缝焊的焊缝位置

(a) 合理　　　　(b) 不合理

图 5-39　气体保护电弧焊时的焊缝布置

(a) 合理　　　　(b) 不合理

图 5-40　埋弧焊时的焊缝布置

(a)板材　　　　　　(b) 型材

图 5-41　减少焊缝数量

（3）焊缝布置应尽可能分散

焊缝密集或交叉会使接头处金属严重过热，增大热影响区，使组织恶化，力学性能下降，而且还会增大焊接应力导致裂纹产生。因此，一般两条焊缝的间距要大于三倍的钢板厚度且不小于 100mm，如图 5-42 所示。

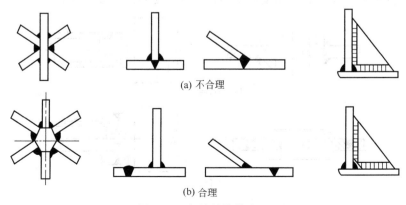

(a) 不合理

(b) 合理

图 5-42　焊缝的分散布置

（4）焊缝位置应尽量对称分布

焊缝对称布置可使各条焊缝产生的焊接变形相互抵消，这对减小梁、柱等结构的焊接变形有明显效果，如图 5-43(a)、(c) 所示的焊件，焊缝位置偏在截面重心的一侧，由于焊缝的收缩，会造成较大的弯曲变形。图 5-43(b)、(d) 所示的焊缝位置对称，就不会发生明显变形。

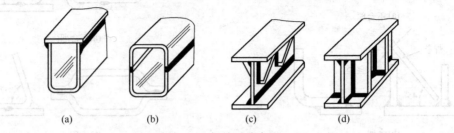

图 5-43　焊缝对称布置

（5）焊缝应尽量避开最大应力和应力集中的位置

如图 5-44(a) 所示，横梁中间、压力容器的凸形封头、截面有急剧变化的位置或尖锐棱角部位，都是受力最大或最易产生应力集中的地方，在这些部位布置焊缝，焊接应力与外加应力叠加，会造成过大的应力使结构承载能力减弱甚至开裂，因此应避免布置焊缝。合理的布置应改为图 5-44(b) 所示。

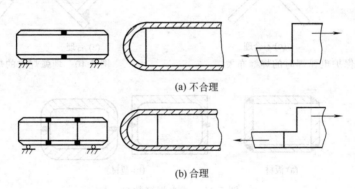

(a) 不合理

(b) 合理

图 5-44　焊缝避开最大应力集中部位

（6）焊缝应避开切削加工表面

在一般情况下，焊接工序应在机械加工工序之前完成，以防止焊接损坏机加工表面。但若焊接结构的某些部位要求有较高的加工精度，又必须在机械加工完成之后进行焊接，为避免焊接应力和变形对已加工表面精度的影响，焊缝应尽量远离加工表面（图 5-45）。

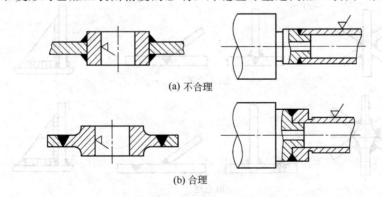

(a) 不合理

(b) 合理

图 5-45　焊缝应避开机械加工表面

5.5.2　焊接接头设计

焊接接头是焊接结构中各构成元件的连接部分，同时也是承受和传递工作应力的部分。因此为保证焊接结构使用可靠，做到既方便焊接生产，又能确保焊接质量，降低生产成本，必须合理设计焊接接头。接头设计包括焊接接头形式设计和坡口形式设计。

（1）焊接接头形式

设计接头形式时主要综合考虑焊缝位置之间的对应关系、结构形状、焊件板厚、变形大小、接头使用性能要求等因素。根据被焊工件的相对位置，常用的基本焊接接头形式有对接接头、角接接头、搭接接头和 T 形接头，如图 5-46 所示。

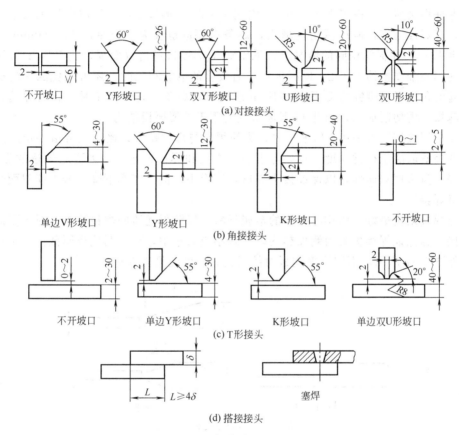

图 5-46　手弧焊接头及坡口形式

其中，对接接头应力分布均匀，节省材料，焊接质量容易保证，各种重要的受力焊缝都优先采用，是焊接结构中使用最多的一种形式，但对焊前准备和装配质量要求相对较高。锅炉、压力容器等焊件常采用对接接头。搭接接头便于组装，无需开坡口，对焊前准备和装配质量要求均不高，但由于构成搭接接头的两焊件不在同一平面，接头处部分重叠，其应力分布不均匀，易产生附加弯曲应力，疲劳强度和承载能力都低于对接接头，且结构重量大，不经济。因此，搭接接头主要用于平板、细杆类焊件结构，如厂房金属屋架、桥梁、起重机吊臂等桁架结构常采用搭接接头。角接接头便于组装，能获得美观的外形，但其承载能力较低，一般只起连接作用，不能用于传递工作载荷。通常箱式结构多采用角接接头。T 形接头的应力分布较复杂，但完全焊透的单面和双面坡口接头都能承受较高的载荷，因此 T 形接头也是应用非常广泛的一种接头形式，在船体结构中约有 70% 的焊缝均采用 T 形接头，在机床焊接结构中的应用也十分广泛。

(2) 焊缝坡口形式

根据 GB 985—88，焊条电弧焊常采用的坡口形式有 I 形坡口（不开坡口）、Y 形坡口、双 Y 形坡口、U 形坡口（如图 5-46 所示）。焊缝开坡口的目的是为了使厚度较大的焊件能够焊透，同时也使焊缝成形美观，此外通过控制坡口大小，还能起到调节焊缝中母材金属与填充金属的比例，使焊缝金属达到所需成分及性能作用。坡口形式的选择主要根据板厚和采用的焊接方法确定，同时还要兼顾焊接工作量大小、焊接材料、坡口加工难易程度及焊接施工条件等因素。

焊条电弧焊板厚小于 6mm 时，一般不开坡口；但重要结构件板厚大于 3mm 就需开坡口，以保证焊接质量。板厚在 6~26mm 之间可采用 Y 形坡口，这种坡口加工简单，且只需焊一面，可焊性较好，但焊后角变形大，焊条消耗量也较大。板厚在 12~60mm 之间可采用双 Y 形坡口，在板厚相同的情况下，采用双 Y 形坡口进行双面焊，比采用 Y 形坡口单面焊需要的填充金属量约少 1/2，同时还可节省较多的电能和工时，还可避免因焊缝截面不对称而引起的角变形。带钝边 U 形坡口比 Y 形坡口省焊条，省焊接工时，容易焊透，但坡口加工较麻烦，需切削加工，因此 U 形坡口主要用于重要厚板结构。

埋弧焊焊接较厚板采用 I 形坡口时，为使焊剂与焊件贴合，接缝处可留一定间隙。坡口形式的选择既取决于板材厚度，也要考虑加工方法和焊接工艺性。如要求焊透的受力焊缝，能双面焊尽量采用双面焊，以保证接头焊透，变形小，但生产率下降。若不能双面焊时才开单面坡口焊接。

设计焊接结构最好采用相等厚度的金属材料，以获得优质的焊接接头。对于不同厚度的板材对接，为保证焊接接头两侧加热均匀，减小应力集中，接头两侧板厚截面应尽量相同或相近，如图 5-47 所示。不同厚度钢板对接时允许厚度差见表 5-8。

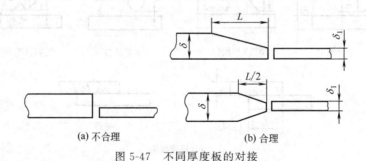

(a) 不合理   (b) 合理

图 5-47　不同厚度板的对接

表 5-8　不同厚度钢板对接允许厚度差

较薄板的厚度 δ_1/mm	>2~5	>5~9	>9~12	>12
允许厚度差 $(\delta-\delta_1)$/mm	1	2	3	4

第6章　钢的热处理及表面处理

钢的热处理是将钢在固态下进行加热、保温和冷却，以改变其内部组织，从而获得所需要性能的一种工艺方法。

根据加热和冷却方法不同，将钢的常用热处理分类如下。

$$热处理 \begin{cases} 整体热处理：退火，正火，淬火，回火等 \\ 表面热处理：表面淬火 \\ 化学热处理：渗碳，碳氮共渗，渗氮等 \end{cases}$$

6.1　钢在加热和冷却时的组织转变

Fe-Fe$_3$C 相图相变点 A_1、A_3、A_{cm} 是碳钢在极缓慢地加热或冷却情况下测定的。但在实际生产中，加热和冷却并不是极其缓慢的，因此，钢的实际相变点都会偏离平衡相变点，即：加热转变相变点在平衡相变点以上，而冷却转变相变点在平衡相变点以下。通常把实际加热温度标为 A_{c_1}、A_{c_3}、$A_{c_{cm}}$、A_{r_1}、A_{r_3}、$A_{r_{cm}}$，如图 6-1 所示。

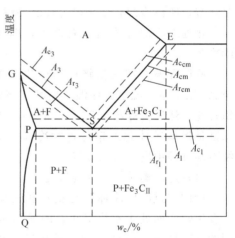

图 6-1　钢加热和冷却时各临界点的实际位置

6.1.1　钢在加热时的组织转变

钢加热到 A_{c_1} 点以上时会发生珠光体向奥氏体的转变，加热到 A_{c_3} 和 $A_{c_{cm}}$ 以上时，便全部转变为奥氏体，这种加热转变过程称为钢的奥氏体化。

① 奥氏体的形成过程　珠光体转变为奥氏体是一个从新结晶的过程。由于珠光体是铁素体和渗碳体的机械混合物，铁素体与渗碳体的晶包类型不同，含碳量差别很大，转变为奥氏体必须进行晶包的改组和铁碳原子的扩散。下面以共析钢为例说明奥氏体化大致可分为四个过程，如图 6-2 所示。

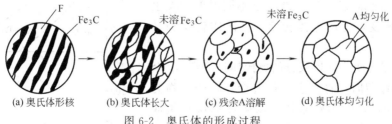

图 6-2　奥氏体的形成过程

a. 奥氏体形核　奥氏体的晶核上首先在铁素体和渗碳体的相界面上形成的。由于界面上的碳浓度处于中间值，原子排列也不规则，原子由于偏离平衡位置处于畸变状态而具有较高的能量。同时位错和空间密度较高，铁素体和渗碳体的交接处在浓度结构和能量上为奥氏体形核提供了有利条件。

b. 奥氏体长大　奥氏体一旦形成，便通过原子扩散不断长大，在与铁素体接触的方向上，铁素体逐渐通过改组晶胞向奥氏提转化；在与渗碳体接触的方向上，渗碳体不断溶入奥氏体。

c. 残余渗碳体溶解　由于铁素体的晶格类型和含碳量的差别都不大，因而铁素体向奥氏体的转变总是先完成。当珠光体中的铁素体全部转变为奥氏体后，仍有少量的渗碳体尚未溶解。随着保温时间的延长，这部分渗碳体不断溶入奥氏体，直至完全消失。

d. 奥氏体均匀化　刚形成的奥氏体晶粒中，碳浓度是不均匀的。原先渗碳体的位置，碳浓度较高；原先属于铁素体的位置，碳浓度较低。因此，必须保温一段时间，通过碳原子的扩散获得成分均匀的奥氏体。这就是热处理应该有一个保温阶段的原因。

对于亚共析钢与过共析钢，若加热温度没有超过 A_{c_3} 或 $A_{c_{cm}}$，而在稍高于 A_{c_1} 停留，只能使原始组织中的珠光体转变为奥氏体，而共析铁素体或二次渗碳体仍将保留。只有进一步加热至 A_{c_3} 或 $A_{c_{cm}}$ 以上并保温足够时间，才能得到单相的奥氏体。

② 奥氏体晶粒的长大及其控制　如果加热温度过高，或者保温时间过长，将会促使奥氏体晶粒粗化。奥氏体晶粒粗化后，热处理后钢的晶粒就粗大，会降低钢的力学性能。

6.1.2　钢在冷却时转变

冷却是钢热处理的三个工序中影响性能的最重要环节，所以冷却转变是热处理的关键。

热处理冷却方式通常有两种，即等温冷却和连续冷却。

所谓等温冷却是指将奥氏体化的钢件迅速冷却至 A_{r_1} 以下某一温度并保温，使其在该温度下发生组织转变，然后再冷却至室温，如图 6-3 所示。连续冷却则是将奥氏体化的钢件连续冷却至室温，并在连续冷却过程中发生组织转变。

（1）过冷奥氏体的等温转变

所谓"过冷奥氏体"是指在相变温度 A_1 以下，未发生转变而处于不稳定状态的奥氏体（A'）。在不同的过冷度下，反映过冷奥氏体转变产物与时间关系的曲线称为过冷奥氏体等温转变的曲线。由于曲线形状像字母 C，故又称为 C 曲线。如图 6-4 所示。

共析钢过冷奥氏体在 A_{r_1} 线以下不同温度会发生三种不同的转变，即珠光体转变、贝氏体转变和马氏体转变。

① 珠光体转变　共析成分的奥氏体过冷到 A_{r_1} 至 550℃ 区等温停留时，将发生共析转变，转变产物为珠光体型组织，都是由铁素体和渗碳体的层片组成的机械混合物。由于过冷奥氏体向珠光体转变温度不同，珠光体中铁素体和渗碳体片厚度也不同。在 A_{r_1} 至 650℃ 范围内，片间距较大，称为珠光体（P）；在 650～600℃ 范围内，片间距较小，称为索氏体（S）；

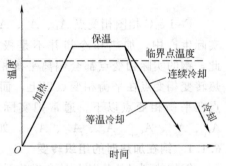

图 6-3　两种冷却方式示意图

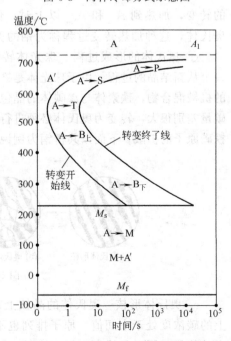

图 6-4　共析钢过冷 A' 等温转变图

在 600～550℃范围内，片间距很小，称为托氏体（T）。

珠光体组织中的片间距愈小，相界面愈多，强度和硬度愈高；同时由于渗碳体变薄，使得塑性和韧性也有所改善。

② 贝氏体转变　共析成分的奥氏体过冷到 550℃至 M_s 的中温区停留时，将发生过冷奥氏体向贝氏体的转变，形成贝氏体（B）。由于过冷度较大，转变温度较低，贝氏体转变时只发生碳原子的扩散而不发生铁原子的扩散。因而，贝氏体是由于含过饱和碳的铁素体和碳化物组成的两相混合物。

按组织形态和转变温度，可将贝氏体组织分为上贝氏体（$B_上$）和下贝氏体（$B_下$）两种。上贝氏体是在 550～350℃温度范围内形成的。由于脆性较高，基本无实用价值，这里不予讨论；下贝氏体是在 350℃至 M_s 点温度范围内形成的。它由含过饱和的细小针片状铁素体和铁素体片内弥散分布的碳化物组成，因而，它具有较高的强度和硬度、塑性和韧性。在实际生产中常采用等温淬火来获得下贝氏体。

③ 马氏体转变　当过冷奥氏体被快速冷却到 M_s 点以下时，便发生马氏体转变，形成马氏体（M），它是奥氏体冷却转变最重要的产物。奥氏体为面心立方晶体结构。当过冷至 M_s 以下时，其晶体结构将转变为体心立方晶体结构。由于转变温度较低，原奥氏体中溶解的过多碳原子没有能力进行扩散，致使所有溶解在原奥氏体中的碳原子难以析出，从而使晶格发生畸变，含碳量越高，畸变越大，内应力也越大。马氏体实质上就是碳溶于 α-Fe 中过饱和间隙固溶体。

马氏体的强度和硬度主要取决于马氏体的碳含量。当 w_C 低于 0.2％时，可获得呈一束束尺寸大体相同的平行条状马氏体，称为板条状马氏体，如图 6-5(a) 所示。

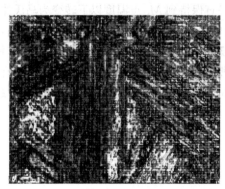

(a) 板条状马氏体　　　　　　　　　　(b) 针片状马氏体

图 6-5　马氏体的显微组织示意图

当钢的组织为板条状马氏体时，具有较高的硬度和强度、较好的塑性和韧性。当马氏体中 w_C 大于 0.6％时，得到针片状马氏体，如图 6-5(b) 所示。片状马氏体具有很高的硬度，但塑性和韧性很差，脆性大。当 w_C 在 0.2％～0.6％之间时，低温转变得到板条状马氏体与针状马氏体混合组织。随着碳含量的增加，板条状马氏体量减少而针片状马氏体量增加。

与前两种转变不同的是，马氏体转变不是等温转变，而是在一定温度范围内（M_s～M_f）快速连续冷却完成的转变。随温度降低，马氏体量不断增加。而实际进行马氏体转变的淬火处理时，冷却只进行到室温，这时奥氏体不能全部转变为马氏体，还有少量的奥氏体未发生转变而残余下来，称为残余奥氏体。过多的残余奥氏体会降低钢的强度、硬度和耐磨性，而且因残余奥氏体为不稳定组织，在钢件使用过程中易发生转变而导致工件产生内应力，引起变形、尺寸变化，从而降低工件精度。因此，生产中常对硬度要求高或精度要求高的工件，淬火后迅速将其置于接近 M_f 的温度下，促使残余奥氏体进一步转变成马氏体，这一工艺过程称为"冷处理"。

亚共析钢和过共析钢过冷奥氏体的等温转变曲线与共析钢的奥氏体等温转变曲线相比，它们的 C 曲线分别多出一条先析铁素体析出线或先析渗碳体析出线。

通常，亚共析钢的 C 曲线随着含碳量的增加而向右移，过共析钢的 C 曲线随着含碳量的增加而向左移。故在碳钢中，共析钢的 C 曲线最靠右，其过冷奥氏体最稳定。

（2）过冷奥氏体连续冷却转变

在实际生产中，奥氏体的转变大多是在连续冷却过程中进行，故有必要对过冷奥氏体的连续冷却转变曲线有所了解。

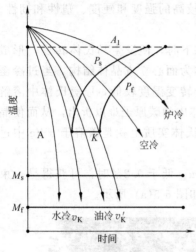

图 6-6　共析钢的 CCT 曲线

它也是由实验方法测定的，它与等温转变曲线的区别在于连续冷却转变曲线位于曲线的右下侧，且没有 C 曲线的下部分，即共析钢在连续冷却转变时，得不到贝氏体组织。这是因为共析钢贝氏体转变的孕育期很长，当过冷奥氏体连续冷却通过贝氏体转变区内尚未发生转变时就已过冷到 M_s 点而发生马氏体转变，所以不出现贝氏体转变。

连续冷却转变曲线又称 CCT 图，如图 6-6 所示。图中 P_s 和 P_f 表示 A→P 的开始线和终了线，K 线表示 A→P 的终止线，若冷却曲线碰到 K 线，这时 A→P 转变停止，继续冷却时奥氏体一直保持到 M_s 点温度以下转变为马氏体。

v_K 称为临界冷却速度，也称为上临界冷却速度，它是获得全部马氏体组织的最小冷却速度。v_K 越小，钢在淬火时越容易获得马氏体组织，即钢接受淬火的能力越大。

v_K' 为下临界冷却速度，是保证奥氏体全部转变为珠光体的最大冷却速度。v_K' 越小，则退火速度所需时间越长。

6.2　钢的普通热处理

普通热处理是将工件整体进行加热、保温和冷却，以使其获得均匀的组织和性能的一种操作。它包括退火、正火、淬火和回火。

6.2.1　钢的退火

退火是将工件加热到临界点以上或在临界点以下某一温度保温一定时间后，以十分缓慢的冷却速度（炉冷、坑冷、灰冷）进行冷却的一种操作。根据钢的成分、组织状态和退火目的不同，退火工艺可分为：完全退火、等温退火、球化退火、去应力退火等。

（1）完全退火和等温退火

① 完全退火　将工件加热到 A_{c_3} 以上 30～50℃，保温一定时间后，随炉缓慢冷却到500℃以下，然后在空气中冷却。用于亚共析钢成分的碳钢和合金钢的铸件、锻件及热轧型材。有时也用于焊接结构。

② 目的　细化晶粒，降低硬度，改善切削加工性能。这种工艺过程比较费时间。为克服这一缺点，产生了等温退火工艺。

③ 等温退火　先以较快的冷速，将工件加热到 A_{c_3} 以上 30～50℃，保温一定时间后，先以较快的速度冷却到珠光体的形成温度后等温，待等温转变结束再快冷，这样就可大大缩短退火的时间。

（2）球化退火

将钢件加热到 A_{c_1} 以上 30～50℃，保温一定时间后随炉缓慢冷却至 600℃ 后出炉空冷。同样为缩短退火时间，生产上常采用等温球化退火，它的加热工艺与普通球化退火相同，只是冷却方法不同。等温的温度和时间要根据硬度要求，利用 C 曲线确定。可见球化退火（等温）可缩短退火时间。

主要用于共析或过共析成分的碳钢及合金钢。

① 目的　在于降低硬度，改善切削加工性，并为以后淬火做准备。

② 实质　通过球化退火，使层状渗碳体和网状渗碳体变为球状渗碳体，球化退火后的组织是由铁素体和球状渗碳体组成的球状珠光体。

（3）去应力退火（低温退火）

将工件随炉缓慢加热（100～150℃/h）至 500～650℃（A_1 以下），保温一段时间后随炉缓慢冷却（50～100℃/h），至 200℃ 出炉空冷。

主要用于消除铸件、锻件、焊接件、冷冲压件（或冷拔件）及机加工的残余内应力。这些应力若不消除会导致随后的切削加工或使用中的变形开裂。降低机器的精度，甚至会发生事故。在去应力退火中不发生组织转变。

6.2.2　钢的正火

将工件加热到 A_{c_3} 或 $A_{c_{cm}}$ 以上 30～50℃，保温后从炉中取出，在空气中冷却的热处理工艺称为正火，如图 6-7 所示。

与退火的区别是冷速快，组织细，强度和硬度有所提高。当钢件尺寸较小时，正火后组织为 S，而退火后组织为 P。钢的退火与正火工艺曲线如图 6-8 所示。

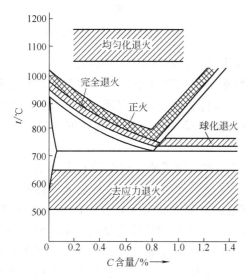

图 6-7　退火与正火加热温度范围

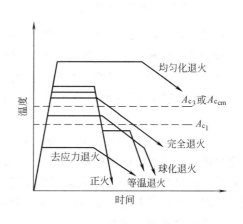

图 6-8　钢的退火和正火工艺曲线

正火的应用如下。

① 用于普通结构零件，作为最终热处理，细化晶粒提高力学性能。

② 用于低、中碳钢作为预先热处理，得合适的硬度便于切削加工。

③ 用于过共析钢，消除网状 Fe_3C_{II}，有利于球化退火的进行。

6.2.3　钢的淬火

（1）淬火的目的

淬火就是将钢件加热到 A_{c_3} 或 A_{c_1} 以上 30～50℃，保温一定时间，然后快速冷却（一般为油冷或水冷），从而得到马氏体的一种操作。

因此淬火的目的就是获得马氏体。但淬火必须和回火相配合，否则淬火后虽然高硬度，高强度，但韧性、塑性低，不能得到优良的综合力学性能的构件。

（2）钢的淬火工艺

淬火是一种复杂的热处理工艺，又是决定产品质量的关键工序之一，淬火后要虽然到细小的马氏体组织又不至于产生严重的变形和开裂，就必须根据钢的成分、零件的大小、形状等，结合 C 曲线合理地确定淬火加热和冷却方法。

① 淬火加热温度的选择　马氏体针叶大小取决于奥氏体晶粒大小。为了使淬火后得到细而均匀的马氏体，首先要在淬火加热时得到细而均匀的奥氏体。因此，加热温度不宜太高。只能在临界点以上 30～50℃。淬火工艺参数如图 6-9 所示。

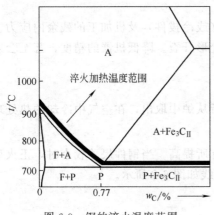

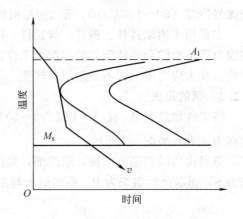

图 6-9　钢的淬火温度范围　　　　　图 6-10　钢的理想淬火冷却速度

对于亚共析钢：A_{c_3} ＋（30～50℃），淬火后的组织为均匀而细小的马氏体。

对于过共析钢：A_{c_1} ＋（30～50℃），淬火后的组织为均匀而细小的马氏体和颗粒状渗碳体及残余奥氏体的混合组织。如果加热温度过高，渗碳体溶解过多，奥氏体晶粒粗大，会使淬火组织中马氏体针变粗，渗碳体量减少，残余奥氏体量增多，从而降低钢的硬度和耐磨性。

② 淬火冷却介质　淬火冷却是决定淬火质量的关键，为了使工件获得马氏体组织，淬火冷却速度必须大于临界冷却速度 v_K，而快冷会产生很大的内应力，容易引起工件的变形和开裂。所以既不能冷速过大又不能冷速过小，理想的冷却速度应是如图 6-10 所示的速度。但到目前为止还没有找到十分理想的冷却介质能符合这一理想的冷却速度的要求。最常用的冷却介质是水和油，水在 650～550℃ 范围内具有很大的冷却速度（＞600℃/s），可防止珠光体的转变，但在 300～200℃ 时冷却速度仍然很快（约为 270℃/s），这时正发生马氏体转变具有如此高的冷速，必然会引起淬火钢的变形和开裂。若在水中加入 10% 的盐（NaCl）或碱（NaOH），可将 650～550℃ 范围内的冷却速度提高到 1100℃/s，但在 300～200℃ 范围内冷却速度基本不变，因此水及盐水或碱水常被用作碳钢的淬火冷却介质，但都易引起材料变形和开裂。而油在 300～200℃ 范围内的冷却速度较慢（约为 20℃/s），可减少钢在淬火时

的变形和开裂倾向，但在 $650\sim550℃$ 范围内的冷却速度不够大（约为 $150℃/s$），不易使碳钢淬火成马氏体，只能用于合金钢。常用淬火油为 $10^#$、$20^#$ 机油。

③ 淬火方法　为了使工件淬火成马氏体并防止变形和开裂，单纯依靠选择淬火介质是不行的，还必须采取正确的淬火方法。最常用的淬火方法有如下四种。

a. 单液淬火法（单介质淬火）　将加热的工件放入一种淬火介质中一直冷到室温。这种方法操作简单，容易实现机械化、自动化，如碳钢在水中淬火，合金钢在油中淬火。但其缺点是不符合理想淬火冷却速度的要求，水淬容易产生变形和裂纹，油淬容易产生硬度不足或硬度不均匀等现象。

b. 双液淬火法（双介质淬火）　将加热的工件先在快速冷却的介质中冷却到接近马氏体转变温度 M_s 时，立即转入另一种缓慢冷却的介质中冷却至室温，以降低马氏体转变时的应力，防止变形开裂。如形状复杂的碳钢工件常采用水淬油冷的方法，即先在水中冷却到 $300℃$ 后在油中冷却；而合金钢则采用油淬空冷，即先在油中冷却后在空气中冷却。

c. 分级淬火法　将加热的工件先放入温度稍高于 M_s 的盐浴或碱浴中，保温 $2\sim5min$，使零件内外的温度均匀后，立即取出在空气中冷却。这种方法可以减少工件内外的温差和减慢马氏体转变时的冷却速度，从而有效地减少内应力，防止产生变形和开裂。但由于盐浴或碱浴的冷却能力低，只能适用于零件尺寸较小、要求变形小、尺寸精度高的工件，如模具、刀具等。

d. 等温淬火法　将加热的工件放入温度稍高于 M_s 的盐浴或碱浴中，保温足够长的时间使其完成 B 转变。等温淬火后获得 B_F 组织。下贝氏体与回火马氏体相比，在含碳量相近、硬度相当的情况下，前者比后者具有较高的塑性与韧性，而且等温淬火后一般不需进行回火，适用于尺寸较小，形状复杂，要求变形小，具有高硬度和强韧性的工具、模具等。

（3）钢的淬透性

① 淬透性和淬硬性的概念　所谓淬透性是指钢在淬火时获得淬硬层的能力。淬硬层一般规定为工件表面至半马氏体（马氏体量占 50%）之间的区域，它的深度称为淬硬层深度。不同的钢在同样的条件下淬硬层深度不同，说明不同的钢淬透性不同，淬硬层较深的钢淬透性较好。

淬硬性是指钢以大于临界冷却速度冷却时，获得的马氏体组织所能达到的最高硬度。钢的淬硬性主要决定于马氏体的含碳量，即取决于淬火前奥氏体的含碳量。淬透性好，淬硬性不一定好，同样淬硬性好，淬透性亦不一定好。

② 影响淬透性的因素

a. 化学成分　C 曲线距纵坐标越远，淬火的临界冷却速度越小，则钢的淬透性越好。对于碳钢，钢中含碳量越接近共析成分，其 C 曲线越靠右，临界冷却速度越小，则淬透性越好，即亚共析钢的淬透性随含碳量增加而增大，过共析钢的淬透性随含碳量增加而减小。除 Co 和 Al 以外的大多数合金元素都使 C 曲线右移，使钢的淬透性增加，因此合金钢的淬透性比碳钢好。

b. 奥氏体化的条件　奥氏体化温度越高，保温时间越长，所形成的奥氏体晶粒也就越粗大，使晶界面积减少，这样就会降低过冷奥氏体转变的形核率，不利于奥氏体的分解，使其稳定性增大，淬透性增加。

③ 淬透性的应用　淬透性是机械零件设计时选择材料和制定热处理工艺的重要依据。淬透性不同的钢材，淬火后得到的淬硬层深度不同，所以沿截面的组织和机械性能差别

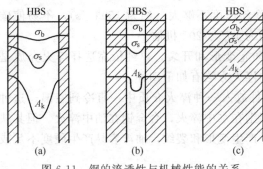

图 6-11　钢的淬透性与机械性能的关系

很大。如图 6-11 所示，表示淬透性不同的钢制成直径相同的轴，经调质后机械性能的对比。图 6-11(a) 表示全部淬透，整个截面为回火索氏体组织，机械性能沿截面是均匀分布的；图 6-11(b) 表示仅表面淬透，由于心部为层片状组织（索氏体），冲击韧性较低。由此可见，淬透性低的钢材机械性能较差。因此机械制造中截面较大或形状较复杂的重要零件，以及应力状态较复杂的螺栓、连杆等零件，要求截面机械性能均匀应选用淬透性较好的钢材。

受弯曲和扭转力的轴类零件，应力在截面上的分布是不均匀的，其外层受力较大，心部受力较小，可考虑选用淬透性较低的、淬硬层较浅（如为直径的 $1/3\sim1/2$）的钢材。有些工件（如焊接件）不能选用淬透性高的钢件，否则容易在焊缝热影响区内出现淬火组织，造成焊缝变形和开裂。

6.2.4　淬火钢的回火

（1）钢的回火及回火的目的

回火是将淬火钢重新加热到 A_1 点以下的某一温度，保温一定时间后，冷却到室温的一种操作。

由于淬火钢硬度高，脆性大，存在着淬火内应力，且淬火后的组织马氏体和残余奥氏体都处于非平衡状态，是一种不稳定的组织，在一定条件下，经过一定的时间后，组织会向平衡组织转变，导致工件的尺寸形状改变，性能发生变化，为克服淬火组织的这些弱点而采取回火处理。

回火的目的：降低淬火钢的脆性，减少或消除内应力，使组织趋于稳定并获得所需要的性能。

（2）淬火钢在回火时组织和性能的变化

淬火钢在回火过程中，随着加热温度的提高，原子活动能力增大，其组织相应发生以下四个阶段性的转变。

① 第一阶段（80~200℃）　马氏体开始的分解。由淬火马氏体中析出薄片状细小的 ε 碳化物（过渡相分子式 $Fe_{2.4}C$）使马氏体中碳的过饱和度降低。通常把这种马氏体和 ε 碳化物的组织称为回火马氏体（图 6-12），用 $M_回$ 表示。这一阶段内应力逐渐减小。

(a) 回火索氏体　　　　　　　(b) 回火托氏体　　　　　　　(c) 回火马氏体

图 6-12　回火组织

② 第二阶段（200～300℃）　残余奥氏体分解。在马氏体分解的同时，降低了残余奥氏体的压力，使其转变为下贝氏体。这个阶段转变后的组织是下贝氏体和回火马氏体，亦称为回火马氏体。这个阶段应力进一步降低，但硬度并未明显降低。

③ 第三阶段（300～400℃）　马氏体分解完成和渗碳体的形成。这一阶段马氏体继续分解，直到过饱和的碳原子几乎全部由固溶体内析出。与此同时，ε 碳化物转变成极细的稳定的渗碳体。此阶段后的回火组织为尚未铁结晶的针状铁素体和细球状渗碳体的混合组织，称为回火托氏体（图 4-12），用 $T_回$ 表示。此时钢的淬火内应力基本消除，硬度有所降低。

④ 第四阶段（400℃以上）　α 固溶体的再结晶与渗碳体的聚集长大。回火温度超过400℃时，具有平衡浓度的 α 相开始回复，500℃以上时发生再结晶，从针叶状转变为多边形的粒状，在这一回复再结晶的过程中，粒状渗碳体聚集长大成球状，即在 500℃以上（500～650℃）得到由粒状铁素体和球状渗碳体的混合组织，称为回火索氏体（图 4-12），用 $S_回$ 表示。

（3）回火的方法及应用

钢的回火按回火温度范围可分为以下三种。

① 低温回火　回火温度范围 150～250℃。回火后的组织为回火马氏体。内应力和脆性有所降低，但保持了马氏体的高硬度和高耐磨性。主要应用于高碳钢或高碳合金钢制造的工具、模具、滚动轴承及渗碳和表面淬火的零件。

② 中温回火　回火温度范围为 350～500℃，回火后的组织为回火托氏体，具有一定的韧性和较高的弹性极限及屈服强度。主要应用于各类弹簧和模具等。

③ 高温回火　回火温度范围为 500～650℃，回火后的组织为回火索氏体，具有强度、硬度、塑性和韧性都较好的综合力学性能。广泛应用于汽车、拖拉机、机床等机械中的重要结构零件，如轴、连杆、螺栓等。

通常在生产上将淬火与高温回火相结合的热处理称为"调质处理"。应当指出，工件回火后的硬度主要与回火温度和回火时间有关，而与回火后的冷却速度关系不大。因此，在实际生产中回件出炉后通常采用空冷。

（4）回火脆性

钢在某一温度范围内回火时，其冲击韧度比较低温度回火时反而显著下降，这种脆化现象称为回火脆性。

在 250～350℃范围内出现的回火脆性称为第一类回火脆性。这类回火脆性无论是在碳钢还是合金钢中均会出现，它与钢的成分和冷却速度无关，即使加入合金元素及回火后快冷或重新加热到此温度范围内回火，都无法避免，故又称"不可逆回火脆性"。防止的办法常常是避免在此温度范围内回火。

在 500～600℃范围内出现的回火脆性称为第二类回火脆性，部分合金钢易产生这类回火脆性。这类回火脆性如果在回火时快冷就不会出现，另外，如果脆性已经发生，只要再加热到原来的回火温度重新回火并快冷，则可完全消除，因此这类回火脆性又称"可逆回火脆性"。

6.3　钢的表面热处理

一些在弯曲、扭转、冲击载荷、摩擦条件区工作的齿轮等机器零件，它们要求具有表面硬、耐磨，而心部韧，能抗冲击的特性，仅从选材方面去考虑是很难达到此要求的。如用高碳钢，虽然硬度高，但心部韧性不足；若用低碳钢，虽然心部韧性好，但表面硬度低，不耐磨，所以工业上广泛采用表面热处理来满足上述要求。

仅对工件表层进行淬火的工艺，称为表面淬火。它是利用快速加热使钢件表面奥氏体化，而中心尚处于较低温度即迅速予以冷却，表层被淬硬为马氏体，而中心仍保持原来的退火、正火或调质状态的组织。

表面淬火一般适用于中碳钢（$w_C = 0.4\% \sim 0.5\%$）和中碳低合金钢（40Cr、40MnB等），也可用于高碳工具钢、低合金工具钢（如T8、9Mn2V、GCr15等）以及球墨铸铁等。目前应用最多的是感应加热和火焰加热表面淬火。

（1）感应加热表面淬火

它是工件中引入一定频率的感应电流（涡流），使工件表面层快速加热到淬火温度后立即喷水冷却的方法。

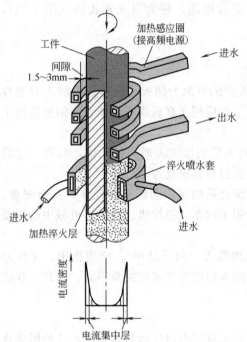

图 6-13　感应加热表面淬火示意图

① 工作原理　如图 6-13 所示，在一个线圈中通过一定频率的交流电时，在它周围便产生交变磁场。若把工件放入线圈中，工件中就会产生与线圈频率相同而方向相反的感应电流。这种感应电流在工件中的分布是不均匀的，主要集中在表面层，越靠近表面，电流密度越大；频率越高，电流集中的表面层越薄。这种现象称为"集肤效应"，它是感应电流能使工件表面层加热的基本依据。

② 感应加热的分类　根据电流频率的不同，感应加热可分为：高频感应加热（50～300kHz），适用于中小型零件，如小模数齿轮；中频感应加热（2.5～10kHz），适用于大中型零件，如直径较大的轴和大中型模数的齿轮；工频感应加热（50Hz），适用于大型零件，如直径大于300mm的轧辊及轴类零件等。

③ 感应加热的特点　加热速度快、生产率高；淬火后表面组织细、硬度高（比普通淬火高 HRC2～3）；加热时间短，氧化脱碳少；淬硬层深易控制、变形小、产品质量好；生产过程易实现自动化，其缺点是设备昂贵、维修、调整困难、形状复杂的感应圈不易制造、不适于单件生产。另外，工件在感应加热前需要进行预先热处理，一般为调质或正火，以保证工件表面在淬火后得到均匀细小的马氏体和改善工件心部硬度、强度、韧性以及切削加工性，并减少淬火变形。工件在感应表面淬火后需要进行低温回火（180～200℃）以降低内应力和脆性，获得回火马氏体组织。

（2）火焰加热表面淬火

火焰加热表面淬火是用乙炔-氧或煤气-氧的混合气体燃烧的火焰，喷射至零件表面上，使它快速加热，当达到淬火温度时立即喷水冷却，从而获得预期的硬度和淬硬层深度的一种表面淬火方法。火焰加热常用的装置如图 6-14 所示。

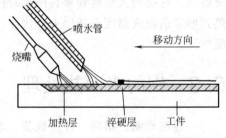

图 6-14　火焰表面淬火示意图

火焰表面淬火零件的选材，常用中碳钢如 35、45 钢以及中碳合金结构钢如 40Cr、65Mn 等，如果含碳量太低，则淬火后硬度较低；碳和合金元素含量过高，则易淬裂。火焰表面淬火法还可用于对铸铁件如灰铸件、合金铸铁进行表面淬火。火焰表面淬火的淬硬层深度一般为 2～6mm，若要获得更深的淬硬层，往往会引起零件表面严重的过热，且易产生淬火裂纹。

由于火焰表面淬火方法简便，无需特殊设备，可适用于单件或小批生产的大型零件和需要局部淬火的工具和零件，如大型轴类、大模数齿轮、锤子等。但火焰表面淬火较易过热，淬火质量往往不够稳定，工作条件差，因此限制了它在机械制造业中的广泛应用。

6.4　钢的化学热处理

钢的化学热处理是在一定的温度下，在不同的活性介质中，向钢的表面同时渗入一种或几种元素，从而改变表面层的化学成分、组织和性能的热处理工艺。钢的化学热处理种类及工艺很多，最常用的方法有渗碳、渗氮和碳氮共渗等。

6.4.1　化学热处理的基本过程

化学热处理通常可分为分解、吸收和扩散三个基本过程。

进行化学热处理时，被处理的金属工件必须置于特定的介质中加热。介质可能是气态，也可能是液态或固态。在一定的温度下，介质将发生分解，以形成渗入元素的活性原子。

吸收是指活性原子被金属表面吸收的过程。

工件表面吸附了渗入元素的活性原子后，该元素的浓度增加，致使表面和内部存在浓度梯度，从而发生渗入元素原子由浓度高处向浓度低处迁移，这种原子迁移现象称为扩散。

6.4.2　钢的渗碳

为了增加工件表层的含碳量及形成一定的碳浓度梯度，将工件放在渗碳介质中加热并保温，使碳原子渗入表层的化学热处理工艺称为渗碳。它是目前机械制造工业中应用最广泛的一种化学热处理工艺。

根据渗碳介质的状态，一般渗碳方法分为固体渗碳、液体渗碳和气体渗碳三类。当前生产中普遍使用的是气体渗碳。

（1）渗碳件的主要技术要求和渗碳用钢

对渗碳件的主要技术要求是渗碳层的碳浓度和渗碳层深度，这些技术要求是决定渗层组织和性能的关键。

渗碳层表面碳的质量分数一般控制在 0.70％～1.05％较适宜，渗碳层碳浓度过低或过高都不好。若表层含碳量小于 0.70％，硬度和耐磨性低；当渗层的含碳量太高，大于 1.05％时，渗层中易出现大块或网状碳化物，导致渗层的脆性剥落或疲劳强度下降。

渗碳层深度是指零件经渗碳后，含碳量高于心部的表层厚度。它是渗碳零件的主要技术要求之一。渗碳层深度可根据工件承受载荷的情况及工件尺寸大小来选定。载荷越大，要求渗碳层的深度越深。渗层太浅，易于产生压陷和剥落；渗层过厚，工艺时间长，不经济，而且淬火后表层的压应力下降，不能提高表面的疲劳强度。

渗碳层的碳浓度梯度从表至里应平缓下降，使淬火后硬度变化梯度减小，有利于渗层和心部牢固结合，以免由于过渡区硬度的突然下降而出现疲劳裂纹以及渗层的早期剥落。一般规定，过共析层＋共析层深度应为总渗碳层深度的 50％～75％。

渗碳用钢的碳的质量分数一般在 0.15％～0.25％之间，为了提高心部强度，含碳量可以提高到 0.30％。一般要求的渗碳件，多用碳素钢制造，如 15 钢和 20 钢。对于工件截面较大、形状复杂，表面耐磨性、疲劳强度、心部力学性能要求高的零件，多用合金渗碳钢来制造，如 20Cr、20CrMnTi、20CrMnMo 和 18Cr2Ni4WA 等。

（2）渗碳方法

渗碳方法主要有固体渗碳、液体渗碳、气体渗碳和特殊渗碳。以下仅对固体渗碳和气体渗碳作以介绍。

① 固体渗碳　固体渗碳是把工件埋在装有固体渗碳剂的箱子里，密封后将箱子放在炉内加热到 900～950℃，保温一定时间后出炉，随箱冷却或打开箱盖取出工件直接淬火。

固体渗碳剂选用的有木炭、焦炭等，生产中主要使用木炭。在固体渗碳剂中一般要加入能加速 CO 形成的催渗剂，例如，加入一定数量的碳酸盐，便能提高渗剂的活性和增加 CO 的浓度，达到提高催渗速度的目的。其反应如下。

$$Na_2CO_3 \longrightarrow Na_2O + CO_2$$
$$BaCO_3 \longrightarrow BaO + CO_2$$
$$CO_2 + C \longrightarrow 2CO$$

固体渗碳是一种最古老的渗碳方法，其主要优点是：设备简单、适应性强，对渗碳任务不多而又无专门渗碳设备的中、小工厂非常适用；渗剂来源丰富（有商品化的固体渗碳剂），生产成本较低；操作简便，技术难度不大。它的主要缺点是：劳动强度大；渗剂粉尘污染环境；渗碳箱透热时间长，渗碳速度慢，生产效率低，同时不便于进行直接淬火；渗碳质量不易控制。它适用于单件、小批量生产，尤其适用于盲孔及小孔零件的渗碳。

② 气体渗碳　将工件放在气体介质中加热并进行渗碳的工艺称为气体渗碳。它是目前应用最广泛、最成熟的渗碳方法。在实际生产中，使用的气体渗碳剂可分为两类：一类为液体介质，如煤油、甲醇等，可直接滴入渗碳炉中，经热分解后产生渗碳气体；另一类是气体介质，如煤气、天然气、液化石油气等，使用时可直接通入渗碳炉内。

气体渗碳的优点是温度及介质成分易于调整，碳浓度及渗层深度也易于控制，并容易实现直接淬火。气体渗碳适用于各种批量、各种尺寸的工件，因而在生产中得到广泛应用。

气体渗碳的工艺方法很多，主要分为滴注法及通气法两大类。

向渗碳炉内滴注液态碳氢化合物或碳氢氧化合物，经过加热分解，形成含 CH_4、CO、H_2 及少量 CO_2、H_2O、O_2 的气氛，其中 CH_4 及 CO 在与炉罐及钢件表面接触时发生分解，析出活性碳原子渗入工件表面的工艺方法称为滴注式气体渗碳。滴注式气体渗碳是目前我国应用最广的渗碳方法。

（3）渗碳后的热处理

钢经渗碳后，常用的热处理工艺有以下几种。

① 预冷直接淬火＋低温回火　渗碳后工件从渗碳温度预冷至略高于 A_{r_3} 的温度后再进行淬火，称为预冷直接淬火。此法常用于气体渗碳及液体渗碳。由于操作上的困难固体渗碳很少采用。预冷温度一般稍高于心部的 A_{r_3}，以免心部先共析铁素体。淬火后在 150～200℃进行低温回火，工艺曲线如 6-15 所示。渗碳件在淬透情况下，表层组织为回火马氏体＋部分二次渗碳体＋残余奥氏体，心部为低碳回火马氏体。

该工艺适用于本质细晶粒钢（低合金渗碳钢）制作的零件。

② 一次淬火＋低温回火　一次淬火法就是将渗碳后的零件置于空气中或缓冷坑中冷至室温，然后再重新加热淬火。其工艺曲线如图 6-15（b）所示。淬火加热温度根据零件要求而定。若要求心部有较高强韧性时，淬火温度可选用稍高于心部的 A_{c_3} 点，这样可使心部晶粒细化，不出现游离铁素体，具有较好的强韧性。对要求表面有较高硬度和耐磨性，而心部

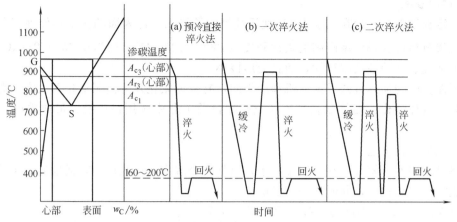

图 6-15　渗碳件常用的淬火方法

性能要求不高的工件来说，可选用稍高于 A_{c_1} 的温度作为淬火加热温度。此时，心部的强度和硬度都比较低，而表面硬度高，耐磨性能好。经过回火后，表层的组织为回火马氏体＋部分二次渗碳体＋残余奥氏体，心部为低碳回火马氏体＋游离铁素体。

一次淬火法多用于固体渗碳后不宜于直接淬火的工件，或气体渗碳后高频表面加热淬火的工件。

③ 二次淬火＋低温回火　对于本质粗晶粒钢或使用性能要求很高的零件可采用二次淬火法。所谓二次淬火就是在渗碳缓冷后进行两次淬火处理的热处理工艺 ［图 6-15(c)］，这是一种同时保证心部与表面都获得高性能的热处理方法。第一次淬火加热温度稍高于零件心部的 A_{c_3} 温度，目的是细化心部晶粒及消除表面网状碳化物。第二次淬火的目的是使表面获得隐晶马氏体和粒状碳化物，以保证渗层的高强度、高耐磨性，并减少残余奥氏体量。第二次淬火的温度高于表层的 A_{c_1} 以上 40～60℃。两次淬火处理的特点是表面和心部都能得到比较满意的组织和性能。它的缺点是加热、冷却的次数多，工件易于产生氧化脱碳和变形的缺陷；工艺复杂，能耗大，生产成本高，因此主要适用于有过热倾向的碳钢，以及表面要求高耐磨性、心部要求具有高的耐冲击性的承受重载荷的渗碳件。目前该方法已很少应用。

（4）渗碳后的组织

低碳钢渗碳后缓冷条件下的渗层组织，由表面到心部，依次为过共析区、共析区、亚共析区（即过渡区），接着为心部原始组织，如图 6-16 所示。

图 6-16　渗碳缓冷后渗碳层的显微组织

渗碳后淬火工件（淬透）由表至里的金相组织依次为：

马氏体＋碳化物（少量）＋残余奥氏体 ——→ 马氏体＋残余奥氏体 ——→ 低碳马氏体（心部）。

若未被淬透，则心部组织应为屈氏体（或索氏体，珠光体）＋铁素体组织。

6.4.3 钢的渗氮

在一定温度下（一般在 A_{c_1} 以下）使活性氮原子渗入工件表面的化学热处理工艺称为渗氮。钢经渗氮后可获得比渗碳高的表面硬度（1000~1200HV，相当于65~72HRC）、耐磨性、疲劳强度、红硬性及耐蚀性，而且变形极小。

根据渗氮时的加热方式及渗氮机理的不同，有普通氮化及等离子氮化两大类。普通氮化又可以分为气体氮化、液体氮化和固体氮化。目前工业中应用最广泛、最成熟的是气体氮化法。

（1）气体氮化工艺

在渗氮罐内通入氨气，在一定温度下，氨气将分解出活性氮原子，活性氮原子被钢吸收后在其表面形成氮化层，同时向心部扩散。

氨气在450℃以上温度与铁接触后分解，其反应式如下。

$$2NH_3 \longrightarrow 2[N] + 3H_2$$

氮化温度不超过 A_1 温度，为500~580℃左右。由于氮化温度低，氮原子的扩散速度很慢，因而氮化速度慢，所需时间长，渗层也比较薄。

（2）渗氮用钢及渗氮的特点

① 渗氮用钢　一般选用中碳合金钢。氮化用钢的常见代表钢种为38CrMoAlA，其特点是渗氮后可获得最高的硬度（1200HV），具有良好的淬透性。因此，普遍用来制造要求表面硬度高、耐磨性好、心部强度高的渗氮件。

② 渗氮的特点

a. 氮化处理是工件加工工艺路线中最后一道工序。

氮化零件工艺路线如下。

下料→锻造→退火→粗加工→调质→精加工→去应力退火→粗磨→渗氮→精磨或研磨

b. 氮化温度低，变形很小。与渗碳、感应加热淬火相比，其变形很小。

c. 渗氮后的工件，不需淬火便具有很高的表面硬度、耐磨性和红硬性。

d. 氮化显著提高钢的疲劳强度。

e. 氮化后的钢具有很高的耐腐蚀性。

（3）离子氮化

在低真空（2000Pa）含氮气氛中利用工件（阴极）和阳极之间产生的辉光放电进行渗氮的工艺称为离子氮化，又称为等离子氮化。它不像气体渗氮那样由氨气分解而产生活性氮原子，而是被电场加速的粒子碰撞含氮气体的分子和原子形成的离子在工件表面吸附、富集，形成活性很高的氮原子。经过离子渗氮的零件具有很高的表面硬度、耐磨性和疲劳强度。

与气体氮化相比，离子氮化具有几个优点：渗氮温度范围较宽；氮化时间短，速度快，处理周期为气体渗氮的1/3左右；渗氮层脆性小，工件变形小，不渗氮部分便于防护，容易实现局部渗氮；适用范围广，不仅适用于38CrMoAlA等专用渗氮钢、合金工具钢、不锈钢、耐热钢，而且球墨铸铁及铁基粉末冶金等材料都可进行渗氮。离子氮化工艺目前在生产中已得到了广泛应用。

6.4.4 钢的碳氮共渗与氮碳共渗

（1）碳氮共渗

在一定温度下，同时将碳、氮渗入工件表层中并以渗碳为主的化学热处理工艺称为碳氮共渗，最早的碳氮共渗是在含有氰根的盐浴中进行的，因此又称为氰化。碳氮共渗与渗碳不同,是渗碳和渗氮的综合,兼有两者的长处,具有以下优点:由于共渗温度低(820~860℃),时间短,晶粒细小,可直接淬火;共渗后可用较低的速度冷却,淬火变形和开裂的倾向小;在相同的温度和时间条件下,碳氮共渗的渗速较快,可以缩短工艺周期;碳氮共渗层比渗碳具有更高的耐磨性、疲劳强度和耐蚀性;比氮化有较高的抗压强度和较低的表面脆性。

碳氮共渗按使用介质不同可分为固体碳氮共渗、液体碳氮共渗与气体碳氮共渗。气体碳氮共渗是目前广泛应用的一种方法。

气体碳氮共渗常用的介质可分为两大类:一类是渗碳介质加氨气,如煤油+氨气、煤气+氨气等;另一类是含有碳氮元素的有机化合物,如三乙醇胺 $(C_2H_4OH)_3N$+20%尿素 $(NH_2)_2CO$ 等。

碳氮共渗后的零件经淬火+低温回火后,共渗层表面组织为细片状的含氮的高碳回火马氏体+粒状碳氮化合物+少量的残余奥氏体,扩散层为回火马氏体+残余奥氏体。心部组织取决于钢的成分和淬透性。但由于各组织中除含碳外还含有氮,而且由于共渗温度较低,晶粒细小,因而共渗层的硬度、耐磨性均高于渗碳。另外由于碳氮马氏体的比容大于含碳马氏体的比容,因而淬硬层具有较高的压应力,所以共渗层的抗弯曲疲劳强度和接触疲劳强度均高于渗碳零件。总之,碳氮共渗零件的力学性能优于渗碳零件。因此在实际生产中,目前有许多零件已采用碳氮共渗工艺代替渗碳工艺,尤其当共渗层的厚度≤0.75mm 时,采用碳氮共渗既可获得高性能的零件又可提高生产率和降低生产成本。

(2) 氮碳共渗(软氮化)

氮碳共渗俗称软氮化,它是在 Fe-C-N 三元素共析温度以下(530~570℃)对工件表面进行氮碳共渗的一种化学热处理工艺。它以渗氮为主,同时也渗入少量的碳原子。这种处理能大幅度提高钢件的疲劳强度、耐磨性、抗擦伤和抗咬合能力以及耐腐蚀性。与气体氮化相比,软氮化具有以下特点:氮化速度快,时间短,一般为 1~4h,而气体氮化长达几十小时;软氮化所形成的表面白亮层一般脆性较小,不容易发生剥落;零件变形很小;适用的材料广,气体氮化适用于特殊的渗氮钢,而软氮化不受材料限制,可广泛用于碳钢、合金钢、铸铁、粉末冶金材料等。目前普遍用于模具、量具、刀具及耐磨零件的处理。

氮碳共渗的渗剂有三种:第一种是以氨气为主体添加其他渗碳气氛如吸热型气氛、醇类裂化气等,采用氨气作为供氮气体,采用吸热式渗碳气体作为供碳气体;第二种是液体有机溶剂如甲酰胺、三乙醇胺等,其中以甲酰胺应用最广;第三种是尿素。

软氮化后的共渗组织与渗氮组织大致相同,碳钢软氮化后的组织为 $F_{2\sim3}$ (N,C)、Fe_3N 和 Fe_4N 构成的化合物层。对于含有 Cr、Mo、V、Al、Ti 等元素的合金钢,共渗后除以上组织外,共渗层中还有许多呈弥散分布的细小的合金氮碳化物,它们起到弥散强化作用,能显著提高白色化合物层和扩散层的硬度,但降低了氮化速度。

6.5　钢铁材料的表面处理

磨损和腐蚀是发生于机械设备零部件的材料流失的过程,虽然磨损与腐蚀是不可避免的,但若采取得力的措施,可以提高零件的耐磨性、耐蚀性。金属表面技术是指通过施加覆盖层或改变表面形貌、化学成分、相组成、微观结构等达到提高材料抵御环境作用能力或赋予材料表面某种功能特性的材料工艺技术。

在很多情况下,材料的失效是从表面开始的,如腐蚀、磨损及材料的疲劳破坏等。在高温使用的材料，加涂层后，不但可以减少腐蚀和磨损，也可以使基体部分保持在较低的温度，从而延长其使用寿命，所以表面技术已成为当前一个活跃的研究领域。

（1）化学镀镍

化学镀镍的基本原理是以次亚磷酸盐为还原剂，将镍盐还原成镍，同时使镀层中含有一定量的磷。沉积的镍膜具有自催化性，可以使反应继续进行下去。

化学镀镍层比电镀镍层硬度更高、更耐磨，其化学稳定性好，可以耐各种介质的腐蚀，具有优良的抗腐蚀性能；化学镀镍层的热学性能十分重要，表现在和基体一起承受摩擦磨损和腐蚀过程中产生的热学及力学行为，两者的相溶性对镀层使用寿命的影响较大；它的导电性取决于磷含量，电阻率高于冶金纯镍，但它的磁性比电镀镍层要低。因此，经过化学镀镍的材料已成为一种优良的工程材料。

波音 727 型飞机的 JT8D 型喷气发动机，其价格昂贵，通过化学镀镍修复更新后仍能使用。一些飞机的低碳钢发射架，采用化学镀镍后，可以代替不锈钢。并且以极低的成本提供了相同的防腐和耐蚀能力。

化学镀镍也广泛应用于电子、电器和仪器仪表行业中，应用的对象有继电器、电容器压电阻件等方面。

（2）电镀

电镀是金属电沉积技术之一，其工艺是将直流电通过电镀溶液（电解液）在阴极（工件）表面沉积金属镀层的工艺过程。电镀的目的在于改变固体材料的表面特性，改善外观，提高耐蚀、抗磨损、减磨性能，或制取特定成分和性能的金属覆层，提供特殊的电、磁、光、热等表面特性和其他物理性能等。

锌镀层常在紧固件、冲压件中使用。经过铬酸转化处理后，锌镀层可在电唱机上使用。

（3）热浸镀

热浸镀是将一种基体金属经过适当的表面预处理后，短时的浸在熔融状态的另一种低熔点金属中，在其表面形成一层金属保护膜的工艺方法。钢铁是最广泛使用的基体材料，铸铁及铜等金属也有采用热浸镀的。镀层金属主要有锌、锡、铝、铅等及其合金。

多年来，热浸镀涂层材料不断推陈出新，使热浸镀工艺有了突破性的进展。它们以优异的性能、明显的经济效益和社会效益，跻身于金属防护涂层的行业，并引起了人们的强烈关注。

（4）热喷涂

所谓热喷涂是将喷涂材料熔融，通过高速气流、火焰流或等离子流使其雾化，喷射在基体表面上，形成覆盖层。

热喷涂工艺灵活，施工对象不受限制，可任意指定喷涂表面，覆盖层厚度范围较大，生产效率高。采用该技术，可以使基体材料在耐磨性、耐蚀性、耐热性和绝缘性等方面的性能得到改善。目前，包括航空、航天、原子能设备和电子等尖端技术在内的几乎所有领域内，热喷涂技术都得到了广泛的应用，并取得了良好的经济效益。

（5）真空离子镀

真空离子镀是在真空条件下，利用气体放电使气体或被蒸发物质离子化，气体离子或被蒸发物质离子轰击作用的同时，把蒸发物或其反应物蒸镀在基片上。

真空离子镀把辉光放电、等离子体技术与真空蒸发镀膜技术结合在一起，不仅明显地提高了镀层各种性能，而且大大地扩充了镀膜技术的应用范围。离子镀除具有真空溅射性能外，还具有膜层的附着力强、绕射性好、可镀材料广泛等优点。

第7章 无机非金属材料及加工工艺

7.1 陶瓷的概念与分类

陶瓷是人类生活和生产中不可缺少的一种重要材料。从陶瓷的发明至今已有数千年的历史。一般将那些以黏土为主要原料加上其他天然矿物原料经过拣选、粉碎、混练、成型、煅烧等工序制作的各类产品称作陶瓷。如人们使用的瓷盘、碗、花瓶等就是日用陶瓷；建房铺地用的外墙砖、瓷质砖、马赛克等均为建筑陶瓷；输电线路上的瓷绝缘子、瓷套管等属于电子陶瓷（简称电瓷）。无论日用陶瓷，还是建筑陶瓷、电瓷等都是传统陶瓷。由于这类陶瓷使用的主要原料是自然界的硅酸盐矿物（如黏土、长石、石英等），所以又可归属于硅酸盐类材料及制品的范畴。陶瓷工业可与玻璃、水泥、搪瓷、耐火材料等工业同属"硅酸盐工业"的范畴。

随着近代科学技术的发展，近百年出现了许多新的陶瓷品种，如氧化物陶瓷、压电陶瓷、金属陶瓷等各种结构和功能陶瓷，虽然它们的生产过程基本上还是原料处理-成型-煅烧这种传统的陶瓷生产方法，但所采用的原料已很少使用或不再使用黏土、长石、石英等天然原料，而是已扩大到化工原料和合成矿物，甚至是非硅酸盐、非氧化物原料，如碳化物、氮化物、硼化物、砷化物等，这样组成范围就扩展到整个无机材料的范围中去了，并且还出现了许多新工艺。

陶瓷的范围在国际上并无统一概念，在中国及一些欧洲国家，陶瓷仅包括普通陶瓷和特种陶瓷两大类制品，而在日本和美国。陶瓷一词则泛指所有无机非金属材料制品，除传统意义上的陶瓷外，还包括耐火材料、水泥、玻璃、搪瓷等。

因此，广义的陶瓷概念应是无机非金属固体材料和产品的通称，一般来说，是由离子键或共价键结合的含有金属和非金属元素的复杂化合物及固溶体。不管是多晶烧结体，还是单晶、薄膜、纤维的结构陶瓷和功能陶瓷等无机非金属固体材料及产品，均可称为陶瓷。它具有金属和高分子材料所没有的高强度、高硬度、耐腐蚀、导电、绝缘、磁性、透光、半导体以及压电、铁电、光电、电光、超导、生物相容性等特殊性能，目前已从日用、化工、建筑、装饰发展到微电子、能源、交通及航天等领域。如新近研制的高强度陶瓷、高温陶瓷、高韧陶瓷、光学陶瓷等高性能陶瓷，可制作切削工具、高温陶瓷发动机、陶瓷热交换器以及柴油机的绝热零件等，从而大大拓宽了陶瓷的应用领域。

陶瓷制品发展至今已是种类繁多，可以从不同角度提出不同的分类方法，较常见的有以下两种。

（1）按照制品的性能和用途可将陶瓷制品分为普通陶瓷和特种陶瓷两大类。

普通陶瓷即为陶瓷概念中的传统陶瓷，是人们生活和生产中最常见和使用的陶瓷制品，根据其使用领域的不同，又可分为日用陶瓷（包括艺术陈设陶瓷）、建筑卫生陶瓷、化工陶瓷、化学瓷、电瓷及其他工业用陶瓷。这类陶瓷制品所用的原料基本相同，生产工艺技术亦相近。

新型陶瓷也称特种陶瓷、精细陶瓷或先进陶瓷，是指普通陶瓷以外的广义陶瓷概念中所涉及的陶瓷材料和制品，用于各种现代工业和尖端科学技术，根据其性能及用途的不同，又可分为结构陶瓷和功能陶瓷。结构陶瓷强调材料的力学性能和机械性能，主要包括耐磨损、高强度、耐热、耐热冲击、硬质、高刚性、低热膨胀性和隔热等性能的陶瓷材料。结构陶瓷材料按其化学组成可以分为氧化物和非氧化物两大类，表7-1列出了常见结构陶瓷材料。功能陶瓷强调材料的物理、化学以及生物学性能，具有电绝缘性、半导体性、压电性、铁电性、磁性、耐蚀性、化学吸附性、生物适应性、耐辐射性等多种功能，且具有相互转化功能。功能陶瓷的大概分类及用途见表7-2。

表7-1 常见结构陶瓷的分类

种 类		材 料
氧化物类		Al_2O_3，MgO，ZrO_2，SiO_2，UO_2，BeO 等
非氧化物类	碳化物	SiC，TiC，B_4C，WC，UC，ZrC 等
	氮化物	Si_3N，AlN，BN，TiN，ZrN 等
	硼化物	ZrB_2，WB，TiB，LaB_6 等
	硅化物	$MoSi_2$ 等
	氟化物	CaF_2，BaF_2，MgF_2 等
	硫化物	ZnS，TiS_2，$M_xMo_6S_8$（$M=Pb,Cu,Cd$）等
	炭和石墨	C

表7-2 常见功能陶瓷分类

功能	系 列	材 料	用 途
磁功能陶瓷	软磁铁氧体	Mn-Zn，Cu-Zn，Ni-Zn，Cu-Zn-Mg	磁头、温度传感器、电器磁芯、电波吸收体
	硬磁铁氧体	Ba，Sr 铁氧体	铁氧体磁石、永久磁铁
	记忆用铁氧体	Li，Mn，Ni，Mg，Zn 与铁形成的尖晶石型铁氧体	计算机磁芯
电功能陶瓷	绝缘陶瓷	Al_2O_3，MgO，SiC，AlN，BeO	集成电路基片、封装陶瓷、高频绝缘瓷
	介电陶瓷	TiO_2，$La_2Ti_2O_7$，$Ba_2Ti_9O_{20}$	陶瓷电容器、微波陶瓷
	铁电陶瓷	$BaTiO_3$，$SrTiO_3$	陶瓷电容器
	压电陶瓷	PZT，PT，PMN，PMN-PZ-PT，PMN-PNN-PZ-PT	超生换能器、谐振器、滤波器、压电点火器、压电马达、微位移器
	半导体陶瓷	NTC（SiC，$LaCrO_3$，ZrO_2）	温度传感器、温度补偿器
		PTC（$BaTiO_3$）	温度补偿器、限流元件、自控加热元件
		CTR（V_2O_5）	热传感元件、防火传感器
		ZnO 压敏陶瓷	噪声消除、避雷器、浪涌电流吸收器
		SiC 发热体	中高温电热元件、小型电热器
		半导体 $BaTiO_3$，$SrTiO_3$	晶界层电容器
	快离子导体陶瓷	ZrO_2，β-Al_2O_3	氧传感器、氧泵、燃料电池、固体电解质
光功能陶瓷	透明氧化铝陶瓷	Al_2O_3	高压钠灯
	透明氧化镁陶瓷	MgO	照明或特殊灯管、红外透过材料
	透明氧化铍陶瓷	BeO	激光元件
	透明氧化钇陶瓷	Y_2O_3	激光元件
	透明氧化钍陶瓷	ThO	激光元件
	PLZT 透明氧铁电陶瓷	$PbLa(Zr,Ti)O_3$	光存储元件、视频显示和存储系统、光开关、光阀
生化陶瓷	湿敏陶瓷	$MgCrO$-TiO_2，TiO_2-V_2O_5，Fe_3O_4，$NiFe_2O_4$	湿敏传感器
	气敏陶瓷	SnO_2，α-Fe_3O_4，ZrO_2，ZnO	各种气体传感器
	载体用陶瓷	堇青石瓷，Al_2O_3，SiO_2	汽车尾气催化剂载体、气体催化剂载体
	催化陶瓷	沸石、过镀金属氧化物	接触分解反应催化、排气净化催化
	生化陶瓷	Al_2O_3，氢氧磷灰石	人造牙齿、人造骨骼等

（2）按照陶瓷坯体结构不同所标志的坯体致密度的不同，可把陶瓷制品分为陶器与瓷器两大类。

陶器的特点通常是未烧结或部分烧结、有一定的吸水率、断面粗糙无光、不透明、敲之声音粗哑、有的无釉、有的施釉。陶器又可进一步分为：①粗陶器，如盆、罐、砖瓦、各种管等；②精陶器，如日用陶瓷、美术陶器、釉面砖等。而瓷器的坯体已烧结，基本上不吸水、致密、有一定透明性、敲之声音清脆、断面有贝壳状光泽，通常根据需要施有各种类型的釉。

瓷器同样也可进一步分成：①细瓷，如日用细瓷（长石瓷、绢云母瓷、骨灰瓷等）、美术瓷、高压电瓷、高频装置瓷等；②特种陶瓷，如高铝质瓷、压电陶瓷、磁性瓷、金属陶瓷等。介于陶与瓷之间的一类产品，就是国际上通称的炻器，也就是半瓷质，主要有日用炻器、卫生陶瓷、化工陶瓷、低压电瓷、地砖、青瓷等。

7.2　陶瓷原料的制备

一般而言，陶瓷原料大都是粉体状态。所谓粉体通常是指粉末颗粒与颗粒之间的间隙所构成的集合体。它与物质存在的三种基本形态（固体、液体、气体）有一定的区别。它由微粒固相和气相组成，实际上也是物质存在的一种状态。

在材料科学与工程领域，通常将物质粒径大于 $100\mu m$ 的称为颗粒，粒径小于 $100\mu m$ 的称为粉体，当粒径小于 $1\mu m$ 时通常称为超细粉体，粒径为 $1\sim100nm$ 之间的称为纳米粉体，更细的称为胶体。

人们所研究的陶瓷粉体一般是指粒径在 $0.05\sim40\mu m$ 的物系。粉体的一些物理性质对陶瓷材料的性能有很大影响。如粉体的粒径、形状、团聚状态、化学组成、结晶学性质、表面状态等对制品的性能是至关重要的。

7.2.1　粉体的表征和测量

颗粒的大小和形状是粉体材料最重要的物性表征量。颗粒的大小用粒径来表示。在分析粉体的粒径时，应明确单颗粒粒径与颗粒聚集体（粉末）粒径的含义及它们的区别。所谓单颗粒粒径，是针对一个颗粒按照某一规定而获取的一个恒定数值；而粉末粒径，则是指对许多粉末颗粒采用一定的测量方法而得出的、具有统计学意义的一组值，包括统计平均值和统计分布。

（1）粒度与粒径

粒度与粒径是表征粉体质粒空间尺度的物理量。依测试条件，粉体的质粒可以直接用粒径来度量。也可以采用粒度进行表征。

① 粒度和粒径的表征　球形颗粒的大小用一个直径数值即可表示；对具有规则几何形状的颗粒则需用一个以上的特征值来表示，如长方体颗粒用长、宽、高三个值，柱体用直径和高两个值；而对于具有不规则形状的单颗粒，人为规定了一些所谓尺寸的表征方法，主要包括：投影径、轴径、当量径三种。

a. 投影径　若粒径是采用显微镜测试，对于球形颗粒可直接以其粒径测试值表征；对于非球形颗粒，一般需要利用颗粒的投影图测量其投影径来表征颗粒的粒径。

通常投影径的测试是将粉体颗粒以最大的稳定度（重心最低）置于一平面上，得到如图7-1所示情况，并以此定义如下所表达的投影径。

ⓐ 法莱特（Feret）径 D_F　指与颗粒投影相切的两条平行线之间的距离，如图 7-1(a)

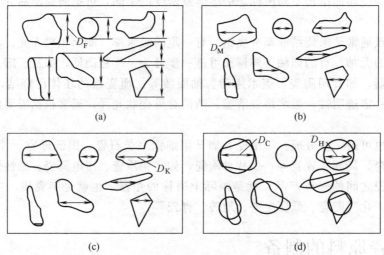

图 7-1　颗粒的投影图及几种粒径的表示方法

所示。

ⓑ 马丁（Martin）径 D_M　指在一定方向上将颗粒投影面积分为两等份的直径，如图 7-1(b)所示。

ⓒ 克伦贝思（Krumbein）径 D_K　指在一定方向上颗粒投影的最大长度，如图7-1(c)所示。

ⓓ 投影面积相当径 D_H　指与颗粒投影面积相等的圆的直径，又称投影圆当量径，亦称HeyWood径，如图 7-1(d) 所示。

ⓔ 投影周长相当径 D_C　指与颗粒投影的周长相等的圆的直径，又称等周长圆当量径，如图 7-1(d) 所示。

b. 三轴径　如图 7-2 所示是颗粒的正视投影图和俯视投影图，由这两个投影图就能定义一组描述颗粒大小的几何量：高、宽、长。定义规则如下。

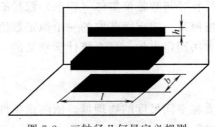

图 7-2　三轴径几何量定义规则

ⓐ 高度 h　颗粒最低势能态时正视投影图的高度。

ⓑ 宽度 b　颗粒俯视投影图的最小平行线夹距。

ⓒ 长度 l　颗粒俯视投影图中与宽度方向垂直的平行线夹距。

根据这三个几何量，就能够按照不同的规则定义颗粒的三轴平均径，见表 7-3。

表 7-3　三轴平均径计算公式

粒径名称	公式	定义
三轴平均径	$(l+b+h)/3$	三轴算术平均径
三轴调和平均径	$\sqrt[3]{lbh}$	与颗粒外接长方体比表面积相等的球的直径
三轴几何平均径	$3/(1/l+1/b+1/h)$	与颗粒外接长方体体积相等的立方体的棱长

c. 球当量径　所谓球当量径，是把颗粒看作相当的球，并以其直径代表颗粒的有效径的表示方法。

ⓐ 与颗粒同体积 V 的球直径称为等体积当量径，以 D_V 表示，即

$$D_V = \sqrt[3]{\frac{6V}{\pi}}$$

ⓑ 与颗粒等表面积 S 的球的直径称为等表面积当量径，以 D_S 表示，即

$$D_S = \sqrt{\frac{S}{\pi}}$$

ⓒ 与颗粒具有相同的表面积对体积之比，即具有相同的体积比表面积 S_V 的球的直径称为比表面积球当量径，以 D_e 表示，即

$$D_e = \frac{6V}{S} = \frac{6}{S_V} = \frac{D_V{}^3}{D_S{}^2}$$

d. 等沉降速度相当径　等沉降速度相当径也称为斯托克斯径。

斯托克斯假设：当速度达到极限值时，在无限大范围的黏性流体中沉降的球体颗粒的阻力，完全由流体的黏滞力所致。这时可用下式表示沉降速度与球径的关系。

$$v_{stk} = \frac{(\rho_s - \rho_f)g}{18\eta}D^2$$

式中　v_{stk}——斯托克斯沉降速度；

　　　　D——斯托克斯样；

　　　　η——流体介质的黏度；

　　ρ_s，ρ_f——颗粒及流体的密度。

只要测得粉体在介质中的沉降速度 v_{stk}，就可以求得该种粉体的斯托克斯径。利用该原理生产的测试仪很多，诸如移液管、各类沉降天平、沉降仪等。

② 粒径分布　一般来说粉体的粒度分布是有一个范围的，当粉体粒度差别较小或近似相同时，称为单分散的体系。当粉体所含颗粒的粒度差别较大时则称为多分散的体系。对多分散体系就要对粉体的粒度进行描述。

严格地说，实际粉体的分布是不连续的，但大多数粉体的粒度分布可认为是连续的。在实际测量中，往往将连续的粒度分布范围视为多个离散的粒度分级，测出各级中的颗粒个数分数或质量分数，或者测出小于（有时用大于）各粒度的累积个数分数或累积质量分数。通常用逐一测量的方法，例如显微镜法及计数器法，获得的是个数分布数据；用筛分法和沉降法等，则获得质量分布数据。颗粒粒径分布常用的方法有频度分布和累积分布两种形式。

频度分布表示各个粒径相对应的颗粒含量 f_{d_i}（微分型）；累积分布表示小于（或大于）某粒径的颗粒占全部颗粒的含量 F（％）与该粒径的关系（积分型）。粒径频率分布和累积分布可以用列表的形式表示，亦可以用图示的形式表示，如图 7-3 所示。

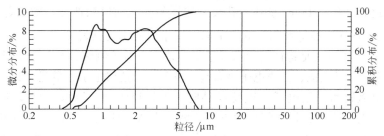

图 7-3　粒径频率分布和累积分布图示

在频度分布曲线中，D_m 为出现概率最大的粉体尺寸；D_{50} 表示粉体的中径，即该点两侧的粉体的量相等，在累积分布曲线上是累积量为 50％时对应的粉体颗粒尺寸。

③ 平均粒径 $\overline{D}$

$$\overline{D} = \sum_{i=1}^{n} f_{d_i} D_i$$

式中　n——粒度间隔的数目；

　　　f_{d_i}——颗粒在给定粒度间隔的个数分数或质量分数；

　　　D_i——每一间隔内的平均径。

对同一粉体，由于采用不同的表征方法，其粒径值也不同。因此，粉末粒径不是一个固定值，在表示粉末粒径时，必须同时说明三点内容，即：粒径值、表征方法及测量方法。

④ 粒度与粒径的测试　粒度与粒径的测试方法有多种，如筛分法、沉降法、比表面法、X 射线法、显微镜法等。不同类型的粉末，特别是不同的粉末应用领域，采取的测量方法各有不同。表 7-4 列出了粒度测定分析的一般方法。

表 7-4　粒度测定分析的一般方法

方　　法	条　　件	技 术 和 仪 器
显微镜法	干或湿	光学显微镜
	干	电子和扫描电子显微镜
筛分法	干	自动图像与分析仪
	干或湿	编织筛或微孔筛
	湿	自动筛
沉降法	干/重力沉降	微粒沉降仪
	湿/重力沉降	移液管，沉降天平，X 射线沉降仪，密度差光学沉降仪，β 射线返回散射仪
	湿/离心沉降	移液管，累积沉降仪，X 射线沉降仪，光透仪
感应区法	湿	电阻变化技术
	湿或干	光散射，光衍射，遮光技术
X 射线法	干	吸收技术，低角度散射和线叠加
	湿	β 射线吸收
表面积法	干	外表面积渗透
	干	总表面积，气体吸收或压力变化，重力变化，热导率变化
	湿	脂肪酸吸收，同位素，表面活化剂，熔解热
其他方法	干或湿	全息照相，超声波衰减，动量传递，热金属丝蒸发与冷却

a. 筛分法　所谓筛分法是指用金属丝编制的不同孔径的网筛筛分的方法来标定粉末颗粒的大小。此方法既可以用来测试粉末的粒度或粒径，又可以用于粉末的分选。

筛分法有标准筛制和非标准筛制，我国所实行的是国际标准筛制。其单位是"目"，目数的定义是以每英寸（25.4mm）长度上的网孔数作为筛号。目数值越大，孔径越小，粉末越细。

筛号的确定是以 200 目为基数。ISO 系列筛孔尺寸按 $\sqrt{2}$ 等比几何级数变化，即相邻两筛的筛孔面积之比为 2 倍。Tyler 系列筛孔尺寸按 $\sqrt[4]{2}$ 等比几何级数改变，故相邻号筛孔面积之比为 $\sqrt{2} = 1.414$。ISO 标准筛系列与 Tyler 标准筛系列的比较见表 7-5。

b. 显微镜法　该方法是将被测粉末置于显微镜下直接观测颗粒粒径的方法。依所选显微镜的类型，分为光学显微镜、扫描电子显微镜（SEM）及透射电子显微镜（TEM）分析法。

制备光学显微镜和扫描电子显微镜样品时，若粒径较大可以取样直接观察。若粒径较小，则需用分散剂（乙醇、甘油等）制成悬浮液，再取悬浮液样品滴于观察片或 SEM 支撑片上，进行真空干燥后再观察，也可进而应用碳或金在真空蒸发器里镀膜后观察。

表 7-5　ISO 标准筛系列与 Tyler 标准筛系列的比较

Tyler 系列		ISO 系列	Tyler 系列		ISO 系列
目	筛孔尺寸/mm	筛孔尺寸/mm	目	筛孔尺寸/mm	筛孔尺寸/mm
5	3.962	4.00	42	0.351	0.355
6	3.327	—	48	0.295	—
7	2.794	2.8	60	0.246	0.250
8	2.362	—	65	0.208	—
9	1.981	2.00	80	0.175	0.180
10	1.651	—	100	0.147	—
12	1.397	1.40	115	0.124	0.125
14	1.168	—	150	0.104	—
16	0.991	1.00	170	0.088	0.090
20	0.833	—	200	0.075	—
24	0.701	0.701	250	0.061	0.063
28	0.589	—	270	0.053	—
32	0.495	0.50	325	0.043	0.045
35	0.417		400	0.038	

制备透射电子显微镜样品时，是先于电镜分析用的格网上让胶棉或塑料形成膜后，再用注射器从颗粒悬浮液中取出样品滴在网上，待进行真空干燥后观察。

c. 沉降法　沉降法是通过监测颗粒在液体内的沉降速度计算出颗粒粒度的方法。具有一定黏度的粉末悬浊液内，大小不等的颗粒自由沉降时，其速度是不同的，颗粒越大沉降速度越快，经过一定距离（时间）后，就能将粉末按粒度差别分开。这种方法测得的颗粒粒度又称为斯托克斯粒度，当然，计算粒度时是假设应用范围是在斯托克斯定律成立的基础上。沉降法常使用的测试仪有两种。

ⓐ 沉降天平　它是用天平来称量一定时间间隔内颗粒的累积沉陷质量，也称为沉降天平法。以时间和累积质量为坐标，沉陷天平可自动画出阶梯型沉降曲线。

ⓑ 光透过法　一束光照射到样品池后，内部的粉末悬浮液对光产生吸收，经过一定时间沉降后、透光性增强，光吸收率降低。因此，吸收率与沉降时间之间存在某种关系。另外，根据沉降原理，沉降时间又同粉末颗粒粒径满足定量关系。光的吸收率（I）与粉末粒径（d）之间存在一定关系，$I = f(d)$。

对于 $0.1 \sim 1\mu m$ 的细小颗粒，由于此时粒度已同可见光波长相当，而发生十分复杂的散射现象，其消光系数随粒度变化很大，为此应采用 X 射线作为入射光源。这样既避免了细颗粒组分的散射效应，又可直接测得悬浮液的颗粒浓度，而不像用可见光那样，直接得到的仅是颗粒的有效投影面积，这便是 X 射线对于透过法的优越之处。

d. 激光衍射法　当光照射到颗粒时，会产生衍射现象，小颗粒衍射角大，而大颗粒衍射角小，如图 7-4 所示。某一衍射角的光强度与相应粒度的颗粒多少有关。通过光学衍射理论可推导出衍射角度与粒度的关系，并由光传感器探测衍射光强，就能够对粉体粒度、粒度分布等项目进行分析。

（2）颗粒形状

颗粒形状与物质的性能之间存在着密切的关系，它对颗粒群的性质也会产生影响，例如，粉体的比表面、流动性、填充性、形状分离操作、表面现象、化学活性、涂料的覆盖能力，粉体层对流体的透过阻力，以及颗粒在流体中的运动阻力等。

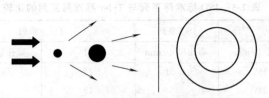

图 7-4　粉末颗粒对激光的衍射现象

由于颗粒形状千差万别，通常准确描述粉体颗粒的形状是困难的。为此，粗略地划分为规则形状和不规则形状两类，并以几何形状的名称近似地加以描述。目前，测定颗粒形状的唯一方法是图像分析仪。典型的粉体颗粒形状如图 7-5 所示。

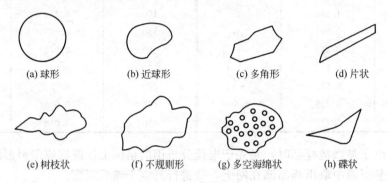

(a) 球形　　　(b) 近球形　　　(c) 多角形　　　(d) 片状

(e) 树枝状　　　(f) 不规则形　　　(g) 多空海绵状　　　(h) 碟状

图 7-5　粉末颗粒形状

尽管这些术语并不能精确地描述颗粒的形状，但它们大致反映了颗粒形状的某些特征，因此这些术语在工程中仍被广泛应用。另外也可用形状系数、形状指数等数学语言描述颗粒的形状。

粉体颗粒的形状因粉体的制备方法不同而各异。工程上根据不同的目的，对颗粒形状有着不同的要求。例如，希望粉体流动性好，则要求为球形；用作印刷涂料，则要求为片状；用作砂轮的研磨料，一方面要求有好的填充结构，另一方面要求颗粒具有棱角；铸造用型砂，一方面要求强度高，另一方面则要求空隙较大，以便排气，故以球形颗粒为宜。

7.2.2　粉体基本性质

(1) 粉体的能量

粉体所具备的能量较同质的块状固体材料高得多。这是由于粉体与固体相比具有非常大的表面积。例如，块状固体 $1cm^3$ 立方体的表面积只不过 $6cm^2$，而粒径为 $1\mu m$ 的同体积物质的粉末，其表面积竟达 $60000cm^2$。通常把形成新表面所做的功称为表面自由能，用 $\gamma(J/m^2)$ 表示。当通过粉碎块状固体来制得粉体时，若假定表面积增加了 ΔA，并且假定 γ 不随结晶方向而变，那么伴随粉碎引起的自由能 G 的变化 ΔG 可由下式表示。

$$\Delta G = G_{粉体} - G_{固体} = \gamma \Delta A$$

因此，相应于表面积增加，粉体比块状固体具有更多的过剩能量。从材料的表面物理本质分析，由于材料表面原子的配位数比内部原子的配位数少，所以也可以认为表面自由能是为使原子配位数减少所消耗的能量。

从材料的结构角度考虑，无论何种大小的颗粒，都可认为是由内部结构和表层结构组成：内部结构就是材料的晶体学结构，材料及材料的制备方法确定后，内部结构也就同时确定；表层结构与内部结构不同，是集中在表层的几个原子范围内。按照材料的结构决定材料的性质这一基本准则，可以得出这样的结论：颗粒内部性质与表层性质是不同的。当颗粒较大时，表层原子所占的比例很小。因此可以不考虑由此而产生的影响，但是随着颗粒不断细化，大量的内部原子移至表面，表层结构对材料性质的影响成为主要因素，对于纳米颗粒，这一现象更加明显。表 7-6 给出了变化的具体数据。

表 7-6　表面原子随颗粒粒径的变化规律

项　目	粒径/nm					
	1	2	5	10	20	100
总原子数/个	30	250	400	3×10^4	25×10^4	3×10^7
表面原子数/总原子数	90	80	40	20	10	2

细化的结果就是粉体的比表面积、表面增大。研究表明当粉体细化到纳米粉时就会表现出一些异常的功能特性：①纳米金属的熔点比金属块的熔点低很多，例如，金的熔点为 1337K，而 2nm 的金颗粒的熔点则降低到 600K；②纳米粉在很宽的频谱范围内都呈现出物理学的黑体现象，即不仅对可见光吸收，为黑色粉末，同时对电磁波也完全吸收；③纳米磁性粉末颗粒已成为单磁畴结构，具有很高的矫顽力，例如纳米磁性金属的磁化率是普通金属的 20 倍，而饱和磁矩则是普通的 1/2；④一些纳米颗粒的导电性能明显改善，呈现出超导特性，并且具有较高的超导临界转变温度。纳米粉体之所以具有不同于一般块体材料的属性，是由于纳米颗粒的四个效应所决定的，即：小尺寸效应、表面与界面效应、量子尺寸效应和宏观量子隧道效应。

（2）粉体颗粒的团聚

粉体中能够分开并独立存在的最小实体称为单颗粒，又称原始颗粒或一次颗粒。由于粉体材料具有高的表面能，所以在多数场合下单颗粒之间相互黏附形成聚合体，构成所谓的二次粒。通常所测试的颗粒尺寸即属二次颗粒的粒径。二次颗粒的进一步团聚，将会影响粉体的分散性。此外，在粉体颗粒间还存在彼此间的相互作用力，这些因素的交互作用都会影响颗粒的聚集情况，同时对粉体的摩擦特性、流动性、分散件和压缩性等亦会起到重要的影响作用。

粉体中固相颗粒间的作用力有以下几种。

① 分子间引力　颗粒间的范德华力。

② 颗粒间的异性静电引力　当介质为不良导体例如空气时，浮游或流动的固相颗粒或纤维，往往由于互相撞击和摩擦，或由于放射性照射以及高压静电场等作用容易带静电荷。带有异性静电荷的颗粒间发生静电引力。

③ 固相桥联力　出于化学反应、烧结、熔融和再结晶而产生的固相桥联力在湿度、水含量等条件的影响下是一种很强的固相间的结合力。

④ 附着水分的毛细管力　实际的粉体往往含有水分。所含的水分有化合水分（如结晶水）、表面吸附水分和附着水分之区别。附着水分是指两个颗粒接触点附近的毛细管水分。水的表面张力的收缩作用将引起两个颗粒之间的牵引力，称为毛细管力。

⑤ 磁性力　铁磁性物质例如铁以及亚铁磁性物质 γ-氧化铁等，当其颗粒小到单畴临界尺寸以下时，颗粒只含一个磁畴，称为单畴颗粒。单畴颗粒粉体主要用于磁记录树脂和塑料用磁。单畴颗粒是自发磁化的粒子，其内部所有原子的自旋方向都已平行，不需外加磁场来磁化就具有磁性。粉体的单畴颗粒之间由于存在着磁性吸引力，一般很难分散。此时，在液体介质中的颗粒分散常需要使用高频磁场扰动。

⑥ 机械咬合力　颗粒表面不平滑可引起机械咬合力

7.2.3 陶瓷粉体的制备

制备粉体是陶瓷材料加工的第一步。随着对材料要求的不断提高以及材料加工技术的发展，粉体的种类也越来越多。如从材质范围看，不仅有金属、合金、金属化合物粉体，也有氧化物、氮化物、碳化物、硼化物等非金属粉体以及复合粉体。从粉体粒度看，有微米粉体、亚微米粉体、纳米粉体。为了满足不同工业对粉体的各种要求，可采取不同的方法来制备粉体。

粉体的制备方法很多，从制备方法的原理可以分为两大类：一种是物理制备法，如机械粉碎法、雾化法（熔融液体或高浓度溶液）、气化或蒸发-冷凝法等，在制粉过程中一般只发生物态变化，而不发生化学成分的变化，可适用于各类材料粉末的制备；另一种是化学合成法，即由离子、原子、分子通过化学反应成核和成长、收集、后处理来获得细粉体的方法。合成法的特点是纯度、粒度可控，均匀性好，颗粒微细，并且可实现粉体在分子水平上的复合、均化。

（1）物理制备法

① 机械法　机械制粉方法的实质就是固体物料在粉碎力的作用下，物料块或颗粒之间瞬间产生的应力大大超过了物料的机械强度，进而物料发生破碎。物料的基本粉碎方式有压碎、剪碎、冲击粉碎和磨碎。工业上采用的粉碎设备，虽然技术设备不同，但粉碎机制大同小异，一般的粉碎作用都是这几种力的组合。为了提高粉碎效率，根据原料尺寸大小及细度要求，常将粉碎过程分级进行，先进行粗碎，再进行中碎，最后细碎。这三级粉碎应相应地选用适宜的粉碎设备，见表7-7。

表 7-7　各种粉碎设备

粉碎种类	粉碎机	适用粒度范围		粉碎比[①]
		进料粒度	出料粒度	
粗碎	颚式破碎机、圆锥破碎机	数百毫米至50mm	80～20mm	3～5
中碎	双辊破碎机、锤式破碎机、轮碾机	40～10mm	数毫米至数百微米	10～25
细粉碎	球磨机、棒磨机、星型球磨机	数毫米至50μm	100～10μm	5～30
超细粉碎	喷射磨、振动磨、微料球磨机	数百毫米至数十微米	数十微米至数微米	3～20

① 粉碎比＝进料粒度/出料粒度。

机械细粉碎设备主要有球磨机、振动磨、搅拌磨、行星磨、气流磨等。机械粉碎法适合于粉碎大多数的陶瓷粉体，如石英、长石及氧化物、碳化物、氮化物等原料，也可用于脆性金属或合金，以及处理后有脆性的金属或合金，如锑、锰、铬、高碳铁、铁合金、热处后的锡等。

机械粉碎法获得的粉体粒径一般在微米量级，进一步细化效率很低且比较困难。且机械方法得到的粉体粒径分布较宽，粉碎中易引入杂质，因此该方法难以满足特种陶瓷对原料粒度和纯度的要求。为改进传统的机械粉碎方法，可采用助磨剂以提高粉碎效率；采用粒度分级获得粒度较窄的粉料；采用同质磨衬、磨介避免杂质的引入或采用磨后化学处理方法去除粉碎中引入的杂质。

② 雾化法　雾化法是一种典型的物理制粉方法，是通过高压雾化介质，如气体或水强烈冲击液体金属、合金或高浓度溶液流，或通过离心力使之破碎、冷却凝固来实现的。不论以什么方式来破碎液体。破碎过程都是基本相似的，即大聚集体分裂成小液体颗粒，然后凝固成小固体颗粒。整个过程可由图7-6示意说明。

a. 过程一　图7-6中一个大的液珠在受到外力冲击的瞬间，破碎成数个小液滴。假设在

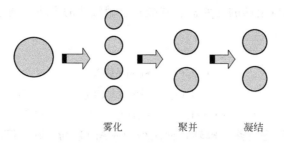

雾化　　　　聚并　　　　凝结

图 7-6　物化制粉原理图

破碎瞬间液体温度不变，则液体的能量变化可近似为液体的表面能增加。很明显，雾化时液体吸收的能量越高则粒径越小。

b. 过程二　液体颗粒破碎的同时还可能发生颗粒间相互接触，再次成为一个较大的液体颗粒，并且液体颗粒形状向球形转化，这个过程中，体系的总表面能降低，属于自发过程。

c. 过程三　液体颗粒冷却形成小的固体颗粒。

根据以上三个过程的分析，可以得出提高雾化制粉效率的两条基本准则：能量交换准则，提高单位时间内单位质量液体从系统中吸收能量的效率，以克服表面自由能的增加；快速凝固准则，提高雾化液滴的冷却速度，防止液体微粒的再次聚集。

在实际雾化制粉时，依据以上两条准则，通过改变工艺方法、调整工艺参数、改变液体性质等措施，可以达到调整粉末粒度、实现高效制粉的目的。

雾化制粉可分为双流雾化、单流雾化两种方法。所谓双流雾化是指被雾化的液体流和喷射的介质流；单流雾化则没有喷射介质流，是直接通过离心力、压力差或机械冲击力实现雾化的目的。

雾化制粉主要用于金属或合金，因工艺简便、可连续大量生产等特点，被广泛用于粉末冶金粉体的制备。对于一些可熔的氧化物陶瓷材料，也可采用这种方法进行加工。但由于氧化物陶瓷熔体的黏度、表面张力很大，所以一般不能获得细微陶瓷粉体，但可获得短纤维、小珠或空心球，例如，硅酸铝纤维、氧化锆磨球、氧化铝空心球等。

③ 蒸发-凝聚法（PVD 法）　蒸发-凝聚法是将原料加热至高温，使之蒸发、气化成为原子或分子，再使原子或分子在较大温度梯度条件下急冷，凝聚成超微颗粒。采用这种方法能制得颗粒直径在 5～10nm 之间的超细粉体。蒸发-凝聚法主要有气体中蒸发法、溅射法、活化氢-熔融金属反应法、流动油面上真空沉积法、通电加热蒸发法、混合等离子体法等。其中气体中蒸发法按原料加热蒸发的技术手段不同，又可分为电阻加热法、等离子体喷雾加热法、高频感应加热法、电子束加热法、激光束加热法等。蒸发-凝聚法特别适合于制备液相法和固相法难以直接合成的金属、氮化物、碳化物的超细粉，既可用于制备单一氧化物，也可制备复合氧化物的超细粉。

（2）化学合成法

化学合成法主要用于超微细粉末的制备。按照合成反应所用原始物质所处的物理状态，化学合成法可划分为固相法、液相法和气相法。

① 固相法　固相法是以固态物质为原料来制备粉体的方法，这里介绍几种主要的方法，即热分解反应法、化合反应法及氧化还原法。其实，实际工作中往往几种反应同时发生，并且反应生成物需要破碎。

a. 热分解反应法　热分解法是常用的制备细微氧化物粉末的方法之一。许多高纯氧化物粉末可以采用加热相应金属的硫酸盐、碳酸盐、硝酸盐的方法，通过热分解制得性能优异的粉末。

常见的例子如下。

$$CaCO_3 \longrightarrow CaO + CO_2$$
$$BaCO_3 \longrightarrow BaO + CO_2$$
$$ZrOCl \cdot 8H_2O \longrightarrow ZrO_2 + 8H_2O + 2HCl$$

通过对高纯硫酸铝铵进行热分解转化而制得的 $\alpha\text{-}Al_2O_3$ 粉，其纯度高，粒度小（$<0.1\mu m$），是高纯 Al_2O_3 陶瓷的重要原料。反应式如下。

$$Al_2(NH_4)_2(SO_4)_4 \cdot 24H_2O \longrightarrow Al_2(SO_4)_3 \cdot (NH_4)_2SO_4 \cdot H_2O + 23H_2O\uparrow$$
（约200℃加热）

$$Al_2(SO_4)_3 \cdot (NH_4)_2SO_4 \cdot H_2O \longrightarrow Al_2(SO_4)_3 + 2NH_3\uparrow + SO_3\uparrow + 2H_2O\uparrow \quad (500\sim600℃)$$

$$Al_2(SO_4)_3 \longrightarrow \gamma\text{-}Al_2O_3 + 3SO_3\uparrow \quad (800\sim900℃)$$

$$\gamma\text{-}Al_2O_3 \longrightarrow \alpha\text{-}Al_2O_3 \quad (1300℃, 1\sim1.5h)$$

b. 化合反应法　两种或两种以上的固态粉末经混合后在一定热力学条件和气氛下进行化合反应形成化合物粉末，有时也伴随气体产生。

如钛酸钡陶瓷粉末是经等摩尔的 $BaCO_3$ 和 TiO_2 混合粉末在一定条件下反应制得的，反应式为

$$BaCO_3 + TiO_2 \longrightarrow BaTiO_3 + CO_2$$

类似用固相化合反应制粉的例子还有：合成尖晶石粉末、合成莫来石粉末及碳化硅粉末。

$$Al_2O_3 + MgO \longrightarrow MgAl_2O_4 \text{（尖晶石）}$$
$$3Al_2O_3 + 2SiO_2 \longrightarrow 3Al_2O_3 \cdot 2SiO_2 \text{（莫来石）}$$
$$Si + C \longrightarrow SiC$$

c. 氧化还原法　用还原氧化物和盐类制取金属粉末是最普遍应用的制粉方法之一，粉末冶金中使用量最大的纯铁粉，主要采用还原法制取。此外非氧化物特种陶瓷的原料粉末，在工业上也多采用氧化还原法制备。

例如 SiC 粉末的制备，是将 SiO_2 与炭粉混合，在 $1460\sim1600℃$ 的加热条件下，逐步还原碳化。这时得到的 SiC 粉是无定形的，经过 $1900℃$ 左右的高温处理就可获得结晶态的 SiC。其大致历程为

$$SiO_2 + C \longrightarrow SiO + CO \longrightarrow SiC$$

同样，在 N_2 条件下，通过 SiO_2 与 C 的还原-氮化，在 $1600℃$ 附近可以制备 Si_3N_4 粉末，其基本反应为

$$3SiO_2 + 6C + 2N_2 \longrightarrow Si_3N_4 + 6CO$$

由于 SiO_2 和 C 粉是非常便宜的原料，并且纯度高，因此获得的 Si_3N_4 粉末纯度高，颗粒细。

除以上介绍的三种方法外，固相法制备粉末的方法还有水热合成法和自蔓延高温合成法（SHS）等。水热法的基本原理是在高温、高压下一些氢氧化物在水中的溶解度大于对应的氧化物在水中的溶解度，于是氢氧化物溶入水中同时析出氧化物。该法可以制备单一的氧化物粉体，如 ZrO_2、Al_2O_3、SiO_2、Cr_2O_3、Fe_2O_3、MnO_2、TiO_2 等，也可以制备多种氧化物混合体 $ZrO_2 \cdot SiO_2$ 等以及复合氧化物 $BaZrO_3$、$PbTiO_3$、$CaSiO_3$、羟基化合物、羟基金属粉等。还可制备复合材料粉体 $ZrO_2\text{-}C$、$ZrO_2\text{-}CaSiO_3$、$TiO_2\text{-}C$、$TiO_2\text{-}Al_2O_3$ 等。自蔓延

法的特点是利用外部提供必要的能量诱发高温化学反应使体系局部发生化学反应（点火），形成化学反应前沿（燃烧波），此后化学反应在自身放出热量的支持下继续反应，表现为燃烧波蔓延至整个体系，最后合成所需材料（粉体或产品）。

② 液相法　由于固相法制备粉体是以固态物质为原始原料，原料本身可能存在不均匀性，而原料粒子大小及分布、粒子的形状、粒子的聚集状态等对最后生成的粉体特性有很大影响。一般而言，固相法制备的粉体存在微观上的不均匀性，粒子形状难以控制，粉末有团聚现象；特别是对制备超细粉末，固相法是很难做到的。为此发展了采用液相法来制备高纯超细优质粉末。目前液相法制备陶瓷粉末主要有沉淀法、溶剂蒸发法、水解法。

a. 沉淀法　沉淀法多用于金属氧化物超细粉的制备，它是利用各种在水中溶解的物质，经反应生成不溶性的氢氧化物、碳酸盐、硫酸盐、醋酸盐等，再将沉淀物加热分解，得到最终化合物产品。根据最终产物的性质，也可不进行热分解工序，但沉淀过程必不可少。沉淀法可广泛用来合成单一或复合氧化物超细粉末。该法的突出优点是：反应过程简单，成本低，便于推广到工业化生产。根据沉淀方式又分为如下三种。

ⓐ 直接沉淀法　在溶液中加入沉淀剂，反应后所得到的沉淀物经洗涤、干燥、热分解而获得的氧化物微粉，也可仅通过沉淀操作就直接获得所要得到的氧化物。沉淀操作包括加入沉淀剂或水解。沉淀剂通常使用氨水等，来源方便，经济便宜，不引入杂质离子。

例如：以氯化铝为原料、氨水为沉淀剂，用直接沉淀法制备 α-Al_2O_3 超细粉末。

$$AlCl_3 + 3NH_4OH \longrightarrow Al(OH)_3 + 4NH_4Cl$$

$$Al(OH)_3 \longrightarrow Al_2O_3 + 3H_2O$$

$BaTiO_3$ 微粉也可用直接沉淀法合成。将 $Ba(OC_3H_2)_2$ 和 $Ti(OC_2H_{11})_4$ 溶于异丙醇或苯中，再加水水解，就能得到 $BaTiO_3$ 微粉，所得 $BaTiO_3$ 粉末结晶性好，为化学计量。一次粒子粒径 5～15nm，团聚体 1μm。这种经过加水水解过程所制得的粉末纯度高（99.98%），烧结后 $BaTiO_3$ 陶瓷的介电性比普通方法获得的 $BaTiO_3$ 高得多。此外，在 $Ba(OH)_2$ 水溶液中滴入 $Ti(OR)_4$（R 为丙基），使后者发生水解反应形成沉淀粒子，最后可获得高纯度、平均粒径 10nm 左右、化学计量的 $BaTiO_3$ 微粉。

ⓑ 均匀沉淀法　直接沉淀法存在不均匀沉淀的倾向，而均匀沉淀法则通过改变沉淀剂的加入方式，可以消除直接沉淀法的这一缺点，这是因为该方法使用的沉淀剂不是从外部加入，而是在溶液内部缓慢均匀生成，这也是本法的一个显著特点。所用沉淀剂多为尿素 $(NH_2)_2CO$，它在水溶液中加热至 70℃，发生水解反应生成 NH_4OH，即

$$(NH_2)_2CO + 3H_2O \longrightarrow 2NH_4OH + CO_2$$

NH_4OH 在溶液内部均匀生成，一经生成立即被消耗，尿素继续水解，从而溶液中 NH_4OH 一直处于平衡的低浓度状态。用该法生成的沉淀物纯度高，体积小，过滤、洗涤操作容易。尿素水解产生的沉淀剂能与 Fe、Al、Sn、Ga、Th、Zr 等盐溶液反应，生成氢氧化物或碱式盐沉淀，也可形成磷酸盐、草酸盐、硫酸盐、碳酸盐的均匀沉淀。

ⓒ 共沉淀法　由于电子陶瓷和氧化物结构陶瓷多由复合氧化物组成，因此在合成粉体时必须使两者或两者以上金属离子同时沉淀下来生成复合氧化物。该法可以制备高纯度、超细、组成均匀、烧结性能好的粉体，又因制备工艺简单实用、价格低廉，所以在工业生产中应用很广。如电子陶瓷用的 $BaTiO_3$ 粉体，结构陶瓷用的莫来石、Y-TZP、Y-TZP/Al_2O_3、ZTM 等粉体，均可用共沉淀法来制备。其基本过程可归纳为：配制混合金属盐溶液→加入沉淀剂（或采用内部生成方法）→形成均匀的混合沉淀→洗涤、干燥→煅烧→复合氧化物。

例如：将氧化锆、氯化钇制成水溶液并均匀混合后再与氨水反应制备氧化锆、氧化钇符合粉体，反应过程如下。

$$ZrOCl_2 + 4NH_4OH \longrightarrow Zr(OH)_4\downarrow + 2NH_4Cl + 2NH_3 + H_2O$$

$$YCl_3 + NH_4OH \longrightarrow Y(OH)_3\downarrow + 3NH_4Cl$$

控制反应时液相的 pH=9，就可以使上述两个沉淀反应同时进行，反应产物在亚微米甚至纳米尺度上均匀混合。经过清洗去除其他杂质后，再经 800℃ 煅烧得到超细、高纯度和均匀性好的复合粉体。煅烧反应如下。

$$Zr(OH)_4 \longrightarrow ZrO_2 + H_2O\uparrow$$

$$Y(OH)_3 \longrightarrow Y_2O_3 + H_2O\uparrow$$

由于各种金属离子的沉淀条件不尽相同，用一般的共沉淀法要保证各种离子全部沉淀下来并非易事。通常沉淀的生成会受到溶液的 pH 值、各成分的生成速率、沉淀粒子大小、密度、搅拌情况等多种因素的影响，故沉淀物各成分一般难以保持在沉淀前溶液状态下的那种均匀性。如果各成分沉淀条件相差太大，会导致所得复合粉体的均匀性较差。因此要保证获得组成均匀的共沉淀粉体，首先其前驱体溶液必须符合一定的化学计量比，并且还要通过选择适宜的沉淀剂以控制沉淀条件，使阳离子以一定的比例形成沉淀。另外，也可选用特殊的复合盐原料，各成分已经实现离子级均匀混合，并且符合预定配比，生成沉淀时这些离子就按预定配比均匀沉淀下来，如共沉淀法制备 $(Ba, Sr)TiO_3$，时，即可以直接采用 $(BaSr)TiO(C_2O_4) \cdot 4H_2O$ 复合盐。

b. 溶剂蒸发法 沉淀法存在下列几个问题：生成的沉淀物较难进行水洗和过滤；沉淀剂（NaOH、KOH）易作为杂质混入粉料中；如采用可以分解、消除的 NH_4OH、$(NH_4)_2CO_3$ 作为沉淀剂，某些金属离子，如 Cu^{2+}、Ni^{2+} 就会形成可溶性络离子；沉淀过程中各成分可能分离；在水洗时一部分沉淀将再溶解。为解决这些问题，研究了不用沉淀剂的溶剂蒸发法。

在溶剂蒸发法中，为了保持溶剂蒸发过程中液体的均匀性，必须使溶液分散成小滴以使成分偏析的体积最小，因而需用喷雾法。用喷雾法时，如果没有氧化物成分蒸发，则粒子内各成分的比例与原溶液相同；又因为不产生沉淀，故可合成复杂得多成分氧化物粉末；另外，采用喷雾法生成的氧化物粒子一般为球状，流动性好，利于后续成型。由喷雾液滴制备氧化物粉末可采用冷冻干燥法、喷雾干燥法和喷雾热解法等。

ⓐ 冷冻干燥法 冷冻干燥法是将金属盐水溶液喷到低温有机液体中（用干冰或丙酮冷却的乙烷浴内），使液滴进行瞬时冷冻和沉淀，然后在低温降压条件下升华、脱水，再在燃烧炉内通过分解制得粉体。采用这种方法制得的粉末比表面积比较大、组成均匀、反应活性高和烧结性良好。"阿波罗"号航天飞机所用燃料电池中的掺 Li 的 NiO 电极，就是采用冷冻干燥法和下面的喷雾干燥法制造的。

ⓑ 喷雾干燥法 喷雾干燥法是将溶液喷雾至热风中，使之急剧干燥的方法。这是一种适合工业化大规模生产超细粉体的方法。在干燥室里，用喷雾器把混合盐水溶液（如硫酸盐）雾化成 $10\sim20\mu m$ 或更细的球状液滴，经过燃料产生的热气体时被烘干，这时成分保持不变。快速干燥后，所得到的是如同中空球那样的圆粒粉料，再经热分解便可制得氧化物粉体。因此只要在初始盐溶液中无不纯物，以及过程中无杂质进入，就能得到化学成分稳定、高纯度、性能优良的超细粉。如 Ni-Zn 铁氧体粉，$MgAl_2O_4$ 粉体的制备。

ⓒ 喷雾热解法 喷雾热解法是将金属盐溶液喷入高温气氛中，立即引起溶剂的蒸发和金属盐的热分解，从而直接合成氧化物粉体的方法。也称为喷雾焙烧法、火焰喷雾法。喷雾

热解法包括两种方法，一种是将溶液喷到加热的反应器中，另一种是将溶液喷到高温火焰中。多数场合使用可燃性溶剂（通常为乙醇），以利用其燃烧热。例如，将 $Mg(NO_3)_2+Mn(NO_3)_2+4Fe(NO_3)_3$ 的乙醇溶液进行喷雾热解，就得到 $(Mg_{0.5}Mn_{0.5})Fe_2O_4$ 的微粉。用喷雾热解法时，生成的粒一般为球状而且中空。但若液滴的加热速度快，球状粒子则被破坏。

喷雾热解法和喷雾干燥法适合于连续操作，生产能力强。

c. 水解法　水解法包括无机盐水解法和（金属）醇盐水解法。

ⓐ 无机盐水解法　利用金属的硫酸盐溶液、硝酸盐溶液、氯化物溶液实现胶体化的手段来合成超细粉，早为人们熟知的是制备金属氧化物或水合物的方法。一些金属盐溶液在高温下可水解生成氢氧化物或水合氧化物沉淀，经过热分解后可得到氧化物粉末。如 $NaAlO_2$ 水解可得 $Al(OH)_3$ 沉淀，$TiOSO_4$ 水解可得 $TiO_2 \cdot nH_2O$ 沉淀，热分解后分别得到 Al_2O_3 和 TiO_2 超细粉体。此法也可制备复合氧化物粉体，如用 $ZrOCl_2$ 和 Y_2O_3 混合液水解，热分解后可得到 Y_2O_3 和 ZrO_2 的复合粉体。

ⓑ 醇盐水解法　金属醇盐 $M(OR)_n$（M 为金属离子，R 为烷基），遇水后很容易分解成乙基和氧化物或共水化合物胶体化合物。其反应式如下。

$$M(OR)_n+nH_2O \longrightarrow M(OH)_n+nROH$$

根据不同的水解条件，将获得的沉淀或溶胶在低温下干燥去除水及溶剂以避免离子的团聚，即可得到颗粒直径从几纳米到几十纳米、化学组成均匀的单一或复合氧化物粉体。该法是制备单一和复合氧化物高纯微粒的重要方法。金属醇盐一般具有挥发性，故易精制，水解时只加水，不需添加其他阳离子和阴离子，因而生成的沉淀纯度高。如用 $Ba(OC_3H_7)_2$ 和 $Ti(OC_5H_{11})_4$ 混合后水解，得到的 $BaTiO_3$ 粒子粒径小于 15nm，纯度达 99.98%。

③ 气相化学反应法（CVD 法）　气相化学反应法是以挥发性金属卤化物、氢化物或有机金属化合物等蒸气为原料，进行气相热分解和其他化学反应来合成超细粉，它是合成高熔点无机化合物超细粉最引人注目的方法。

气相化学反应法可分为两类：一类为单一化合物的热分解 $[A(g)\longrightarrow B(s)+C(g)]$，如 $CH_3SiCl_3(g)\longrightarrow SiC+3HCl$，反应物必须具备含有产物全部的元素；另一类为两种以上化学物质之间的反应 $[A(g)+B(g)\longrightarrow +C(s)+D(g)]$，如 $TiCl_4(g)+O_2\longrightarrow TiO_2(g)+Cl_2$。相对前者而言，后者可以有很多种组合，因而具有一定的灵活性。

气相反应法与沉淀法及盐类热分解法相比，具有如下特点：①金属化合物原料易挥发、容易提纯，而且生成粉料不需进行粉碎，因而生成物纯度高；②生成颗粒的分散性好；③反应条件控制适当，可获得粒径分布窄的超细粉；④不仅能制备氧化物超细粉，还可通过控制气氛制备液相法难以制备的金属、碳化物、氮化物、硼化物等非氧化物超细粉。因而在超细粉体制备技术中占有很重要的地位。

目前利用这种方法制备炭黑、氧化铝等超细粉已达到工业生产水平，高熔点碳化物、氮化物、硼化物超细粉的合成也从实验室走向批量生产。

气相化学反应法按加热方式有电阻炉法、化学火焰法、等离子体法、火花放电法、激光法等。

如上所述，粉体材料的制备方法有多种，需根据材料的基本特性，对粉体的物理化学性质、粒径的细度要求以及经济性和实际条件进行合理选用。例如对于矿物材料，其粉体的制备多采用机械粉碎法中的球磨法；金属粉末的制备除可采用机械粉碎法中的球磨法外，还可采用化学还原法、羰基法、电解法、雾化法等。对于大多材料的粗粉与部分中、细粉的制备，通常采用机械粉碎法中的球磨法较多；而超细粉以致纳米粉的制备，除在一些条件下继续采用高能球磨法及高能气流喷射法外，更多条件下则采用的是物理化学方法。

7.2.4 陶瓷粉体的处理

由于成型的要求或产品最终性能的需要，在成型之前需要对粉体进行预处理，它主要包括粉体分级、热处理、表面改性等。

（1）粉体的分级

根据生产工艺的要求，把粉体材料按某种粒度大小或不同种类颗粒进行分选的操作过程称为分级。分级的方式有两种：即用筛子筛分和在流体中进行分离。

筛分是一种有效的分级方法。它可将物料分成通过筛子的较细部分和留在筛子上的较粗部分。因此，粉末样品通过一系列筛孔的标准筛可分离成若干粒级，并经分别称量，求得各级粒度的质量分数。

流体分级法主要针对的是超微细粉体的分级，其基本原理是利用不同粒径颗粒在流体中的沉降速度差进行分离。按分级所用流体介质，可划分为干式分级与湿式分级两种类型。干式分级通常是利用颗粒在气流中的沉降速度差，或者说利用轨迹不同来进行的，又称气力分级。干式分级的类型及原理如图 7-7 所示。

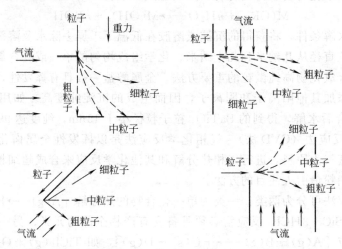

图 7-7 干式分级类型及机理

湿式分级与干式分级在原理上基本相同，只是所用流体不再是气流，而是液态流体介质。例如水流，故又称水力分级。

（2）热处理

无机粉体热处理的主要目的是促进脱水及晶体转变，稳定晶体结构，减少在烧结时的体积变化。如对 Al_2O_3、TiO_2 进行煅烧使之分别转变为 $\gamma\text{-}Al_2O_3$、金红石结构，ZrO_2 粉体固溶使之转变为稳定或部分稳定 ZrO_2。有时热处理是为了破坏粉体颗粒的层状结构，避免成型时的定向排列，如云母、滑石等的热处理。

（3）表面改性

在粉体的制备和应用过程中，为提高粉体的分散性、活性、相容性及使用功能，常常要对粉体进行表面改性。表面改性是指采用物理或化学方法对粉体颗粒进行表面处理，有目的地改变其表面物理化学性质的工艺。粉体表面改性方法很多，分类也各不相同，最主要的有包覆改性、沉淀（沉积）改性、表面化学改性、机械化学改性、微胶囊改性等。

① 包覆改性　包覆，也称涂覆和涂层，是利用无机物或有机物（主要是表面活性剂）

对粉体表面进行包覆以达到改性的方法，也包括利用吸附、附着及简单化学反应或沉积现象进行的包覆。如在热压注成型中，为使 Al_2O_3 稳定分散于蜡浆中，用蜂蜡、油酸等表面活性剂包覆 Al_2O_3 粉体，使之表面由亲水性变为亲油性。

② 沉淀（沉积）改性　利用化学反应并将生成物沉积在粉体表面形成一层或多层改性层的方法，称为沉淀（沉积）改性。如制备 $Al_2O_3 \cdot SiC$ 复相陶瓷材料时，对 SiC 粉体颗粒进行沉淀改性，使之表面沉积一层 Al_2O_3，从而使 SiC 能均匀稳定分散于 Al_2O_3 粉体中。

③ 表面化学改性　表面化学改性是通过表面改性剂与粉体颗粒表面进行的化学反应或化学吸附而改性，这类表面改性剂有偶联剂、高级脂肪酸及其盐、不饱和有机酸和有机硅等。如利用钛或硅系偶联剂与纳米 TiO_2 表面的反应，使之转变为亲油表面。

④ 机械化学改性　机械化学改性是采用机械作用激活粉体和表面改性剂（或更细的另一种用于包覆或复合的粉体），使其界面间发生化学作用，以达到化学改性的效果，进而增加表面改性剂与被改性粉体间的结合力。其实质是机械作用促进表面化学改性，将机械能转变为化学能。对被改性粉体及改性剂混合物进行高速机械搅拌、冲击、研磨、球磨等都可实现机械化学改性。该方法适用于无机粉体改性、单层粒子包覆粉体、多层粒子包覆粉体等复合粒子的制备。

7.3　陶瓷的成形原理及工艺

由原料进一步加工成坯体的工艺称为成型。成型工艺是决定制件形状和质量的关键环节。随着技术的进步，成型手段日益增多，但对于不同品种的制件也要一起产品的形状要求、性能要求、原料特性以及产量、成本等具体选择。本章介绍了配料、成型方法以及压坯的干燥，重点介绍了各种成型方法的工艺原理。

7.3.1　配料及混合

（1）配料

当生产陶瓷产品的原料选定之后，确定原料在坯料中使用的数量是一项关键性的工作。因为它们直接影响到陶瓷产品的品质及其工艺制度的确定。进行配方计算和配方试验之前，必须对所使用原料的化学组成、矿物组成、物理性质以及工艺性能进行全面的了解，同时对产品的品质和要求也要全面了解，才能做出科学配方。配方的计算主要有两种：已知化学计量式的配料计算；根据化学成分进行的配料计算。

（2）混合

陶瓷材料的配料中一般不只一种粉体，而是多种粉体。此外还需加入分散剂、润滑剂等，这就需经对其进行混合，使之均匀。经称量和配料后，多组分的原料在外力作用下经过一定的方法混合达到成分基本均匀的过程叫做混合。混合可以采用机械混合法，即用球磨或搅拌的方法，使用各种混合机将物料混合均匀；也可以采用化学混合法，即将化合物粉末与添加组分的盐溶液进行混合或者各组分全部以盐溶液的形式进行混合。

在混料的工艺环节中一般应注意以下几个问题。

① 加料程序　在特种陶瓷的制备过程中，常常需要加入微量的添加物以达到改性的目的。其所占的比例很小，要使其均匀分布，操作上应特别仔细。加料的程序一般是先加入一种量多的原料，然后加入量少的一种或几种原料，最后再加入一种量多的原料。这样量少的原料夹在中间可以减少原料的损失。

② 混料磨介的使用　在特种陶瓷的研究和生产过程中，由于原料的纯度一般要求较高，

要防止和粉料接触的介质尤其是磨介如料筒、球磨子等对粉体的污染。对于要求较高的粉料，磨介与原料同质，对减少污染十分有效。另外，磨介最好专用，以防止不必要的杂质引入。

(3) 造粒

对于陶瓷工业中所用的粉料，一般希望越细越好，这有利于高温烧结，降低烧成温度。但在成型时却不然，尤其对于压制成型，因粉料粒度越细，微粉在空气中容易飞扬、粘壁、难以处理，在重力作用下的自由流动性又差，不能充满模具，易产生孔洞，坯体致密度低。因此，为了有利于陶瓷坯料的压制成型，多数情况下要求将粉体加工成易于处理的粒径和颗粒形状，即进行造粒处理。所谓造粒，即在细粉中加入一定量的塑化剂（如水），制成粒度较粗、具有一定假颗粒级配、流动性好的大颗粒或团粒（约 20～80 目）。

造粒的方法有：手工造粒法、加压造粒法、喷雾造粒法、冻结干燥造粒法等。喷雾造粒是目前工业中大规模应用的、较先进的造粒方法，它是将粉料与塑化剂（一般用水）混合均匀形成浆料，再用喷雾器喷入造粒塔中雾化，雾滴与塔中的热空气混合，进行热交换，使雾滴被干燥到一定程度，形成流动性好的球状团粒，由旋风分离器吸入料斗。

(4) 塑化

对于传统陶瓷，由于坯料中大都含有一定的可塑黏土成分，一般无需另外加入塑化剂。对于特种陶瓷一般采用化工原料配制，坯料没有可塑性，因此成型前先要进行塑化。所谓塑化（plastification）就是将粉体与适量液体、塑化剂混合形成具有塑性的坯料，从而可进行塑性成型。塑化剂包括无机和有机塑化剂两种，无机塑化几主要指黏土物质，先进陶瓷一般采用有机塑化剂。

根据塑化剂在陶瓷成型中的不同作用，分类如下。

① 黏结剂　常温下能将粉料颗粒黏结在一起，使坯料具有成型性能并具备一定强度。在高温烧成时它们会氧化、分解和挥发。常用的黏合剂有糊精、聚乙烯醇、羧甲基纤维素、聚醋酸乙烯酯、聚苯乙烯、桐油等。某些无机物质除具备常温黏合作用外，高温下仍保留在坯体内，这些物质称为黏结剂。常用黏结剂为硅酸盐和磷酸盐等。

② 增塑剂　溶于有机黏合剂中，在粉料之间形成液态间层，提高坯料的可塑性。常用的增塑剂有甘油、酞酸二丁酯、乙基草酸、己酸三甘醇等。

③ 溶剂　能溶解黏结剂和增塑剂。常用的溶剂有水、无水乙醇、丙酮、甲苯、醋酸乙酯等。

有机塑化剂一般在 400～450℃ 范围内会烧尽，留下少量灰分。一般希望有机塑化剂的挥发温度范围要宽，缓慢的挥发有利于防止坯体开裂。

塑化剂一般对坯体的性能是有影响的。其选择的原则是在确保成型质量的前提下应尽量减少塑化剂的加入量。另外，还要考虑对坯体的污染、排杂的难易、排杂的温度范围等。

(5) 悬浮

悬浮是将粉体分散于液体介质中形成稳定、均匀、流动性好的料浆，从而利于浆料法成型。配制好的料浆一般要求具有：①流动性好，以保证料浆充满模具型腔；②稳定性好，料浆不易沉淀与分层；③触变性好，保证料浆黏度不随时间而变化，同时脱模后坯体不会在外力作用下变软；④含水（或含页）量低，避免成型和干燥后收缩、变形、开裂；⑤渗透性好，料浆中的水分容易通过已形成的坯体被模壁吸收；⑥气体含量低等性质。

对于黏土制陶瓷材料，提高泥浆流动性的方法有加热泥浆、加入适当电解质等。常用的电解质有碳酸钠、磷酸钠、柠檬酸钠和聚丙烯酸盐等；对于非黏土质的瘠性料，常采用控制溶液 pH 值及添加有机表面活性剂的方式；有些瘠性浆料如 Al_2O_3 也可用阿拉伯树胶、明胶、桃胶、羧甲基纤维素等有机胶体使之悬浮稳定。含黏土的泥浆加入少量水玻璃等钠盐提高泥浆稳定性。不含黏土的泥浆加入适量的有机胶体（如树胶、明胶等），防止聚沉，增大泥料黏度，从而提高泥浆稳定性。

7.3.2　陶瓷的成型

在大多数情况下，粉体材料并不是在粉末状态下直接使用，一般均需进一步成型后使用。所谓粉体成型，是指将粉末状态的材料制成具有一定形状、尺寸、孔隙率以及强度的预成型坯体的加工过程。不同材料因其物理化学特性不同，所采用的成型方法与技术并不完全相同。一般根据粉体成型时的状态可将成型方法分为以下三类。

① 胶态成型法　胶态成型法是将粉料与介质（水、有机溶剂）、添加剂等充分混合形成流动的料浆，注入特定模具中，通过介质的排除或介质的凝固，使之固态化，从而成为具有一定形状、尺寸、强度的坯体。如石膏模注浆成型、热压注成型、流延成型、原位凝固胶态成型。

② 塑性成型法　粉料中加入适量液体介质、塑化剂，将之混炼成为具有塑性的坯料，然后通过各种成型机械进行挤制、滚压、轧膜、注射等成型。

③ 粉料成型法（压制法、模压法）　粉料与少量水分、塑化剂混合，造粒后形成粉状坯料，然后在较高的压力下，在模具中压制成型，如干压、半干压、等静压等。

（1）模压成型

① 干压成型　干压成型是将流动性好、颗粒级配合理的造粒粉料装入模具中，通过压机施以外加压力，使粉料压制成一定形状的坯体的方法。常见的钢模模压成型方式有三种：单向压制、双向压制以及浮动凹模压制，如图 7-8 所示。

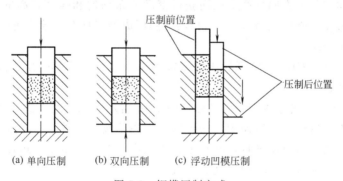

图 7-8　钢模压制方式

a. 单向压制　单向压制是压力施加在粉末坯料的上顶部。因此，粉末坯料与凹模之间的摩擦，使得在经单向压制所得到的预成型坯中，底部与顶部的密度有很大的差别。这种密度差随预成型坯高度的增加而增加，随直径的增大而减小，降低高径比，会使压力沿高度的差异相对减小，使密度分布变得更加均匀。若使用润滑剂，可以减小粉末坯料与模壁之间的摩擦力，也可降低沿高度方向的密度不均匀程度。

b. 双向压制　双向压制是从坯料的上下同时施力，可以减小预成型坯中密度分布的不均匀性。对于采用双向压制所得到的预成型坯来说，与冲头接触的两端密度较高，而中间部分的密度较低。总体来说，采用双向压制方法，可以改善单向压制时的沿高度方向密度的不均匀性。尤其是当坯料高径比较大时，双向压制的优越性更为突出。

c. 浮动凹模压制（双面先后加压）　浮动凹模压制是在双向压制的基础上发展起来的粉末压制方法，如图 7-8（c）所示。在浮动凹模压制时，下冲头固定不动，凹模安放在弹簧（也可以安装在液压缸）上，使之可以浮动。当上冲头进入模腔压制粉末时，粉末与凹模内表面之间的摩擦力使凹模克服弹簧的阻力向下运动，凹模的运动会产生与下冲头运动相同的效果。凹模的运动方向与粉末沿高度上的位移方向是一致的，从而使得粉末预成型坯密度沿高度分布趋于均匀。

加压方式和压力分布关系如图 7-9 所示。

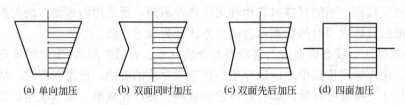

(a) 单向加压　　(b) 双面同时加压　　(c) 双面先后加压　　(d) 四面加压

图 7-9　加压方式和压力分布关系图（横条线为等密度线）

干压成型必须具有一定功率的加压设备，所用的压机有摩擦压力机、液压成型机，自动压片机等。干压成型工艺简单，操作方便，周期短，效率高，便了实现自动化生产；成型坯体黏合剂少，致密度高，尺寸比较精确，烧成收缩小。广泛用于圆形、薄片状各种电子元件和功能陶瓷的生严。在建筑陶瓷、耐火材料工业中也广为使用，如地面砖、耐火砖。由于干压成型的坯体结构具有明显的各向异性，对模具的要求也较高，因而不适用于复杂形状的制品和大型坯体生产。

② 等静压成型　等静压成型指粉料的各个方向同时均匀受压。它是利用液体介质压缩性很小、能均匀传递压力的特性，将高压流体的静压力直接作用在弹性模套内的粉末上，使粉末体在同一时间内各个方向均衡受压而获得密度分布均匀和强度较高的压坯的一种方法。等静压成型方法有冷等静压成型（CIP）和热等静压成型（HIP）。热等静压把成型与烧结结合在一起，属热压烧结。

a. 冷等静压成型（CIP）　冷等静压成型按粉末软包套模及其受压形式可分为湿式等静压和干式等静压两种。

ⓐ 湿式等静压　湿式等静压成型过程如图 7-10 所示。先将配好的坯料装入塑料或橡胶制成的弹性模具内，置于高压容器中，密封后打入高压液体介质。压力传递至弹性模具，对坯体加压。然后释放压力取出模具，并从模具中取出成型好的坯体。卸载压力时，应使压力缓慢降低，否则会在粉末成型坯中出现分层现象。

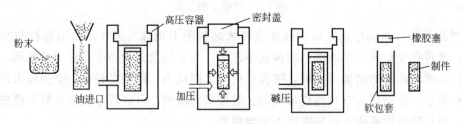

图 7-10　湿式等静压工艺过程示意图

液体介质一般采用润滑性好、腐蚀性小、压缩系数小的甘油、水（加防锈剂）、刹车油等。成型模具选用高弹性、与液体介质接触不易老化的橡胶或塑料。成型时容器中可同时放入多个模具。它适用成型形状复杂、大件及细长制品。由于均匀受压，坯体密度高且均匀，烧成收缩小且不易变形。模具制作方便，寿命长，成本较低。坯料可少用或不用黏结剂。但成型设备投资大，高压操作需特别防护，另外不能连续操作。

除了上述的湿式等静压外，还有一种液压钢模等静压装置，如图 7-11 所示。它是将压力机的压力施加在高压容器的盖板上，通过活塞传递给容器内的液体，由此产生的等静压力压缩模具内的粉末坯料。液压钢模压制的优点是结构简单，没有庞大的高压泵、高压阀门及管道等辅助装置，并且操作简便、效率高。其不足是高压容器的内径受到限制，一般只用来压制小型制品或用于实验研究。

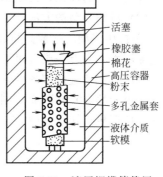

图 7-11　液压钢模等静压装置示意图

ⓑ 干式等静压　干式等静压相对于湿式而言，其模具采用的是橡胶软模，并且该软模在等静压成型的整个过程中始终留在压力容器中，并将工作液体密封在压力容器中，使粉末的添加与粉末坯料的取出都是在干燥状态下进行，因而称为干式等静压。成型过程如图 7-12 所示。

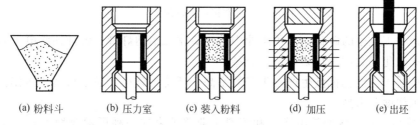

(a) 粉料斗　(b) 压力室　(c) 装入粉料　(d) 加压　(e) 出坯

图 7-12　干袋法等静压过程示意图

干式等静压只能在粉料周围加压，模具的顶部和底部无法加压。它更适合于生产简单的长形、薄壁管状制品，并能用于自动化生产。如 Al_2O_3 球、硬质合金整体异形刀具等的成型。

b. 热等静压成型（HIP）　热等静压成型是在冷等静压成型和热压技术的基础上发展起来的粉末成型的综合工艺方法，其原理如图 7-13 所示。

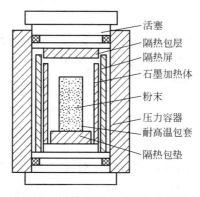

图 7-13　热等静压成型原理示意图

将粉末装入包套内，包套通常由金属、玻璃和陶瓷材料所制，放入带有加热炉的密闭高压容器中，抽出空气，然后压入 30～60MPa 的惰性气体（如氩气），通过加热使粉末坯料达到烧结温度，此时由于气体的热膨胀，可使高压容器内的压力达到 100MPa 左右，借助于高温和各向均等的高压，使粉末坯料固结成全致密的材料。

（2）可塑成型的方法

① 挤压成型　一般是将真空炼制的塑性坯料放入挤制机内，这种挤制机一头可以对泥料施加压力，只有一头装机嘴，即成型模具，通过更换机嘴能挤出各种形状的坯体。

挤压成型适宜成型各种管状产品（如高温炉管、热电偶套管、电容器瓷管等）、柱状产品（电阻元器件）和断面规则的产品（如圆形、椭圆形、方形、六角型等）。如图 7-14 所示为真空挤压机机构示意图。

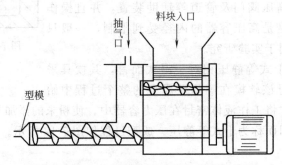

图 7-14　真空挤压机机构示意

传统的建材工业中的砖瓦、电子工业中的三氧化二铝钠灯管、各种柱状电子元件以及蜂窝状或筛格式催化剂载体等均采用挤压成型。

挤压成型适于连续化批量生产，生产效率高，环境污染小，易于自动化操作。但挤嘴结构复杂，加工精度要求高。

② 轧制成型　轧制成型是由橡胶和塑料工业移植来的一种可塑成型方式，在先进陶瓷中应用较普遍。采用轧制法直接制备连续的薄板、带材。它适宜于生产一些厚度在 0.05～1mm 间的薄片状品，如集成电路基板、电容器等。

轧制成型是将准备好的陶瓷粉料拌以一定量的有机黏结剂（如聚乙烯醇 PVA）和溶剂，置于轧制机两轧辊之间，通过粗轧和精轧多次轧制，以及热处理等工序，制成所要求厚度的薄片；薄片再经冲切得到所需坯片。轧制方式如图 7-15 所示。

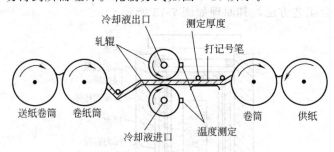

图 7-15　轧制成型装置示意

③ 注射成型　陶瓷注射成型是借鉴塑料注射成型而发展的新型成型技术。它是将陶瓷粉料与热塑性树脂（聚苯乙烯、聚乙烯、聚丙烯、丙烯酸类树脂等）、增塑剂（石蜡、脂肪酸酯等）等有机物混炼后，得到造粒料。经注射成型机（图 7-16）在一定压力和温度（60～100MPa，160～200℃）下，将流动的混合料高速注射到金属模具中，经充填、保压、冷却后热塑性树脂固化，便可脱模取出坯体，其成型时间通常为数十秒。坯体经高温脱脂（去除坯体内有机物）便得到素坯，然后再烧结。

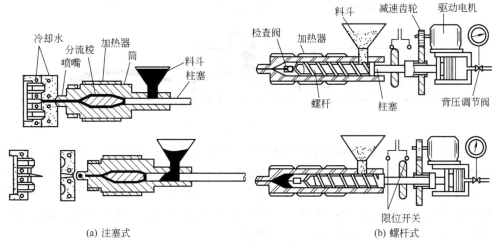

(a) 注塞式　　　　　　　　　　(b) 螺杆式

图 7-16　注射成型机

注射成型可制备形状复杂、尺寸精密的制品。制品的最终尺寸可以控制，一般不再修整，如 Si_3N_4 增压涡轮。该法能自动化、大规模生产，成本低，效率高。由于成型时坯料高速流动产生较强的附壁效应和湍流现象，使制品截面上密度不同，因而它不适用于大截面的制品。另外，内于其排塑时间长，若坯体厚度过大，在排塑时易存在残余应力和开裂。

（3）胶态成型

将粉末颗粒均匀分散于液体介质（水、有机溶剂）中形成料浆，利用料浆的流动性使之填充到所要求的空间（模腔）中，通过改变料浆的稳定分散条件使之固化，从而保持模腔的形状，达到成型的目的。在胶态成型中关键技术是料浆的制备及料浆的固化。

① 注浆成型法　它利用分散剂，先将粉料制成一定流动性、稳定性的浆料，再将之注入到石膏模具中，在石膏模毛细管力作用下，浆料中的水分沿着毛细管排出。与石膏接触的外圈层首先脱水固化，随时间延长，固化层厚度增加，直到达到要求厚度，就形成石膏模内腔所具有形状的坯体，注浆成型方法主要有空心注浆和实心注浆，如图 7-17 和图 7-18 所示。为了提高注浆速度和坯体质量，可采用压力注浆、离心注浆和真空注浆，这时所采用的模具可以是多孔树脂模具。

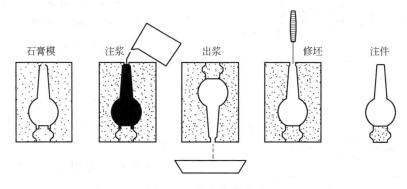

图 7-17　空心注浆成型

注浆成型工艺简单，模具便宜易得，可制造大型、形状复杂的部件，且可大批量生产，如发动机陶瓷部件、卫生洁具、复杂形状大件粉末冶金制品等。其缺点是生产周期长，占地面积大，劳动强度大，产量低，不易于自动化生产，产品质量差，收缩变形大，尺寸精度差。

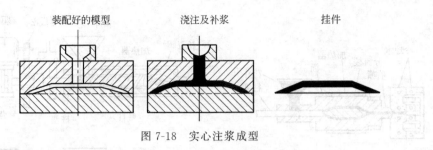

图 7-18　实心注浆成型

② 热压注成型　热压注成型虽然也是浆料成型法，但与石膏模注浆工艺不同，它是利用了石蜡的热流性特点，把粉料、石蜡、表面活性剂混合均匀后，削成蜡饼。将蜡饼置于热压注机筒内，加热至一定温度熔化，使之具有一定的流动性。在压缩空气作用下，将筒内料浆通过吸注口压入金属模具中，根据产品形状和大小保持一定时间，料浆在模腔内凝固成型，脱模取出坯体，其工作原理如图 7-19 所示。

热压注形成的坯体在烧成之前，先要经过排蜡处理，否则由于石蜡在高温熔化、挥发燃烧，坯体将失去黏结而解体，不能保持其形状。排蜡是将坯体埋入疏松、惰性的保护物中焙烧。这种保护物料（一般为煅烧的工业三氧化二铝粉）又称为吸附剂，它在高温下稳定，又不易与坯体黏结。在升温过程中，石蜡虽然会熔化扩散，但有吸附剂支持着坯体。当温度继续升高，石蜡挥发、燃烧完全、坯体中粉料之间有一定的烧结，坯体具有一定的强度。排蜡后的坯体要清理表面的吸附剂，然后再进行烧结。

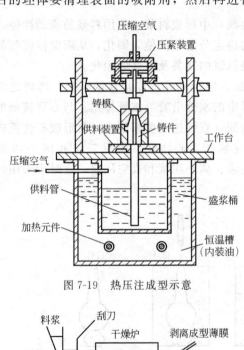

图 7-19　热压注成型示意

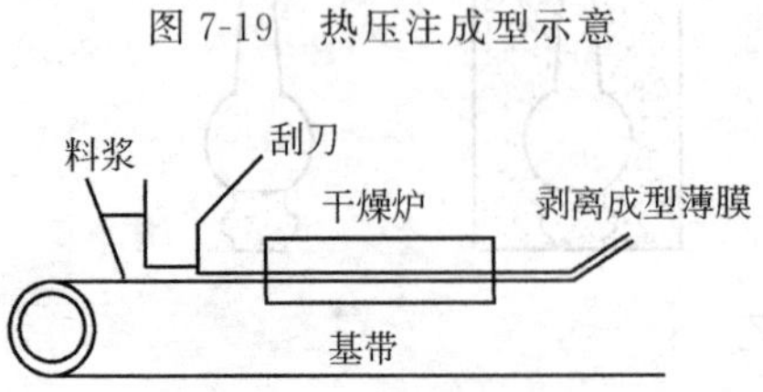

料浆　刮刀　剥离成型薄膜　干燥炉　基带

图 7-20　流延法示意

热压注工艺适合于形状较复杂、精度要求高的中小型产品的生产，设备简单，操作方便，劳动强度不大，生产效率较高，模具磨损小，寿命长，在新型陶瓷生产中广为采用，如装置瓷件、化工陶瓷部件。热压注成型的不足之处是含蜡量高（约 13%），排蜡周期长，耗能大（多次烧），工序比较复杂。对于壁薄的大而长的制品，由于不易充满模腔，易变形，不太适宜。

③ 流延法成型　流延成型是将超细粉碎的坯料粉末与黏结剂、增塑剂、分散剂、溶剂等均匀混合制得料浆，再把料浆放入流延机的料斗中，如图 7-20 所示。料浆从料斗下部流至流延机的薄膜载体（传送带）上，用刮刀控制厚度。再经红外线加热等方法烘干得到膜坯，然后按所需的形状切割或开孔，然后烧结。

流延成型主要用于生产厚度在 0.2mm 以下表面光洁度好的超薄型制品。流延法设备较简单，工艺稳定，可连续操作，便于实现自动化，生产效率高，但由于所含黏结剂量大，因而收缩率大（20%～21%），应予以注意。

④ 原位凝固胶态成型技术　原位凝固就是指颗粒在悬浮体中的位置不变，靠颗粒之间

的作用力或者悬浮体内部的一些载体性质的变化，使悬浮体从液态转变为固态。在此过程中坯体没有收缩，介质的量没有改变，所采用的模具为非孔模具，这样的成型方法叫做原位凝固胶态成型。原位凝固胶态成型与其他胶态成型工艺的区别主要在于凝固技术的不同。这将会导致对浆料性质要求的差异和整个工艺过程的差异。陶瓷原位凝固胶态成型技术是降低陶瓷制造成本、提高材料可靠性的有效途径，因此近年来成为陶瓷界研究和关注的焦点之一。

7.3.3 压坯的干燥与脱脂

以料浆或加入结合剂等进行成形后的坯体，均含有水分或有机物。含水的坯体具有可塑性，强度低且易变形，不利于后续加工，如修坯、搬运及烧成等。含有较多有机物的坯体，在烧成前需单独气化和分解除掉，否则易引起制品烧成缺陷。因此，对成形的坯体，在烧成前必须干燥（脱水）或脱脂（排蜡）以提高坯体强度，缩短烧成周期，避免烧成缺陷，提高产品质量。

坯体在干燥或脱脂过程中，伴随体积变化，若控制不当将引起坯体变形或开裂。因此，了解干燥和脱脂过程的变化规律，对选择适宜的工艺制度和设备是很重要的。

（1）坯体的干燥

干燥的目的在于提高生坯的强度，便于检查、修坯、搬运、施釉和烧成。

① 干燥原理与过程 成型后坯体所含水分以三种不同状态存在：一是化学结合水，属坯料物质结构的一部分；二是吸附水，存在于坯中毛细管内或吸附在颗粒或层间表面；三是游离水，存在于坯中空隙内。坯体的干燥主要是排除游离水和部分吸附水，后者排除多少与坯体所处环境湿度和温度有关。而化学结合水因与其他组分结合牢固，需在较高温度下才能排除，这已超出干燥工序范围。因此，干燥的过程就是物理排水的过程。

干燥时，坯体中水分排除过程是通过坯体内外扩散传递完成的。当外界热源将热量传递到坯体表面时，坯表水分汽化蒸发，并向外界扩散（称为外扩散）；由于坯表水分蒸发引起坯体内外水分浓度不一致，以及传热作用，水分将从坯体内部不断向坯外表扩散（称内扩散），再由表面向外界扩散，由此周而复始不断循环这一过程，直至达到坯体完全干燥。根据干燥时坯体发生的物理变化特征，可将干燥过程分为以下四个阶段：即升速阶段、等速阶段、降速阶段与平衡阶段。

② 干燥制度 干燥制度是获得高质量干坯的基础。干燥制度主要指坯体干燥各阶段的干燥速度，一般希望速度尽量快，以节省时间和能源。但实际上在干燥各阶段不可能太快，否则易出现质量问题。干燥速度大小受很多因素影响，如坯体本身特性、干燥介质温度与湿度、干燥介质流速与流量、干燥方法等。

坯体本身特性是影响干燥速度的内因，主要影响内扩散，它包括坯体的干燥灵敏性、坯体形状、大小与厚度及临界水分点等。干燥灵敏性主要指坯体在干燥收缩阶段出现裂纹的倾向性，即干燥灵敏性强则易出现裂纹，它与坯体收缩大小、坯料可塑性、物相组成、分散度等有直接关系。干燥敏感性强的坯体，其干燥速度不宜过快；对于形状复杂、体大、壁厚的坯体，因热传递与内扩散阻力大、收缩大且易产生较大内应力等原因，也应严格控制干燥速度；此外，掌握坯体的干燥临界水分点对确定干燥速度至关重要。因为在此点之前收缩大多属危险阶段，干燥速度要慢，而在此点之后，坯体基本不收缩，可加快干燥。

干燥介质的温度与湿度及流速、流量对干燥速度影响也很大，它们主要影响外扩散。如低湿高温和高流速流量的介质，要比高湿低温和低流速流量介质干燥速度快。在实际应用中，一般通过调节介质温度、流速与流量来控制干燥速度更方便有效，但必须遵循坯体干燥过程的内在规律，快慢适宜，同时要保证干燥受热的均匀性，否则易出现质量问题。

干燥方法也是影响干燥速度的主要因素之一。不同干燥方法，其传热方式和效率不同，故对干燥过程及干燥速度的影响也不同。当采用传热方向与水分扩散方向相反或传热速度慢的干燥方法，如热空气干燥法时，干燥速度不宜太快；相反，如采用微波干燥等方法，干燥速度可适当加快。

此外，干燥设备结构、坯体初始温度等因素也影响干燥速度。

总之，影响干燥度的因素较多且较复杂，在制定干燥制度时，须按照坯体干燥过程的内在规律，充分考虑内、外影响因素，并通过实验数据加以验证，以确定合理的干燥制度。

③ 干燥方法　对坯体加热形式分为外热式和内热式。在坯体外部加热干燥时，往往外层的温度比内层高，这不利于水分由坯内向表面扩散。因为水的黏度随着温度的升高而成小，在外部加热时，生坯外层中水的黏度比内部小，外层的水易于流动而经表面蒸发，而内部的水却不易扩散至表面。此外，水的表面张力也是随着温度的升高而降低，外扩散受到内扩散制约。若对坯体施以电流或电磁波，使坯体内部温度升高，增大内扩散速度，这样就会大大提高坯体的干燥速度。

下面介绍几种陶瓷坯体干燥的方法。

a. 热气干燥　以热气向生坯进行对流传热，使生坯排出水分，同时把蒸发出的水带走，这是应用很普遍的方法。

b. 电热干燥　在生坯端面施以工频交变电压，在坯内产生电流而发热，属于内热式干燥。这种干燥方法适于含水率高的大型生坯原地干燥，设备简单、效率高。

c. 高频干燥　以高频或相应频率的电磁波辐射使生坯内水分子产生弛张式极化，转化为干燥用的热能。因高频干燥电耗较高，仅用于含水率不高的小型生坯干燥。

d. 微波干燥　以微波辐射使生坯内水分子运动加剧，转化为热能干燥生坯。此法干燥效率高，但微波对人体有害，要用金属板防护屏蔽。

e. 近红外与远红外干燥　以红外辐射使生坯内水分子的键长和键角振动，偶极矩反复改变，转化为热能来干燥生坯。这种方法干燥效率很高，经济效果好，正在推广使用。

（2）脱脂与排蜡

采用热压注、注射成型等方法时，因坯料需加入塑化剂等有机物，故坯体中含有较多有机物，需在烧成前排除，这个过程称为脱脂或排蜡。当坯中有机物为热塑性且含量大时，对于一些形状复杂、易变形的坯体，脱脂或排蜡时需将坯体支撑或埋入粉料中。脱脂和排蜡的过程是先将坯体埋入疏松、惰性粉料（也称吸附剂，如 Al_2O_3 粉），然后按一定升温速度加热。当达到一定温度时，坯中有机物开始熔化或氧化分解并向吸附剂中扩散，坯体逐渐收缩；当达到较高温度时，坯中颗粒间也也始出现一定的烧结反应。随着温度的升高和时间的延长，坯中有机物逐渐减少，坯体强度提高，体积减小；至有机物基本排除时，脱脂或排蜡过程则结束。

脱脂与排蜡过程中合理的温度制度是关键，它直接影响脱脂与排蜡的速度和坯体质量，需根据坯料特性、有机物种类、性质及数量和坯体大小、形状及厚度来确定。例如，坯体开始软化、有机物氧化分解阶段，因坯体收缩大，氧化分解反应集中，其升温速度慢甚至要有一定保温时间，避免反应不完全。脱脂与排蜡的最高温度要视坯料开始反应及坯体强度而定。最高温度过低，无法后续加工；温度过高，坯料可能与吸附剂发生反应。所以，一般加热至坯料发生一定烧结反应，且使坯体有一定强度即可。

7.4　陶瓷的烧结原理与工艺

7.4.1　陶瓷烧结的理论

烧结是陶瓷材料生产过程中最基本的工序，烧结是材料显微结构形成的过程，对最终产品的性能起决定性作用。

烧结通常是指在高温作用下实现陶瓷粉体或坯体致密化与机械强度提高的过程。伴随此过程的进行，颗粒间接触面积加大，粉粒集合体（坯体）表面积减少、气孔率降低。

陶瓷材料的烧结温度通常为原料熔点温度（热力学温度，K）的 $1/2 \sim 3/4$。高温持续时间通常为 $1 \sim 2h$。经过高温烧结的坯体一般为脆而致密的多晶体。

（1）烧结的推动力

粉末有自发黏结成团的倾向，特别是极细的粉末，即使是在低温下，也会逐渐聚结。在高温下结块更十分明显。粉末受热，颗粒之间发生结团，即所谓的"烧结"现象。这里，加热只不过是从外在条件上保证了这种自发倾向的充分实现而已。

微细粉末具有巨大的比表面积，它带来丰富的过剩表面能。在烧结的各阶段，减小表面积，降低表面自由能，始终是烧结过程的推动力。此外，破碎制粉过程中，颗粒内部产生了大量的各种晶格缺陷，它们所贮藏的能量，也成为烧结的推动力。

因此，烧结的热力学驱动力是粉体的表面能降低和系统自由能降低的过程。

（2）烧结的基本过程

陶瓷在烧结过程中，主要发生晶粒和气孔的尺寸与形状以及气孔含量的变化。烧结过程大体可划分为前期、中期、后期三个阶段。

在陶瓷的生坯中，一般含有百分之几十的气孔，颗粒之间只有点接触。在温度升高时系统在表面能减少的驱动力作用下，物质通过不同的扩散途径向颗粒间的颈部和气孔部位填充，使颈部渐渐长大，并逐步减少气孔所占体积，细小的颗粒之间开始逐渐形成晶界，并扩大晶界面积，使坯体致密化。在这个过程中，连通的气孔不断缩小；晶界移动，晶粒长大。其结果是气孔减少，致密化程度提高，直至气孔之间不再连通，形成孤立的气孔分布于晶粒相交的位置。此时坯体的密度已达到理论密度的 90% 以上，烧结前期结束。

接着进入烧结中期阶段，孤立的气孔扩散到晶界上消除，或者晶界上的物质不断扩散到气孔处，使致密化继续进行，同时晶粒继续均匀长大。在这个阶段，一般气孔是随着晶界一起运动，直到接近完全致密化。

进入烧结后期，陶瓷的致密化过程将进行得较为缓慢。继续烧结，就只是单纯的晶界移动和晶粒长大的过程了。

陶瓷坯体在烧结后的宏观变化是：体积收缩、致密度提高、强度增加。因此，烧结程度可以用坯体的收缩率、气孔率、密度等指标来衡量。

（3）烧结过程中的物质迁移

烧结过程中，颗粒黏结面上发生的量与质的变化，以及烧结体内孔隙的球化与缩小等过程，都是以物质迁移为前提的。烧结机制就是研究烧结过程中各种可能的物质迁移形式及其速率。

陶瓷坯体的烧结从物相传质的角度，可以分为气相烧结、固相烧结、液相烧结。高纯物质在烧结过程中一般没有液相出现。若物质的蒸气压较高，以气相传质为主，称为气相烧结；若物质的蒸汽压较低，烧结以固相扩散为主，称为固相烧结，但有时将这两种情况统称为固相烧结。有些物质以杂质存在或人为添加物在烧结过程中有液相出现，称为液相烧结。

烧结过程中的物质传递即传质方式包括：①黏塑性流动传递；②扩散传递，包括体积、表面和界面的扩散；③蒸发、凝聚传递；④溶解和沉淀传递。但是，实际上物质的传递又是十分复杂的过程，不可能用一种机制来说明一切实际现象。在实际过程中可能有几种传质机制起作用，但在一定条件下，可能某种机制占主导地位。固相烧结过程，主要出现②、③过程；固-液相烧结中主要出现①、④过程，在复杂的烧结中，则四种情况并存。

以下结合上述三种烧结方法与物质的传递方式分别讨论其烧结机理。

① 气相烧结与传质　根据凯尔文方程（Kelvin equation），半径为 r 的曲面上的蒸气压为

$$p = p_0 \exp\left(\frac{2\gamma M}{\rho \kappa T} \times \frac{1}{r}\right)$$

式中　κ ——摩尔气体常数；

　　　T ——热力学温度；

　　　p_0 ——平面上的蒸气压；

　　　γ ——表面能；

　　　ρ ——物质的密度；

　　　M ——物质的摩尔质量。

对于彼此接触的颗粒在烧结过程中（图 7-21）来说：

a. 颗粒接触面为凸面时，颗粒半径 R 为正，$p > p_0$，蒸气压比平面蒸气压高。

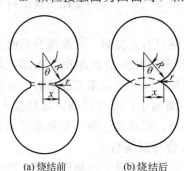

(a) 烧结前　　(b) 烧结后

图 7-21　球体颗粒的烧结模型

b. 颗粒接触面为凹面时，如接触颈处 r 为负，$p < p_0$，蒸气压比平面蒸气压低。

在此过程中，颗粒凸面处的物质蒸发，而在颗粒凹面处（接触颈处）将会有蒸发物质沉积，于是烧结颈不断长大，而完成颗粒间的烧结。

根据这一模型，利用凯尔文方程可得出颗粒间结合面积成长速率的表达式为

$$\frac{x}{r} = \left(\frac{3\sqrt{\pi\gamma}M^{\frac{3}{2}} p_0}{\sqrt{2}R^{\frac{3}{2}} T^{\frac{3}{2}} d^2} p^2\right)^{\frac{1}{3}} r^{-\frac{2}{3}} t^{\frac{1}{3}}$$

式中　d ——颗粒的密度；

　　　t ——烧结时间。

② 固相烧结与传质（固相传质）　如图 7-22 所示为固相烧结过程的传质模型。目前较为公认的烧结及传质机制有两种：①扩散机制；②黏滞性流动和塑性流变。库斯仲斯基假设，颈部为空位源，按体积扩散机制进行烧结时的烧结速度公式为

$$\frac{x}{r} = \left(\frac{40r\delta^3 D_v}{kT}\right) r^{-\frac{3}{5}} t^{\frac{1}{5}}$$

式中　δ ——原子间距；

　　　D_v ——自扩散系数；

　　　T ——热力学温度；

　　　k ——玻尔兹曼常量。

按扩散机制传质，烧结起始阶段的传质路径可以由表 7-8 及图 7-22 示范出。

表 7-8　烧结起始阶段的传质路径

机理编号	传质路程	物质来源	物质壑	机理编号	传质路径	物质来源	物质壑
1	表面扩散	表面	颈部	4	晶界扩散	晶界	颈部
2	晶格扩散	表面	颈部	5	晶格扩散	晶界	颈部
3	气相传质	表面	颈部	6	晶格扩散	位错	颈部

图 7-22 中箭头的指向表示质点流（其中①～⑥为表 7-8 中机理编号），而空位流的方向则正好与之相反。由此可见烧结中除气相传质以外，物质可以通过表面扩散、晶格扩散、晶界扩散等机制进行迁移。在具体的烧结过程中哪一种机制起作用或起主导作用，主要取决于它们的相对速率。

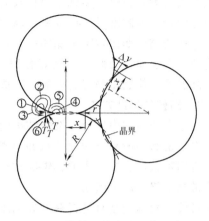

图 7-22　烧结起始阶段的传质路径

③ 液相烧结传质（液相传质）　液相烧结的液相传质过程与气相、固相烧结不同，其传质速度相对较快。因为物质在液相中的扩散速度比在固相中的扩散速度快得多，同时固体颗粒在液相中相互滑移较为容易，而且液相将固体颗粒润湿而在固体颗粒之间形成弯曲的液面，在毛细管力作用下，颗粒之间相互吸引彼此拉近。因此与气相、固相烧结相比，液相烧结的速度显著提高了。

在液相润湿状态下，可以借助蒸发与凝聚的原理来理解液相中溶质的溶解与沉淀过程。由于固相颗粒的尺寸往往并不相同，因此在熔融相中大小颗粒共存时，两者在液相中的溶解度是不相同的。溶解度与颗粒尺寸的关系可由下式给出。

$$\ln \frac{s}{s_0} = \frac{2\gamma_{sl}V_0}{rRT}$$

式中　s，s_0——小颗粒和大颗粒的溶解度；

　　　　V_0——摩尔体积；

　　　　r——颗粒半径；

　　　　γ_{sl}——固-液之间的比表面张力。

在大小颗粒表面都有溶解与淀析过程，但小颗粒的溶解速度快，大颗粒的淀析速度快，因此在熔融物中小颗粒溶解，大颗粒长大。

液相烧结及其传质过程可以分成三个阶段：第一阶段是在成型坯体中形成具有流动性的液相，并在表面张力的作用下，使固体颗粒以更紧密的方式重新排列的黏滞流动过程，称为重排过程；第二阶段是通过颗粒向液相中溶解和于固相烧结颈处重新沉淀析出而发生致密度增大的阶段，称为溶解与淀析过程；第三阶段是液相的重新结晶和颗粒长大，最终形成固相陶瓷，这是一个较缓慢的致密化过程，称为凝结过程。

（4）影响烧结的因素

从对上述气相烧结、固相烧结和液相烧结的简单分析可以得出，烧结程度与烧结时间、颗粒半径等密切相关。故可以推知，原料粉粒越细小，烧结时间越长，则烧结就越充分。在烧结过程中，其他因素也会对烧结产生影响，如气泡和晶界、杂质及添加剂、烧结气氛的影响等。

① 添加剂　可以分为烧结促进剂、烧结阻滞剂、反应接触剂或矿化剂等。烧结促进剂

一般是为了得到液相而添加的。因为液相的出现可以调整固相颗粒的相对状态，如通过润湿来拉紧固相颗粒、排除气体，加速了固相颗粒与液相中的物质交换，并通过液相中较快的物质扩散传质到有利于溶质凝结的地方。阻滞剂可有效地防止过早出现二次晶粒长大和合理控制烧结速度，有利于获得细晶陶瓷。

②　烧结气氛　可以分为氧化性气氛、中性气氛、还原性气氛。气氛对烧结的影响较大。若烧结气氛为氮、氩一类原子半径较大的气体，在烧结后期被封闭于瓷体中，则气体的排除将十分困难，因此难以获得致密度高的陶瓷。若烧结气氛为氢、氦等一类原子半径较小的气体，并在烧结后期被封闭于瓷体中，这些半径较小的原子，可以通过间隙扩散的方式穿过晶格达到自由表面，因此氢、氦等有利于获得更致密的陶瓷。但应该注意的是，氢只有还原性，高温下可使氧化物陶瓷失氧，造成化学计量比的偏离。

7.4.2　陶瓷的烧结方法

烧结在烧结炉中进行。按烧结炉的工作特点，可以分为间歇式和连续式两大类。钟罩式炉、倒焰窑和一般真空炉属于间歇式烧结炉。大规模生产时，可采用效率高的连续式烧结炉，有网带式炉、推杆式炉、辊底式炉以及隧道窑等。一般连续烧结炉由预热带、烧结带、缓冷带和最终冷却带组成。

目前，根据烧结时是否有外界加压可以将烧结方法分为常压烧结和压力烧结；按烧结是否加有气氛可以分为普通烧结和气氛烧结；按烧结时坯体内部的状态可以分为气相烧结、固相烧结、液相烧结、活化烧结和反应烧结。另外一些特殊方法如电火花法、溅射法、化学气相沉积法等也能实现陶瓷的致密化。

陶瓷的烧结方法有多种，但概括起来可以划分以下几种类型。

（1）常压烧结

在通常的空气气氛和大气压力下烧结，无特殊气氛压力要求。一般很难获得完全无气孔的制品，是制备传统陶瓷材料的常用工艺，在制备工程陶瓷，特别是氧化物材料中也经常采用。与其他方法相比，常压烧结的成本要低得多，并且有利于大规模生产。在常压烧结时并不是完全不考虑烧结气氛的影响，特别是在采用黏土等天然原料时，要注意坯体中发生的氧化、分解等反应对烧结的影响，通过对烧结制度的调整，改善烧结环境气氛。

（2）气氛常压烧结

为了防止非氧化物系陶瓷（Si_3N_4，SiC，B_4C 等）在烧结时氧化，经常需要将其置于氮气、氩气等惰性气体气氛中进行烧结。对于在高温常压下易于气化的材料，可适当提高气体压力。烧结时的气氛压力可达到 1MPa。气氛常压烧结法基本不降低烧结温度。

在真空或氢气氛中烧结时，陶瓷烧结体中的气孔被置换后可以很快地进行扩散，从而达到消除气孔的目的。使用这种烧结方法可以制备透明氧化物陶瓷，如 Al_2O_3、MgO、Y_2O_3、BeO、ZrO_2 等。

对含有易挥发成分的陶瓷材料，为了抑制低熔点物质的挥发，常将坯体用具有相同成分的片状或粒状物质包围，以获得较高易挥发成分的分压，保证材料组成的稳定。

气氛常压烧结法的装置目前趋向大型化，已可对 $\phi 900mm \times 3000mm$ 的制品进行烧结。

（3）热压烧结

热压烧结是相对于常压烧结而言的，这是在加温烧结的同时进行加压的一种烧结方式。其特点是：相对于同一材料而言，烧结温度降低、烧结时间缩短，烧结后的气孔率也低得多；所得到的烧结制品晶粒细小，致密化程度高，机械、电学性能优异。这种方法容易实现对晶粒大小的控制，并有利于保持材料成分中高蒸气压组分稳定。

① 一般热压烧结（hot-pressing，HP）　热压烧结是在烧结过程中同时施加一定的压力（一般压力在 10～40MPa 之间，取决于模具材料所能承受的强度），使材料加速流动、重排和致密化。热压烧结温度要比常压（无压）下的烧结温度约低 100℃ 左右，视不同对象及有无液相生成而异，可以预成型或将粉末直接装于模具中，工艺简单。普通热压装置以电加热、机械加压方式最为多见，如图 7-23 所示为几种典型的加热方式。加压操作工艺根据烧结材料的不向，又可分为整个加热过程保持恒压、高温阶段加压、在不同的温度阶段加不同的压力的分段加压法等。此外热压的环境气氛又有真空、常压保护气氛和一定气体压力的保护气氛条件。

热压模具材料的选择限定了热压温度和热压压力的上限。石墨是在 1200℃ 或 1300℃ 以上（常常达到 2000℃ 左右）进行热压最合适的模具材料，根据石墨质量的不同，其最高压力可限定在十几至几十兆帕，根据不同情况，模具的使用寿命可以从几次到几十次。为了提高模具的寿命，有利于脱模，可在模具内壁涂上一层六方 BN 粉末。但石墨模具不能在氧化气氛下使用。氧化铝模具可在氧化气氛下使用，热压压力可达到几百兆帕，如图 7-24 所示为氧化铝模具的热压装置示意图。

热压烧结获得的制品密度较高，可达理论密度的 99％ 以上，材料性能优良；缺点是模具必须与制品同时加热、冷却，单件生产，效率低；同时只能生产形状简单的制品，而且热压后的后加工比较困难，很难大规模生产，成本较高。此外，一般热压是轴向受压，故对制品长径比有限制，以免太高太厚制品产生不均匀现象。

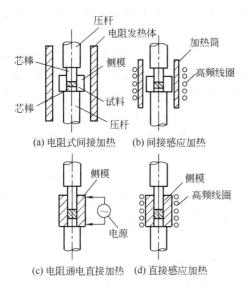

图 7-23　几种典型的加热方式示意图

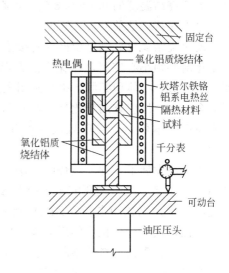

图 7-24　氧化铝模具热压装置图

② 热等静压烧结（hot isostatic pressing，HIP）　热等静压烧结工艺是将粉体压坯或将装入包套的粉料放入高压容器中，在高温和均衡的气体压力作用下，将其烧结为致密的陶瓷体。

热等静压烧结是将前述热等静压成型与烧结相结合的烧结技术。因此，它强化了压制和烧结过程，是一种消除材料内部残存微量孔隙和提高材料密度的有效方法。

热等静压烧结适合制作形状较复杂的制品，而且材料的性能随着制品密度均匀性的改善而提高，比一般冷压烧结的制品强度可提高 30％～50％，比一般热压烧结可提高 10％～15％，一般性能要求高的产品均需采用此种工艺。但须指出的是，在烧结温度条件下所用模具材料不得与坯体发生反应，同时又能在烧结温度和压力下软化变形，目前可选用的模具及封装材料不多。常采用的有：耐高温金属（不锈钢、Ti、Ta 等）和石英玻璃。后者利用在高温条件下形成黏度很高的玻璃，紧覆于坯体表面，使之均匀受压达到烧结，而冷却时由于与坯体膨胀系数的差别可自行碎裂，除去较方便。为了解决包装密封难题，最近又发展起一种先烧结后等静压工艺，即所谓 Sinter-HIP 工艺。即先将材料烧结到理论密度 93% 以上，此时材料的开口气孔已经基本消除，然后在热等静压条件下进一步致密化。这两个步骤可以单独进行，也可在特殊设计的炉子中分阶段实施。

（4）反应烧结法

这是一种通过气相或液相与基体材料相互反应而使材料烧结的一种方法，最典型的代表性材料是反应烧结碳化硅（RBSC）和反应烧结氮化硅（RBSN）。反应烧结法的优点是可制成高纯度陶瓷，同时在烧结过程中坯体尺寸几乎无变化，因此可以精确地制造形状复杂的制品。其主要缺点是需要把参与反应的 Si 蒸气或 N_2 渗入坯体中，因此比较难以得到完全致密的制品，此外烧结反应难以进入厚壁坯体内部，因此本方法适用于制造薄壁制品。

反应烧结碳化硅可以用 C 或 C+SiC 作基体，然后采用熔融 Si 或 Si 蒸气与之反应生成 SiC，或新生成 SiC 与原始基体中 SiC 粒子结合在一起。为了保证反应完全，不能过早地将表面孔洞封闭，否则，最终产物往往有残余 Si 存在，它的量一般在 8%~15%；如果有游离 Si 存在，往往使制品的性能恶化，特别是耐酸碱性将变差，且使用温度将限于 1400℃ 以下。此法的一大优点是烧结温度通常低于同类产品的常压烧结温度，如 RBSC 材料的烧结温度是高纯 SiC 烧结温度的 0.7~0.8 倍，即在 Si 的熔化温度 1400℃ 左右即能实现；另一个重要优点是可以保持烧结前后尺寸不变。

反应烧结氮化硅则是由硅粉直接渗氮而生成，由于反应过程是激烈放热反应，因此在硅粉熔化前必须小心控制，以免突然升温造成液态硅形成或因 Si 大量流失产生空洞。此外，反应生成 Si_3N_4 体积膨胀，很快封闭表面，氮的进一步扩散减缓，故对太厚制品易造成反应不完全。由于反应烧结氮化硅密度较低，只有理论密度 85% 左右，因此性能较差；但它同样有原料成本低、易实现规模生产和少加工等特点，作为一般密封或化工产品仍有不少应用。

最近还发展了一种反应烧结 Al_2O_3 方法，它是利用 Al 粉或 Al 合金熔体氧化反应来制备 Al_2O_3 的新工艺。还研究了采用熔渗 Al 合金法，将预制体中 SiO_2 通过反应烧结，同时转化成 Al_2O_3 陶瓷相来制备 Al_2O_3 及 Al_2O_3/Al 合金复合材料的新技术，这为探索其他氧化物、氮化物或复合氧化物的反应烧结打下基础。

随着工程陶瓷材料的不断发展，各种新的工艺方法不断出现。

① 对高居里点的铌酸锂陶瓷可以通过对坯体两端直接加直流电场的方法进行烧结，称作电场烧结。

② 在几十万个大气压力下的超高压烧结（1atm=101325Pa），突出的成果是人造金刚石和立方 BN 的合成与制备。

③ 采用各种物理方法，包括机械振动、电场、磁场、超声波、微波、爆炸等方法使粉体缺陷增加，原子间共价键破裂而减低激活能的物理活化烧结。例如难以致密化的 AlN 陶瓷，通过振动获得比表面为 $7.5m^2/g$ 的粉料时，在 1800~2000℃ 的 N_2 气氛中用无压烧结可得到接近理论密度的材料；也可用爆炸压制法制备 AlN，爆炸冲击波使粉料破碎、变形、内部缺陷增加、烧结激活能降低，烧结材料也可达理论密度。

④ 采用各种化学方法，例如用火焰、等离子体等方法制备的陶瓷粉料，颗粒度极细，

比表面很大，这种用化学方法提高粉料缺陷，降低烧结激活能的方法称为化学活化烧结。活化烧结的基本原理在于当两个颗粒表面接触到 $1\sim2$ 个原子间距时，在粉体中间存在一个作用范围大约 5nm 的黏附力，使得粉料接触点处的附加应力高达 10^5 Pa，大大提高了烧结推动力，促进致密化。

7.4.3　陶瓷烧结后的处理

烧结后的陶瓷，由于其表面状态、尺寸偏差、使用要求等的不同，需要进行一系列的后续加工处理。常见的处理方式主要有表面施釉、加工及表面金属化等。

（1）陶瓷表面的施釉

陶瓷的施釉是指通过高温方式，在瓷件表面烧附一层玻璃状物质使其表面具有光亮、美观、致密、绝缘、不吸水、不透水及化学稳定性好等优良性能的一种工艺方法。陶瓷表面施釉还可提高瓷件的机械强度与耐热冲击性能，色釉料还可以改善陶瓷基体的热辐射特性。按施釉功能的差别可以分为装饰釉、黏合釉、光洁釉等。

施釉的工艺包括釉浆制备、涂釉、烧釉三个过程。按配方称料后，加入适量的水湿磨，出浆后采用浸蘸法、浇上法、涂刷法或喷洒等方法使工件被上一层厚薄均匀的釉浆，待烘干后入窑烧成。釉料可以直接涂于生坯上一次烧成，也可以在烧好的瓷件上施涂，另行烧成。

（2）陶瓷的加工

烧结后的陶瓷制件，在形状、尺寸、表面状态等方面难以满足使用要求。机械加工可以适应尺寸公差的要求，也可以改善表面的光洁度或去除表面的缺陷。机械加工在制造成本中占有的比例较大，因此应使机械加工减少到最低水平。常用的加工手段有磨削加工、激光加工、超声波加工等。

磨削加工是通过高速旋转的砂轮对工件进行磨削。根据砂轮中磨粒大小的不同，磨削机理可以分为切削作用、刻划作用、抛光作用等。磨削加工的方式主要有外圆磨、内圆磨、平面磨、无心磨等，简单的平面磨有时也可以在磨盘上进行。使用的磨料主要有碳化硅类磨料和人造金刚石磨料。碳化硅的硬度比刚玉高，导热性好，成本低，是用量较多的、理想的磨料。金刚石是目前已知的材料中硬度最大的一种，其刃角非常锋利，适用于加工一些难以加工的超硬材料。它具有磨削性好、切削效率高、磨削力小、磨削温度低等优点。

激光的能量较高，当照射到被加工表面时，光能被吸收并转化成热能，使激光照射区域的温度迅速升高以至于使材料气化，在表面形成凹坑。增加激光的照射时间就可以实现表面加工或切割作用。激光加工的用途主要有打标、打孔、切割、焊接、表面处理等。

超声波加工是利用超声波使磨料介质在加工部位的悬浮液中振动、撞击和磨削被加工表面。利用超声波可以加工各种硬脆材料，如玻璃、陶瓷、石英、金刚石等。超声波切削力小，不会产生较大的切削应力和较高的切割温度，因此不易产生变形及烧伤，表面光洁度好，并可以加工薄脆件。

其他的加工方法还有热锻、热挤、热轧、化学刻蚀（化学加工）、放电加工（EDM）等。

（3）陶瓷的金属化与封接

为了满足电性能的需要或实现陶瓷与金属的封接，需要在陶瓷表面牢固地涂覆一层金属薄膜，该过程就叫做陶瓷的金属化。常见的陶瓷金属化方法有三种，即被银法、钼锰法和电镀法。被银法一般用于制作电容器、滤波器、压电陶瓷等电子元器件的电极或电炉基片的导电网络。

陶瓷材料常常要与其他材料配合使用，于是就导致陶瓷与其他材料尤其是金属材料的封接技术的发展。该技术最早用于电子管中，目前使用范围日益扩大，除用于电子管、晶体管、集成电路、电容器、电阻器等元件外，还用于微波设备、电光学装置及高功率大型电子装置中。陶瓷与金属的封接形式主要有对封、压封、穿封等。按封接材料、工艺条件可将封接分成玻璃釉封接、金属化焊料封接、活化金属封接、激光焊接、烧结金属粉末、固相封接等。封接物之间膨胀系数的匹配是封接质量保证。一般认为两者的膨胀系数差别在 $\pm 2 \times 10^{-7}/℃$ 之内，封接处有良好的热稳定性；若两者的膨胀系数差别大于 $4 \times 10^{-6}/℃$，封接效果就会变差。当然，封接效果还是与封接层厚度有关，封接层厚度越大，允许的膨胀系数差别就越大。

7.5 玻璃的生产与加工

玻璃，从广义上讲包括单质玻璃、有机玻璃和无机玻璃。狭义上一般仅指无机玻璃。目前，玻璃的组成已从钠钙硅酸盐、硼硅盐、磷酸盐、钛酸盐等氧化物系统扩展到卤化物玻璃和硫系玻璃等非氧化物系统。品种有日用玻璃（瓶罐、器皿、保温瓶、工艺美术品等）、平板玻璃、电真空玻璃、照明玻璃、光学玻璃、仪器玻璃、玻璃纤维、玻璃棉及其纺织品、微晶玻璃、透紫外线和透红外线玻璃、特种玻璃等。玻璃工业已经逐步实现了机械化、自动化生产线。

玻璃的生产与加工工艺流程如图 7-25 所示。

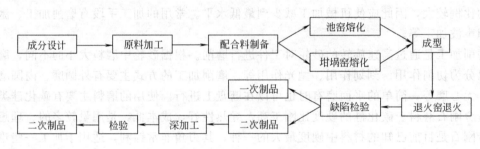

图 7-25　玻璃的生产工艺流程示意

不同产品与工艺的主要差异表现在各自的成分设计和成型方法及深加工方面。例如，窗用玻璃在成分设计上采用钠钙硅玻璃系，由浮法成型制得一次制品；光学玻璃在成分设计上采用磷酸盐玻璃系，压制法成型、经研磨、抛光而制得一次制品。

一次制品经深加工后，可增添新的性质和用途，这种玻璃为二次制品，也常称为深加工玻璃。例如，把一次制品的窗玻璃，经磁控离子溅射法制成镀膜玻璃，可使玻璃增加彩色和反射光的性质。

7.5.1　玻璃的生产制备

（1）原材料

制造玻璃的原料通常分为主要原料和辅助原料。一般玻璃的主要成分包括 SiO_2、Na_2O、CaO、Al_2O_3、MgO 五种成分，为引入上述成分而使用的原料称为主要原料。作为引入 SiO_2 的原料主要有硅砂和砂岩，也是玻璃原料的主要成分。它能使玻璃具有高的化学稳定性、力学性能、电学性能、热学性能。但是含量过多，会使熔制的玻璃液的黏度增大；引入 Na_2O 的原料主要是纯碱和芒硝，它是制造玻璃的助熔剂，能大大降低玻璃液的黏度，对玻璃液的形成和玻璃液的澄清过程都有很大的影响；引入 MgO 的原料主要是白云石，

MgO 能提高玻璃的化学稳定性和机械强度，并能降低玻璃析晶倾向；CaO 是玻璃的主要成分之一，引入 CaO 的原料主要是石灰石、方解石，它能加速玻璃的熔化和澄清过程，并提高玻璃的化学稳定性，但 CaO 也会使玻璃产生析晶倾向；引入 Al_2O_3 的原料主要是长石和高岭土。为使玻璃获得其他性质或加速玻璃的熔制过程而引入的原料，通常称为辅助原料。例如，氧化砷和氧化锑、硫酸盐类原料（硫酸钠）、氟化物类原料（氟石等）是作为澄清剂，它们能在玻璃熔制过程中分解产生一定量气体，气体的排放对于配合料和玻璃熔体产生搅拌作用，有利于玻璃熔体的澄清和均匀化。除澄清剂以外，还有着色剂、脱色剂、氧化剂、还原剂、乳浊剂等。

（2）配合料的制备

根据设计的玻璃组成及所选用的原料组分，将各种原料的粉料按一定比例称量、混合而成的均匀混合物，称为配合料。成分和粒度均匀的配合料，不仅能强化玻璃的熔化和澄清过程，而且还能减少或消除影响玻璃质量的各种弊病。因此要求配合料配比正确、稳定，保持水分、温度适宜（含水量质量分数一般在 3%～7%；温度宜维持在不低于 35℃）；配合料混合均匀性良好；具有一定的颗粒级配；具有一定的气体率，对于钠钙硅酸盐玻璃来说，合适的气体率为 15%～20%。

（3）玻璃的熔制

玻璃的熔制过程是将混合均匀的配合料通过加料口加入到玻璃熔融池窑内，在 1450～1650℃高温下进行熔化。配合料经过高温加热熔制后，形成透明、纯净、均匀、无气泡（即把气泡、条纹和结石等减少到容许限度）并适合于成型要求的玻璃液。

玻璃熔制是玻璃生产中很重要的环节，玻璃的许多缺陷（气泡、条纹和结石等），都是在熔制过程中造成的。玻璃的熔制也是一个非常复杂的过程，它包括一系列物理的、化学的、物理化学的现象和反应，使各种原料的机械混合物变成了复杂的熔融物即玻璃液。

对于玻璃熔制的过程，由于在高温下的反应很复杂，尚难获得最充分的了解。但大致可分为：硅酸盐形成、玻璃液形成、玻璃液澄清、玻璃液的均化和玻璃液冷却五个阶段。

① 硅酸盐形成阶段　配合料中的各组分在加热过程中经过一系列的物理、化学变化，主要反应结束。在此过程中，生成的大部分气态产物逸出，配合料变成由各种硅酸盐和未反应完的 SiO_2 共同组成半熔融的烧结物。在此阶段各种变化交叉进行，可在很短的时间（3～5min）就完成。

从加热反应来看，其变化可归纳为以下几种类型。

a. 多晶转化　如 Na_2SO_4，由斜方晶型转变为单斜晶型。

b. 盐类分解　如 $CaCO_3 \longrightarrow CaO + CO_2 \uparrow$。

c. 生成低共熔混合物　如 $Na_2SO_4 \cdot Na_2CO_3$。

d. 形成复盐　如 $MgCO_3 + CaCO_3 \longrightarrow Mg(CaCO_3)_3$。

e. 排除结晶水和吸附水　如 $Na_2SO_4 \cdot H_2O \longrightarrow Na_2SO_4 + 10H_2O$

对于普通钠钙硅玻璃而言，这一阶段在 800～900℃终结。影响此阶段的因素较多，如温度、时间、原料颗粒度、玻璃设计成分等。应注意的是复盐的形成会大大降低硅酸盐形成的反应温度。

② 玻璃液的形成　随着温度升高，烧结物熔融变为含有大量气泡、极不均匀的透明玻璃液。此阶段，首先是各种硅酸盐烧结物进一步熔融并相互扩散；另外，没有反应完的石英颗粒继续向熔体中溶解和扩散同化。后者又分成两步，即先把石英颗粒表面的 SiO_2 溶解，然后，溶解的 SiO_2 因浓度梯度而向周围扩散。所有以上过程中以 SiO_2 的扩散同化最慢，而

以硅酸盐半熔融烧结物的熔融相对较快。因此，整个玻璃液形成的速度取决于 SiO_2 的扩散速度。

显然，影响玻璃液形成阶段的因素除了温度以外，还与玻璃组成、石英颗粒大小有关。玻璃组成中难熔成分如 SiO_2、Al_2O_3 等较多时，熔体黏度大，石英颗粒溶解就慢些；反之，助溶剂、加速剂的量增加，有利于硅氧四面体网络断开，玻璃形成可加快。玻璃形成阶段需要的时间通常为 $30 \sim 35min$，较硅酸盐的形成阶段要长。

③ 玻璃液的澄清　玻璃液的澄清是在玻璃液中建立气体平衡、排除可见气泡的过程。它是玻璃熔制过程中重要的阶段。

a. 玻璃液中的气体　气体来自几方面：配合料中的各种盐类在高温下分解放出的气体有 CO_2、O_2、SO_2、NO_2 等；高温下玻璃和耐火材料相互作用放出的 CO_2（包括耐火材料在侵蚀过程中气体的排除）；玻璃液和炉气的相互扩散引入的 N_2、CO、O_2、SO_2、CO_2 等。

b. 澄清机理　玻璃液中气泡的生成是一个新相产生的过程，即先形成泡核，然后再长大成为可见气泡。泡核的析出和长大与气体在玻璃液中的过饱和度（或者溶解度）有关。过饱和度增大（或气体在玻璃液中溶解度减小），易析出泡核及长大成气泡，反之亦然。

排除玻璃液中可见气泡的途径一般有两种。一种是在澄清前期，大量气体的排除是通过气泡长大后上升到液面逸出。可通过升高温度或添加澄清剂产生新的气体等方式，减小气体在玻璃液中的溶解度（过饱和度增大），气体进入气泡中使气泡逐渐长大，上升到液面破裂而将气体释放入炉气中。但对于一些直径很小（$<0.1mm$）的气泡，由上述外界条件变动而较难使它长大。另一种是在澄清后期，随着温度的下降，气体在玻璃中溶解度增加，小气泡中的气体就能溶解于玻璃液中，为维持气体在气泡与玻璃液之间的平衡，小气泡体积减小，则在表面张力作用下，气泡中气体继续向玻璃液中扩散转移，气泡体积进一步缩小直到肉眼看不见。

④ 玻璃液的均化　均化的目的是消除玻璃液中各部分的化学组成不均匀及热不均匀性，使其达到均匀一致。玻璃均化不良会使制品产生条纹、波筋等缺陷，影响玻璃的外观及光学性能，还会因各部分膨胀系数不同而产生内应力造成玻璃力学性能的下降、不均匀造成的界面处易形成新的气泡甚至产生析晶。

玻璃液的均化和澄清阶段往往同时进行，互相联系，互相影响，澄清使气泡排除，同时起了搅动作用，能促进玻璃液中不均匀部分的互扩散而有利于均化，若采用机械搅拌等均化措施也会因加快气体扩散而利于澄清。玻璃液的均化过程主要靠分子扩散和热对流作用实现。

（4）玻璃液的冷却

通过降温，使已均匀化良好的玻璃液黏度增高到成型所需的范围称为玻璃液的冷却。显然，成型方法不同，冷却过程中玻璃液降温程度是不一样的。但是，对玻璃液冷却的技术要求是一样的，即必须冷却均匀，尽量保持各部分玻璃液的热度均匀性一致，以免造成几何尺寸的厚薄不匀、波筋等缺陷而影响产品的质量。同时，在冷却过程中特别要注意防止二次气泡的产生。二次气泡也称为再生气泡，它的产生往往是因为冷却阶段温度剧烈波动，破坏了玻璃液中已建立的气体平衡，使得溶解在玻液中的气体重新以小气泡形式析出，这种气泡一旦形成，就在玻璃液中均匀分布，相当密集，直径一般小于 $0.1\mu m$（俗称"灰泡"），一般很难再消除。此外，有时因为压力、气氛的变化、机械振动及一些化学原因（如耐火材料的被侵蚀）造成玻璃组成变化，影响溶解度，以及硫酸盐及 BaO_2 的分解等也都会形成二次气泡。

7.5.2 玻璃制品成型加工

（1）玻璃成型加工原理

玻璃的成型是将熔融的玻璃液转变为具有固定几何形状制品的过程。玻璃液必须在一定的温度范围内才能成型。在成型时，玻璃液除作机械运动之外，还与周围介质进行连续的热传递。由于冷却和硬化，玻璃液首先由黏性转变为可塑态，然后再转变成脆性固态。

玻璃液在可塑状态下的成型过程可分为两个阶段，即成型和定型。在第一阶段中使其具有制品所需的外形，通常采用普通的成型方法，例如在模子中的吹制与压制等。在第二阶段中要固定已成型的外形，这个阶段采用冷却使之硬化。在玻璃制品生产中，成型过程的两个阶段都是利用玻璃液的黏度为基础的。玻璃成型的黏度范围为 $(4 \sim 10) \times 10^7 Pa \cdot s$。成型方法不同时，其初始的成型黏度也不同，例如喷棉的成型温度高于拉丝的成型温度。

玻璃的成型方法可分为人工成型和机械成型两种类型。玻璃制品的人工成型法包括部分半机械成型，目前多用于制造高级器皿、艺术玻璃以及特殊形状的制品。机械成型常见方法有：吹制法（如瓶罐等空心玻璃）、压制法（如烟缸、盘子等器皿玻璃）、压延法（如压花玻璃等）、拉制法（如纤维、管子等）、浇注法（光学玻璃等）、烧结法（泡沫玻璃等）、离心法（如显像管玻壳、玻璃棉等）、浮法（平板玻璃等）、喷吹法（玻璃珠、玻璃棉等）及焊接法（艺术玻璃、仪器玻璃等）等。

（2）浮法成型

所谓浮法成型是指从熔窑中流出的熔融玻璃液，在流入盛有熔融金属锡池后，在其表面形成平板玻璃的方法。

其成型过程如图 7-26 所示：熔窑中配合料经熔化、澄清、冷却至 $1150 \sim 1100℃$ 左右的玻璃液，通过熔窑与锡液池相连接的导流槽，流入熔融的锡液面上，在自身重力及牵引力的作用下玻璃液摊开成为玻璃带。随后在锡池中完成抛光与拉薄过程。至锡池末端玻璃带冷却到 $600℃$ 左右被引出锡池，通过过渡辊台进入退火窑。

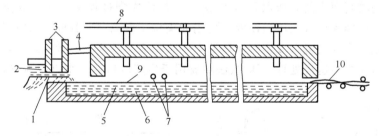

图 7-26 浮法玻璃生产示意图

1—导流槽；2—玻璃液；3—闸板；4—碹顶；5—锡液；6—槽底；
7—拉边器；8—保护气体管道；9—玻璃带；10—过渡辊台

由上述过程可知，浮法玻璃的成型是在锡槽中进行的。玻璃液由熔窑经导流槽进入锡槽后，其成型过程包括有自由展薄、抛光、拉引等工艺环节。

（3）日用玻璃器件成型

日用玻璃器件主要包括玻璃瓶罐、玻璃器皿等。这类玻璃器件的成型方法有人工成型和机械成型两种。

① 人工成型 人工成型是一种比较原始的成型方法，但目前在一些特殊的玻璃制品成型中仍在延用，如仪器玻璃的成型等。这种方法目前最常用的是人工吹制法。具体是由操作工人用一个空心吹管，将一端挑起熔制好的玻璃料，然后依次采用均匀地吹成小泡、吹制、

加工等操作而使玻璃制品成型。这种成型方法要求操作工人具有丰富的工作经验和熟练的操作手法。

② 机械成型 玻璃制品的机械成型起源于 19 世纪末，其雏形是模仿人工操作的半机械化方法成形。19 世纪 80～90 年代发明的压-吹法和吹-吹法，使玻璃制品的成型完全实现了机械化。

一般空心制品的成型机，大多数采用压缩空气为动力，推动汽缸来带动机器动作。压缩空气容易向各个方向运动，可以灵活地适应操作制度，而且也便于防止制动事故。除压缩空气外，也有一部分空心制品的成型机是采用液压传动的。空心制品的机械成型可以分为供料与成型两大部分。

a. 供料 如何将玻璃液供给成型机，是机械化成型的主要问题。不同的成型机械，要求的供料方法也不同，主要有以下三种：液流供料，利用熔窑中玻璃液本身的流动进行连续供料；真空吸料，在真空作用下将玻璃液吸出熔窑进行供料的方法，它的优点是料滴的形状、质量和温度均匀性比较稳定，成型的温度较高，玻璃分布均匀，产品质量好；滴料供料，是使熔窑中的玻璃液流出，达到所要求的成型温度，由供料机制成一定质量相形状的料滴，按一定的时间间隔顺次将料滴送入成型机的模型中。

b. 成型 通常有压制法与机械吹制两种方法。

③ 压制法 所用的主要机械部件有型坯模、冲头和口模等，采用供料机供料和自动压机成型。压制法能生产多种多样的实心和空心的玻璃制品，如玻璃砖、透镜、电视显像管的面板及锥体、耐热餐具、水杯、烟灰缸等。压制法的特点是制品的形状比较精确，能压出外面带花纹的制品，工艺简便，生产能力较高。

⑤ 机械吹制法 机械吹制可以分为压-吹法和吹-吹法

Ⅰ. 压-吹法 该法的特点是先用压制的方法制成制品的口部锥形螺纹口，如图 7-27(a) 所示。然后再移入成型模中吹成制品，如图 7-27(b) 所示，因为锥形螺纹口是压制的，而制品的其他部分是吹制而成的，所以称压-吹法。其具体成型过程是：首先组合好半成品用的压制型模，并将玻璃黏坯置入压型模内，再用冲头挤压玻璃黏坯制成口部锥形。然后将口模连同锥形移出成型模，再置入成型模用压缩空气吹制成产品要求形状。最后，将口模打开取出制品，送往返火炉中退火处理。压-吹法主要用于生产广口瓶、小口瓶等空心制品。

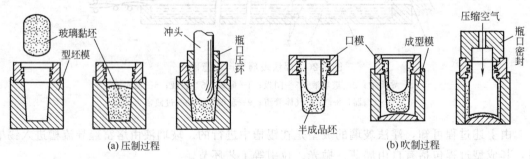

图 7-27 玻璃瓶的压-吹生产工序

Ⅱ. 吹-吹制法 该方法是先将玻璃液料注入带有口模的雏形模中吹制成口部的雏形，再将雏形移入成型模中收成制品。因为雏形和制品都是吹制的，所以称为吹-吹法。吹-吹法主要用于生产小口径瓶。

③ 拉制成型 拉制多用来成型长的玻璃工件，例如薄板玻璃、玻璃棒、玻璃管、玻璃纤维等。这些产品都有恒定的截面。如图 7-28 所示为玻璃薄板连续拉制工艺示意图。如果

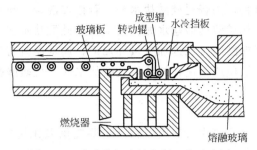

图 7-28　玻璃薄板连续拉制工艺示意图

能将薄板漂浮通过处于高温的熔化锡浴池，可以更进一步提高其平整度和降低表面粗糙度。

连续的玻璃纤维是通过一个相当复杂的拉丝操作成型的，先将熔融的玻璃放在铂加热室中，通过加热室底部的许多微孔将熔融玻璃拉制成纤维。拉制纤维时，玻璃的黏度是个关键因素，由加热室和微孔的温度来控制。

7.5.3　玻璃的退火

玻璃及玻璃制品在成型后的冷却过程中，经受激烈的、不均匀的温度变化时，将产生热应力。这种热应力将降低制品的强度和热稳定性。此外玻璃制品从高温自然冷却时，其内部的结构变化是不均匀的，由此将造成其光学性质上的不均匀。退火就是消除或减少玻璃中热应力至允许值的热处理过程。对于光学玻璃和某些特种玻璃，退火的要求尤为严格。

玻璃制品中的内应力，通常是由于不均匀的冷却条件所产生的。将玻璃置于退火温度下，进行热处理和采取适宜的冷却工艺制度，这样内应力可以减弱或消除。玻璃的退火可分成两个主要过程。一是内应力的减弱和消失，二是防止内应力的重新产生。玻璃中内应力的消除是以结构松弛而重组，所谓内应力松弛是指材料在分子热运动的作用下使内应力消散的过程，内应力松弛的速度在很大程度上决定于玻璃所处的温度。玻璃的退火是在一段较长的高温加热炉（退火炉）中完成的。整个退火过程有加热、均热退火区和风强制对流冷却区。

玻璃的退火工艺按温度和时间的变化，可分为一次退火、二次退火及精密退火（光学玻璃采用）三种；按退火设备不同也可分为间歇退火和连续退火两类。

7.6　水泥的生产

通常将经细磨成粉末状，加入适量水后，可成为塑性浆体，既能在空气中硬化，又能在水中硬化，并能将砂、石等材料牢固地胶结在一起的水硬性胶凝材料，统称为水泥。按水泥的用途和性能可将其分为：通用水泥、专用水泥以及特性水泥三大类。通用水泥为大量用于土木建筑工程等一般用途的水泥，如硅酸盐水泥、普通硅酸盐水泥、矿渣硅酸盐水泥、火山灰质硅酸盐水泥和粉煤灰硅酸盐水泥等。专用水泥则指有专门用途的水泥，如油井水泥、大坝水泥、砌筑水泥等。而特性水泥是某种性能突出的一类水泥，如快硬硅酸盐水泥、低热矿渣硅酸盐水泥、抗硫酸盐硅酸盐水泥、膨胀硫铝酸盐水泥、自应力铝酸盐水泥、有机-无机复合水泥等。按照水泥成分中起主导作用的水硬性矿物的不同，水泥可分为硅酸盐水泥、铝酸盐水泥、硫铝酸盐水泥、氟铝酸盐水泥以及少熟料和无熟料水泥等。

7.6.1　硅酸盐水泥

硅酸盐水泥是使用量最大的一类，它是以硅酸钙为主要成分的熟料所制得水泥的总称，包含多种品类。国标规定的判定区分方法是：硅酸盐水泥专指一种不掺任何混合材料的水泥品种；如掺有少量混合材料，为普通硅酸盐水泥；若掺加混合材料达到一定数量时，则在前面冠以混合材料的名称，如矿渣硅酸盐水泥、火山灰质硅酸盐水泥等。当适当调整熟料矿物组成、石膏掺加量、水泥粉磨细度或掺加少量外加剂，使水泥具有某种特殊性质或特殊用途时，则在名称前冠以特殊性质或用途，如低热硅酸盐水泥、抗硫酸盐硅酸盐水泥、白色硅酸盐水泥等。

（1）原料

生产硅酸盐水泥的主要原科为石灰质原料（主要提供氧化钙）、黏土质原料（主要提供氧化硅和氧化铝及部分氧化铁）和铁质校正原科。当黏土中氧化硅含量不足时，可用高硅原科如砂岩、砂子等进行校正。当黏土中氧化铝含量偏低时，可掺入高铝原料如煤渣、粉煤灰、煤矸石等进行校正。为了改善易烧性，有时要加入少量氟（萤）石、石膏、重晶石尾矿等作为矿化剂（催化剂）。

（2）生产过程与原理

① 生产过程

硅酸盐水泥的生产流程如图 7-29 所示，大致分为三个阶段：生料制备、熟料煅烧和水泥制成。

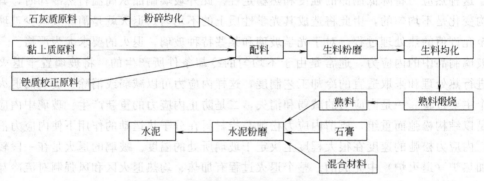

图 7-29　硅酸盐水泥的生产流程示意图

a. 生料制备　是石灰质原料、黏土质原料与少量校正原科经过破碎后，按照一定的比例进行配料，然后粉磨到一定的细度，调配为成分合适、质量均匀的生料。

b. 熟料煅烧　是指一定成分的生料在煅烧设备内煅烧至部分熔融，并发生一系列物理化学变化，得到具有一定矿物成分的熟料。

c. 水泥制成　是把煅烧得到的熟料加入适量的石膏，有时加入适量的混合材料或外加剂，粉磨到一定细度，制得合格的水泥产品。

② 熟料煅烧过程中的物理和化学变化　物料在水泥窑中的煅烧过程虽因窑型不同而存在差异，但基本反应是相同的。简单来说，熟料的形成过程，就是生料在水泥窑中被连续加热使其经过一系列复杂的物理化学反应变成熟料的过程。

a. 干燥与脱水　物料干燥即物料中自由水的蒸发逸出，而物料脱水则是黏土矿物分解放出化合水。

自由水的蒸发温度为 $100\sim150℃$，每千克水蒸发潜热量高达 2257kJ，耗热十分巨大。

生料中的黏土矿物主要有高岭土、蒙脱石和伊利石，某些黏土中也含有少量长石、云母和石英砂，但大部分黏土用于高岭土类。高岭土（$Al_2O_3 \cdot 2SiO_2 \cdot 2H_2O$）的脱水温度为 $500\sim600℃$。高岭土脱水时的吸热量，以水蒸气为基准是 1097kJ，但脱水产物在 100℃ 左右会由非晶质转变为晶质，反应为放热。

b. 碳酸盐分解　生料被继续加热到 $600℃$ 左右，其中的碳酸钙和碳酸镁会分解放出二氧化碳，其反应如下。

$$MgCO_3 \xleftrightarrow{\quad 600\sim800℃ \quad} MgO+CO_2-1047\sim1214J/g（590℃）$$

$$CaCO_3 \xleftrightarrow{\quad 600\sim1000℃ \quad} CaO+CO_2-1645J/g（890℃）$$

以上反应为可逆反应，受系统温度和周围介质中 CO_2 分压的影响较大。通常，碳酸镁在温度达 $750℃$ 左右时分解剧烈进行，碳酸钙在 $890℃$ 时开始快速分解。特别需要指出的是，碳酸盐分解反应发生时要吸收大量的热量，是熟料形成过程中消耗能量最多的一个过程，吸热量约占干法窑热耗的一半以上。

c. 固相反应　在水泥熟料烧成过程中，硅酸二钙、铝酸三钙、铁铝酸四钙等矿物生成时的温度远低于原料中任一组分的熔化温度，因此，这些矿物的形成反应是以固相反应的方式完成的。

从碳酸钙开始分解起，石灰质与黏土质等组分间就进行多级的固相反应，其反应过程大致如下（所示温度为起始反应温度）。

ⓐ $800℃$　$CaO \cdot Al_2O_3$（缩写 CA）与 $CaO \cdot SiO_2$（缩写 C_2S）开始形成。

ⓑ $800\sim900℃$　开始形成 $12CaO \cdot 7Al_2O_3$（$C_{12}A_7$）。

ⓒ $900\sim1100℃$　$2CaO \cdot Al_2O_3 \cdot SiO_2$（$C_2AS$）形成后又分解，开始形成 $3CaO \cdot Al_2O_3$（C_3A）和 $4CaO \cdot Al_2O_3 \cdot Fe_2O_3$（$C_4AF$），所有碳酸钙均分解，游离氧化钙达最高值。

ⓓ $1100\sim1200℃$　大量形成 C_3A 和 C_4AF，C_2S 含量达最大值。

影响上述固相反应的因素很多，主要与原料配比及性质、生料细度、均匀程度以及加热条件（温度及温度梯度——单位时间内温度的变化量）有关。生料磨得越细，比表面积越大，则完成反应所需要的时间越短，因为固相反应的速度与参加反应的物料颗粒尺寸的平方成反比。然而，当生料磨细到一定程度后，继续粉磨对反应速度的增加并不明显，而磨机产量却会大大下降，电耗也会急剧增加。故生料细度控制值，应以粉磨和煅烧的综合效益高为适宜。

同时，上述反应为放热反应。当用石灰石和黏土为主要原料配制生料时，此种生料在煅烧过程中的固相反应放热量约为 $420\sim500J/g$。

d. 硅酸三钙的形成和熟料的烧结　在生产条件下，在出现液相之前，主要熟料矿物 C_3S 一般不会生成。开始出现液相的温度约 $1300℃$（$1250\sim1280℃$），液相的主要组成为 C_3S、C_4AF、MgO 及 R_2O 等熔剂矿物。在高温液相的作用下，固相的 C_2S 和 CaO 逐渐溶解于液相中，相互反应生成硅酸三钙，其反应式如下。

$$C_2S+CaO \xrightarrow{\text{液相}} C_3S$$

这一过程称为石灰吸收过程。随着温度的升高和时间的延长，液相量增加，液相黏度降低，C_3S 晶核不断形成，小晶体逐渐长大并发育，最终形成几十微米大小的阿利特晶体，完成熟料的烧结过程。未应用矿化剂时，硅酸盐水泥熟料的烧结温度范围一般为 $1300\sim1450℃$。在 $1450\sim1300℃$ 的降温过程中，阿利特晶体长大、增多，直到物料温度降到 $1300℃$，液相开始凝固，C_3S 生成反应也结束。这时，物料中如果还有少量未参与化合反应的氧化钙，则称它为一次游离氧化钙。

在熟料烧结过程中，物料逐渐由疏松转变为色泽灰黑、结构致密的熟料，并伴随有体积收缩。

C_3S 的生成反应与生料的化学组成、烧结温度及反应时间等因素有关。生料化学组成影响液相量和液相黏度，生料中氧化物的组分数还影响到出现液相温度的高低。组分数越多、出现液相的最低温度越低。温度也是影响液相含量、液相黏度的重要因素。液相量多，液相黏度低，均有利于 C_3S 的形成，使形成一定量 C_3S 的时间缩短。但液相量太多或液相黏度太小，会给煅烧操作带来困难。在生产条件下，C_3S 的形成阶段，所用时间约为 $20\sim30min$，液相量一般为 $20\%\sim30\%$，其形成反应一般认为是微吸热反应。

当然，C_3S 的形成也可以通过纯固相反应实现，条件是需要把生料粉磨得很细，并要烧到较高的温度（$1650℃$以上），这在现有的生产条件下是不可能的。

e. 熟料的冷却　水泥熟料冷却的目的在于：回收熟料带走的热量，预热二次空气，提高窑的热效率；迅速冷却熟料以改善熟料质量与易磨性；降低熟料温度，便于熟料的运输、贮存与粉磨。

7.6.2　硅酸盐水泥的生产方式

水泥的生产方式按照生料制备的方法不同，有干法和湿法两种。按照烧制设备又有回转窑与立窑之分。采用烘干生料粉，或是原料的粉磨与烘干同时进行，或先烘干后再粉磨，而后煅烧成熟料，再用其生产水泥的方法称为干法生产；而将原料加水粉磨成生料浆后直接煅烧成熟料，再以其生产水泥的方法称为湿法生产；若将生料粉加入适量水分制成生料球，而后煅烧成熟料生产水泥的方法，一般称为半干法；将湿法制成的生料浆脱水后，制成生料块入窑煅烧直接生产水泥的方法，则称为半湿法生产。一般湿法生产只能采用回转窑烧制，而干法、半干法和半湿法采用立窑与回转窑两种方法均可。

图 7-30　回转窑类型

（1）回转窑生产方式

由于原料性质、建厂地区的自然条件、建厂规模和熟料质量等条件的不同，而分采用干法、湿法或半干法的生料制备方法及相应的回转窑类型，如图 7-30 所示。回转窑机化程度高，产量大，质量稳定，但建厂一次投资大。

① 立波尔窑　这种煅烧设备及工艺的主要特征是：一台较短的回转窑与一台回转式炉篦子加热机连接工作，其加热机一般分为两室（也可分为三室）。将料球或料块（干生料加水成球，或湿料浆过滤后的滤饼成块）较均匀地铺散在炉篦子加热机上，料层厚度 $150\sim200mm$。湿料球先在干燥室干燥，然后进入温度较高的余热室，最后已经部分分解的生料加入回转窑内进一步煅烧成熟料。

如图 7-31 所示为气体一次通过的立波尔窑。此类窑的出窑烟气直接穿过覆盖料层的篦子机，高温气体直接与料球接触，可使气体与物料的传热效率提高。并使传热面积大大增加。但为了防止进入干燥室的含 $12\%\sim16\%$ 水分的生料球（或含水分 $w_{水}$ 为 $18\%\sim22\%$ 的生料块）遇到高温气体，因料球内水分急速蒸发而炸裂，必须掺入一部分冷空气，控制干燥室温度。由于料球的过滤作用，废气含尘量很低，且废气温度较低并含有水蒸气，为电收尘创造了较为理想的工作条件。

② 悬浮预热器窑　悬浮预热器窑的发明，从根本上改变了气流与生料粉之间的传热方式，极大地提高了传热面积和传热系数。从 1951 年开始，水泥工业已采用四级旋风预热器来预热生料。

在实际生产中，特别是大规模工业生产中，如何使物料能够基本上分散于气流中进行充分的热交换，既保证生料的预热和部分碳酸钙的分解，又使排出废气温度最低，是研究悬浮

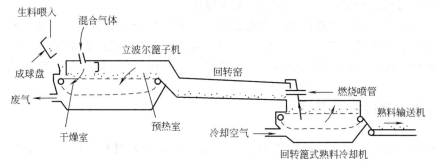

图 7-31　一次通过的立波尔窑

预热器的关键。悬浮预热器的种类、形式繁多，但总的不外乎同流型（旋风预热器）、逆流型（立筒预热器）以及同流与逆流不同组合的汇合型。

③ 窑外分解窑　窑外分解窑或称预分解窑，是一种能显著提高水泥回转窑产量的煅烧工艺。如图 7-32 所示，这种方法是在回转窑和预热器之间增设一座窑外分解炉（预分解炉）。其主要特点是：把大量吸热的碳酸钙分解反应从窑内传热速率较低的区带移到悬浮预热器与窑筒体之间的特殊的单独煅烧炉中，生料颗粒分散在燃烧炉中，处于悬浮或沸腾状态，以最小的温度差，在燃料无焰燃烧的同时进行高速传热过程，使生料迅速完成分解反应。入窑生料的碳酸钙表观分解率可从原来的悬浮预热器窑的 40%～50% 提高到 85%～90%，从而大大减轻了回转窑窑体的热负荷，使回转窑的生产能力成倍地增加。自 1971 年第一台窑外分解窑建成投产以来，目前最大的窑日产熟料已达 8000～10000t，窑的运转周期也有提高。

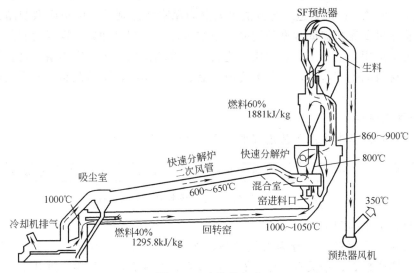

图 7-32　窑外分解窑

（2）立窑生产方式

立窑是一种内部填满料球的竖式固定床煅烧设备，内衬耐火材料。它分普通立窑和机械化立窑。机械化立窑是指机械加料和机械卸料的立窑。立窑的主体由上到下包括喂料装置、窑体、卸料装置（含密封系统）三部分构成，其窑体与炼铁高炉的炉体相似。

其基本生产过程是：含煤的生料球从窑顶喂入，空气从窑下部用高压风机鼓入，窑内物料借自重自上而下移动；料球在窑内经预热、分解、烧结和冷却等一系列物理、化学变化，形成熟料并从窑底部卸出，废气经窑罩、烟囱排出。

立窑具有热耗较低、构造简单、占地面积小、单位投资少、省钢材、建厂较快等优点，适合因地制宜的小规模生产。但是，由于立窑厂规模较小，劳动生产率较低，成本较高，同时因立窑煅烧温度不均，对熟料质量有一定的影响。因此，这种生产方法有被淘汰的趋向。

7.7　耐火材料的生产

耐火材料一般是指耐火温度不低于 1580℃ 的无机非金属材料。尽管各国规定的定义不同，例如，国际标准化组织（ISO）正式出版的国际标准中规定"耐火材料是耐火温度至少为 1500℃ 的非金属材料或制品（但不排除那些含有一定比例的金属）"，但基本概念是相同的，即耐火材料是用作高温窑、炉等热工设备的结构材料，以及工业用高温容器和部件的材料，并能承受相应的物理化学及机械作用。

大部分耐火材料是以天然矿石（如耐火黏土、硅石、菱镁矿、白云石等）为原料制造的。现在，采用某些工业原料和人工合成原料（如工业氧化铝、碳化硅、合成莫来石、合成尖晶石等）也日益增多。耐火材料的种类很多，分类方法也有很多。其中按耐火材料的化学矿物组成进行的分类法，可划分为：硅酸铝质（黏土砖、高铝砖、半硅砖）、硅质（硅砖、熔融石英烧制品）、镁质（镁砖、镁铝砖、镁铬砖）、碳质（碳砖、石墨砖）、白云石质、锆英石质、特殊耐火材料制品（高纯氧化物制品、难熔化合物制品和高温复合材料）。这种分类法能表征各种耐火材料的基本组成和特性，在生产、使用和科学研究中均有实用意义。

此外，按化学成分可划分为：酸性、碱性和中性；根据耐火度，可分为普通耐火材料（1580~1770℃）、高级耐火材料（1770~2000℃）、特级耐火材料（2000℃ 以上）和超级耐火材料（大于 3000℃）；按制造工艺方法可划分为泥浆浇注制品、可塑成型制品、半干成型制品、由粉状非可塑泥料捣固成型的制品、由熔融浇注的制品和岩石锯成的制品；按使用条件划分可分为高炉用、平炉用、转炉用、连铸用、玻璃窑用、水泥窑用耐火材料等。

根据耐火材料的生产特点，可分为烧成制品、不烧制品、熔铸制品、轻质隔热制品和不定形耐火材料。

7.7.1　烧结耐火材料

烧结耐火材料的基本生产工艺过程如图 7-33 所示。

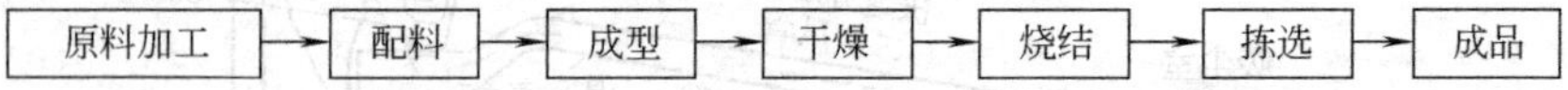

$$\boxed{\text{原料加工}} \rightarrow \boxed{\text{配料}} \rightarrow \boxed{\text{成型}} \rightarrow \boxed{\text{干燥}} \rightarrow \boxed{\text{烧结}} \rightarrow \boxed{\text{拣选}} \rightarrow \boxed{\text{成品}}$$

图 7-33　烧结耐火材料的基本生产工艺过程

（1）原料、加工与配料

烧结耐火材料用原料大部分为天然矿物，如耐火黏土、高铝矾土、硅石、铬矿、菱镁矿、白云石、镁橄榄石、锆英石、蓝晶石、硅线石、红柱石、石墨等。近几十年来，使用工业加工和人工合成的原料也在增加，如工业氧化铝、碳化硅、合成莫来石、合成尖晶石、人造耐火纤维、人造耐火空心球等。

有些天然矿物原料在高温下会发生分解，而使制品在加热过程中收缩过大或变得松散，所以这些原料需经过预烧，使其密度高和体积稳定性好，从而保证耐火制品外形尺寸的正确性，以及使制品具有良好的物理性能和使用性能。例如，耐火黏土、高铝矾土等原料中含有较多结晶水在加热时逸出，菱镁矿、白云石加热过程中会逸出二氧化碳等，伴有较大的体积收缩。

原材料经过粉碎、筛分后，将各种不同品种、组分和性能的原料以及各粒级的熟料，加入适当的结合剂，按拟定的比例进行配料，经过一系列混炼过程后，再困料一段时间就制得了可以进行成型的混合料。

（2）成型与干燥

耐火材料的成型方式很多，常用的是半干法成型。半干法成型所用坯料的水分一般为5%左右（质量分数）。这种坯料须施以较大的压力，借助于压力的作用使泥料内气体排出，使泥料颗粒紧密而使泥料成为致密的具有一定外形尺寸和强度的坯体。

坯体干燥，其目的是为了提高其强度，以便能安全搬运、堆放和装窑。干燥坯体还有利于确保烧结初期以较快的速度加热升温。

（3）烧结

烧结是耐火制品生产中的最后一道工序。在烧结过程中，坯体内发生一系列物理化学变化，随着这些变化的进行，坯体气孔率降低，体积密度增大，从而使制品获得稳定的组织结构与合理的物相、良好的体积稳定性和强度。耐火材料的烧结规范是根据各耐火制品在烧结过程中物理化学变化来确定的。烧结规范包括升温速度、烧结最高温度、在最高温度下的保温时间、冷却速度及烧结气氛等。在烧结规范中，升温速度或冷却速度取决于坯体在升温或冷却时所受的应力作用。因坯体在升温或冷却过程中，由于温度梯度的存在会产生热应力，另外制品的物理化学变化（如黏土砖中的高岭土分解）和晶型转变（如硅砖中的晶型转变）等也会产生应力。耐火制品的最高烧结温度及保温时间主要取决于所使用原料的性质和产品性能要求，原料越纯，性能要求越高，则烧结温度越高，保温时间越长。烧结气氛因制品不同而异、如硅砖烧成要求还原气氛，使制品烧成较为缓和，形成足够的液相，有利于鳞石英的生成；而镁砖烧成则要求弱氧化气氛，以使其中的氧化铁成为 Fe_2O_3，并与 MgO 反应。

目前，耐火材料烧成用窑炉主要有隧道窑、倒焰窑和梭式窑。

7.7.2　熔铸耐火材料

熔铸耐火材料指原料及配料经高温熔化后浇注成一定形状的制品。配料的熔融方法有电熔法和铝热法两种。电熔法即在电弧炉或电阻炉中熔化配料。铝热法是利用铝热反应放出的热量将配料熔化。电熔法是目前生产熔铸耐火材料的主要方法。其生产工艺流程如图7-34所示。

图 7-34　熔铸耐火材科生产工艺流程

将具有一定化学组成的耐火材料配料，在 2500℃ 左右温度下用电弧炉熔化。熔体在与该耐火材料相适应的温度下浇入铸模内，再放到有保温填料的保温箱内或隧道窑中进行缓慢地冷却，以形成能保证铸件具有最佳性能的显微结构；用带金刚石刀具和磨具的设备对铸件进行机械加工，确保制品具有精确的几何形状和低的粗糙度表面，从而提高电熔耐火材料制品的质量及延长使用寿命。

由于熔铸耐火材料生产方法特殊，与烧结法生产的耐火材料相比有以下特点。

① 制品致密，气孔少，且为闭口气孔。

② 机械强度和高温结构强度大。

③ 具有高的导热性和抗渣性。

④ 组成相完全由成分决定，质量控制简单，产品稳定性好。

⑤ 耗电高，每生产 1t 电熔锆刚玉（AZS）耐火砖，需耗电 1450kW·h。

电熔耐火材料的化学组成对它的物理化学性能和使用性能有着重要的影响，例如 AZS 电熔耐火材料主要由（质量分数）SiO_2（10%～18%）、Al_2O_3（40%～54%）和 ZrO_2（30%～40%）组成，其余的氧化物（B_2O_3，Na_2O）数量不大，是以夹杂物或专门添加物的形式存在的。

耐火材料中的氧化锆和氧化铝是最难熔的氧化物，它们具有良好的抗硅酸盐熔液的侵蚀作用。耐火材料中的 Fe_2O_3、TiO_2 夹杂物，会促使熔池中析出气泡和斑点，并且在很大程度上降低了耐火材料中玻璃相的渗出温度。石墨电极与耐火材料熔液接触，会使熔液渗碳，熔液中碳的存在会降低耐火材料的使用性能。为消除碳的影响，通常采用长电弧氧化法或在电极外表面用氧化铝细粉进行等离子喷镀保护或用刚玉作电极涂料保护，排除碳的污染，制备出使用性能良好的电熔耐火材料。

电熔耐火材料有：电熔莫来石质耐火材料、电熔锆刚玉质耐火材料及电熔铝氧系耐火材料等。

7.7.3 不定形耐火材料生产

不定形耐火材料也称散状耐火材料，是由合理级配的耐火原料（粒状和粉状物料）与结合剂组成，不经成型和烧结而直接使用的耐火材料。不定形耐火材料可制成浆状、泥膏状或松散状。用这种材料可构成无接缝的整体构筑物，故又称为整体性耐火材料。不定形耐火材料主要有：耐火混凝土、耐火可塑料、耐火投射料、耐火喷涂料与耐火涂抹料等。

不定形耐火材料的关键是结合剂。1918 年法国首先应用了高铝水泥，开始了以铝酸盐水泥（也包括低温用硅酸盐水泥）作为结合剂的耐火混凝土的使用。此后，结合剂的应用逐渐扩大到各种无机非水合物结合剂，如磷酸、硫酸铝、水玻璃、聚氯化铝、聚合磷酸盐等。同时，也发展了黏土结合浇注料。高铝水泥也发展到纯铝酸钙水泥和电熔高铝水泥，使浇注料的适用范围扩大和耐高温性能提高。到了 20 世纪 70 年代后期，也是由法国首先推出低水泥浇注料，从此开始了以添加超细粉及其他添加剂为特征的高技术不定形耐火材料时代，低水泥与超低水泥浇注料、无水泥超细粉结合浇注料、α-Al_2O_3 结合浇注料、复合溶胶结合浇注料等相继开发。另外，出于结合剂具有特别良好的高温性能，在骨料部分也能广泛地采用刚玉、莫来石、锆英石、碳化硅等高级耐火骨料。

不定形耐火材料，对于延长窑炉使用寿命、提高设备作业率、实现机械化筑炉、降低劳动强度，以及简化耐火材料生产工艺、降低能源消耗与推动窑炉结构改革等起促进作用。

7.7.4 轻质隔热耐火材料

轻质隔热耐火材料是指体积密度小、热导率低，因而具有隔热性能的一类耐火材料。用轻质隔热耐火材料砌筑窑炉，可节约砌筑材料，减少窑墙厚度降低燃料消耗。轻质耐火材料主要有耐火砖与纤维。

（1）轻质耐火砖

降低耐火材料导热性的有效方法是在其中造成大量的气孔，在耐火砖中引入气孔的方法通常分为可燃加入物法和泡沫法。

① 可燃加入物法 是在泥料中加入适量可燃尽加入物，如铁末、粉碎的木炭、无烟煤、焦炭及木质素等。配料中加入部分致密熟料和结合黏土，与生产一般致密制品不同，这里加入的致密熟料并不要求颗粒组成具有最大的堆积密度，而是要具有较松的堆积；结合黏土所起的作用是给坯料提供塑性。在混合过程中，通常还要加入一定量的纸浆废液和糖浆，以增加坯料的可塑性和结合性。经混练成型后，干燥时间比致密制品要长一些。烧结过程中，为

保证可燃加入物在烧结时完全烧尽，当温度升到 $500\sim1000℃$ 时窑内要保持强烈的氧化气氛。由于在干燥和烧成过程中坯体收缩和变形较大，烧后制品需经整形加工后才能使用。

② 泡沫法　是以表面张力小的物质（如松香皂）加入泥浆中使之起泡沫，注入模型，再同模型一起干燥，然后在一定温度下烧结，经过加工整形即为成品。

（2）耐火纤维

耐火纤维是纤维状的耐火材料，它既具有一般纤维的特性，如柔软、高强等，又具有普通纤维所没有的耐高温、耐腐蚀的性能，并且大部分耐火纤维抗氧化。耐火纤维在高温区的热导率很低，在 $1000℃$ 时的热导率仅为轻质黏土砖的 38%。耐火纤维的容积密度小，仅为轻质黏土砖的 $1/5\sim1/10$。用耐火纤维代替耐火砖等作炉衬，质量可降低 80% 以上，厚度可减少 50% 以上。另外，耐火纤维具有耐火砖无法比拟的良好热震稳定性。

耐火纤维的生产方法有多种，最常用的为熔融喷吹法，即把耐火物料在高温炉内熔融，形成稳定的流股，然后用空气或蒸气进行喷吹冷却成型。目前，常用的耐火纤维通常为非晶质硅酸铝纤维和结晶质的氧化铝纤维。为了简化施工和满足使用要求，耐火纤维可被加工成纤维毡等制品。

第 8 章　高分子材料制备及加工工艺

8.1　高分子材料简介

高分子材料是以高聚物为主加入多种添加剂形成的材料。高分子材料包括天然高分子材料（如棉、毛、丝、麻、胶、木材等）和合成高分子材料。合成高分子材料包括：塑料、橡胶和纤维，通称为三大合成材料，其余还有涂料、胶黏剂、离子交换树脂等。高分子材料工业主要包括两部分：高分子材料的生产（包括树脂和半制品的生产）和聚合物制品的生产（也称为成型工业）。

8.1.1　高分子材料的基本概念

高分子化合物常简称高分子，是由成百上千个原子组成的大分子构成的。大分子是由一种或多种小分子通过主价键一个接一个地连接而成的链状或网状分子。低分子和高分子之间并无严格界线，分子量在 10000 以上者常称作高分子化合物。

一个大分子往往由许多相同的简单结构单元通过共价键重复连接而成。例如聚氯乙烯大分子是由氯乙烯结构单元重复连接而成。

$$-CH_2-CH-CH_2-CH-CH_2-CH-$$
$$\quad\quad |\quad\quad\quad |\quad\quad\quad |$$
$$\quad\quad Cl\quad\quad\quad Cl\quad\quad\quad Cl$$

为方便起见，可缩写成

$$-\!\!\!\!\!(CH_2-CH\!)_{\,n}$$
$$\quad\quad\quad\quad |$$
$$\quad\quad\quad\quad Cl$$

上式是聚氯乙烯分了结构表示式。其中 $\begin{matrix}-CH_2-CH-\\ |\\ Cl\end{matrix}$ 是结构单元，也是重复结构单元（简称重复单元），亦称链节。形成结构单元的分子称作单体。上式中 n 代表重复单元数，又称聚合度，它是衡量分子量大小的一个指标。

高分子化合物一般又称为聚合物，但严格地讲，两者并不等同，因为有些高分子化合物并非由简单的重复单元连接而成，而仅仅是分子量很高的物质，这就不宜称作聚合物。但通常，这两个词是相互混用的。聚合物是由大分子构成的，如组成该大分子的重复单元数很多，增减几个单元并不影响其物理性质，一般称此种聚合物为高聚物。如组成该种大分子的结构单元数较少，增减几个单元对聚合物的物理性质有明显的影响，则称为低聚物（oligomer）。广义而言，聚合物是总称，包括高聚物和低聚物，但谈及聚合物材料时，所称的聚合物（polymer）常常是指高聚物。

由一种单体聚合而成的聚合物称为均聚物，如聚乙烯、聚氯乙烯等；有两种或两种以上单体共聚而成的聚合物称为共聚物，如氯乙烯和醋酸乙烯共聚生成氯乙烯-醋酸乙烯共聚物。

大部分共聚物中单体单元往往是无规排布的，很难指出正确的重复单元式，只能代表象

$$+CH_2-CH-CH_2-CH+_n$$
$$\qquad\quad | \qquad\qquad |$$
$$\qquad\quad Cl \qquad\quad OCOCH_3$$

征性的结构。

像尼龙-66 一类的共聚物则有着另一种特征。

$$+NH+CH_2+_6NH-CO+CH_2+_4CO+_n$$

←结构单元→ ←结构单元→

←——— 重复单元 ———→

重复单元由两种结构单元组成,这两种单元比其单体己二胺和己二酸要少一些原子,这是由于缩聚反应过程中失去水分子的结果。

聚合物材料的强度与分子量密切相关。低分子化合物一般有一个固定的分子量,但聚合物却是分子量不等的同系列物的混合物。聚合物分子量或聚合度是一个平均值。这种分子量的不均一性亦称为多分散性,可用分布曲线或分布函数表示。

8.1.2 高分子材料的类别

按照高分子材料的性能和用途,主要可以分为塑料、橡胶、纤维三大类,通常称为三大合成材料。在合成树脂和塑料的基础上又衍生出黏合剂、涂料,而且越来越广泛。也有人将它们单独列为两类。所以按聚合物的应用分类应包括上述五大类合成材料。近年来,具有的特定的物理、化学、生物特性的功能高分子材料也已成为新的重要一类。

(1)塑料(plastic)

塑料是指由树脂等高分子化合物与配料混合,再经加热加压而形成的材料,在常温下或使用温度下不再变形。

大多数塑料是以合成高分子化合物为基本成分,它们的平均分子量一班都大于 10000,有的甚至可以达到百万级。聚合物虽然是塑料的主要成分,但是单纯的聚合物性能往往不能满足成型生产中的工艺要求和成型后的使用要求,若要克服这一缺陷,必须在聚合物中添加一定数量的助剂,并通过这些助剂来改善聚合物的性能。例如,添加增塑剂可以改善聚合物的加工性能并影响制品的性能;添加增强剂可以提高聚合物的强度等。因此可以认为塑料是由聚合物和某些助剂结合而成的。

塑料按其原料来源可以分为合成塑料和半合成塑料。按塑料的热行为可分为热塑性塑料和热固性塑料,其中热塑性塑料是指在特定温度范围内具有可反复加热软化、冷却硬化特性的塑料品种;热固性塑料是指定特定温度下加热或通过加入固化剂可发生交联反应,变成不溶、不熔塑料制品的塑料品种。按使用领域分为通用塑料、工程塑料和特种塑料。通用塑料的价格便宜,大量用在包装、农用等方面,聚乙烯、聚丙烯、聚氯乙烯、聚苯乙烯、酚醛树脂等皆属通用塑料。工程塑料具有相当的强度和刚性,所以被用作结构材料、机械零件、高强度绝缘材料等。如聚甲醛、聚碳酸酯、尼龙、ABS、酚醛树脂等。其中,聚乙烯是世界塑料品种中产量最大的品种,其应用面也最大,约占世界塑料总产量的 1/3,其价格便宜,容易成型加工,性能优良,发展速度很快。在我国,聚氯乙烯的产量仅次于聚乙烯塑料,其阻燃性优于聚乙烯、聚丙烯等塑料,可用于建筑材料,如管材、门窗、装饰材料等;特种塑料具有耐热、自润滑等特异性能。

(2)橡胶(rubber)

橡胶是高弹性的高分子材料,也称为弹性体,是一类在宽阔温度范围内表现良好高弹性行为的高分子材料的总称。使用的橡胶材料都是多组分体系。其中，除主体高聚物组分之外，还有硫化剂（如硫黄、含硫化合物等）、补强剂（如炭黑、白炭黑等）、增容剂、操作助剂和防老剂等。

橡胶按来源分为天然橡胶和合成橡胶。天然胶的主要化学成分是聚戊二烯。合成胶可分成通用合成橡胶、特种合成橡胶。通用橡胶主要有丁苯橡胶、丁二烯橡胶、丁腈橡胶等，用于制造软管、轮胎、密封件、传送带等。特种橡胶主要有聚氨酯橡胶、硅橡胶等，广泛用作实心车胎、轧辊、汽车缓冲器及密封材料等。

橡胶按热行为有热塑弹体与硫化橡胶（热固性）之分。热塑弹体由线型高分子组成，加热能流动，所以可以像热塑性塑料一样反复加工成型。硫化橡胶具有交联结构，加热不再呈流动态。橡胶硫化前称生橡胶（简称生胶），硫化后称为熟橡胶或橡皮。

橡胶材料具有如下共性：①弹性模量小，一般在 $10 \times 10^2 \sim 100 \times 10^2 Pa$，伸长变形可达 $100\% \sim 1000\%$；②具有黏弹性，在外力作用下产生的形变等行为具有时间、温度依赖性，表现有明显的应力松弛和蠕变现象；③必须加入配合剂才能使用，单纯橡胶未经加工时（称为生胶）是长链形分子，其强度低，在溶剂中易于溶解或溶胀，所以几乎没有用生胶制取橡胶制品的情况。加入配合剂可提高使用价值，降低成本。配合剂主要有：①硫化剂，起交联作用，不饱和橡胶采用硫黄，饱和橡胶需用有机过氧化物等；②填充剂，常用的有炭黑，起补强作用，在橡胶工业中，炭黑是仅次于生胶居第二位的重要原料，其耗用量占生胶的 $40\% \sim 50\%$，其他还有硫化促进剂、防老剂、增塑剂等。

（3）纤维（fiber）

一般认为，纤维是一种细长形状的物体，其长度与直径之比至少为 10：3，其截面积小于 $0.05mm^2$。对于供纺织应用的纤维，其长度与直径之比一般大于 1000：1。典型的纺织纤维的直径为几微米，长度超过 25mm，线密度的数量级为 $10^{-6} g/m$，还应具有一定的柔软性、强度、伸长和弹性等。但要给纤维下确切的定义较为困难。特别是近年来，用于新领域的一些结构材料也以纤维来命名，长度与直径之比以及柔曲性就不再作为这类纤维的基本特征。

纤维包括天然纤维和化学纤维。天然纤维是由纤维状的天然物质直接分离、精制而成，包括植物纤维（例如棉、麻等）、动物纤维（例如羊毛、蚕丝等）和矿物纤维（例如石棉等）。化学纤维是用天然或人工合成的聚合物为原料制成的纤维。根据原料的不同可分为人造纤维（以天然聚合物为原料，经化学和机械加工制得的纤维）、合成纤维（以合成聚合物为原料制得的化学纤维）和无机纤维（也称"矿物纤维"，主要成分为无机物）等。其中无机纤维根据原料来源不同又分为天然无机纤维和人造无机纤维。

合成纤维中聚酯、尼龙、聚丙烯酯三种产量最大，它们主要用于纺织品和编织物等。

（4）胶黏剂（adhesive）

能把各种材料黏合在一起的物质称为胶黏剂，又称黏合剂。胶黏剂在产品设备的连接、密封、修复等方面有突出的功能，如在结构黏合、耐高温和耐超低温密封、瞬间黏合、水下黏合、推动新材料的开发等方面具有特殊的功效。

胶黏剂通常由几种材料配制而成，这些材料按其作用不同，一般分为主体材料和辅助材料两大类。主体材料是在胶黏剂中起黏合作用并赋予胶层一定的机械强度的物质，如各种树脂、橡胶等合成材料以及淀粉、蛋白质、磷酸盐、硅酸盐等天然物质；辅助构料是在胶黏剂中用以改善主体材料性能，或为便于施工而加入的物质。常用的有固化剂、增塑剂、填料和溶剂等。

（5）涂料（coating）

涂料是应用于物体表面能结成坚韧保护膜的物质的总称，我国在生产和使用涂料方面有着悠久的历史。生漆和桐油是我国的特产，也是我国以往制作涂料的主要原料。在过去，由于涂料都是用植物油和天然树脂熬炼而成，其作用又同我国的生漆差不多，因此一直被叫做油漆。

涂料是保护和装饰物体表面的涂装材料，它能提高被涂物的使用寿命和使用效能。而一些特种涂料还可具有防污、导电、伪装等一系列特殊性能。目前涂料在各领域中的应用十分广泛，具体作用可总结如下。

① 防护作用　防止物体表面受到气候、腐蚀以及日光照射而变化，防止或减轻物体表面直接受到摩擦和冲击。

② 装饰作用　增加物体表面美观，美化房屋、家具、交通工具、日用品等，有美化作用。

③ 标志作用　给交通灯、工厂装备、管线等涂上各种颜色，具有特殊的标识作用。

④ 特种涂料的特殊作用　宇宙飞船重返大气层时，表面温度达 2800℃，中程导弹驻点温度达 3000℃以上，洲际导弹驻点温度达 7000℃以上，金属材料不能承受这样高的温度，用合成树脂和无机材料配制的隔热烧蚀涂料涂装于金属表面，能保护飞船、导弹的正常运行。把防污涂料涂布于在海上航行的轮船船体表面，可以防止海生物附着等。

涂料的主要成分有：树脂基料、颜料、溶剂以及其他助剂，如增稠剂、催干剂、抗结皮剂、表面活性剂、杀菌剂、防霉剂等。其中树脂基料为成膜物，依据成膜物分类，涂料可分为：①油性涂料；②天然树脂涂料；③沥青涂料；④醇酸树脂涂料；⑤酚醛树脂涂料；⑥氨基树脂涂料；⑦硝基涂料；⑧纤维素涂料；⑨过氯乙烯涂料；⑩乙烯树脂涂料；⑪丙烯酸树脂涂料；⑫聚酯树脂涂料；⑬环氧树脂涂料；⑭氨基甲酸酯涂料；⑮元素有机涂料；⑯橡胶涂料；⑰其他涂料。

8.2　聚合物的制备

高分子材料虽然种类很多，生产原料来源不一，由石油化工路线、天然气路线、煤化学路线及农副产品路线，但它们的生产过程、所用的工艺装备确十分类似。首先把原料经过加工准备，然后进行化学反应而制得单体，再把单体在一定温度、压力和催化剂等作用下，用各种聚合方法制成聚合物，最后配成各种高分子材料，通过注射、模压、浇注、吹塑、压延和拉丝等成型方法制成塑料、合成橡胶、合成纤维以及其他高分子材料制品。概括起来就是合成、聚合、配合、成型加工四个环节。

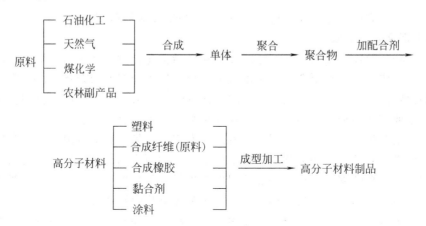

石油化工路线、天然气路线的生产流程具有简短、产量大且价格低廉等优点。20 世纪 70 年代来，这两条路线已基本代替了煤化学和农林副产品路线。

由单体制成聚合物都需要在一定的温度、压力以及催化剂等作用下通过聚合反应完成。单体进行聚合还必须在聚合反应容器中进行。聚合反应容器种类很多，按形状不同，可分为聚合塔、聚合釜和聚合管三大类。按操作压力不同，又分为常压式聚合器和加压式聚合器。按操作方法不同，还可分为连续式和间歇式两种。为了使聚合反应均匀地以中速进行，缩短生产周期，大型聚合器都装有机械搅拌装置。

单体聚合开始时一般都需要加热，而聚合反应中又会放出聚合热。为控制反应温度和进行热交换，聚合反应器外壁还需装有加热套和保温套。加热套可用于蒸气加热或电加热，也可用于水冷却。回流冷凝器也是控温和热交换不可缺少的装置及相应的设备。

聚合反应其一般采用不锈钢或带有搪瓷衬里的碳钢、合金钢制成，后者廉价但是热量不易散除，反应温度也不易控制。

聚合反应有许多类型，可以从不同角度进行分类。根据聚合物和单体元素组成和结构的变化，将聚合反应分成加聚反应和缩聚反应两大类。

（1）加聚反应

单体相互间加成而聚合起来的反应称作加聚反应。加聚反应过程中无低分子逸出，加聚反应后的产物称作加聚物。加聚物的元素组成与原料单体相同，仅仅是电子结构有所改变。加聚物的分子量是单体分子量的整数倍。烯类聚合物或碳链聚合物大多是烯类单体通过加聚反应合成的。例如：聚氨基甲酸酯（简称聚氨酯）的制备。

$$O=C-N-R-N-C=O+nHO-R'-OH \longrightarrow \left(\begin{array}{c} C-N-R-N-C-O-R'O \\ \| \quad | \qquad | \quad \| \\ O \quad H \qquad H \quad O \end{array} \right)_n$$

（2）缩聚反应

聚合反应过程中，除形成聚合物外，同时还有低分子副产物产生的反应，称作缩聚反应，缩聚反应的产物称作缩聚物。根据单体中官能团的不同，低分子副产物可能是水、醇、氨、氯化氢等。由于低分子副产物的析出，缩聚物结构单元要比单体少若干原子，缩聚物的分子量不是单体分子量的整数倍。

例如聚醚化反应：二元醇与二元醇反应。

$$nHO-R-OH+nHO-R'-OH \longrightarrow H-(OR-OR')_n-OH+(2n-1)H_2O$$

另外，己二胺和己二酸反应生成尼龙-66 也是缩聚反应的典型例子。

8.2.1 加聚型聚合物的制备

这类聚合物的单体（原料）大都是乙烯类和二烯类化合物以及它们的衍生物。这些单体是通过双键的加成反应进行聚合的，所以这类聚合物称为加聚型聚合物。加聚型聚合物的分子量一般都比较高，在十几万至几十万之间，而且绝大多数属于热塑性聚合物。此类聚合物的制备方法主要有本体聚合、溶液聚合、悬浮聚合和乳液聚合，见表 8-1。

工业上自由基聚合多采用引发剂来引发。引发剂是容易分解成自由基的化合物，其分子结构上具有弱键。在热能或辐射能的作用下，沿弱键均裂成两个自由基。引发剂分解后，只有一部分用来引发单体聚合，还有一部分引发剂损耗。引发聚合的部分与引发剂消耗总量的比例称为引发效率。引发剂主要有偶氮类化合物和过氧化合物两类。

所谓本体聚合是仅仅单体本身加少量引发剂（甚至不加）的聚合。溶液聚合则是单体和

表 8-1　常见聚合物的制备方法

高聚物名称	制备方法	高聚物名称	制备方法
聚乙烯	本体聚合、溶液聚合	乙烯-丙烯(乙丙橡胶)	溶液聚合
聚丙烯	溶液聚合	聚丙烯腈(腈纶)	溶液聚合
聚苯乙烯	本体聚合、悬浮聚合、乳液聚合、溶液聚合	聚酰胺(尼龙)	熔融缩聚、界面缩聚
聚丙烯酸酯类	本体聚合、乳液聚合	聚酯(涤纶)	熔融缩聚、界面缩聚
聚丁二烯(顺丁橡胶)	溶液聚合、乳液聚合	聚氨酯	熔融缩聚
聚异戊二烯(合成天然橡胶)	溶液聚合、乳液聚合	不饱和聚酯树脂	熔融缩聚
苯乙烯-丁二烯(丁苯橡胶)	溶液聚合、乳液聚合	酚醛树脂	熔融缩聚
丙烯腈-丁二烯(丁腈橡胶)	乳液聚合	环氧树脂	熔融缩聚

引发剂溶于适当溶剂中的聚合。悬浮聚合一般是单体以液滴状悬浮在水中的聚合，体系主要由单体、水、引发剂、分散剂四组分组成。乳液聚合则一般是单体和水（或其他分散介质）由乳化剂配成乳液状态所进行的聚合，体系的基本组分是单体、水、引发剂、乳化剂。

8.2.1.1　本体聚合

不加其他介质，只有单体本身在引发剂或催化剂、热、光、辐射的作用下进行的聚合称作本体聚合。

根据单体对聚合物的溶解情况可分为均相聚合与非均相聚合两种。

① 均相聚合　聚合物能够溶解于单体中的为均相聚合。聚合过程中体系黏度不断增大，最后得到透明固体聚合物。如甲基丙烯酸甲酯、苯乙烯、醋酸乙烯酯等单体的聚合属均相聚合反应。

② 非均相聚合　单体不是聚合物的溶剂时，为非均相聚合，或称沉淀聚合。聚合过程中生成的聚合物不溶于单体而不断析出。得到不透明的白色颗粒状物。如氯乙烯、偏氯乙烯、丙烯腈等的聚合属此类。

在本体聚合体系中，除了单体和引发剂外，有时还可能加有少量色料、增塑剂、润滑剂、分子量调节剂等助剂。

采用本体聚合的优点是：产品纯度高，均相聚合可得到透明的产品，并可直接聚合成型，如板材、棒材等产品；因为聚合过程中不需要其他助剂，无需后处理，故工艺过程简单，设备简单。

本体聚合的缺点是：由于不加入溶剂或介质，使聚合物体系黏度大，聚合热不易散失，易造成局部过热，凝胶效应严重，反应不均匀造成分子量分布较宽。但这些缺点可通过缓和反应或在聚合前先溶入少量聚合物以及严格控制反应温度（逐渐升温）得以克服。此外由于聚合物的密度通常大于单体密度，而本体聚合又通常是在封闭的模具中进行的，故聚合过程中体积收缩，易使产品产生气泡、起皱等，从而影响聚合物折射率的均匀性和力学性能。

8.2.1.2　溶液聚合

溶液聚合是由单体、引发剂、溶剂组成的聚合体系。单体溶在某种溶剂中，根据生成的聚合物能否溶解于该溶剂中，又将溶液聚合分为均相和非均相两种，后者也称为沉淀聚合。丙烯腈-二甲基甲酰胺为溶剂的聚合是均相的，而丙烯腈在水中进行的聚合是非均相的。

自由基溶液聚合选择溶剂时，应注意以下两方面的问题。

（1）溶剂的活性

表面看起来，溶剂并不直接参加聚合反应，但溶剂往往并非惰性，溶剂对引发剂有诱导分解作用，链自由基对溶剂有链转移反应。这两方面作用都有可能影响聚合速率和分子量。向溶剂分子转移的结果，使分子量降低，各种溶剂的链转移常数变动很大：水为零，苯较小，卤代烃较大。

（2）溶剂对聚合物的溶解性能对凝胶效应的影响

选用良溶剂时，为均相聚合，如单体浓度不高，有可能消除凝胶效应，遵循正常的自由基聚合动力学规律；选用沉淀剂时，则成为沉淀聚合，凝胶效应显著。劣溶剂的影响则介于两者之间，影响深度视溶剂优劣程度和浓度而定；有凝胶效应时，反应自动加速，分子量也增大。链转移作用和凝胶效应同时发生，分子量分布将决定于这两个相反因素影响的深度。

离子型聚合选用溶剂的原则，首先应该考虑到溶剂化能力，这对聚合速率、分子量及其分布、聚合物微结构都有深远的影响；其次才考虑到溶剂的链转移反应。开发一个聚合过程，除了寻找合适的引发剂外，同时对溶剂应作详细的研究。

酚醛树脂、脲醛树脂、环氧树脂等的合成都属于溶液缩聚。合成尼龙-66 的初期系尼龙66 盐（己二酸己二胺盐）在水溶液中缩聚，后期才转入熔融本体缩聚。

与本体聚合相比，溶液聚合体系黏度较低，混合和传热较易，温度容易控制，不易产生局部过热。此外，引发剂容易分散均匀，不易被聚合物所包裹，引发效率较高。这是溶液聚合的优点。另一方面，溶液聚合也有许多缺点：由于单体浓度较低，溶液聚合进行较慢，设备利用效率和生产能力较低，单体浓度低和向溶剂链转移的结果，致使聚合物分子量较低，溶剂分离回收费用高，除净聚合物中微量的溶剂有困难，在聚合釜内除尽溶剂后，固体聚合物出料困难。这些缺点使得溶液聚合在工业上应用较少，往往另选悬浮聚合或乳液聚合。

8.2.1.3 悬浮聚合

悬浮聚合是以水为介质并加入分散剂，在强烈搅拌之下将单体分散为无数个小液滴悬浮在水中，经溶于单体内的引发剂引发而聚合。单体中溶有引发剂、一个小液滴就相当于本体聚合的一个单体，从单体液滴转变成聚合物固体粒子，中间一定要经过聚合物单体黏性粒子阶段。为了防止粒子相互黏结在一起，体系中须另加分散剂，以便使粒子表面形成保护膜。因此悬浮聚合体系一般由单体、引发剂、水、分散剂四个基本组分组成。

（1）工业上采用的悬浮分散剂

① 水溶性有机高分子化合物 如明胶、淀粉、蛋白质等天然高分子。部分水解的聚乙烯醇、聚丙烯酸、聚甲基丙烯酸盐类、顺丁烯二酸酐-苯乙烯共聚物等合成高分子，以及甲基纤维素、羟甲基纤维素等纤维素衍生物。有机高分子分散剂的作用是：吸附在单体液滴表面，形成一层保护膜，提高了介质的黏度，增加了单体液滴碰撞凝聚的阻力，防止液滴黏结。

② 不溶于水的无机粉末 如硫酸钡、碳酸钡、碳酸镁、滑石粉等。这些无机粉末附着在单体液滴的表面，对液滴起着机械隔离的作用。

不论是有机化合物的保护膜，还是黏附在液滴表面的无机粉末，聚合后都可洗掉。

为了保证悬浮聚合物能得到适合的粒度，除加入分散剂外，搅拌也是很重要的因素。聚合物颗粒的大小取决于搅拌的程度、分散剂性质及用量的多少，一般搅拌转速高，得到的聚合物粒子细，若转速过低得到的聚合物颗粒大而不均。

（2）悬浮聚合法主要特点

在悬浮聚合中，单体在水中溶解度很小，只有万分之几到千分之几，实际上可以看作与水不互溶。如将这类单体倒入水中，单体将浮在水面上，分成两层，进行搅拌时，在剪切力作用下，单体液层将分散成液滴，大液滴受力，还会变形，继续分散成小液滴，如图 8-1 所示中的过程①和②。但单体和水两液体间存在着一定的界面张力，界面张力将使液滴力图保持球形。界面张力愈大，保持成球形的能力愈强，形成的液滴也愈大。相反，界面张力愈小，形成的液滴也愈小，过小的液滴还会聚集成较大的液滴。搅拌剪切力和界面张力对成滴作用影响方向相反。在一定搅拌强度和界面张力下，大小不等的液滴通过一系列的分散和合一过程，构成一定动平衡，最后达到一定的平均细度。但大小仍有一定的分布。因为反应器内各部分受到的搅拌强度是不均一的。

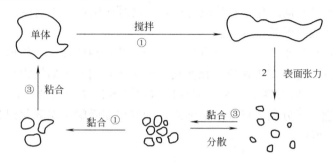

图 8-1　悬浮单体液滴分散合一模型

搅拌停止后，液滴将聚集黏合变大，最后仍与水分层，如图 8-1 所示中③～⑤过程。单靠搅拌形成的液滴分散是不稳定的。

在未聚合阶段，两单体液滴碰撞时，可能弹开，也可能聚集成大液滴，大液滴也可能被打散成小液滴。但聚合到一定程度后，如 20％转化率，单体液滴中溶有或溶胀有一定量的聚合物，变得发黏起来：这个阶段，两液滴碰撞时很难弹开，往往黏结在一起。搅拌反而促进黏结，最后会结成一整块。当转化率较高，如 60％～70％以上，液滴转变成固体粒子，就没有黏结成块的危险。因此体系中须加有一定量的分散剂，以便在液滴表面形成一层保护膜，防止黏结。

不同聚合物对颗粒形态和大小有着不同的要求。聚苯乙烯、聚甲基丙烯酸甲酯要求是珠状粒料，便于直接注塑成型。聚氯乙烯则要求是表面粗糙疏松的粉料，以便与增塑剂、稳定剂、色料等助剂混合塑化均匀。

悬浮聚合产物的粒子直径为 0.01～5mm，一般约 0.05～2mm，粒径大小视搅拌强度和分散剂性质及用量而定。影响树脂颗粒大小和形态的除了搅拌强度和分散剂的性质、浓度等主要因素外，还与下列诸因素有关：水-单体比、聚合温度、引发剂种类和用量、聚合速率、单体种类、其他添加剂等。

悬浮聚合结束后，排出并回收未聚合的单体，聚合物经沉涤、分离、干燥，即得粒状或粉状树脂产品。悬浮均相聚合产品可制成透明珠状，悬浮沉淀聚合产品则呈不透明粉状。

悬浮聚合的优点是：体系黏度低，聚合热容易从粒子经介质水通过釜壁由夹套冷却水带走，散热和温度控制比本体聚合、溶液聚合容易得多，产品分子量及其分布比较稳定；产品的分子量比溶液聚合高，杂质含量比乳液聚合的产品少；后处理工序比溶液聚合和乳液聚合简单，生产成本较低，粉状树脂可以直接用来加工。

悬浮聚合的主要缺点是：产品多少附有少量分散剂残留物，要生产透明和绝缘性能高的产品，须将残留分散剂除净。

综合平衡后，悬浮聚合兼有本体聚合和溶液聚合的优点，而缺点较少，因此悬浮聚合在工业上得到广泛的应用：80％～85％聚氯乙烯，全部苯乙烯型离子交换树脂母体，很大一部分聚苯乙烯、聚甲基丙烯酸甲酯等都采用悬浮法生产。

8.2.1.4 乳液聚合

单体在水介质中由乳化剂分散成乳液状态进行的聚合称乳液聚合。乳液聚合最简单的配方由单体、水、水溶性引发剂、乳化剂四组分组成。

分析乳液聚合机理和动力学时所选用的理想体系虽然仅由单体、水、水溶性引发剂、乳化剂四组分组成，但工业上实际应用时，组分却不止这四种，据不同聚合对象和要求，还常添加分子量调节剂，用以调节聚合物分子量，减少聚合物链的支化；加入缓冲剂用以调节介质的 pH 值，以利于引发剂的分解及乳液的稳定。同时还添加乳化剂稳定剂，它是一种保护胶体，用以防止分散胶乳的析出或沉淀。

乳液聚合中，单体与水不互溶，易分层。由于有乳化剂的存在，使单体与水混合而成稳定不易分层的乳状液，这种作用称为乳化作用。由于乳化剂分子的结构为一端亲水一端亲油（单体），乳化剂分子在油-水界面上亲水端伸向水层，亲油端伸向油层，因而降低了油滴的表面张力，在强力搅拌下分散成更细小的油滴，同时表面吸附一层乳化剂分子。在乳液中存在三个相，如图 8-2 所示。

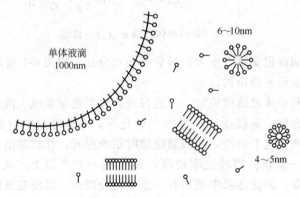

图 8-2　乳液聚合体系示意

① 胶束相　当乳化剂浓度很低时，以单个分子分散在水中，乳化剂浓度达到一定时，乳化剂分子便形成了聚集体（约 $50\sim100$ 个乳化剂分子），这种聚集体称为胶束。浓度较低时胶束呈球形，浓度较高时胶束呈棒状，其长度大约为乳化剂分子长度的两倍。乳化剂能够形成胶束的最低浓度称为临界胶束浓度，简称 CMC。CMC 值越小，表明该乳化剂越易形成胶束，说明乳化能力高。无论是球状胶束还是棒状波胶束，乳化剂分子的排列均是亲水一端向外，亲油一端向内。

单体在水中溶解度极小，由于胶束中心的烃基部分与单体具有相似相容的亲和力，可有一部分单体进入胶束内部，这样可增加单体的溶解度。此作用称为增溶作用。20℃时苯乙烯在水中的溶解度只有 0.02%，在常用的乳化剂浓度下，可增溶到 $1\%\sim2\%$，内部溶有单体的胶束称为增溶胶束。

② 油相　主要是单体液滴。单体在不断的强力搅拌下，形成许多液滴，每个液滴周围都被许多乳化剂分子包围。乳化剂分子亲水基团向外，亲油基团伸向液滴，使单体液滴得以稳定存在。

③ 水相　水相中水是大量的，其他如缓冲剂、单个乳化剂分子、乳化剂分子、水溶性引发分子及少量溶在水中的单体分子。

综上所述，乳化剂的作用如下：降低油-水界面张力，便于油-水分成细小的液滴；能在液滴表面形成保护层，防止液滴凝聚，而使乳液稳定；有增溶作用，使部分单体溶在胶束内。

在本体聚合、溶液聚合或悬浮聚合中,使聚合速率提高的一些因素,往往使分子量降低。但在乳液聚合中,速率和分子量却可以同时提高。另外,乳液聚合物粒子直径约0.05~0.15μm,比悬浮聚合常见粒子直径(0.05~2mm)要小得多。

乳液聚合的优点是:以大量的水为介质,成本低,易于散热,反应过程容易控制,便于大规模生产,聚合反应温度较低,聚合速率快同时分子量又高。聚合的胶乳可直接用作涂料、黏合剂、织物处理剂等。

乳液聚合也存在如下缺点:需要固体聚合物时,要经过凝聚(破乳)、洗涤、脱水、干燥等程序,因而工艺过程复杂;由于聚合体系组分多,产品中乳化剂难以除净,致使产品纯度不够高,产品热稳定性、透明度、电性能均受到影响。

乳液聚合大量用于合成橡胶,如丁苯橡胶、氯丁橡胶、丁腈橡胶等的生产。生产人造革用的 PVC、PVAC 以及聚丙烯酸酯、聚四氟乙烯等也有用乳液法生产的。

由上述的四种聚合方法介绍几个典型的合成工艺例子。

① 氯乙烯的悬浮聚合　聚氯乙烯(PVC)的密度为 $1.35~1.45 \mathrm{g/cm^3}$,其化学稳定性很高,能耐酸碱腐蚀、力学性能、电性能好,但耐热性能差,80℃开始软化变形,因此使用温度受到限制。

首先制备氯乙烯单体。氯乙烯在常温常压下是无色有乙醚香味的气体,沸点是 13.4℃。我国多以乙炔与氯化氢合成氯乙烯。乙炔由电石法制得,要求乙炔纯度在 99.5% 以上。工业生产中乙炔与氯化氢的分子比常控制在 1:1.05~1.1,氯化氢过量 5%~10%,以确保乙炔全部反应,避免催化剂中毒。反应温度在 130~180℃。合成的氯乙烯需要净制,经过水洗(除去氯化氢、乙醛等)、碱洗(除氧化氢、二氧化碳等)、干燥、精馏,制得合格的氯乙烯单体,其纯度超过 99.5%。

聚合的主要设备为聚合釜,是不锈钢或搪瓷釜。按不同牌号使用不同配方以及操作条件,大致氯乙烯:水=(1:1.1)~(1:1.4),引发剂 $w=0.04\%~0.15\%$(单体)、分散剂(如明胶或聚乙烯醇)$w=0.05\%~0.3\%$(水)。聚合工艺流程图如图 8-3 所示。

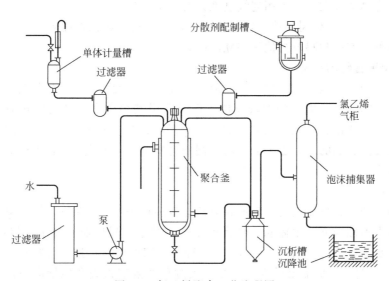

图 8-3　氯乙烯聚合工艺流程图

水由泵打入聚合釜,引发剂由聚合釜顶部加入,同时加入分散剂。进行搅拌数分钟,通氮气排出空气。单体由计量槽经过滤器加入聚合釜内,向夹套内通入蒸汽进行升温(升温时间不大于 1h），聚合温度控制在 47～58℃（温度波动范围不超过±5℃），压力 0.65～0.85MPa，反应 12～14h。聚合完毕，悬浮液进入沉析槽，釜内残余气体经沉析槽至泡沫捕集器排入氯乙烯气柜；捕集下来的树脂至沉降池定期处理。悬浮液需经碱处理，向沉析槽中加入碱液，以破坏低分子物和残存的引发剂、分散剂及其他杂质。因为在聚合反应中不可避免地产生着分子量大小不同的聚合物，以及残存的引发剂、分散剂等低分子物的存在。在树脂的加工与使用中，低分子量物质分解会影响产品的热稳定性和其他力学性能等。碱处理也可洗掉吸附在聚合物上的氯乙烯单体及其他挥发物。一般控制沉析槽中悬浮液含碱量 0.05%～0.2%，在 75～80℃条件下处理 1.5～2h。待吹风降温后，悬浮液被送至离心机进行洗涤、离心、脱水再进行干燥得固体粉末 PVC。

② 氯乙烯的乳液聚合　乳液聚合法是工业生产 PVC 古老的方法。1950 年前后仍是主要的生产方法，后来才发展了悬浮聚合方法。乳液聚合一般先将乳化剂溶于水中，之后加入单体和引发剂，搅拌成乳液，升温聚合。聚合配方按质量分数计算，见表 8-2。

表 8-2　氯乙烯的乳液聚合配方

氯乙烯/%	水/%	乳化剂/%	引发剂/%	聚合温度/℃
100	150～250	1.5～5.0	1	50～55

同悬浮聚合一样，氯乙烯纯度要高，水要纯（采用软水）。用作乳化剂的物质很多，如十二烷基硫酸钠、磺化蓖麻油、烷基萘磺酸以及皂类。引发剂为水溶性的，如 $K_2S_2O_8$、$(NH_4)S_2O_4$ 等。乳液聚合的设备大致同于悬浮法的设备。采用间歇法、连续法生产均可。现在采用改进的间歇法乳液聚合，即采用种子聚合法来生产 PVC 糊状树脂。在聚合釜中胶束不多，而用少量聚合物颗粒当作种子放在聚合釜内，然后以常规方法进行聚合。

种子胶乳的制备是在聚合釜内放好软水，加入部分乳化剂，调节好 pH 值，再加入引发剂 $K_2S_2O_8$。排除氧气后加入一部分单体，升温聚合约 1h 后再补充加入催化剂及单体。采用种子聚合法生产物状树脂。可以制得高稳定性的乳液。减少乳化剂用量，调节种子的加入量可以控制聚合物颗粒大小。采用连续乳液聚合可提高生产率。

乳液聚合所得的 PVC 树脂颗粒较细、疏松，呈粉状，塑化性能较好，主要用于制造糊状树脂、人造革、泡沫塑料及其他一些软制品。

8.2.2　缩聚型聚合物的制备

缩聚型聚合物主要是由二元酸与二元醇、二元酸与二元胺、二元酰氯与二元醇或二元羧酸酯与二元醇之间通过功能团的缩聚反应，以及羟甲基缩合和酚基醚化等缩聚反应而制得的。这类聚合物有热塑性的也有热固性的，分子量有高的，也有低的，高者几万、几十万，低者几千、几百。它们的用途也十分广泛。制备这些聚合物的主要方法有熔融缩聚、溶液缩聚以及界面缩聚。

（1）熔融缩聚

这是目前生产上大量使用的一种缩聚方法，普遍用来生产聚酰胺、聚酯和聚氨酯。熔融缩聚反应过程中不加溶剂。单体和产物都处于熔融状态，反应温度高于缩聚产物熔点 10～20℃（即熔融状态下），一般在 200～300℃进行熔融缩聚反应，其特点如下。

① 不使用溶剂，避免缩聚反应过程和回收过程的溶剂损失和能量损失，并且节省了溶剂回收设备。

② 缩聚反应是可逆平衡反应，除产物外还有小分子副产物生成。为了达到产率高和产物相对分子量大的目的，需要把生成的小分子如水、醇等不断地排除至体系之外，而且在后

期，反应还需在真空中进行，反应时间较长，一般需要几个小时。如聚酯化反应，由于其平衡常数很小，所以后期在高真空下进行，才能得到较高分子量的缩聚产物。

③ 由于熔融缩聚是在高温设备中进行的，所以要求单体和产物的热稳定性好，只有热分解温度高于熔点的产物才能用熔融缩聚法生产。

④ 由于反应速率低，反应温度高且时间长，为了避免聚合物长时间受热发生高温氧化，在反应过程中需要通入惰性气体（如 N_2，CO_2 等）进行保护。

一般情况下，熔点不是很高的聚酯（涤纶）、聚酰胺（尼龙）以及用作复合材料基体树脂的不饱和聚酯树脂等，不论在工业上还是在实验室里，都采用熔融缩聚方法制备。制备聚酯、聚酰胺时分子量应足够大（≥20000），以满足纤维强度要求。制备不饱和聚酯这类作为复合材料基体（黏料）用的热固性树脂时，分子量一般较低，在 3000～7000 之间。所以，制备时除考虑原料比外，还必须加入少量的分子量调节剂。

由于熔融缩聚是在高于聚合物熔点下进行的，所以对那些熔点很高，以致接近其分解温度的聚芳酯、聚芳酰胺等，不宜采用此法制备。

（2）溶液缩聚

将单体溶于一种溶剂或混合溶剂中进行的缩聚反应称溶液缩聚。这种方法在工业上广泛用于生产油漆、涂料、黏合剂，而且产品可以直接使用。

按单体和缩聚产物在溶剂中溶解情况的不同，溶液缩聚可分三种类型：①单体和缩聚产物都能溶于溶剂中，整个反应在溶液中进行；②单体溶于溶剂，而缩聚物完全不溶或部分溶解，此法多用于不可逆缩聚反应；③单体部分溶于或完全不溶于溶剂中，而产物完全溶于溶剂中。

根据反应条件不同，溶液缩聚可分为高温溶液缩聚和低温溶液缩聚两类。前者为可逆平衡缩聚反应，如将二元羧酸与二元醇或二元胺合成芳香聚酯或芳香尼龙。后者属于不可逆非平衡缩聚反应，如用甲醛（水溶液）和苯酚进行溶液缩聚制备酚醛树脂就是一个典型的实例。通过选择不同的原料比和催化剂，可制得热塑性和热固性两种酚醛树脂。前者是压塑料用的树脂，后者为耐热复合材料的基体树脂。

在实际中有着广泛用途的双酚 A 环氧树脂，也是通过溶液缩聚由环氧氯丙烷与双酚 A 在氢氧化钠（水溶液）作用下制得的。高分子量环氧树脂可作为涂料与压塑料，中低分子量环氧树脂可作各种黏合剂和复合材料的基体树脂。影响环氧树脂分子量的主要因素是配料比及催化剂用量。

溶液缩聚法多用于反应速率较高的缩聚反应。如醇酸树脂、聚氨酯、有机硅树脂、酚醛树脂、脲醛树脂、由二元酰氯和二元胺生产聚酰胺等的合成反应，也用于生产那些熔点接近其分解温度的耐高温工程塑料：如聚砜、聚苯醚、聚酰亚胺及聚芳酰胺（芳纶）等缩聚物。用溶液缩聚和界面缩聚制得的聚合物一般都比用熔融缩聚法制得的聚合物有较高的分子量。但溶液缩聚法由于溶剂的存在，往往增加反应过程中的副反应，增加了溶剂回收精制设备和后处理工序。同时为了保证聚合物有足够高的分子量和良好的性能，必须严格控制单体的量，要求溶剂不能含有可以和单体反应的单官能团物质。

（3）界面缩聚

界面缩聚是在常温常压下，将两种单体分别溶于两种不互溶的溶剂中，在两相界面处进行的缩聚反应，属于非均相体系，适用于高活性单体。例如，将一种二元胺和少量 NaOH 溶于水中，再将一种二元酰氯溶于不与水混溶的二氯甲烷中，把两种溶液加入一个烧杯中分为两层（图 8-4），二元胺溶液在上层。这时在两相界面处立即进行缩聚反应，产生一层聚

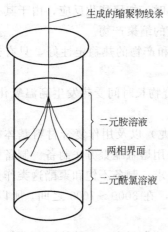

图 8-4　界面缩聚反应示意图

酰胺薄膜。可以用玻璃棒将薄膜挑起成线条。如果二元胺相的二元酰氯浓度调制得当，缩聚物线条可连续拉出，一直到溶液浓度很低时，聚合物线条才被拉断。在搅拌情况下，界面缩聚的产物也可以是溶液或沉淀粉末。反应中生成的 HCl 扩散到水相中与 NaOH 反应生成 NaCl，这样制得的聚酰胺分子量很高。

界面缩聚和低温溶液缩聚都属于活性单体的低温缩聚。这种用活性高的单体如二元酰氯代替活性低的如二元酸或二元醇的制备方法的特点为：① 为高活性单体，不平衡缩聚，反应不可逆，容易得到分子量高的产物；② 缩聚反应温度较低，反应速率快，副反应少。但也有缺点，例如，正因为单体的活性高，因而纯化和保存比较困难，缩聚体系也较复杂，产物不易提纯。

由于界面缩聚采用的是活性较高的单体参加反应，反应可在较低温度下进行，所以在制备高熔点芳香族高聚物方面有着重要的意义。因为这类聚合物的熔点很高，往往接近其分解温度，不能用普通方法如熔融缩聚法来制备。界面缩聚还可以把树脂的合成与加工工艺结合起来从而将缩聚产物直接纺丝或制成薄膜。利用界面缩聚可以制取聚酰胺、聚酯、聚碳酸酯、聚氨酯和聚脲等缩聚物。

（4）几种缩聚典型例子

① 熔融缩聚生产聚酰胺-66（尼龙-66）　聚酰胺也称尼龙，其工艺流程图如图 8-5 所示。

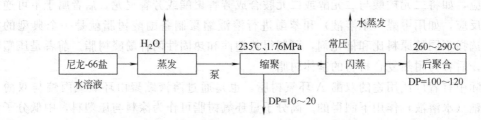

图 8-5　熔融缩聚生产聚酰胺-66 工艺流程

在聚酰胺-66 的生产中预缩聚是在水浴液中进行的。先将 45%～50% 左右的聚酰胺-66（尼龙-66）盐浓缩到 70%～75% 左右，在高压反应釜中，压力 1.67MPa，温度 235℃ 下反应，停留 2h。使聚合度达到 10～20，不断除水。随后将预缩物加热闪蒸脱水，最后，将无水预聚物泵入后聚合釜中。在熔融状态下，260～290℃ 反应。缩聚的产物聚合度为 100～120，分子量为 25000～30000，则反应完成。熔融状态下的聚酰胺-66（尼龙-66）进入一个贮槽，可以直接进行熔融纺丝。

② 溶液缩聚生产酚醛树脂　溶液缩聚反应容易控制，往往仅有一个反应釜，连接冷凝器、接受器等简单设备组成，成品接受器接真空系统，如图 8-6 所示。

将苯酚和 37% 的甲醛加入反应釜中，加盐酸使 pH＝1.6～2.3，加热促使反应进行。一般当物料温度升到 45～55℃ 时，停止加热，反应自动升温至沸腾状态，挥发的原料蒸气冷凝回流。加第二次盐酸，继续反应，在剧烈反应后期，真空启动，脱除水分，直到树脂密度达到 1.18g/cm³ 为反应终止，然后卸料并脱水干燥。

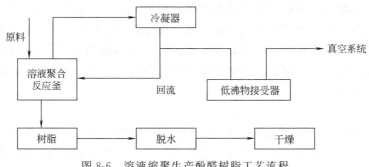

图 8-6　溶液缩聚生产酚醛树脂工艺流程

8.3　高分子材料成型与加工

由聚合反应得到的聚合物通常还不是塑料、橡胶和纤维的最终制品。必须经过成型与加工才能制成相应的制品。随着高分子材料工业和成型技术的不断发展和提高，高分子材料的成型技术已经形成了各自的成型加工体系。本节主要介绍塑料、橡胶和纤维材料的成型方法和成型工艺。

8.3.1　塑料成型加工

塑料工业包括两个生产系统，即塑料的生产和塑料制品的生产。塑料的生产包括树脂和半成品的生产；塑料制品的生产主要是指塑料成型加工。塑料成型加工将各种形态的塑料（粉料、粒料、溶液或糊状物），根据其性能选择适当的成型方法制成所需形状和尺寸的制品。塑料成型加工一般包括原料的配制和准备、成型及制品后加工等几个过程。塑料成型方法很多，如挤出成型、注射成型、压制成型、传递成型、压延成型等。后加工包括机械加工、装配和修饰等。机械加工是对制件进行车、铣、钻等加工。以完成在成型过程中所不能或不易完成的工作；装配方法有粘接、焊接、机械连接等；修饰方法有涂饰、印刷、表面金属化等。这里主要介绍塑料的成型方法。同时，对塑料成型设备及模具作简要介绍。

8.3.1.1　塑料挤出成型

挤出成型是塑料成型的重要方法之一，与金属材料的挤压力法类似。挤出成型是借助于螺杆或柱塞的挤压作用，使受热融化的塑料在压力的推动下连续通过模口，而成为具有恒定截面的连续型材的成型方法。大部分热塑性塑料都能用此方法成型，也可成型某些热固性塑料；与其他成型方法相比较，挤出成型的特点是：生产过程是连续的，生产效率高，应用范围广，挤出制品广泛应用于建筑、石油化工、轻工、机械制造以及农业、国防工业等部门挤出成型能生产管材、薄膜、板材与片材、单丝、撕裂膜、打包带、棒材、异型材、网、电线电缆包覆物以及塑料与其他材料的复合制品等。目前，挤出制品约占热塑件塑料制品产量的一半。

（1）挤出成型方法

根据塑料塑化方式的不同，挤出工艺可分为干法和湿法两种。干法也称熔融法，湿法也称溶剂法。由于干法比湿法优点多，所以挤出成型多用干法；湿法仅用于硝酸纤维素和少数醋酸纤维等塑料的成型。

按照加压方式的不同，挤出工艺又可分为连续和间歇两种。前一种所用设备为螺杆式挤出机，后一种为柱塞式挤出机。螺杆式挤出机是借助于螺杆旋转产生的压力和剪切力，使物料充分配合和均匀混合，通过口模而成型，因而使用一台挤出机就能完成混合、塑化和成型等一系列工序，进行连续生产：柱塞式挤出机主要是借助于柱塞压力，将事先塑化好的物料挤出口模而成型，机筒内物料挤完后，柱塞退回，待加入熔融物料后，再进行下一次操作。由于该法生产是不连续的，而且物料必须预先塑化均匀，故此法仅用于流动性极差的塑料，如硝酸纤维素成型等。

（2）挤出成型设备

① 挤出机　根据螺杆的数量挤出机可分为：柱塞式挤出机、单螺杆挤出机、双螺杆挤出机和多螺杆挤出机。根据安装位置分：螺杆在空间呈水平安装的卧式挤出机和螺杆垂直于地面安装的立式挤出机。目前，应用最多的是单螺杆挤出机。单螺杆挤出机的规格一般用螺杆直径的大小来表示。单螺杆挤出机的基本结构如图 8-7 所示。

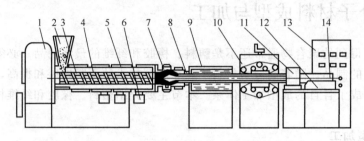

图 8-7　塑料挤出机结构示意

1—传动装置；2—料斗；3—螺杆；4—机筒；5—加热系统；6—冷却风机；7—口模；
8—定型套；9—冷却水槽；10—牵引机构；11—切断机构；
12—堆放或卷曲机构；13—控制柜；14—管形型材

传动装置是带动螺杆转动的部分，通常由电动机、减速机构等组成。物料的形式有粒状、带状、粉状等，加料装置一般都采用锥形加料斗。加料斗内有切断料流、标定料量和卸除余料等装置。较好的料斗还设有定时、定量供料及内在干燥或预热等装置。此外，真空加料装置特别适合于易于吸湿的塑料和粉状原料。机筒是挤出机的主要部件，塑料的塑化和加压过程都在其中进行。挤出时机筒内的压力可达 30～50MPa，温度一般为 150～300℃。机筒有整体式和组装式两种，整体式一般能保证有较高的精度，生产中使用较多；组装式可根据需要加长或缩短。机筒外部设有分区加热和冷却装置。加热方法有电加热、电感应加热和远红外加热等。冷却系统的作用是防止塑料过热或在停机使之快速冷却，以免树脂降解。冷却方法有水冷和空气冷却两种。

螺杆是挤出机的关键部件。由于它的转动，机筒内的塑料材发生移动，得到增压和部分的热量（摩擦热）。由于塑料品种多，性能各异，因此螺杆也有多种形式。

机头是口模与机筒之间的过渡部分，其长度和形状取决于物料的种类、制品的形状、加热方式以及挤出机的大小、形式等。口模是制品横截面的成型部件，它是用螺栓或其他方法固定在机头上的。

双螺杆挤出机是在一个机筒内。由两根互相啮合的螺杆所组成。螺杆可以是整体或组装、同向或异向回转、平行或锥形的，如图 8-8 所示。

双螺杆挤出机与单螺杆挤出机比较有以下优点：①由摩擦产生的热量较少；②物料受到的剪切比较均匀；③螺杆的输送能力较大，挤出量比较稳定，物料在机筒内停留时间较短；④机筒可以自动清洗等。因此，近年来双螺杆挤出机发展较快。

② 挤出机头和口模　机头和口模通常为一个整体。习惯上统称机头，但也有机头和口

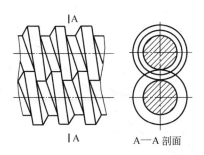

图 8-8　双螺杆结构示意

模分开的情况。机头的作用是将处于旋转运动的塑料熔体转变为平行直线运动，使塑料近一步塑化均匀。并将熔体均匀而平稳地导入口模、同时赋予必要的成型压力。使塑料易于成型和所得制品密实。口模为具有一定截面形状的通道，塑料熔体在口模中流动时取得所需形状，并被口模外的定形装置和冷却系统冷却硬化而成型。机头和口模的组成部件包括滤网、多孔板、分流器、模芯、口模和机颈等部件。

③ 挤出辅机　挤出辅机主要包括：原料输送、干燥等预处理设备；用于连续平稳地将制品接出的可调速牵引装置；成品切断和辊卷装置。如图 8-9 所示为管材挤出成型工艺过程示意图。

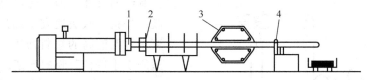

图 8-9　管材挤出成型工艺过程示意图

1—挤管；2—定形与冷却；3—牵引；4—切断

（3）挤出过程

挤出过程一般包括熔融、成型和定形三个阶段。在熔融阶段，将固态塑料通过螺杆转动向前输送，在外部机筒加热器和内部螺杆对物料剪切作用产生的摩擦热的作用下，逐渐融化，最后完全转变成熔体，并在压力下压实。在成型阶段，熔体通过口模，在压力的作用下成为形状与口模截面形状相似的一个连续体。在定形阶段，将从机头中挤出的塑料的既定形状稳定下来，对其进行精整，从而获得更为精确的截面形状、尺寸和光滑的表面。通常采用冷却和加压的办法达到这一目的。

挤出过程的工艺条件，即温度、压力、挤出速度及牵引速度对制品的质量影响很大。特别是熔融阶段，更能影响制品的物理力学性能及外观。决定塑料塑化程度的因素主要是温度和剪切作用。如图 8-10 所示为挤压过程温度和压力变化图。

近年来在挤出技术方面取得了很大的进展，尤其是挤出成型计算机辅助工程（CAE）技术的应用，通过对挤出过程的模拟，分析工艺条件对制品质量的影响，从而改善产品质量、缩短产品开发周期。

（4）典型挤出工艺

① 挤出吹塑薄膜工艺　塑料薄膜是一种常见的塑料制品，它可由压延、挤出吹塑、直接挤出等方法生产。挤出吹塑薄膜是将塑料挤成薄膜管，然后趁热用压缩空气将它吹胀，冷却定形后可得吹塑薄膜制品。一般吹塑薄膜的规格是膜厚 0.01～0.25mm，直径 100～500mm。

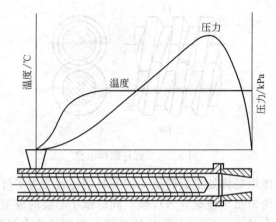

图 8-10 挤压过程温度和压力变化图

在挤出吹塑薄膜成型过程中，根据挤出和牵引方向的不同，可分为平挤上吹法、平挤下吹法和平挤平吹法三种，如图 8-11～图 8-13 所示。平挤上吹法使用直角机头，即机头出料方向与挤出方向垂直，挤出管坯向上，牵引至一定距离后由人字板夹拢，所挤管状物由底部引入的压缩空气将它吹胀成泡管，并以压缩空气压力大小来控制它的横向尺寸，以牵引速度控制纵向尺寸。泡管经冷却就可得吹塑薄膜。平挤下吹法适宜于黏度较小的原料及要求透明度高的塑料薄膜。平挤平吹法只适用于小口径薄膜的吹塑。

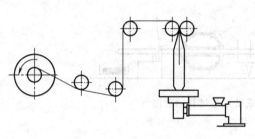

图 8-11　平挤上吹法

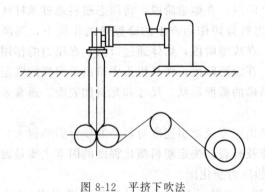

图 8-12　平挤下吹法

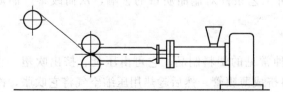

图 8-13　平挤平吹法

② 管材及异型材挤出成型工艺　管材及异型材是塑料挤出成型的主要产品。挤管是将粒状或粉状塑料从料斗加入挤出机，经加热成熔融的料流，螺杆旋转的推动力使熔融料通过机头的环行通道，形成管状物，经冷却定形成为管材的生产过程。

塑料异型材指除管材、板材外，纵向截面相同，横向断面不对称的由挤出法连续成型的塑料制品。尤其是中空异型材制品在建筑、家具、电器、土木等领域得到广泛应用。塑料管材、异型材可根据用途不同，选用聚氯乙烯、聚乙烯、聚丙烯、ABS 等各种材料。

③ 板材及片材成型工艺　用挤出成型方法可以生产厚度为 0.25～8mm 的片材和板材。通常厚度为 0.25～1mm 的称片材，1mm 的以上称板材，挤出法是生产片材和板材最简单的方法，其他还有压延法、层压法、流延法及浇注法等。现将以上几种方法比较于表 8-3 中。

表 8-3　片材成型方法比较

成型方法	产品厚度/mm	主要成型塑料	主要优缺点
挤出法	0.75～0.8	聚氯乙烯、聚乙烯、聚丙烯、ABS 等	设备简单,成本低,板片冲击强度好,厚度均匀度差
压延法	0.08～0.5	聚氯乙烯	产量达,厚度均匀,设备庞大,维修复杂,产品冲击强度低
层压法	1～40	硬聚氯乙烯及热固性塑料	板材光洁,表面平整,设备庞大,价高,极易分层
浇铸法	1～200	甲基丙烯酸酯类及聚酰胺	板材表面平整,透明度高,抗碎能力强,间歇生产,劳动强度大
流延法	0.02～0.3	醋酸纤维素	片材光学性能好,厚度均匀,产量低,设备投资大

　　挤板（片）设备主要有挤出机、挤出机头、三辊压光机、牵引装置、切割装置组成。如图 8-14 所示是挤板的工艺流程图,生产板材的机头主要是扁平机头,扁平机头设计的关键是使整个宽度上物料流速相等,这样才能获得厚度均匀、表面平整的板材。如图 8-15 所示为支管式机头结构图。

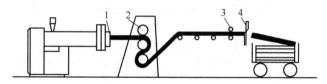

图 8-14　挤板工艺流程图

1—片或板坯挤出；2—碾平与冷却；
3—切边与牵引；4—切断

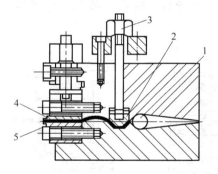

图 8-15　支管式机头结构

1—支管；2—阻力调节块；3—调节螺栓；
4—上模唇；5—下模唇

8.3.1.2　塑料注射成型

　　注射成型是塑料制品的主要成型方法之一。注射成型制品约占塑料制品总量的 30% 以上。除极少数热塑性塑料外,几乎所有的热塑性塑料都可用此法成型。注射成型也可加工某些热固性塑料,如酚醛塑料等。注射成型是将粒状或粉状塑料从注射成型机的料斗送入机筒内,加热熔融塑化后,在柱塞或螺杆加压下,物料被压缩并向前移动,通过机筒前端的喷嘴,以很快的速度注入闭合模具内,经过一定时间的冷却定形后,开启模具即得制品。这种成型方法是一种间歇的操作过程,注射成型周期从几秒钟到几分钟不等。周期的长短取决于：制品的壁厚、大小、形状、注射成型机的类型以及所采用的塑料品种和工艺条件等,注射成型制品的质量从几克到几十千克不等。注射成型具有生产周期短、生产效率高、成型形状复杂、尺寸精确以及易于实现自功化等特点。注射成型是一种比较先进的成型工艺。

（1）注射成型设备及模具

① 注射成型机 注射成型机简称注射机，亦称注塑机。注射机类型很多，按外形特征分为立式、直角式、卧式等。其中立式和直角式大多用于一次注射量在 60g 以下的小型制品；卧式适用于大、中型制品。还有带旋转台的注射机，旋转台可安装多副模具。按塑化方式和注射方式，注射机又可分为柱塞式和螺杆式，螺杆式注射机是目前产量最大、使用最广泛的注射机。注射机的规格通常注射量表示，注射机由注射系统、合模系统和液压及电器控制系统三部分组成。卧式螺杆式注射机的结构如图 8-16 所示。

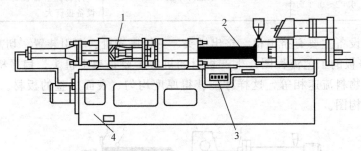

图 8-16 卧式螺杆式注射机构

1—合模装置；2—注射装置；3—液压传动系统；4—电器控制系统

② 塑料注射成型模具 注射成型模具主要由浇注系统、成型零件和结构零件三大部分组成。浇注系统是指塑件熔体从喷嘴进入型腔前的流道部分，包括主流道、分流道、浇口等。成型零件是指构成零件形状的各种零件，包括动模和定模型腔、型芯等。结构零件是指构成模具结构的各种零件，包括导向、脱模、抽芯、分型等动作的各种零件，如图 8-17 所示。

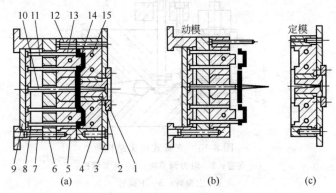

图 8-17 注射成型模具结构

1—定位环；2—主流道衬套；3—定模底板；4—定模板；5—动模；6—动模底板；7—模座；8—顶底板；
9—顶出底板；10—回程杆；11—顶出杆；12—导向柱；13—凸模；14—凹模；15—冷却水通道

模具有加热或冷却装置。塑料熔体注入型腔后，根据不同塑料和制品，要求模具有不同的温度，一般将冷却介质（通常为水）通入模具的专用管道中以冷却模具，而对熔融温度较高的塑料，为降低熔料冷却速度，要求对模具进行加热，加热方法有电加热、热油或热水等。

（2）注射成型过程

完整的注射成型工艺过程包括：成型前的准备、注射、制件的后处理等。成型前的准备包括原料的检验、原料的预热及干燥、嵌件的预热和安放、试模等；注射过程包括加料、塑化、注射入模、保压冷却和脱模等几个步骤。

塑化是指塑料在机筒内经加热达到流动状态。经螺杆旋转和柱塞的推挤达到组分均匀并具有良好得可塑性的过程，塑化是注射模塑的准备过程，对塑化的要求是：塑料在进入模腔之前应达到规定的成型温度，并且温度应均匀一致。能在规定的时间内提供足够数量的熔融塑料；分解物质控制在最低限度，注射是指塑化良好的熔体在柱塞（螺杆）推挤下注入模具的过程，这一过程所经历的时间虽短，但是熔体在其间所发生的变化很大而且这种变化对制件的质量有重要影响。塑料自机筒注射进入模腔需要克服一系列的流动阻力，包括：熔料与机筒、喷嘴、浇注系统和模腔的外摩擦，以及熔体的内摩擦，与此同时，还要对熔体进行压实。因此，所用的注射压力很高，从熔料进入模具开始，经过模腔注满、熔体在控制条件下冷却定形，直到产品从模腔中脱出为止的这一过程称为模塑。

熔体进入模腔内的流动情况为：充模、压实、倒流和浇口冻结后的冷却四个阶段。倒流阶段是从柱塞（螺杆）后退时开始，到浇口处熔料冻结时为止。这时候模腔的压力比流道内高，因此，会发生熔体的倒流。如果柱塞（螺杆）后退时浇口处熔料已冻结，或者在喷嘴中装有止逆阀，倒流阶段就不存在。

（3）制件的后处理

由于塑料在机筒内塑化不均匀或在喷嘴内冷却速度不同，常会发生不均匀的结晶、取向和收缩，致使制品存在内应力。存在内应力的制件在贮存和使用中常会出现力学性能下降、表面呈现凹痕，甚至内应力裂纹。处理方法是使制品在定温的加热液体介质或在热空气循环烘箱中静置一段时间，其实质是强迫冻结的分子链得到松弛，凝固的大分子链段转向无规则位置，从而消除这一部分的应力，同时提高结晶度，稳定结晶结构，提高和改善制件的性能。

（4）其他注射成型

① 气体辅助注射成型　气体辅助注射成型是一种新型的注射成型工艺，其工作原理是借助于气体的作用将熔融塑料注射进入模具型腔，利用受压气体在塑件内的膨胀，使塑件形成中空断面，而且保持完整的外形。由于靠近模具表面部分的塑料温度低、表面张力高，而处于模腔中心部位的熔体温度高、黏度低，致使气体易于在塑件较厚的部位形成空腔，而被气体所取代的熔融塑料被推向模具的末端，形成所要成型的塑件。

气辅成型基本工艺过程主要包括以下几个阶段，如图 8-18 所示。

气体辅助注射成型对厚壁和薄壁塑件均适用。对于厚壁塑件，可减轻质量 50% 以上，生产无内应力，表面光滑且无凹陷的大型塑件，减少冷却时间，缩短生产周期，对于薄壁塑件，可消除其加强筋部位的缩痕，降低成型压力，减少塑件残余应力及翘曲变形量。

基本上所有用于注射成型的热塑性塑料，一般工程塑料和部分热固性塑料都可用于气体辅助注射成型。由于该技术具有节省材料、消除缩痕、缩短冷却时间、降低制品内应力、表面质量高等显著优点，目前，发达国家在生产大型塑件时已广泛采用该项技术，如大型汽车塑件、大型塑料家具等，而我国在这方面则刚刚起步。

② 反应注射成型　反应注射成型是指注射成型过程中伴有化学反应的、一些热固性塑料和弹性体的加工方法。其工作原理是在高压下将两种液态组分分别从两个贮罐中精确量取后注入液体混合室内，在一定的温度和压力下。借助于混合室内的螺旋翼的旋转而混合并相互作用，乘其尚在反应时，在一定的压力下将其注射进入模腔，而后在模具内发泡，即能成

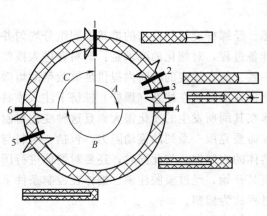
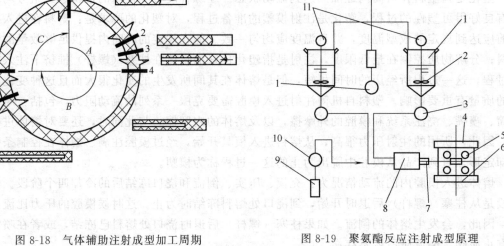

图 8-18　气体辅助注射成型加工周期
A. 填充阶段：1—周期开始；1～2—熔体注射阶段；
　　2—熔体注射结束；2～3—延迟时间；
　　3—气体注射开始；3～4—气体注射
　　（填充阶段气体注射）；4—气体注射完成
B. 保压阶段：4～5—气体保压（保压阶段气体注射）；
　　5—气体压力释放
C. 开模阶段：6—开模

图 8-19　聚氨酯反应注射成型原理
1—原料槽（主要原料和硬化剂）；2—旋转叶片；
　3—泵；4—模具；5—加热器；6—锁模装置；
　7—喷嘴；8—混合器；9—清洗液；10　真
　空泵；11—电机；12—阀；13—空压机

为表面密度较高而内层密度较低的泡沫塑料制品，如图 8-19 所示为聚氨酯反应注射成型原理图。

反应注射成型与普通注射成型有本质差异。前者使用液态塑料组分，并以很小的注射压力将它们向模具内注射，因而流动性较好，并能成型壁厚极薄的塑料制品。而后者却要在高温条件下把具有一定黏度的塑料熔体注入模腔，故其成型难度要比前者大得多。成型性能和制品的复杂程度也将受到多方面的限制。

目前，反应注射主要用于成型聚氨酯、环氧树脂和聚酯等塑料制品，尤其是在生产聚氨酯泡沫塑料制品方面应用很多，如汽车坐垫、电器仪表外壳、装饰板等。

8.3.1.3　塑料压制成型

压制成型是塑料成型加工技术中历史最久，也是最重要的方法之一。它是将一定量的粉状、粒状碎屑状或纤维状的塑料放入具有一定温度的闭合模内，经加热、加压并保温一定时间而固化成型。

压制成型设备是液压机，常用的结构有上压式、下压式和层压式。如图 8-20 所示上压式框架型液压机，压制用模具按模具闭合形式有敞开式、封闭式、半封闭式。图 8-21 所示为敞开式压制模具。模具的加热通常采用电加热元件。

压制成型主要用于热固性塑料制品的成型：该方法主要用于制形状简单、尺寸精度要求不高的制件。压制成型与注射成型相比，生产过程容易控制，使用的设备和模具简单，较易成型大件制品。但它的生产周期长、效率低、较难实现自动化，不易成型形状复杂的制件。

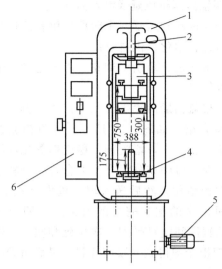

图 8-20　塑料压制液压机

1—机身；2—工作缸；3—活动横梁；
4—顶出缸；5—电机；6—电器箱

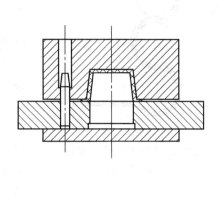

图 8-21　敞开式压制模具

热固性塑料在压制成型过程中所表现出的状态变化要比热塑性塑料复杂，在整个成型过程中始终伴随有化学反应发生。成型过程主要包括流动、胶凝和硬化成型。加热初期塑料呈低分子黏流态，流动性好，随着官能团的相互反应，部分分子发生交联，物料流动性变小，并开始产生一定的弹性，此时物料处于胶凝状态。再继续加热，分子交联反应更趋于完善。交联度增大，树脂由胶凝状态变为玻璃态，此时树脂呈体型结构，即达到硬化状态，成型过程完成。

除了以压塑粉为基础的压制成型外，以片状材料作填料，通过压制成型还能获得另一类材料——层压材料。制造这种材料的成型方法称为层压成型。填料可以是片状或纤维状的纸、布、玻璃纤维、木材厚片等。胶黏剂则是各种树脂溶液或液体树脂。

8.3.1.4　塑料压延成型

压延成型是将加热塑化的热塑性塑料通过一系列相向旋转着的水平辊筒间隙，使物料承受挤压和延展作用，而成为规定尺寸的连续片状制品的成型方法。用作压延成型的塑料大多数是热塑性非晶态塑料，其中以聚氯乙烯用得最多，此外还有聚乙烯、ABS、聚乙烯醇等。

压延制品广泛地用作农业薄膜、工业包装薄膜、室内装饰品、地板、录音唱片基材以及热成型片材等。薄膜与片材的区分主要在于厚度，大体以 0.25mm 为分界线，薄者为薄膜，厚者为片材。聚氯乙烯薄膜与片材有硬质、半硬质、软质之分，由所含增塑剂量而定。含增塑剂 0~5 质量份为硬制品；25 质量份以上则为软制品。压延成型适用于生产厚度在 0.05~0.5mm 范围内的软质聚氯乙烯薄膜和片材，以及 0.3~0.7mm 范围内的硬质聚氯乙烯片材。

压延软质塑料薄膜时，如果将布（或纸）随同塑料一起通过压延机的最后一对辊筒，则薄膜会紧贴在布（或纸）上，这种方法可生产人造革、塑料贴合纸等，此法称为压延涂层法。

压延成型的主要设备是压延机，压延机主要由机体、辊筒、辊筒轴承、辊距调整装置、挡料装置、切边装置、传动系统、安全装置和加热冷却装置等组成。目前压延机辊筒已由三辊发展到六辊和多辊，按辊筒的排列方式有 L 形、倒 L 形、Z 形、S 形等多种。如图 8-22

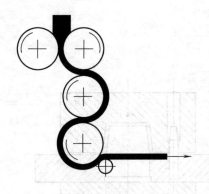

图 8-22　倒 L 形四辊压延机
压延成型示意图

所示为倒 L 形四辊压延机压延成型示意图。

压延过程分为供料和压延两个阶段。供料阶段包括塑料各组分的捏合、塑化、供料等；

压延阶段包括压延、牵引、刻花、冷却定型、输送以及切割、卷取等工序。

下面以软质聚氯乙烯薄膜生产工艺流程为例，对压延工艺进行简单介绍，如图 8-23 所示。先将树脂按一定配方加入高速捏合机中，增塑剂、稳定剂等先经混合后，也加入高速捏合机中充分混合。混合好的物料送入螺杆式挤出机中预塑化，然后送入辊筒机内反复塑炼、塑化；由辊筒机出来的塑化完全的料再送入四辊压延机。在压延机的辊筒间塑料受到几次压延和辗下，透过调节最后一对辊筒的间距来决定制品的厚度，经冷却辊冷却得到薄膜或片材，最后由卷绕装置卷绕成卷。

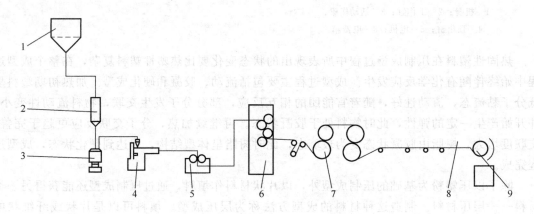

图 8-23　软质聚氯乙烯薄膜压延流程图
1—树脂料仓；2—计量斗；3—高速捏合机；4—塑化挤压机；5—辊筒机；
6—四辊压延机；7—冷却辊群；8—切边机；9—卷绕装置

8.3.1.5　塑料中空吹塑成型

中空吹塑，是将挤出或注射成型所得的半熔融态管坯（型坯）置于各种形状的模具中，在管坯中通入压缩空气将其吹胀，使之紧贴于模腔壁上，再经冷却脱模得到制品的成型方法。其成型过程包括塑料型坯的制造和形坯的吹塑。这种成型方法可以生产口径不同、容量不同的瓶、壶、桶等各种包装容器。使用于中空吹塑的塑料有高压聚乙烯、低压聚乙烯、硬聚氯乙烯、软聚氯乙烯、聚苯乙烯、聚丙烯、聚碳酸酯等，中空吹塑生产效率高，产品经过定向拉伸变形，抗拉强度高。吹塑工艺可分为挤出吹塑、注射吹塑和拉伸吹塑三种方法。生产挤出吹塑是最主要的方法。

（1）挤出吹塑

挤出吹塑中空成型的工艺过程是：首先通过挤出机将塑料熔融并成型管坯，再闭合模具夹住管坯，插入吹塑头，通入压缩空气。在压缩空气的作用下型坯膨胀并附着在型腔壁上成型，成型后进行保压、冷却、定型并放出制品内的压缩空气、开模取出制品、切除尾料，如图 8-24 所示。

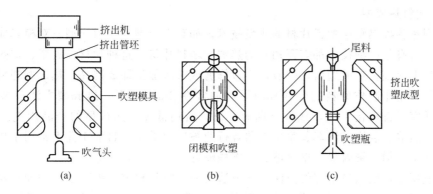

图 8-24　挤出吹塑中空成型

（2）注射吹塑

注射吹塑工艺可分两个阶段：第一阶段，由注射机将将熔体注入带吹气芯的管坯模具中成型管坯、启模、管坯带着芯管转到吹塑模具中；第二阶段，闭合吹塑模具，将压缩空气通入芯管吹胀管坯成型制品，当管坯转到吹塑模具中时，下一管坯成型即开的。注射吹塑工艺如图 8-25 所示。

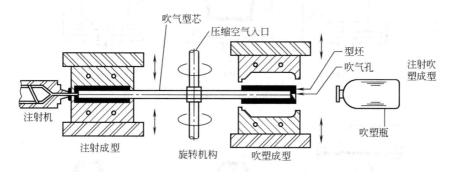

图 8-25　注射吹塑工艺过程

（3）拉伸吹塑

拉伸吹塑又称双向吹塑，管坯除了吹塑使其径向拉伸外。借助拉伸芯管使管坯轴向也产生拉伸，拉伸吹塑制品内聚合物分子链沿两个方向整齐排列。从而使制品的冲击强度、透明度、抗蠕变性及抗水汽和蒸汽的渗透性都有很大提高。拉伸吹塑加工用塑料有热塑性聚酯、聚丙烯等。拉伸吹塑工艺过程如图 8-26 所示。

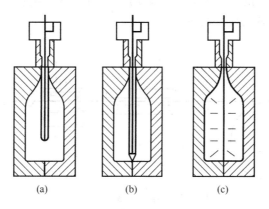

图 8-26　拉伸吹塑工艺

8.3.1.6 塑料热成型

热成型是各种热塑性塑料片材的成型技术，如真空成型、压力成型、对模降成型及其组合的总称。所有些成型技术都需要预制的热塑性塑料片材，这种片材经夹紧、加热，并在模具中或模具上成型。热成型后，一般再经过修剪或二次加工即成制品。热成型塑料制品的特点是壁很薄，用作制作原料的塑料片材厚度通常在 2mm 以下。热成型方法成型快速而均匀。因而适宜于自动化生产，成型周期短，模具费用低廉，热成型的产品用途广泛，在包装、快餐、运输、装饰、汽车、家用电器等行业被广泛采用。目前工业上常用于热成型的塑料品种有聚苯乙烯、聚丙烯、聚氨酯、聚碳酸酯等。

真空成型是热成型最常用的方法。该方法之一是将片材夹在框架上，用加热器加热，利用真空作用把软化的片材吸入模具中，贴紧在阴模型面上成型，如图 8-27 所示。方法之二是使用阳模成型，成型时把片材加热软化进行预拉伸，然后利用真空作用使片材紧密覆盖在阳模上，经冷却而成型，如图 8-28 所示。

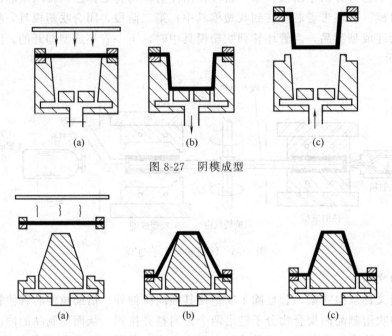

图 8-27 阴模成型

图 8-28 阳模成型

目前先进的真空成型由计算机控制，采用卷片材供料，实现生产过程的自动化。如图 8-29 所示为连续进料式热成型流程图。

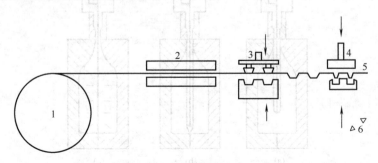

图 8-29 连续热成型工艺流程

1—片料卷；2—加热器；3—模具；4—切片；5—废片料；6—制品

8.3.1.7　塑料传递成型及微电子塑封

传递成型是广泛用于制造热固性塑料制品的一种方法。将预热后的热固性塑料加入传递料筒中，传递料筒通过模内浇注系统与闭合的传递模腔相连，物料受热变为黏流态，利用专用柱塞在压力机滑块作用下对传递料筒中的物料加压，使其通过浇注系统进入闭合的模腔并进行流动充模，当熔体充满模腔时升高模具温度，使型腔中熔体发生交联反应而固化成型，如图 8-30 所示。传递成型克服了压制成型的缺点，可制造形状复杂、尺寸精度高、带嵌件、有侧孔的制件。传递模塑加工用料有酚醛、脲醛和三聚氰胺等塑料。其制品主要有家具拉手、电器配件、电器插头和插座、带金属嵌件的电器接插件等。微电子塑封是一种用塑料封闭电子元件的制造方法。采用低压传递模塑工艺，被塑封的电子元件类似金属嵌件定位于塑封模具型腔中，塑料通过传递模塑方法注入型腔，加热、固化。为避免注入熔体损坏电子元件，模塑压力极低，塑料材料必须具有极低的熔体黏度和极好的流动性。微电子塑封常用热固件塑料有酚醛、聚酯、硅酮和环氧模塑料（EMC）等。

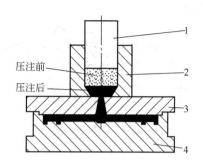

图 8-30　塑料传递成型
1—注压活塞；2—加料套；
3—阳模；4—阴模

8.3.2　橡胶成型加工

橡胶加工是指由生胶及其配合剂，经过一系列化学与物理作用制成橡胶制品的过程。主要包括生胶的塑炼、塑炼胶与各种配合剂的混炼、成型及胶料的硫化等几个加工工序。这里主要介绍合成橡胶的成型加工。

8.3.2.1　橡胶的加工

橡胶硫化前称生橡胶（简称生胶），硫化后称为熟橡胶或橡皮。硫化橡胶具有交联结构，加热不再呈流动态。生胶的弹性和耐磨性都不好，且遇冷变硬，遇热发黏，难以定形。多数橡胶的硫化是在生胶中加入硫黄之类的硫化剂，通过反应使橡胶分子之间以硫桥的方式进行化学交联。橡胶硫化后弹性模量与强度都大幅度提高。弹性模量随硫化程度（即交联度）的增加而单调地上升（变硬），但强度在某一合适的硫化程度达到最高。硫化剂的用量一般为生胶的 $1\% \sim 5\%$。

橡胶制品分为干胶制品和胶乳制品两大类。橡胶的加工就是由生胶制成干胶制品或由胶乳制得胶乳制品的生产过程。

（1）干胶制品生产

无论是天然橡胶还是合成橡胶，虽有良好的弹性。但都没有足够的强度，由于冷流现象，其尺寸稳定性亦不佳，因而不能直接制成制品来加以应用。生胶必须经过硫化才能获得良好的物理性能，如要硫化就必须加入硫化剂，但是生胶的高弹性却使配合剂不易混入，这样就必须先将生胶进行素炼，所以干胶制品的整个生产过程包括素炼、混炼、成型和硫化四个步骤。

① 素炼　素炼可使生胶降低弹性，增加塑性，这一过程对天然橡胶是必不可少的。合成橡胶应视品种而定，有些合成橡胶的生胶本身具有一定程度的可塑性，因而可不必经过素炼而直接混炼。

素炼通常在辊筒炼胶机上进行。炼胶机由两个以不同线速度相对旋转的辊筒组成。生胶在炼胶机中因受机械的、热的和化学的三种作用使分子量下降，因而弹性降低，塑性增加。

② 混炼　混练的目的是通过机械的作用，使各种配合剂均匀地分散在胶料中。配合剂

主要包括硫化剂、硫化促进剂、助促进剂、防老剂、增强剂、填充剂、着色剂等。凡能使橡胶由线型结构转变为体型结构，使之成为弹性体的物质均称为橡胶硫化剂。为了缩短硫化时间，需要添加使硫化剂活化的物质，这就是硫化促进剂，它们大多是一些有机化合物。而几乎所有的有机促进剂又都需要助促进剂，凡能提高橡胶力学性能的物质称为增强剂，亦称活性填充剂，最常用的是炭黑。填充剂主要起增容作用以降低成本，常用的有碳酸钙、硫酸钡等。

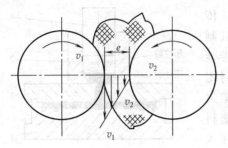

图 8-31 开炼机工作示意

最常用的混炼设备是开炼机（图 8-31）和密炼机（图 8-32），通常是联合使用。密炼机产生复杂的流动方式和高剪切力，有利于非橡胶配合剂的均匀分散和粒状添加剂的粉碎。但高剪切力作用会使物料温度迅速上升（一般达 130℃），以致超过大多数硫化系统的活化温度，所以密炼机主要用于混合硫化剂以外的各组分。然后把胶料从密炼机上排放到开炼机上，并包在一个辊筒上，同时加入硫化剂，使之与胶料在挤压作用下混合

均匀。由于辊筒提供了很大的冷却面积，物料的温度较低，不会有胶料早期硫化的危险。

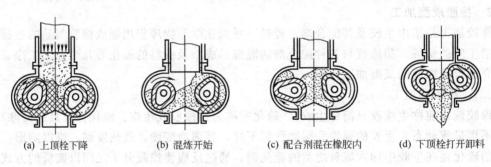

(a) 上顶栓下降　　　　(b) 混炼开始　　　　(c) 配合剂混在橡胶内　　　　(d) 下顶栓打开卸料

图 8-32 密炼机混炼工艺过程

③ 成型　成型就是将混炼胶通过压延机制成一定厚度的胶片，或者通过螺旋压出机制成具有一定断面的半成品，如胶管、胎面胶和内胎等，然后再把各部件按橡胶制品的形状组合起来，最后就可进行硫化。

④ 硫化　硫化是成型品在一定温度、压力下形成网络结构的过程，其结果是使制件失去塑性，同时获得高弹性。

橡胶硫化的机理：因生胶的化学结构和硫化剂而导致分子结构中含有 C—C 的生胶一般用硫黄作硫化剂。硫化过程中，由于形成硫桥（单硫或多硫）而使大分子交联。对于饱和的二元乙丙橡胶，则需采用金属氧化物、过氧化物（如过氧化苯甲酰）等非硫硫化剂。分子中含有某些功能基的生胶，则可根据功能基的性质，采用适当的化合物使之硫化。

（2）胶乳制品生产

天然胶乳和合成胶乳都可制造胶乳制品，其间也要加入各种配合剂，并要加分散剂、稳定剂等专用配合剂。各种胶乳制品的简单生产过程示于图 8-33。

橡胶制品的生产过程相当复杂，而且干胶制品生产能耗很大。长期以来人们进行了许多探索，近年已有所突破。粉末橡胶、液体橡胶和热塑性弹性体的出现为橡胶工业的发展开辟了崭新的前景，可能引起整个橡胶加工工业的根本变革。其中，热塑性弹性体的发展最为活跃。

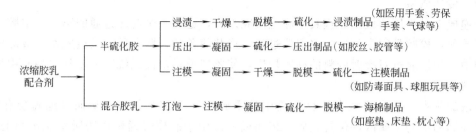

图 8-33　胶乳制品的简单生产过程

　　粉末橡胶是利用淀粉和胶乳共沉淀或其他方法制成的细粉状橡胶，它可不经素炼而直接进行混炼，从而节省了能源和劳动力，而且它能利用现有橡胶厂的原有设备，还能通过应用计算机技术来实现加工过程的自动化。其主要问题是在贮存期间容易黏结。

　　液体橡胶是常温下呈黏稠状的流动液体，分子量在 10^4 以下。其中最重要的是远螯型液体橡胶，这是一类两端带有活性功能基的远螯聚合物。目前，液体橡胶的主要问题是强度低、价格高，因而其发展受到一定的影响。

　　热塑性弹性体是橡胶和塑料的嵌段共聚体，如 SBS（或 SIS）为苯乙烯与丁二烯（或异戊二烯）的三嵌段共聚物。其分子两端是属于塑料类的软链段（PB 或 PI）。在常温下，前者处于玻璃态，后者处于高弹态，因而在室温下硬链段相当于一般橡胶的硫化点，使热塑性弹性体具有硫化胶的性质。温度升高，硬段也可进入黏流态，而且这种转变是可逆的。所以热塑性弹性体在一般使用温度下具有橡胶的性质，而在加工温度下又具有热塑性塑料的加工特性。但出于目前热塑性弹性体中塑料段的玻璃化转变温度都较低，因而耐热性不高，耐溶剂性和耐油性亦较差，致使其应用受到限制。

8.3.2.2　橡胶成型方法

　　橡胶的成型是使用成型模具，将混炼胶放入模具中，经过加热、加压处理而制成所需形状和尺寸的制品，根据模具结构和压制工艺的不同，大体上可将橡胶成型分为四大类：模压成型、传递成型、注压成型和压出成型。

　　（1）橡胶模压成型

　　模压成型是将混炼过的，经加工成一定形状和称量过的半成品胶料直接放入敞开的模具型胶中，而后将模具闭合。送入平板硫化机中加压、加热、胶料在加热和压力作用下硫化成型，如图 8-34 所示。模压成型模具结构简单、通用性强、实用性广、操作方便，在整个橡胶模具压制制品生产中占有较大的比例。

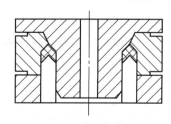

图 8-34　橡胶模压成型

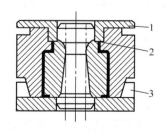

图 8-35　橡胶传递成型
1—压铸塞；2—浇口；3—逃气缺口

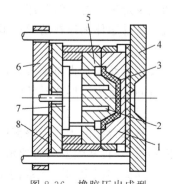

图 8-36　橡胶压出成型
1—定模；2—加热孔；3—橡胶制件；4—定板；
5—动模；6—动板；7—顶出机构；8—绝热板

（2）传递成型

传递成型又称压铸成型。模具上除主模腔以外，还有一个与之连通的第二个空腔。模制操作开始前，模腔是闭合的。先将混炼过的、形状简单的、限量的胶条或胶块半成品放入第二空腔中，然后通过对接触胶料的柱塞加压，使胶料通过浇注系统进入模具主型腔中硫化定形，如图 8-35 所示。

该法的优点是：①胶料在转移过程中接受到相当一部分能量，从而可缩短硫化时间；②能确保制品中的金属嵌件位置正确。传递成型适用于制作普通模压法所不能压制的薄壁、细长易弯的制品以及形状复杂难于加料的橡胶制品。所产生的制品致密性好，质量优越。大部分工程橡胶都是使用该法制成的。

（3）橡胶注射成型

注射成型又称注压成型，如图 8-36 所示，它是利用注压机的压力，将胶料由自机筒注入模腔，完成成型并进行硫化的生产方法。注压成型的优点是硫化周期短，废边少，生产效率高，它把成型和硫化过程合为一体。这种方法工序简单，提高了机械化自动化程度。减轻了劳动强度并大大提高了产品质量。目前，注压模具已广泛用于生产橡胶密封圈、橡胶-金属复合制品、减震制品及胶鞋等。

（4）橡胶压出成型

压出成型工艺是橡胶工业的基本工艺之一，它是利用压出机，使胶料在螺杆推动下，连续不断地向前运动。然后借助于口型压出各种所需形状半成品，以完成造型或其他作业的过程。它具有连续、高效等特点。因此，目前广泛用来制造胎面、内胎、胶管、电线电缆和各种复杂断面形状的半成品以达到初步造型的目的，而后经过冷却定形输送到硫化罐内进行硫化或用作压制成型所需的预成型半成品胶料。

除了上述列举的四大类橡胶模具外，还有蒸缸硫化模具、充气模具、浸胶模具以及与专机配套的橡胶模具等。它们用于轮胎、蓄电池、玩具、胶鞋、乳胶制品等橡胶制品生产。

8.3.3 合成纤维成型加工

合成纤维纺丝的方法主要有熔体纺丝和溶液纺丝两大类。后者又可分为湿法纺丝和干法纺丝两种。工业上熔体纺丝用得最多，其次是湿法纺丝，而干法纺丝用得最少。

8.3.3.1 熔体纺丝

能加热熔融或转变为黏流态而不发生显著分解的聚合物，均可采用熔体纺丝法进行纺丝，如涤纶、尼龙、丙纶都是通过熔体纺织而制成的。

如图 8-37 所示为熔体纺丝的示意图。切片在螺杆挤压机中熔融后被压至纺丝部位，经纺丝泵定量地送入纺丝组件。在组件中经过过滤，然后从喷丝板的毛细孔中压出而形成细流。这种熔体细流在纺丝甬道中被空气冷却成型，再卷装成一定的形式。

8.3.3.2 溶液纺丝

溶液纺丝是指将聚合物制成溶液，经过喷丝板或帽挤出。形成纺丝液细流，然后该细流经凝固浴凝固以形成丝条的纺丝方法。

（1）湿法纺丝

将聚合物溶于适当溶剂中制成纺丝液，通过纺丝泵计量，经烛形过滤器、连接管（俗称鹅颈管），再从喷丝头将原液细流压入凝固浴。在凝固浴中，原液细流内的溶剂向凝固浴扩散，而凝固浴中的沉淀剂向细流内渗透。使聚合物在凝固浴中成丝析出，形成纤维。如图 8-38 所示为湿法纺丝示意图。腈纶、维纶和黏胶纤维可采用该法进行纺丝。

（2）干法纺丝

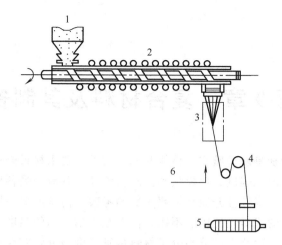

图 8-37　熔体纺丝示意

1—料斗；2—螺杆挤出机；3—纺丝甬道；

4—导丝器；5—卷丝筒；6—空气入口

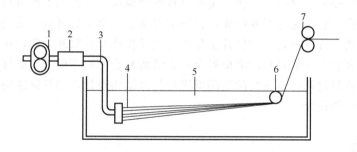

图 8-38　湿法纺丝示意

1—纺丝泵；2—烛形过滤器；3—鹅颈管；

4—喷丝头；5—凝固浴；6—导杆；7—导丝辊

干法纺丝时，从喷丝头毛细孔中压出的原液细流，进入有热空气流动的纺丝甬道中。其实，由于热空气流的作用，原液细流中的溶剂迅速挥发并被热空气带走，同时原液细流凝固形成纤维。腈纶、维纶和氯纶等可用于干法纺丝。

由上述各种纺丝方法得到的纤维，分子链排列不规整，物理力学性能差，不能直接用于织物加工，为此，必须进行一系列后加工，以改进纤维结构，提高其性能。后加工包括上油、拉伸、卷曲、热定形、切断、加捻和络丝等多道工序，具体视纤维的品种和形式而定。其中拉伸和热定形对所有化纤的生产都是必不可少的。

拉伸使高分子链沿纤维轴取向排列，以加强分子链间的作用力，从而提高纤维强度，降低延伸度。拉伸要在 $T_g \sim T_f$ 的温度范围内进行。

热定形可消除纤维的内应力，提高纤维的尺寸稳定性，并进一步改善其物理力学性能，使拉伸和卷取的效果得以保持。热定形的温度范围在 $T_g \sim T_m$ 之间，并辅以湿度、张力等的适当配合。

第 9 章 复合材料及其制备

现代科学技术，特别是航天航空、核能和海洋技术，要求材料兼具高强度、高韧性、高刚度和低密度的特点，即比强度、比模量和比刚度要高，并能经受各种极端环境因素（超高温、超高压、超高真空、腐蚀性介质和辐照等）的考验。传统的单一材料往往不能满足这些要求。例如，金属材料的机械性能固然不错，但多数不耐很高的温度；陶瓷材料虽然有耐高温又耐腐蚀，但比较脆；而绝大部分高分子材料尽管密度很低，韧性也不错，但强度和刚度低、耐热性差。现代技术对材料所应具备的性能要求和材料本身所能提供的性能之间的矛盾，直接导致了复合材料的迅猛发展。

复合材料是由高分子材料、无机非金属材料或金属材料等几类不同材料通过复合工艺组合而成的新型材料。它既能保留原组成材料的主要特色，又能通过复合效应获得原组分所不具备的性能。因此，可以通过设计使各组分的性能互相补充并彼此关联，从而获得新的优越性能，从本质上有别于一般材料的简单混合。如结构复合材料不仅可根据材料在使用中受力的要求进行组元选材设计，更重要的是还可进行复合结构设计，即增强体的比例、分布、排列、编织和取向等的设计。

9.1 概述

9.1.1 复合材料的概念和分类

复合材料是由基体与嵌入的增强相经复合而形成的材料。在制造复合材料的过程中，粉末状或液态的基体材料在模具中与增强相受热和压力的作用而融合为一体。基体相起黏结、保护增强相并把外加载荷造成的应力传递到增强相上去的作用，基体相可以由金属、树脂、陶瓷等构成，在承载中，基体相承受应力作用的比例不大；增强相是主要承载相并起着提高强度（或韧性）的作用，增强相的形态各异，有纤维状、细粒状、片状等。工程上开发应用较多的是纤维增强复合材料。复合材料的种类很多，可按不同的方式进行分类。

按基体材料类型可分为：聚合物基（树脂基）、陶瓷基和金属基复合材料三大类。

按增强体类型可分为：颗粒增强型、纤维增强型和板状复合材料三大类。

按用途可分为：结构复合材料与功能复合材料两大类。结构复合材料指以承受载荷为主要目的，作为承力结构使用的复合材料。功能复合材料指具有除力学性能以外其他物理性能的复合材料，即具有各种电学性能、磁学性能、光学性能、热学性能、声学性能、摩擦性能、阻尼性能、能量转换以及化学分离性能等的复合材料。

以增强纤维类型分为：碳纤维复合材料、玻璃纤维复合材料、有机纤维复合材料、复合纤维复合材料、混杂纤维复合材料等。

9.1.2 复合材料的特点

与普通材料相比，复合材料具有许多特性：可改善或克服单一材料的弱点，充分发挥它们的优点，并赋予材料新的性能；可按照构件的结构和受力要求，给出预定的、分布合理的配套性能，进行材料的最佳设计等。具体表现如下。

（1）高比强度和高比模量　复合材料的突出优点是比强度和比模量（即强度、模量与密度之比）高。比强度和比模量是度量材料承载能力的一个指标，比强度愈高，同一零件的自重愈小；比模量愈高，零件的刚性愈大。例如碳纤维增强树脂复合材料的比模量比钢和铝合金高 5 倍，其比强度也高 3 倍以上，钢、铝、钛与几种复合材料的物理性能的比较示于表 9-1。

表 9-1　几种复合材料的物理性能

材料名称	密度 /(g/cm³)	拉伸强度 /MPa	弹性模量 /MPa	比强度 /(MN/kg)	比模量 /(MN/kg)
钢	7.80	1030	210000	0.13	27
铝	2.80	470	75000	0.17	27
钛	4.50	960	114000	0.21	25
玻璃钢	2.00	1060	40000	0.53	20
碳纤维/环氧	1.45	1500	140000	1.03	97
有机玻璃 PRD/环氧	1.40	1400	80000	1.0	57
硼纤维/环氧	2.10	1380	210000	0.66	100
硼纤维/铝	2.65	1000	200000	0.38	75

（2）耐疲劳性高　疲劳破坏是材料在交变载荷作用下，由于裂缝的形成和扩展而形成的低应力破坏。纤维复合材料，特别是树脂基复合材料对缺口、应力集中敏感性小，而且纤维和基体的界面可以使扩展裂纹尖端变钝或改变方向（图 9-1），即阻止了裂纹的迅速扩展，因而疲劳强度较高（图 9-2）。碳纤维不饱和聚酯树脂复合材料疲劳极限可达其拉伸强度的 70%～80%，而金属材料只有 40%～50%。

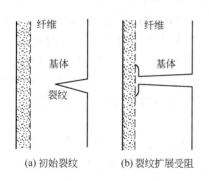

图 9-1　纤维增强复合材料裂纹
变钝改向示意图

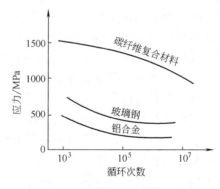

图 9-2　三种材料的疲劳强度比较

（3）抗断裂能力强　纤维复合材料中有大量独立存在的纤维，一般每平方厘米上有几千到几万根，由具有韧性的基体把它们结合成整体，当纤维复合材料构件由于超载或其他原因使少数纤维断裂时，载荷就会重新分配到其他未破断的纤维上，使构件不至于在短时间内发生突然破坏。另一方面，纤维受力断裂时，断口不可能都出现在一个平面上，欲使材料整体断裂，必定有许多根纤维要从基体中被拔出来，因而必须克服基体对纤维的粘接力。这样的断裂过程需要的能量是非常大的，因此复合材料都

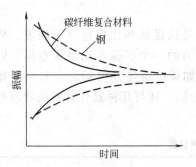

图 9-3　两类材料的阻尼特性示意图

具有比较高的断裂韧性。

（4）减振性能好　结构的自振频率与结构本身的质量、形状有关，并与材料比模量的平方根成正比。如果材料的自振频率高，就可避免在工作状态下产生共振及由此引起的早期破坏。此外，由于纤维与基体界面吸振能力大、阻尼特性好，即使结构中有振动产生，也会很快衰减。如图 9-3 所示为两类材料的振动衰减特性。

（5）热膨胀系数低　通常纤维和陶瓷颗粒都具有较低的热膨胀系数，与基体复合时可以显着地改善基体材料的热物理性能。以铝合金为例，据资料介绍，$20\%SiC_p/LY12$（体积分数）复合材料的热膨胀系数仅为基体的 50%。另外，通过改变增强相的体积分数，可以将复合材料的热膨胀系数值进行调整。复合材料的上述热物理性能使得该材料适用于制作尺寸稳定性要求高的零部件。

（6）高温性能好、抗蠕变能力强　由于纤维材料在高温下仍能保持较高的强度，所以纤维增强复合材料，如碳纤维增强树脂复合材料的耐热性比树脂基体有明显提高。而金属基复合材料在耐热性方面更显示出其优越性，例如铝合金的强度随温度的增加下降得很快，而用石英玻璃增强铝基复合材料，在 500℃ 下能保持室温强度的 40%。碳化硅纤维、氧化铝纤维与陶瓷复合，在空气中能耐 $1200\sim1400℃$ 高温，要比所有超高温合金的耐热性高出 100℃ 以上。将其用于柴油发动机，可取消原来的散热器、水泵等冷却系统，使质量减轻约 100kg；而用于汽车发动机，使用温度可高达 1370℃。

（7）材料性能的可设计性　复合材料性能的可设计性，是复合材料所特有的主要优点之一。金属材料一般都是各向同性的，其强度值由最大的应力值来控制。往往结构的某一部分或某些方向的应力已达到最大允许值时，另一部分或其他方向的应力还很小，因此金属材料的强度潜力很难得到充分发挥。而复合材料是由两种或两种以上不同强度和模量的材料所构成，有许多材料参数和几何参数可以变动，因而可以人为地改变组分中材料的种类、成分、含量和增强相的分布方式。在一定范围内满足结构设计中对材料强度、刚度和方向性的要求，可使结构的性能、重量和经济指标等都做到合理的优化组合，这是任何单一材料所无法实现的。复合材料的出现为设计人员提供了一种在一定范围内可按人们意图进行设计的材料，使结构设计与材料设计达到高度统一的优化。

除上述一些特性外，复合材料还具有较优良的减摩性、耐磨性、自润滑性、耐蚀性等特点，而且复合材料构件制造工艺简单，表现出良好的工艺性能，适合整体成型。

由于构成复合材料的基体与增强体的不同，不同的复合材料各有其独特的性能，如聚合物基复合材料具有重量轻、抗疲劳性好、破损安全性好、减振能力强、可设计性强以及抗冲击、耐摩擦、耐腐蚀和电绝缘性好的特性和优点；金属基复合材料具有使用温度高、剪切强度高、阻燃、不老化、不吸湿、不放气、耐磨损、导电、导热等金属特性；陶瓷基复合材料具有硬度高、耐高温、抗氧化、耐摩擦、耐腐蚀、热膨胀系数小和密度小等优良特性；碳/碳复合材料则具有优良的耐热烧蚀性能。另外，在复合材料的制备过程中，通过调整组分材料加入某些特殊物质或采用某种特定的制备方法，还可赋予复合材料特殊功能——功能复合材料（如阻尼、摩擦、换能、屏蔽、导电和导热等）。

下面将对不同复合材料的增强相和基体的特点进行介绍。

9.2　复合材料增强体

9.2.1　纤维增强体

　　许多材料，特别是脆性材料在制成纤维后，强度远远超过块状材料的强度。例如，窗玻璃是很容易打碎的，但同样的玻璃制成的纤维，拉伸强度可高达 $(2\sim5)\times10^3\,\mathrm{MPa}$，不仅超过了块状玻璃的强度，而且可与普通钢（$5\times10^3\,\mathrm{MPa}$）相媲美。其原因是：物体愈小，表面和内部包含一个能导致其脆性断裂的危险裂纹的可能性愈小；对高聚物材料来说，还由于在成纤过程中，高分子链沿纤维轴向高度取向而强度大大提高。

　　复合材料中的纤维增强体，是广义的概念即不单指纤维束丝，还包括纺织布、带、毡等纤维制品。增强纤维的种类很多，根据直径的大小和性能特点，可分为晶须和纤维两类。

　　晶须是直径很小（约 $1\mu\mathrm{m}$）的单晶材料，长径比很大，结晶完善，因此强度很高。可以说，晶须是目前所有材料中强度最接近理论强度的一种材料。晶须材料有石墨、碳化硅、氮化硅和氧化铝等。由于晶须在制备上比较困难，所以价格昂贵，暂时还未在工业中广泛应用。

　　纤维大多是直径为几至几十微米的多晶材料或非晶材料，按其组成可以分为无机纤维和有机纤维两大类，无机纤维包括玻璃纤维、碳纤维、硼纤维及碳化硅纤维等；有机纤维包括芳纶、尼龙纤维及聚烯烃纤维等。其中玻璃纤维、碳纤维和芳纶纤维是目前应用最多的三种增强纤维。碳纤维的强度和模量都很高，密度低，但断裂延伸率较小；芳纶纤维兼具有高强度、高模量（但模量不如碳纤维高）、低密度和高断裂延展率（即韧性好）。相比之下，玻璃纤维的模量和强度较低，密度却比较高。因此碳纤维广泛应用于要求高模量、高强度的结构中，芳纶纤维大量用于要求冲击韧性高的部件中。而由于玻璃纤维价格低廉，韧性又比碳纤维好，且具有不燃烧、耐热、耐化学腐蚀性好绝热性及绝缘性好等特点，所以至今广为使用。实际上，为了优化复合材料的性能并降低成本，上述三种纤维经常混杂使用。表 9-2 为部分纤维增强剂的基本物理性能。

表 9-2　各类纤维增强剂的基本物理性能

材　　料		密度 /(g/cm³)	拉伸强度 /×10³MPa	比强度	拉伸模量 /×10³MPa	比模量	断裂伸长率 /%
晶须	石墨	2.2	20	9.09	1000	455	—
	碳化硅	3.2	20	6.25	480	150	—
	氮化硅	3.2	7	2.19	380	119	—
	氧化铝	3.9	14~28	3.59~7.18	700~2400	179~615	—
纤维	E-玻璃	2.5~2.6	1.7~3.5	1.18	69~72	27.6	3
	S-玻璃	2.48	4.8	1.94	85	24.3	5.3
	硼	2.4~2.6	2.3~2.8	0.88~1.08	365~440	140~191	1.0
	碳(高模量)	1.96	1.86	0.95	517	264	0.38
	碳(高强度)	1.8	5~6	3.11	295	164	1.8
	氧化硅	2.8	0.3~4.9	0.47	45~480	26	0.6
	氧化铝	3.95	1.38~2.1	0.46	379	96	0.4
	尼龙 66	1.2	1	0.8	<5	4.1	20
	Kevlar 49	1.45	3	2.1	135	13	8.1

9.2.2 颗粒增强体

复合材料中的颗粒增强体按颗粒尺寸的大小可以分为两类，一类是颗粒尺寸在 $0.01\sim$ $0.1\mu m$ 范围内的微粒增强体，其用量一般为 15%（体积分数）。其强化机理是通过微粒对基体位错运动的阻碍而产生强化，属于弥散强化。另一类是颗粒尺寸在 $0.1\sim1\mu m$ 以上的颗粒增强体，其用量一般为 20%～40%（体积分数）。它们与金属基体或陶瓷基体复合的材料在耐磨性能、耐热性能及超硬性能方面都有很好的应用前景。

在弥散增强复合材料中，分散相物质可以是金属，也可以是非金属，最常用的是氧化物。例如，在镍基合金中加入 30%的二氧化钍（ThO_2）粉末，可大大提高其高温强度。弥散增强的机理是：基体主要是承受载荷，分散相的作用是阻止位错的运动，从而限制金属或合金的塑性变形，使强度或硬度提高。由于所用的分散相粉末是惰性的，不与金属起反应，增强效果可维持到高温，且能维持较长的时间。

颗粒增强复合材料中，颗粒增强的机理不是限制位错运动，而是限制颗粒邻近基体的运动。一般而言，在颗粒增强复合材料中，颗粒能承担部分应力，颗粒和基体间的黏结力愈大，增强效果愈明显。金属、陶瓷和高聚物都可以用颗粒进行增强。金属陶瓷是一类用陶瓷颗粒增强的金属基复合材料。例如将特别硬的耐高温碳化物（如 WC 或 TiC）颗粒分散在钴或镍的基体中形成的复合材料，就是一种广泛用于切削硬质合金的刀具材料。在金属陶瓷中，颗粒相的含量常超过 90%，例如大家熟知的金属陶瓷和炭黑增强橡胶。塑料和橡胶也常用各种颗粒增强。可以认为，现今的许多橡胶制品如果不用炭黑或白炭黑（SiO_2）之类的颗粒增强的话，它们的应用将受到严重的限制。炭黑是极其微小（直径为 $20\sim50nm$）的球状石墨颗粒，把它们加入橡胶后，不仅能降低成本，而且能提高橡胶的强度、韧性、抗撕裂性和耐磨性。汽车轮胎一般含 15%～30%（体积分数）的炭黑。

9.2.3 其他增强体

（1）片状增强体　片状增强体通常为长与宽尺度相近的薄片。片状增强体有天然、人造和在复合工艺过程中自身生长出来的三种类型。天然片状增强体的典型代表是云母；人造的片状增强体有玻璃、铝、铱、银等。复合工艺过程中自身生长的为二元共晶合金 $CuAl_2$-Al 中的 $CuAl_2$ 片状晶。

（2）天然增强体　天然增强体是指存在于自然界中的各种增强材料，可分为无机增强体和有机增强体两类。天然无机增强体是从灼热熔融状态冷却固化时，经受高温高压而生成的，如石棉，可用作热固性树脂和层压制件的增强材料。有机类增强体，如以天然高分子纤维为主要成分的各种植物纤维：亚麻、大麻、黄麻、棉花等。

9.3　复合材料基体

9.3.1 聚合物基复合材料

聚合物基复合材料是以连续纤维为增强材料与有机聚合物复合而制备的材料，是复合材料中最主要的一类，通常称为增强塑料。目前，聚合物基复合材料已作为最实用的轻质结构材料，在复合材料工业中占有重要地位。

可供选择的基体材料主要有两类。一类是热固性树脂，常用的热固性树脂基体有不饱和聚酯树脂，它以其室温低压成型的突出优点，使其成为玻璃纤维增强塑料用的主要树脂；环氧树脂，它广泛用作碳纤维复合材料及绝缘复合材料；酚醛树脂，它则大量用作摩擦复合材料。另一类是热塑性树脂，主要有通用型和工程型树脂两类。前者仅能作为非结构材料使用，产量大、价格低，但性能一般，主要品种有聚氯乙烯、聚乙烯、聚丙烯和聚苯乙烯等。后者则可作为结构材料使用，通常在特殊的环境中使用。一般具有优良的力学性能、耐磨性、尺寸稳定性、电性能、耐热性和耐腐蚀性能，主要品种有聚酰胺、聚甲醛、聚苯醚、聚酯和聚碳酸酯等。

增强材料主要是玻璃纤维、碳纤维、硼纤维、SiC 纤维、Al_2O_3 纤维及其他纤维。对增强纤维的选择要根据结构和功能选择能满足一定力学、物理和化学性能的纤维。例如，当要求复合材料具有较高的强度和刚度时，可选比强度和比刚度高的碳纤维和硼纤维；要求具有良好冲击性能时，可选用玻璃纤维或芳纶纤维；要求结构尺寸稳定性时，可选择热膨胀系数低的碳纤维和芳纶纤维；要求结构具有较好的低温工作性能时，要选择低温下不脆化的碳纤维；对复合材料要求有良好的透波、吸波性能时，通常选用 E 或 S 玻璃纤维、芳纶纤维和氧化铝纤维等。在工程实际中，除特殊要求外，从价格、性能等方面综合评价，常选用玻璃纤维、芳纶纤维或碳纤维作增强材料。

树脂基复合材料可广泛应用于航空航天、汽车、海洋、化工、建筑以及体育器材等领域。例如，在哥伦比亚航天飞机上用碳纤维/环氧树脂制作长 18.2m、宽 4.6m 的主货舱门；用凯芙拉纤维/环氧树脂制作各种压力容器；用碳纤维、有机纤维、玻璃纤维增强树脂以及各种混杂纤维的复合材料制造的机翼前缘、压力容器、引擎罩等构件已成功地应用于波音 767 飞机上。树脂基复合材料还广泛用来制造汽车壳体、化工管道、各种风格的建筑物、赛艇和滑雪板等。

9.3.2　金属基复合材料

金属基复合材料是以金属为基体，用各种金属、金属间化合物或非金属的纤维、晶须和颗粒作为强化材料所制成的复合材料。

多种金属及其合金可用作基体材料，主要有以下几种。

① 铝合金　铝合金由于低的密度和优异的强度、韧性和抗腐蚀性能在航空航天领域得到了大量的应用。

② 钛合金　钛密度为 $4.58g/cm^3$，具有高比强度和高比模量及优良的抗氧化和抗腐蚀性能，使其成为一种理想的航空、宇航应用材料，钛合金用于喷气发动机（涡轮机和压气机叶片）、机身部件等。

③ 镁合金　镁和镁合金是另一类非常轻的材料，镁是最轻的金属之一，它的密度为 $1.748g/cm^3$，镁合金，尤其是铸造镁合金用于飞机齿轮箱壳体、链锯壳体、电子设备等。

④ 铜　铜具有面心立方结构，它普遍用作电导体，它的导热性能优良，容易铸造和加工，铜在复合材料中的主要用途之一是作为铌基超导体的基体材料。

铝基和镁基复合材料用于结构材料，铜基复合材料用于功能材料，钛和镍基复合材料主要用于高温结构材料。除此之外，锌基复合材料用于模具材料，用金属间化合物（如镍铝化合物）作为基体材料制造的复合材料可提高材料的韧性。

金属基复合材料常用的强化材料主要是碳纤维、硼纤维、SiC 纤维、Al_2O_3 纤维、合金晶须等具有超高比强度和比模量的材料，以及 SiC、Al_2O_3、TiC、ZrO_2 等具有高硬度的颗粒与滑石和石墨等具有润滑性能的软质颗粒。金属基复合材料通常具有高的强度、模量及冲击韧性（纤维强化）、优良的耐磨性能（颗粒强化）和良好的高温性能等。

金属基复合材料的主要优点是工作温度可以较高（350～400℃），使其在航空航天领域里占有重要的一席。例如：石墨纤维增强铝基复合材料，可用于结构材料，制作飞机蒙皮、直升机旋翼桨叶以及重返大气层运载工具的防护罩和涡轮发动机的压气机叶片等；硼纤维增强后的铝合金耐疲劳性能非常优越，比强度也高，且有良好的抗蚀性，可用来制造航空发动机叶片（如风扇叶片等）和飞机或航天器蒙皮的大型壁板以及一些长梁和加强筋等；合金纤维增强的镍基合金，用于制造涡轮叶片，在可承受较高工作温度的同时，还可大大提高承载能力；用钼纤维增强钛合金复合材料的高温强度和弹性模量比未增强的高得多，可用于飞机的许多构件。

金属基复合材料除在航空航天及国防军事领域中具有重要应用之外，目前正在逐渐向民用领域推广。其中颗粒增强铝基复合材料已在民用工业中得到应用，获得比较广泛应用的是汽车制造行业。它的主要优点是生产工艺简单，可以像生产一般的金属零件那样，运用各种常用的冷热加工工艺，从而使其生产成本大大降低。用颗粒增强的铝基材料制造的发动机活塞使用寿命大大提高。另外，颗粒增强铝基复合材料在电子封装产品、高尔夫球和自行车等体育用品上也都获得了一定程度上的应用。

9.3.3 陶瓷基复合材料

陶瓷基复合材料是在陶瓷中加入连续纤维或离散的颗粒所制成的材料。与金属材料相比，高温结构陶瓷材料具有高熔点、高硬度、高强度、耐腐蚀、抗氧化等从常温到高温的优异力学性能。但是，陶瓷材料是本质脆性材料，大大限制了其应用的广度和深度。因此，制作陶瓷基复合材料的主要目的是增加韧性。其中向陶瓷材料中加入起增韧作用的的第二相（纤维、晶须或颗粒）而制成陶瓷基复合材料是一种重要的方法。

适用陶瓷基复合材料的基体材料主要有：氧化物陶瓷基体（氧化铝陶瓷基体、氧化钡陶瓷基体等）、非氧化物陶瓷基体（氯化硅陶瓷基体、氯化铝陶瓷基体、碳化硅陶瓷基体及石英玻璃）。常用的增强材料主要有长纤维、短纤维（碳纤维、硼纤维、氧化铝纤维、玻璃纤维等）、晶须（SiC、Si_3N_4、Al_2O_3 晶须等）和颗粒（SiC、Si_3N_4 等）。

随着陶瓷基复合材料理论研究的不断深入和制备工艺的逐渐完善，其实用化程度正在向前推进。已实现实用化和即将实用化的领域包括：刀具、滑动构件、航空航天飞行器构件、高性能发动机构件和能源构件等。法国已将长纤维增强碳化硅复合材料应用于制作超高速列车的制动件，它具有传统的制动件所无法比拟的优异摩擦磨损特性，并取得了满意的应用效果。在航空航天领域，用陶瓷基复合材料制作的导弹头锥、火箭的喷管、航天飞机的结构件等也收到了良好的效果。

9.4   纤维增强复合材料的制备工艺

9.4.1 纤维增强聚合物基复合材料的制备方法

纤维增强聚合物基复合材料的制备成型方法如下。

（1）手糊工艺法

手糊工艺是聚合物基复合材料制造中最早采用和最简单的方法。其工艺过程是先在模具上涂刷含有固化剂的树脂混合物，再在其上铺贴一层按要求剪裁好的纤维织物，用刷子、压辊或刮刀压挤织物，使其均匀浸胶并排除气泡后，再涂刷树脂混合物和铺贴第二层纤维织物，反复上述过程直至达到所需厚度为止。然后，在一定压力作用下加热固化成型（热压成型），或者利用树脂体系固化时放出的热量固化成型（冷压成型），最后得到复合材料制品。

为便于在固化前排除多余的树脂和从模具上取下制品，预先应在模具上涂覆脱模剂。脱模剂的种类很多，有石蜡、黄油、甲基硅油、聚乙烯醇水溶液以及玻璃纸、聚乙烯或聚丙烯薄膜、聚氯乙烯薄膜等。

手糊工艺使用的模具主要有木模、石膏模、树脂模、玻璃模和金属模等，最常用的树脂是能在室温固化的不饱和聚酯和环氧树脂。

该方法所用的设备和工具简单，产品尺寸不受限制，适于多品种小批量生产。但是，手糊工艺的技术性强，产品质量不易控制，操作条件差，生产效率低。用手糊法可以制作各种渔船和游艇、汽车壳体、贮罐、槽体、波纹瓦、大口径管件、雷达天线罩、飞机蒙皮、火箭外壳等。

（2）喷射成型法

喷射成型的基本原理是利用高压空气将含有固化剂、引发剂等的树脂体系和短纤维从喷枪的不同喷嘴中同时喷出，沉积在模具表面上，用滚筒或橡胶滚压实以除去空气，使树脂浸透纤维，然后固化成型制成复合材料制品。其成型原理如图 9-4 所示。

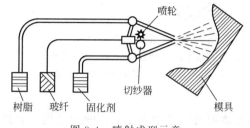

图 9-4　喷射成型示意

喷射法采用的模具与手糊法类似，而生产效率可以提高数倍，劳动强度降低，能够制作大尺寸制品。用该方法虽然可以成型形状比较复杂的制品，但其厚度和纤维含量都较难精确控制，树脂含量一般在 60% 以上，孔隙率较高，制品强度较低，施工现场污染和浪费较大。利用喷射法可以制作大篷车车身、船体、广告模型、舞台道具、建筑构件、机器外罩、容器、安全帽等。

（3）连续纤维缠绕技术

利用连续缠绕技术制作复合材料制品时有两种不同的方式可供选择：将纤维或带状织物浸渍树脂后缠绕在芯模上，或者将纤维或带状织物缠好后再浸渍树脂。目前普遍采用前者。如图 9-5 所示为纤维缠绕成型工艺示意图。缠绕机类似一部机床，纤维通过树脂槽后，用轧辊除去纤维中多余的树脂。纤维缠绕方式和角度可以通过计算机控制。缠绕达到要求后，根据所选用的树脂类型，在室温或加热箱内固化、脱模便得到复合材料制品。

常用的芯模材料有石膏、石蜡、金属或合金、塑料等，也可用水溶性高分子材料如以聚乙烯醇作黏结剂黏结砂型制成芯模。

连续纤维缠绕法适于制作承受一定内压的中空型容器，如固体火箭发动机壳体、导弹放热层和发射筒、压力容器、大型贮罐、各种管材等。近年来发展起来的异型缠绕技术，可以实现复杂横截面形状的回转体或断面为矩形、方形以及不规则形状容器的成型。

（4）真空袋压法

真空袋压法是在纤维须制件上铺覆柔性橡胶或塑料薄膜，并使其与模具之间形成密闭空间，将组合体放入热压罐或热箱中，在加热的同时对密闭空间抽真空形成负压，进行固化。大气压力的作用可以消除树脂中的空气，减少气泡，排除多余树脂，使制品表面更加致密。如图 9-6 所示为真空袋压法示意图。真空袋压法产生的压力小，只适于强度和密度受压力影响小的树脂体系如环氧树脂、不饱和聚酯树脂等。对于酚醛树脂等，固化时有低分子物逸出，利用此方法难以获得结构致密的制品。如果向真空袋内通入压缩空气或氮气等对预制件进行加压固化，则真空袋压法就成为压力袋压法。

（5）热压罐法

热压罐法相当于将真空袋压法的抽气、加热以及加压固化放在加压罐中进行。一般热压罐是圆桶形的压力容器，可以产生几十万帕斯卡的高压。采用热压罐成型工艺时，加热和加

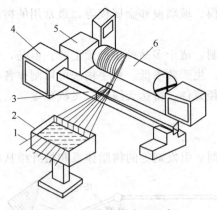

图 9-5 纤维缠绕成型示意
1—连续纤维；2—树脂槽；3—纤维输送架；
4—输送架驱动器；5—芯模驱动器；6—芯模

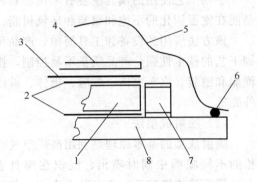

图 9-6 真空袋压法示意
1—预制件；2—脱模层；3—排胶板；4—压板；
5—真空袋；6—真空袋密封圈；
7—边界支持；8—台板

压通常要持续整个固化工艺的全过程，而抽真空是为了除去多余树脂及挥发物质，只是在某一段时间内才需要。用热压罐法制成的纤维复合材料制品，具有空隙率低、增强纤维填充量大、致密性好等优点，但制品尺寸受热压罐尺寸限制，设备费用比较昂贵。热压罐法在制造航空、航天等先进纤维复合材料方面是比较常用的方法。

（6）模压成型法

模压成型是一种对热固性树脂和热塑性树脂都适用的纤维复合材料成型方法。如图 9-7

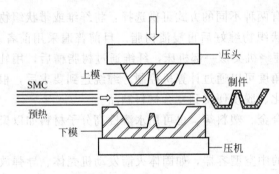

图 9-7 流动模压成型示意

所示为流动模压成型工艺示意图。将剪裁好的片状模塑料按一定方向铺叠，在约高于树脂熔点 10～20℃ 的条件下短时间预热，放入金属对模中，在高压作用下模塑料熔化并充满型腔，随即树脂受热发生化学交联，逐渐形成三维网状不溶不熔的体型结构，最后固化成为一定形状的复合材料制品。模压成型所得制品的表面光洁，尺寸精确，适合一次成型复杂结构的制品，生产效率也较高，但模具设计和制造难度大。

用这种工艺方法制备汽车轮毂可实现一次成型，与钢车轮毂相比模压成型聚合物复合材料车轮可减重 40%～50%，并具有质量分布均匀和耐腐蚀性好的优点。

除上述的模压成型工艺外，还有其他一些模压成型方法。例如，树脂传递模压（resin transfer mounding，RTM）是将增强纤维填充在密封模腔中，再利用压力使液态树脂注入模腔浸透纤维，固化成型而得到制品。该方法的成型压力低（0.5～0.8MPa），但制品中树脂含量较高，力学性能差。用这种方法可制作微波天线罩、游艇、水槽、卫生洁具等。再如，弹性体贮胶模压（elastic reservoir mounding，ERM）是先用热固性树脂浸渍聚氨酯等开孔泡沫，得到贮存一定树脂的弹性体芯材，在芯材上下两面铺放纤维或织物制成弹性体贮胶坯料，低温保存。使用时按要求尺寸剪裁坯料，装入模具中，加压将贮存在芯材中的树脂挤出并浸渍上下两面的增强材料，加热固化即得到具有夹层结构的复合材料制品，这种模压工艺与 SMC 相似，而成型压力低，制品的综合性能优于 SMC。成型时增强材料不能随树脂而流动，故该方法更适合制作几何形状简单的制品，如车壳、面板等。

（7）注射成型法

注射成型是根据金属压铸原理发展起来的一种成型方法。该方法适合制作短纤维增强热塑性树脂（如聚酰胺、聚烯烃等）材料，也可用于加工热固性树脂基纤维复合材料。对于热塑性树脂基体，将颗粒状树脂、短纤维送入注射腔内加热熔化和混合均匀，并以一定的挤出压力注射到温度较低的密闭模具内，经过冷却定型后，开模便得到复合材料制品。整个过程包括加料、熔化、混合、注射、冷却硬化和脱模等步骤。加工热固性树脂时一般是将温度较低的树脂体系（防止物料在进入模具之前发生固化）与短纤维混合均匀后注射到模具中，然后再加热模具使其固化成型。

在加工过程中，由于熔体混合物的流动会使纤维在树脂基体中的分布有一定的各向异性，如果制品的形状比较复杂，则容易出现局部纤维分布不均匀或大量树脂富集区，影响材料的性能。因此，注射成型工艺要求树脂与短纤维的混合均匀，混合体系有良好的流动性，而纤维含量不宜过高，一般在30％～40％左右。

注射成型法所得制品的精度高，生产周期短，效率较高，容易实现自动控制，除氟树脂外，几乎所有的热塑性树脂都可以采用这种方法成型。按物料在注射腔中熔化方式分类，常用的注射机有柱塞式和螺杆式两种。由于柱塞式注射机塑化能力较低、塑化均匀性较差、注射压力消耗大及注射速度较慢等，已很少发展，现在普遍使用的是往复螺杆式注射机。

（8）拉挤成型法

拉挤成型法是将浸渍过树脂胶液的连续纤维束或带状织物在牵引装置作用下通过成型模定型，在模中或固化炉中固化，制成具有特定横截面形状和长度不受限制的复合材料型材（如管材、棒材、槽型材、工字型材、方材等）。一般情况下，只将预制品在成型模中加热到预固化的程度，最后固化是在加热箱中完成的。如图9-8所示为挤拉成型工艺示意图。拉挤成型中要求增强纤维的强度高、集束性好、不发生悬垂和容易被树脂胶液浸润，常用的如玻璃纤维、芳香族聚酰胺纤维、碳纤维以及金属纤维等。用作基体材料的树脂以热固性树脂为主，要求树脂的黏度低（最好是无溶剂型或反应溶剂型树脂）和适用期长，大量使用的如不饱和聚酯树脂和环氧树脂等。

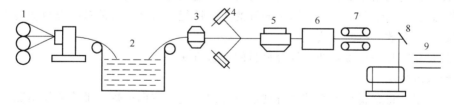

图 9-8　挤拉成型示意图

1—连续纤维；2—树脂槽；3—预成型模；4—环向纤维增强；5—成型模；

6—加热箱；7—迁移装置；8—切割制品；9—制品

以耐热性较好、熔体黏度较低的热塑性树脂为基体的拉挤成型工艺也取得了很大进展。其拉挤成型的关键在于增强材料的浸渍。目前常用的方法有热熔涂覆法和混编法。前者是使增强材料通过熔融树脂槽，浸渍树脂后在成型模中冷却定形；混编法是按一定比例将热塑性聚合物纤维预增强材料编织成带状、空心状等几何形状的织物，通过热模时基体材料熔化并浸渍增强材料，冷却定形后成为产品。

（9）增强反应注射成型法

使两种或两种以上高活性液态单体在高压下碰撞混合，使其在模具中迅速发生聚合反应而成型为塑料制品，这种方法称为反应注射成型（RIM）法。如果在反应单体中混入短纤维，制成有良好流动性的浆料，在模具中单体聚合反应并固化成型，脱模后得到短纤维增强复合材料，即增强反应注射成型（RRIM）。

RRIM 使用的基体以由聚醚型多元醇与异氰酸酯（如二苯基甲烷、二异氰酸酯等）反应而成的聚氨酯为主。此外，热塑性树脂如阴离子聚合尼龙-6 等也有应用。增强纤维可以是长度 1.0～3.0mm 的短纤维或磨碎纤维（如玻璃纤维），纤维含量最高可达如 50％左右。如果采用混杂纤维代替单一纤维，可进一步提高复合材料的综合性能。

RRIM 是在一定压力作用下高速完成注射成型的，成型周期很短（仅数分钟）。单体在模具中发生聚合反应是放热，不许外界提供热量，而且由于单体混合物的流动性好，可以成型质量均一的薄壁和形状复杂的复合材料制品。RIM 和 RRIM 制品在汽车、电子电器、建材等方面得到广泛的应用，这种成型方法效率高，产品质量好，被认为是聚合物基复合材料制造工艺的一次突破性进展。

9.4.2　纤维增强金属基复合材料的制备方法

与聚合物基纤维复合材料相比，金属基纤维复合材料具有许多特点。例如，金属基纤维复合材料的弹性模量大，硼纤维铝基复合材料的综合弹性模量（包括纵向弹性模量、横向弹性模量和剪切弹性模量在内）比聚合物基纤维复合材料高出约 1～2 个数量级，层间剪切强度也大于聚合物基纤维复合材料，断裂韧性和抗冲击韧性好。常用的金属基体为铝、钛及其合金或者镍合金等延性材料。这类金属材料受到冲击载荷作用时，吸收冲击功的能力强，同时由于塑性变形的能力强，对材料内的裂纹和应力集中表现出一种钝性，可使复合材料显示出很好的断裂韧性，材料性能对温度变化的敏感程度亦很小，并具有良好的导电性和导热性，是比较理想的结构材料。但是，这类复合材料的加工技术难度大，制造工艺远不如聚合物基纤维复合材料成熟。由于纤维与金属基体的复合需要在很高的温度下进行，所以在复合材料制造过程中需要考虑以下问题：①通常应避免在高温下纤维与基体之间发生扩散反应或者再结晶，否则不仅影响纤维力学性能，还会使基体金属变脆，成为产生裂纹的隐患；②纤维与基体之间的界面结合状态直接影响纤维与基体之间的应力传递。结合不好，就失去纤维增强的意义，特别是用非金属纤维作增强材料时，它们与金属的兼容性一般较差，需要进行表面处理，而过分的结合又往往会影响纤维的力学性能。另外，目前对纤维与金属之间的结合状态，尚缺少有效的检验方法。

以下简要介绍几种金属基纤维复合材料的制造方法。

（1）粉末冶金法

粉末冶金法是将金属粉末充满在排列规整的或无规则取向的短纤维或晶须间隙中，然后进行烧结或挤压成型。例如，用四氯化碳作分散剂以真空加热条件下容易除去的聚甲基丙烯酸丁酯丙酮溶液为增黏剂，用短切纤维与纯度为 99.9％的铝粉混合，加热到 500℃左右，挤压成型，可制成铝基碳纤维复合材料，粉末冶金法的加工温度比较高，容易损伤纤维，工艺也比较复杂，复合效果往往并不十分理想。

（2）固态扩散法

固态扩散法是将固态的纤维与金属适当地组合，在加压、加热条件下使它们相互扩散结合成为复合材料的方法。例如，SiC 纤维与铝合金薄片按一定方式排列和堆叠，然后在惰性气体保护下加热、加压使它们紧密地结合成为一定形状的制品。用这种方法制成的铝基纤维复合材料具有很高的质量。

以硼纤维增强铝基复合材料为例（图 9-9），将带有碳化硼涂层的硼纤维按一定间距缠绕在裹有铝箔的滚筒上，利用涂覆树脂胶液或等离子喷涂铝粉的方法将其固定在铝箔上，然后取下成为纤维-铝箔条带，经剪裁堆叠后放入真空热压炉内，在 520～600℃和 50～70MPa 压力下保持 0.5～2h。树脂在升温过程中挥发气化并被真空系统排除，铝箔在高压作用下发生塑性变形，将硼纤维固结在其中焊合成为一个整体。但这种成型方法比较复杂，纤维堆叠等需要手工操作，成本较高，有一定局限性。

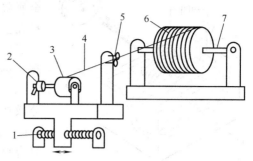

图 9-9　纤维滚筒缠绕示意图
1—纤维间距控制机构；2—纤维张力摩擦机构；
3—纤维放线盘；4—滚筒缠绕的纤维；5—排纤维导轮；
6—涂有用溶剂溶解了的挥发性黏结剂的铝箔；7—转轴

（3）液态金属浸渍法

液态金属浸渍法是通过纤维或纤维预制件浸渍熔融金属而制成金属基复合材料的方法。其工艺效率较高，成本较低，适于制作板材、线材、棒材等。加工时，可以利用抽真空渗透压使熔融的金属浸透到纤维的间隙中，也可以在熔融金属一侧用惰性气体或外载荷施加压力的方法实现渗透。制造过程中因纤维与熔融金属直接接触，它们之间容易发生化学反应，影响制品性能，故该方法更宜使用于高温下稳定性好的纤维与金属体系。例如，将单向石墨纤维于 650℃在含有 $TiCl_4$、BCl_3 及 Zn 的氩气气氛中处理 30min，使纤维表面形成厚度约 20nm 的硼化钛（TiB_2）涂层，然后在铝合金熔体中浸渍处理 2min，再于 600℃和真空模具中热处理 5min，制成铝基石墨纤维复合材料板材。又如，将含有碳化钛涂层的硼纤维在熔融铝-硅合金中也充分浸润，制成纤维体积含量为 50%～60%（体积分数）、直径 0.6mm 的复合线材，其拉伸强度达 1300～1500MPa，成型速度约 1～3m/min。

（4）高压挤铸法

高压挤铸法是将纤维与黏结剂制成的预制件放在模具中加热到一定温度，再将熔融金属注入模具中，迅速合模加压，使液态金属以一定速度浸透到预制件中，而其中的黏结剂受热分解除去，冷却后得到复合材料制品。整个制造过程中都需要在真空中进行，避免气体和杂质等的污染。由于纤维与熔融金属共处在高温下的时间很短，纤维与金属之间界面反应层的厚度较小，对材料性能影响不大。这种方法可加工复杂形状的制品。如果温度和压力控制适当，可以制成致密性好而又不损伤纤维的复合材料。

（5）真空吸铸法

真空吸铸法是我国设计开发的一种制造碳化硅纤维/铝基复合材料的新工艺。将 CVD（chemical vapor deposition）法碳化硅纤维（以甲基三氯硅烷为反应气体，利用 CVD 技术在钨丝上沉积碳化硅而制成的纤维）装入钢管中，钢管的一端用铝塞密封，另一端连接真空系统。在真空条件下将装有纤维的钢管部位预热到高温，然后将带铝塞的一端插入熔融的铝液中，铝塞立即熔化，而铝液被吸入钢管中渗透纤维。冷却后用硝酸腐蚀掉钢管制成复合材料棒材。

（6）电镀法

电镀法是利用电解沉积的原理在纤维表面附着一层金属而制成金属基复合材料的方法，其原理如图 9-10 所示。以金属为阳极，位于电解液中的卷轴为阴极，在金属不断电解的同时，卷轴以一定速度连续卷集附着金属层的纤维。通过调整卷轴的速度或电流大小，可以改变纤维表面金属层的附着厚度。将电镀后的纤维按一定方式层叠、热压，可制成多

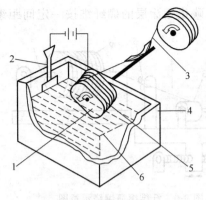

图 9-10　电镀法示意

1—紧轴阴极；2—金属阳极；3—纤维；
4—电镀液槽；5—纤维复合材料；6—电镀液

种制品。例如，利用电镀法在氧化铝纤维表面附着镍金属层，然后将纤维热压固结在一起，制成的复合材料在室温下显示出良好的力学性能，但在高温环境下可能因纤维与金属基体的热膨胀系数不同，强度不高。再如，在直径 $7\mu m$ 的碳纤维表面上镀上一层厚度 $1.4\mu m$ 的铜，将其切成 $2\sim3mm$ 的短纤维，均匀分散在石墨模具中，先抽真空预处理，再于 $5MPa$ 和 $700℃$ 下处理 $1h$，得到碳纤维体积含量为 50% 的铜基复合材料。

（7）等离子喷涂法

等离子喷除法是利用等离子弧向增强材料喷射金属微粒子，从而制成金属基纤维复合材料的方法。例如，将碳化硅连续纤维缠绕在滚筒上，用等离子喷涂的方法将铝合金喷溅在纤维上，然后把碳化硅/铝合金复合片堆叠起来进行热压，制成铝基纤维复合材料，其拉伸强度和模量分别超过 $1500MPa$ 和 $200GPa$，而密度仅为 $2.77g/cm^3$。该方法的优点是熔融金属粒子能够与纤维牢固地结合，金属与纤维的界面比较密实，而且由于金属粒子离开等离子喷枪后，迅速冷却，金属几乎不与纤维发生反应。但纤维上的喷涂体比较疏松，需要热压固化处理。

9.4.3　纤维增强陶瓷基复合材料的制备方法

陶瓷材料在耐高温、抗氧化、耐腐蚀、抗热震、尺寸稳定等方面具有很多突出优点。但它的脆性强，韧性差，应用受到限制。用纤维或晶须增强陶瓷，可有效地降低其脆性，提高韧性，是一种性能优异的、耐高温结构材料。

目前纤维增强陶瓷基复合材料的制造方法主要包括以下几种。

（1）浆料浸渍法

浆料浸渍法是制造连续纤维增强玻璃以及低熔点陶瓷复合材料的传统方法，其工艺过程如图 9-11 所示。将增强材料浸渍含有基体粉末的聚合物溶液，缠绕、切断制成预制件，按要求的形状和尺寸堆叠、烧结和加热加压处理得到复合材料制品。由于热压烧结等方面的限制，浆料浸渍缠绕工艺只能制作一些几何形状比较简单的制品。以一定量的氧化铝、氧化硅、莫来石等陶

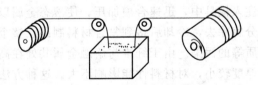

图 9-11　浆料浸渍缠绕工艺示意

瓷粉末与铁、镍、铬等金属粉末充分混合后，再加入适量的切削不锈钢短纤维，以挥发性硅溶胶为黏结剂，调制成均匀的糊状浆料，注入到一定形状的容器，硬化后取出干燥，再烧结成复合材料制品。可用来制作真空吸塑模具。

（2）熔体浸透法

熔体浸透法在金属基复合材料方面已得到应用。其制备工艺过程如图 9-12 所示，在外载荷作用下，使熔融的陶瓷基体相将纤维或预制件浸透、复合、冷却、脱模后得到陶瓷复合材料制品。

该方法的主要优点包括：只需一步浸透处理即可获得结构致密和无裂纹的陶瓷基复合材料；从预制件到成品的加工过程中，其尺寸基本不变；可以制作形状比较复杂的制品。它的缺点是：因陶瓷的熔点较高，浸透过程中容易损伤纤维或在纤维与基体之间的界面上引起某

些化学反应；陶瓷熔体的黏度比金属大得多，为提高浸透速度必须加压；陶瓷熔体凝固时，会因热膨胀系数的变化而发生体积收缩，在复合材料中产生残余应力。

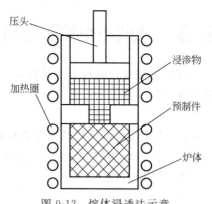

图 9-12　熔体浸透法示意

浸透过程中陶瓷熔体对纤维的润湿性尤为重要。例如，熔融的 CaF_2 对碳化硅纤维不浸润，但对碳化硅晶须却有很好的润湿性。

为改进陶瓷熔体对纤维的润湿性，常用的方法是采用真空加压或高温等静压浸透等。

（3）溶胶-凝胶法

溶胶-凝胶法是以醇盐化合物为原料，在室温或略高于室温下将醇盐等经水解、缩聚反应，先由溶胶转变为凝胶，然后在较低温度下烧结成为无机材料。例如，将正硅酸乙酯和无水乙醇在室温下按一定比例混合，加入少量水和浓盐酸，控制体系的 pH 值为 3～4 左右，配置成溶胶。溶胶中也可以加入一些玻璃粉末。将碳纤维在溶胶中充分浸渍吸胶，然后缠绕在模具上，经过烘干、热处理后制成纤维增强玻璃基复合材料。热处理过程中，一般在 1000℃ 左右醇盐溶胶转变成无定型结构的基体，在约 1400℃ 时基体的结晶形态趋于完整。因溶胶容易浸润增强纤维，故所得制品的质地比较均匀。此方法也适用于制造多相纤维增强陶瓷基复合材料。其不足是利用醇盐水解制取陶瓷基体，所以它仅限于氧化物陶瓷类，而非氧化物陶瓷如 SiC、Si_3N_4 等则不宜采用此法。

（4）化学反应法

化学反应法包括气相沉积（CVD）法、化学气相浸透（CVI）法、反应烧结法和直接氧化法等。CVD 是一种比较古老的技术，很早以前人们就利用它制造炭黑、碳丝等。化学气相沉积是利用气态物质于一定温度、压力条件下在固体物质表面上进行反应，生成固态沉积物的过程。它主要包括：①气态反应物输送到基体；②反应物被基体表面吸附；③被吸附的物质在基体表面进行反应和扩散；④反应后的气态物质从基体表面脱附并被排除。一般沉积物主要沉积在基体的表面，但当基体为多孔物质如碳毡时，沉积不仅发生在表面，而且也深入到基体内部空隙中，最后形成复合材料。

CVI 是在 CVD 的基础上发展起来的。如图 9-13 所示是利用 CVI 技术制造纤维增强陶瓷基复合材料的工艺流程图。气态反应物渗透到由纤维编织而成的预制件内部，在预制件中反应沉积成为基体，制成陶瓷基复合材料。CVI 技术的特点是能在较低温度和压力下实现纤维与基体的复合，避免了由于高温烧结和处理而引起的弊病。同时，CVI 技术可以控制一定的温度梯度和气压梯度，使混合气体在热端发生反应和沉积，即整个复合材料制品的形成是由上到下，适于制作多相、均匀、致密和形状复杂的制品。但反应和沉积速度慢、生产效率低是这种方法的主要缺点。

用 SiC 纤维和 Si 粉，在氮气中烧结，可烧制成 SiC 纤维增强的氮化硅陶瓷复合材料；将 Al 熔融并浸透到纤维预制件中使其与氧气发生氧化反应，可制成纤维增强 Al_2O_3 复合材料。

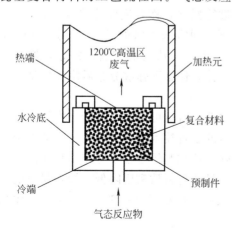

图 9-13　CVI 工艺流程示意

9.5　颗粒增强复合材料的制备工艺

颗粒增强复合材料主要是以金属基或陶瓷基复合材料为主。其研究发展至今，已形成多种制备工艺，总体上可划分为两大类，即外加颗粒增强的制备工艺和原位自生颗粒增强制备工艺。

9.5.1　外加颗粒增强金属基复合材料的制备方法

外加颗粒增强制备金属基复合材料的方法主要包括：粉末冶金法、搅拌铸造法、压力铸造、喷射沉积法等。

（1）粉末冶金法

粉末冶金法（powder metallurgy，PM）是用于制备与成型非连续增强型金属基复合材料（MMCs）的一种传统固态工艺法。该工艺流程图如图 9-14 所示。其方法就是将合金粉末和增强相（颗粒、晶须、短纤维等）均匀混合后装入模具，在真空热压条件下紧实烧结形成毛坯，然后进行二次加工成型。

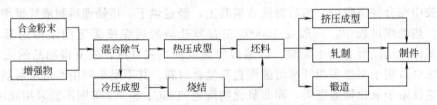

图 9-14　粉末冶金法制被颗粒增强复合材料的工艺流程图

该法的主要优点是：增强颗粒与基体合金粉末有较宽的选择范围，颗粒的体积分数可以任意调整，并可不受颗粒的尺寸与形状限制，可以实现制件的少、无切削或近终形成型。其不足之处在于：制造工序繁多，工艺复杂，制造成本较高，内部组织不均匀，存在明显的增强相富集区与贫乏区，不易制备形状复杂、尺寸大的制件。目前美国的 Lockheed（洛克希德公司）、GE（通用动力）、Northrop（诺斯罗普公司）、DEA 公司和英国的 BP 公司及前苏联的军工厂等已能批量生产 SiC 和 Al_2O_3 颗粒增强的铝基复合材料。

（2）搅拌铸造法

搅拌铸造法是较早用于制备颗粒增强金属基复合材料的一种弥散混合铸造工艺。搅拌铸造有两种方式，一种是在合金液高于液相线温度以上进行搅拌，称为液态搅拌或复合铸造（compocasting）；另一种是当合金液处于固液相之间进行搅拌，称为流变铸造（re-heocasting）。无论是哪种方式，其基本原理都是在一定条件下（通常采用保护气氛），对处于熔化或半熔化状态的金属液，施以强烈的机械搅拌，使其形成高速流动的漩涡，并导入增强颗粒，使颗粒随漩涡进入基体金属液中，当增强颗粒在搅拌力作用下弥散分布后浇注成型。搅拌工艺过程如图 9-15 所示。

搅拌铸造法的优点在于：工艺简单，效率高，成本低，铸锭可重熔，进行二次加工，是一种可实现商业化规模生产的颗粒增强金属基复合材料的制备技术。其缺点为：颗粒在金属液中易产生密度偏析，凝固时形成枝晶偏析，造成增强颗粒在基体合金中分布不均倾向。如果在搅拌过程中卷入气体，可使材料凝固时形成气孔，导致材料致密度降低，影响材料的力学性能。另外，颗粒的尺寸和体积分数也受到一定的限制，颗粒尺寸一般大于 $10\mu m$，体积分数小于 25%。

最早采用液相搅拌法制备金属基复合材料的是 Surappa 和 Rohtgi。随后，许多人都在这方面做过大量有益的研究。其中，在此方面取得重要突破的是 Skibo 和 Schuster 开发的 Duralcan 工艺，该工艺可用普通的铝合金和未经涂覆处理的陶瓷颗粒，通过搅拌引入增强相，颗粒尺寸可小于 $10\mu m$，而体积分数可达 25%。Duralcan 工艺在产业化进程中处于领先地位，1994 年产量大约为 6800kg，可成锭生产。

（3）压力铸造法

压力铸造法是制备颗粒、晶须或短纤维增强金属基复合材料比较成熟的工艺，包括挤压铸造、低压铸造和真空吸铸等。其原理是在压力作用下，将液态金属浸入增强体预制块中，制成复合材料坯锭，再进行二次加工。对于尺寸较小、形状简单的制件，也可一次实现近终形制造。图 9-16 为压力铸造装置图。

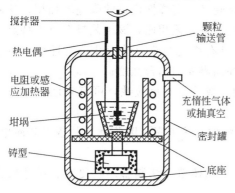

图 9-15　搅拌铸造制被颗粒增强金属基
复合材料工艺过程示意

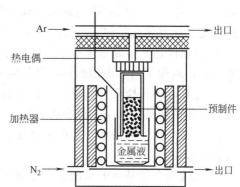

图 9-16　压力浸透实验装置示意

该工艺的主要优点是：工艺简单，对设备要求低，压铸浸渗时间短，通过快速冷却可减轻或消除颗粒与基体的界面反应，同时可降低材料的孔隙率，对形状简单工件可以实现近终成型。其不足在于：对模具要求较高，在浸渗压力作用下预制块易发生变形，难以制备形状复杂的制件。

在该工艺方面获得应用的是日本的丰田公司、德国的 Mahle 公司和英国的 Schmidt 公司，用该法已成功制备出 Al_2O_3 短纤维铝基复合材料，用于汽车发动机的活塞。

（4）喷射沉积法

喷射沉积是一种通过快速凝固制备颗粒增强金属基复合材料的技术。其基本原理是：在高速惰性气体射流的作用下，将液态金属雾化，分散成极细小的金属液滴，同时通过一个或几个喷嘴向雾化的金属液滴流中喷入增强颗粒，使金属液滴和增强颗粒同时沉积在水冷基板上形成复合材料。该法也称多相共沉积技术（variable codeposition of multiphase materials，VCM）。如图 9-17 所示是喷射沉积工艺过程。

利用喷射沉积技术制备金属基复合材料具有以下优点：所获得的基体组织属于快速凝固范畴，增强颗粒与金属液滴接触时间极短，使界面化学反应得到了有效的抑制，控制工艺气氛可以最大限度地减少氧化，冷却速度可高达 $10^3 \sim 10^5 ℃/s$，这可使增强颗粒均匀分布，细化组织。但此法制备的复合材料存在一

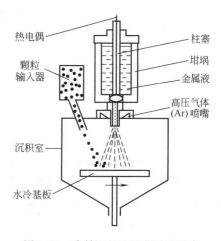

图 9-17　喷射沉积法工艺过程示意

定的空隙率，一般需要进行热等静压（HIP）或挤压等二次加工。其制备成本也高于搅拌铸造法。

9.5.2 原位自生颗粒增强金属基复合材料的制备方法

原位自生的概念源于原位结晶。早在 1967 年，前苏联的 A. c. Merzhanov 等在用 SHS 法合成 TiB_2/Cu 功能材料时，就提出了原位复合材料（in-situcomposites）的构想，但当时并没有引起人们的注意，直到 20 世纪 80 年代中后期，由美国的 Lanxide 和 Drexel 大学的 M. J. Kocaak 等先后报道了各自研制的原位反应合成 Al_2O_3/Al 和 TiC/Al 复合材料及相应的制备技术后，才引起材料研究人员的极大重视，并吸引了许多人从事该项技术的研究。

金属基复合材料原位反应合成技术的基本原理是在一定的条件下，通过元素与化合物之间的化学反应，在金属基体内原位生成一种或几种高硬度、高弹性模量的陶瓷增强相，从而达到强化金属基体的目的。与传统的金属基复合材料制备工艺相比，该工艺具有以下特点：

① 增强体是从金属基体中原位形核、长大的，具有稳定的热力学特性，而且增强体表面无污染，避免了与基体相溶性不良的问题，可以提高界面的结合强度；

② 通过合理选择反应元素（或化合物）的类型、成分及其反应性，可有效地控制原位生成增强体的种类、大小、分布和数量；

③ 省去了外加增强相需要单独合成、处理和颗粒加入等工序，因此，其制备工艺简单，制造成本较低；

④ 从液态金属基体中原位生成增强相的工艺，可用铸造方法制备形状复杂、尺寸较大的近终形构件；

⑤ 在保证材料具有较好的韧性和高温性能的同时，可较大幅度地提高复合材料的强度和弹性模量（刚度）。

其不足之处则在于：大多数的原位反应合成过程中，都伴随有强烈的氧化或放出气体，当难于逸出的气体滞留在材料中会形成微气孔，还可能形成氧化夹杂或生成某些并不需要的金属间化合物及其他相，影响复合材料的组织与性能。原位反应合成所产生的增强相主要为氧化物、氮化物、碳化物和硼化物等陶瓷相，常见的几种为从 Al_2O_3、MgO、AlN、TiC、ZrC、TiB_2 和 ZrB_2 等陶瓷颗粒，这些陶瓷增强相的特征见表 9-3。

表 9-3 陶瓷增强相的性能

陶瓷相	密度 /($\times 10^3$ kg/m³)	热膨胀系数 /($\times 10^{-6}$/℃)	强度 /MPa	温度 /℃	弹性模量 /GPa	温度 /℃
Al_2O_3	3.98	7.92	221	1090	379	1090
MgO	3.58	11.61	41	1090	317	1090
AlN	3.26	4.84	2096	24	310	1090
TiC	4.93	7.6	55	1090	269	24
ZrC	6.73	6.66	90	1090	359	24
TiB_2	4.50	8.28	—	—	414	1090
ZrB_2	6.90	8.28	—	—	503	24

原位自生金属基复合材料的制备方法，按参与合成增强相的两原始反应组分存在的状态，可分为气-液反应、固-液反应、固-固反应、液-液反应四种模式。

（1）气-液反应

① VLS 法 这种方法是由 M. J. Koczak 等发明并申报了美国专利。其工艺是将含有 C

或 N 的气体通入高温合金液中，使气体中的 C 或 N 与合金液中的个别组分反应，在合金基体中形成稳定的高硬度、高弹性模量的碳化物或氮化物，冷却凝固后即获得这种陶瓷颗粒增强的金属基复合材料。该工艺一般包括如下两个过程。

a. 气体的分解，如

$$CH_4(g) \longrightarrow C(s) + 2H_2(g)$$

$$2NH_3(g) \longrightarrow N_2(g) + 3H_2(g)$$

b. 气体与合金的化学反应及增强颗粒的形成，如

$$C(s) + Al\text{-}Ti(l) \longrightarrow Al(l) + TiC(s)$$

$$N_2(s) + Al\text{-}Ti(l) \longrightarrow Al(l) + TiN(s) + AlN(s)$$

为了保证上述两个过程的顺利进行，一般要求较高的合金熔体温度和尽可能大的气液两相接触画积，并应采取适当措施抑制 Al_3Ti 和 Al_4C_3 等有害化合物的产生。为此，M. J. Koczak 等研究了原位 $TiC/Al\text{-}Cu$ 复合材料的气液反应合成工艺，其工艺操作是将混合气体 $CH_4(Ar)$ 通过一个特制的多孔气泡分散器（其工艺过程如图 9-18 所示），导入到含 Ti 的 $Al\text{-}4.5Cu$ 合金液中，结果表明这种工艺能保证上述两个过程充分进行，并认为：CH_4 的分解、C 与 Ti 的反应时间和温度取决于气体的分压、合金的成分以及所需的 TiC 颗粒的大小、分布和数量。该工艺的不足之处是：a. 合成处理温度为 1200～1300℃，这对含有易挥发元素的铝合金来说烧损太严重；b. 反应产物中有 Al_4C_3 等有害相，且相组成较难控制；c. 导入过量的气体可能形成凝固组织中的气孔等缺陷。因此，该工艺仍然停留在实验室阶段。

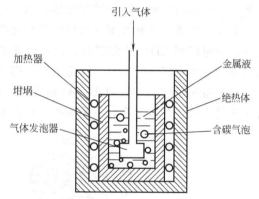

图 9-18　VLS 法制被复合材料示意图

② Lanxide 法　由美国 Lanxide 公司开发的 Lanxide 法，也是利用了上述气液反应的原理即直接氧化法（DIMOX™）和金属无压浸渗法（PRIMEX™）两者组成。

a. DIMOX™　让高温金属液（如 Al、Ti、Zr 等）暴露于空气中，使其表面首先氧化生成一层氧化膜（如 Al_2O_3、TiO_2、ZrO_2 等），里层金属再通过氧化层逐渐向表层扩散，暴露空气中后又被氧化。如此反复，最终形成金属氧化物复合材料（MMCs）或金属增韧的陶瓷基复合材料（CMCs）。

b. PRIMEX™　在 PRIMEX™ 工艺中，同时发生两个过程：一是液态金属在环境气氛的作用下向陶瓷预制件中的渗透；二是液态金属与周围气体的反应而生成新的增强粒子。例如，将含有 3%～10%（质量分数）Mg 的 Al 锭和 Al_2O_3 陶瓷预制件一起放入 N_2 和 Ar 混合气氛炉中，当加热到 900℃ 以上并保温一段时间后，上述两个过程同时发生，冷却后即获得了原位自生的 AlN 粒子与预制件中原有的 Al_2O_3 粒子复合增强的 Al 基复合材料。

目前，Lanxide 法主要用于制备 Al 基复合材料或陶瓷基复合材料，其制品已在汽车、燃气涡轮机和热交换机上得到一定的应用。

（2）固-固反应

① 自蔓延高温合成法（SHS）　SHS 法是前苏联的 A. G. Merzhanov 等于 1967 年提出来的，有些文献也称为燃烧合成或自蔓延燃烧。它是利用高放热反应的能量，使两种或两种以上物质压坯的化学反应自动持续蔓延下去，生成金属陶瓷或金属化合物的方法。它一般有

两种基本的燃烧反应形式：一是在压坯一端进行强行点火，使反应以燃烧波的形式自动蔓延进行；二是以极快的加热速度将压坯加热至燃点，使其以整体热爆合成反应的形式快速进行。前者主要用于弱放热反应体系，如 TiB_2、TiC 等的合成；后者则用于弱放热体系，如 B_4C、SiC 等的合成。目前，用 SHS 法已制备了 300 多种材料，包括复合材料、电子材料、陶瓷、金属间化合物、超导材料等。在金属基复合材料方面，已制备了原位生长 TiC、TiB_2、Al_2O_3、SiC 等以及 Al、Cu、Ni、Ti 等复合材料和金属表面陶瓷涂层复合材料。尽管这种方法有许多优点，但其中一个明显的不足在于所制备的材料多为疏松开裂状态，因此，SHS-致密一体化是该材料的一个发展方向。常与 SHS 技术相配合的致密化工艺过程有反应烧结、热挤压、熔铸和离心铸造等，其中 SHS-熔铸法 SHS-热压反应烧结工艺是目前用 SHS 法制备致密材料的研究热点。

② XD™　该工艺是由美国 Martin Marietta 实验室发明的。如图 9-19 所示是 XD™ 方法制备复合材料原理图。它是将两个固态的反应元素粉末和金属基体粉末混合均匀并压实除气后，将压坯快速加热到金属基体熔点以上的温度，这样，在金属熔体的介质中，两固态反应元素相互扩散、接触并不断反应析出稳定的增强相，然后再将熔体进行铸造、挤压成型。另外，也可以用 XD™ 法先制备出增强体含量很高的母体复合材料，然后在重熔的同时，加入适量的基体金属进行稀释，铸造成型后即得所需增强体含量的 MMCs。目前，利用 XD™ 法，已制备出了 TiC/Al、TiB_2/Al 和 TiB_2/Al-Ti 等复合材料，具有很高的实用价值。但这种工艺技术性强，难度高，不易掌握，目前研究方向集中在铝基和钛基复合材料上。

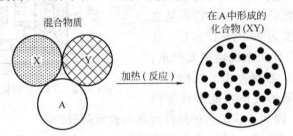

图 9-19　XD™法制备复合材料原理

③ 接触反应法　该法是哈尔滨工业大学铸造教研室开发研制并申报国家专利的技术。这是在综合了 SHS 法和 XD™ 优点的基础上，发展起来的又一种制备原位自生 MMCs 的方法。其工艺过程是先将反应元素粉末按一定的比例混合均匀，并压实成预制块，然后用钟罩等工具将预制块压入一定温度的金属液中，在金属液的高温作用下，预制块中的反应元素发生化学反应，生成所需的增强相，搅拌后浇注成型。目前，用这种工艺已制备了 TiC/Al、TiC/Al-Si 等复合材料，组织中 TiC 尺寸细小，且分布均匀，因此，材料具有良好的力学性能。

④ 混合盐反应法　该工艺是英国 London Scandinarian Metallurgical 公司的专利技术。其过程是将含有 Ti 和 B 的盐类（KBF_4，K_2TiF_6）混合后，加入到高温的金属熔体中去，在高温作用下，所加盐中的 Ti 和 B 就会被金属还原出来而在金属熔体中反应形成 TiB_2 增强粒子，扒去不必要的副产品，浇注冷却后即获得了原位 TiB_2 增强的金属基复合材料。J. V. Wood 等在 Al-7.5Si-0.35Mg 合金液中，通过加入 KBF_4 和 K_2TiF_6，在基体中获得了尺寸为 $0.4\sim2\mu m$，含量为 4%～8%（质量分数）且分布均匀的原位自生 TiB_2 粒子，所获得的 TiB_2/Al 复合材料与外加相同含量的 SiC/Al 复合材料相比，具有更高的力学性能和耐磨性。

9.5.3　颗粒增强陶瓷基复合材料的制备方法

颗粒增强陶瓷基复合材料的制备与普通陶瓷基本相似，其工艺过程大致可分为配料、成型、烧结及最后精加工等步骤。

在陶瓷基复合材料中，连续纤维增韧陶瓷基复合材料（FCMC）是一种较为理想的材料。各工业发达国家对 FCMC 的大量研究成果表明 FCMC 有潜力来满足未来工业对高温结构材料日益增长的需求。但是连续纤维的生产、排布和编织等工艺复杂，复合材料的成型和烧结致密化都很困难，强度较低，此外适合作陶瓷增强的纤维材料很少，而且价格昂贵，这都极大地限制了 FCMC 的推广应用。

近年来，一种陶瓷基层状复合材料，具有比传统的陶瓷基复合材料（FCMC）更优越的抗断裂、冲击性能。与常规 SiC 陶瓷材料相比，其断裂韧性和断裂功提高了几倍甚至几十倍，成功地实现了宏观结构增韧。而且其制备工艺具有简便易行、易于推广、周期短而廉价的优点，可以应用于制备大的或形状复杂的陶瓷部件，已引起人们的极大关注。以下仅对这种陶瓷基层状复合材料的制备方法进行简介。

（1）流延成型

流延成型是一种比较成熟的，能够获得高质量、超薄形陶瓷片的成型方法，广泛用于电子陶瓷工业中。工艺过程为：先将陶瓷粉料加上溶剂，必要时再加上烧结添加剂、抗凝剂、除泡剂等，进行充分混合，目的在于使可能聚成团块的粉料充分分散、悬浮，各种添加物达到均匀分布。然后再加入黏结剂、增塑剂、润滑剂等，充分混合，使这些高分子物质均匀分布于粉体之上，形成稳定的、流动性良好的浆料。经过真空除气、过滤除去个别团聚粉料及未溶化的黏结剂后，便可流延成型。为了使浆料保持足够的流动性，要求粉料粒度细，粒形圆润，颗粒之间较少团聚，有较好的粒度分布等。有时除泡剂并不直接加入到粉料中，而是在真空除气之前喷洒于料浆表面，然后搅拌除泡。坯厚由堆积厚度及干燥收缩和烧成收缩等多种因素控制。

该工艺的优点是可以进行材料的微观结构和宏观结构设计。对于界面不兼容的两种材料可以用梯度化工艺叠层连接。陶瓷基片的厚度由刮刀的高度控制，可以控制在 $0.05 \sim 0.5 \mu m$ 左右。此外，流延法成型，可连续操作，生产效率高，自动化水平高，工艺稳定，膜坯性能均匀一致且易于控制。缺点是制备成分复杂的材料较为困难。在整个流延成膜工艺过程中，没有外加压力，溶剂和黏结剂的含量又较多，故膜坯密度不够大，烧成收缩也较大，烧成后也或多或少残留灰分而影响材料性能。

研究人员已经使用流延法制备了 Al_2O_3/ZrO_2、Si_3N_4/Si_3N_4-12％（质量分数）Al_2O_3、α-Si_3N_4＋70％（体积分数）Si_3N_4-Sialon/α-Si_3N_4 等陶瓷基层状复合材料。

（2）注浆成型　注浆成型是应用非常普遍的一种形成陶瓷薄片生坯的方法，而且它还可以直接形成层状结构。注浆成型是一种以水为主要溶剂的流态成型方法，要求浆料具有充分的流动性，因此加入的水量较大，约 30％～35％，还常常需要加入电解质调节料浆的 pH 值、黏度。成型时将制备好的浆料倒入吸水性很强的石膏模具中，由于浆料中的水分向石膏模壁结壳固化，到一定厚度时，便可倒出剩余浆料，因此层状体厚度可由时间来控制。只要交替在石膏模中倒入不同浆料，就可获得层状复合陶瓷的素坯。待水分被石膏模具充分吸收后，坯体内侧略有收缩，故脱模比较容易。但在注浆成型中，由于水分只靠重力和毛细管作用被石膏模所吸收，以及坯体本身的自然干燥，在整个过程中没有施加任何其他压力，故坯体制成后的密度和机械强度都比较低，通常壁厚都不能制得过薄，以免干燥和烧成过程中开裂、变形。

在这类工艺中，离心注浆使用较多，该方法涉及陶瓷料浆的制备，即需要制备浓陶瓷悬浮体，目前在已有的报道中，采用的材料体系还相当有限。相比之下，其设备的要求更低，更加简便易行。

（3）轧膜成型

轧膜工艺是一种非常成熟的成型工艺。将料粉与有机黏结剂、溶剂等置于两轧辊之间进行混练，使粉料、黏结剂和溶剂等成分充分混合均匀。伴随着吹风，使溶剂逐步挥发，形成一层厚膜，这是粗轧。精轧则是逐步调近轧辊间距，多次折叠，如度转向，反复轧练，以达到必需的均匀度、致密度、光洁度和厚度为止。轧好的坯片宜在保持一定湿度的环境下贮存，防止干燥变脆。

轧膜工艺可以方便地得到均匀致密的薄片，其中陶瓷粉体含量比流延、注浆等方法高、气孔少，而且很容易控制。轧膜工艺一个非常显著的优点是通过塑性泥团成型，因而不必像其他工艺需要形成液体料浆，避免了繁杂的陶瓷悬浮体的制备过程，特别是在多成分的材料体系中，极易得到高质量的陶瓷薄片生坯。但是轧膜工艺需要粗轧和精轧等多道工序，工艺复杂，效率低，而且轧膜成型所能轧制的陶瓷薄片较厚，一船在 $100\mu m$ 以上。由于轧辊的工艺方式使坯料只在厚度方向和前进方向受到碾压，在宽度方向缺乏足够的压力，使有机物分子和粉料都具有一定的方向性。

（4）电泳沉积

这种工艺方法可以直接形成层状结构。陶瓷粉体和增强体的悬浮溶液在直流电场作用下，荷电质点向电极迁移并在电极上沉积成一行形状的坯体，经干燥后获得成品。分散系中由于质点离解或吸附使质点表面带电，分散介质可以是水或其他溶剂，但由于水易电解，常用甲醇、乙醇、丙醇和丙酮等。电极材料为金属或石墨，其形状可以根据产品形状来设计确定，可以是棒状、板状或筒状，还可以沉积到电极内表面。荷电质点在电极上的沉积速度和沉积量与悬浮液浓度、相对介电常数、黏度、质点荷电量、直流电场大小、电极面积大小、电极间距离及沉积时间等因素有关。EPD 过程包括两个步骤：①稳定的悬浮粒子在电势差的作用下移动，悬浮液的稳定性是通过静电作用、空间位阻使悬浮粒子带有电荷而实现的；②沉积。通常这两个过程所需的电势差不同。此工艺得到的最小层厚可达 $2\mu m$，且界面平整度在亚微米级，成型过程中无需使用有机结合剂、润滑剂或增塑剂等就可以制备出形状复杂的坯体，也无需烧失热处理步骤。但由于工艺本身实现的特殊性，这种工艺方法所能应用的材料体系有很大局限性。

利用这种方法制备的 YSZ/Al_2O_3 层状复合材料，层厚约为 $2\mu m$。

参 考 文 献

[1] 谢希文，过梅丽主编. 材料工程基础. 北京：北京航空航天大学出版社，1996.
[2] 周达飞主编. 材料概论. 北京：化学工艺出版社，2001.
[3] 蒋成禹，胡玉洁，马明臻主编. 材料加工原理. 哈尔滨：哈尔滨工业大学出版社，2001.
[4] 王贵恒主编. 高分子材料成形加工原理. 北京：化学工业出版社，1982.
[5] 周美玲，谢建新，朱宝泉主编. 材料工程基础. 北京：北京工业大学出版社，2001.
[6] 谷臣清主编. 材料工程基础. 北京：机械工艺出版社，2004.
[7] 郭瑞松编著. 工程结构陶瓷. 天津：天津大学出版社，2002.
[8] 李家驹主编. 陶瓷工艺学. 北京：中国轻工业出版社，2001.
[9] 赵建康主编. 铸造合金及其熔炼. 北京：机械工业出版社，1985.
[10] 邵潭华主编. 材料工程基础. 西安：西安交通大学出版社，2000.
[11] 张留成等编. 高分子材料基础. 北京：化学工业出版社，2002.
[12] 李家驹主编. 陶瓷工艺学. 北京：中国轻工业出版社，2001.
[13] 赵震华主编. 压力焊. 北京：机械工业出版社，1989.
[14] 姜焕中主编. 电弧焊及电渣焊. 北京：机械工业出版社，1988.
[15] 邹莱莲主编. 焊接理论及工艺基础. 北京：北京航空航天大学出版社，1994.
[16] 周振丰，张文铀主编. 焊接冶金及金属焊接性. 北京：机械工业出版社，1990.
[17] 王仲仁主编. 特种塑性成形. 北京：机械工业出版社，1994.
[18] 吕炎主编. 锻造工艺学. 北京：机械工业出版社，1995.
[19] 王允棺. 锻造与冲压工艺学. 北京：冶金工业出版社，1994.
[20] 马怀宪主编. 金属塑性加工学. 北京：冶金工业出版社，1991.
[21] 林再学，樊铁船主编. 现代铸造方法. 北京：航空工业出版社，1991.
[22] 曾昭昭主编. 特种铸造. 杭州：浙江大学出版社，1990.
[23] 司乃潮，傅明喜主编. 有色金属材料及其制备. 北京：化学工业出版社，2006.
[24] 谢建新等编著. 材料加工新技术与新工艺. 北京：冶金工业出版社，2004.
[25] 谢水生，黄声宏编著. 半固态金属加工技术及应用. 北京：冶金工业出版社，1999.
[26] 陈振华等编著. 镁合金. 北京：化学工业出版社，2004.
[27] 许并社，李明照编著. 镁冶炼与镁合金熔炼工艺. 北京：化学工业出版社，2006.
[28] 罗启全编著. 铝合金熔炼与铸造. 广州：广东科技出版社，2002.
[29] 康永林，毛卫民，胡壮麒著. 金属材料半固态加工理论与技术. 北京：科学出版社，2004.